生物统计学

（第二版）

主　编　彭明春　陈其新

副主编　万海清　耿丽晶　刘小宁　王秀康
　　　　施文正

编　委　（按姓氏笔画排序）
　　　　万海清　王有武　王秀康　刘小宁
　　　　李文婷　李转见　陈其新　施文正
　　　　袁吉有　耿丽晶　聂呈荣　夏丽洁
　　　　彭明春　蒋变玲

华中科技大学出版社

中国·武汉

内 容 简 介

本书分为基本原理和软件实现两部分。基本原理部分系统地介绍了生物统计学的原理、方法和过程,内容涵盖统计分析的基础理论和常用方法,统计方法包括描述统计,单变量数据的参数、非参数检验和方差分析,双变量、多变量数据的回归分析、相关分析和协方差分析,常用试验设计及其统计分析方法,以及聚类分析与判别分析、主成分分析与因子分析等常用多元统计分析方法。软件实现部分系统地介绍了各类统计分析的软件实现方法,包括 SPSS 软件、R 语言实现的方法步骤和结果解读,Excel 软件的实现过程。

本书可满足理工类各专业的数据统计分析要求,统计分析方法普遍适用于各专业领域,可作为各类院校生物、生态、环境、材料、农学、林学、医学、化学、工学等理工类专业本科生和研究生统计学类课程的教材,也可作为相关专业科研工作者进行数据统计分析的工具书。

图书在版编目(CIP)数据

生物统计学/彭明春,陈其新主编.—2 版.—武汉:华中科技大学出版社,2022.4(2024.7 重印)
ISBN 978-7-5680-6671-6

Ⅰ.①生… Ⅱ.①彭… ②陈… Ⅲ.①生物统计 Ⅳ.①Q-332

中国版本图书馆 CIP 数据核字(2022)第 059007 号

生物统计学(第二版)　　　　　　　　　　　　　　　　　彭明春　陈其新　主编
Shengwu Tongjixue(Di-er Ban)

策划编辑:王新华
责任编辑:孙基寿
封面设计:原色设计
责任校对:王亚钦
责任监印:周治超
出版发行:华中科技大学出版社(中国·武汉)　　　电话:(027)81321913
　　　　　武汉市东湖新技术开发区华工科技园　　　邮编:430223
录　　排:华中科技大学惠友文印中心
印　　刷:武汉市籍缘印刷厂
开　　本:787mm×1092mm　1/16
印　　张:20.5
字　　数:533 千字
版　　次:2024 年 7 月第 2 版第 3 次印刷
定　　价:58.00 元

普通高等学校"十四五"规划生命科学类创新型特色教材

编 委 会

■ **主任委员**

陈向东　武汉大学教授,2018—2022年教育部高等学校大学生物学课程教学指导委员会秘书长,中国微生物学会教学工作委员会主任

■ **副主任委员**（排名不分先后）

胡永红　南京工业大学教授,食品与轻工学院院长
李　钰　哈尔滨工业大学教授,生命科学与技术学院院长
卢群伟　华中科技大学教授,生命科学与技术学院副院长
王宜磊　菏泽学院教授,牡丹研究院执行院长

■ **委员**（排名不分先后）

陈大清	郭晓农	李　宁	陆　胤	宋运贤	王元秀	张　明
陈其新	何玉池	李先文	罗　充	孙志宏	王　云	张　成
陈姿喧	胡仁火	李晓莉	马三梅	涂俊铭	卫亚红	张向前
程水明	胡位荣	李忠芳	马　尧	王端好	吴春红	张兴桃
仇雪梅	金松恒	梁士楚	聂呈荣	王锋尖	肖厚荣	郑永良
崔韶晖	金文闻	刘秉儒	聂　桓	王金亭	谢永芳	周　浓
段永红	雷　忻	刘　虹	彭明春	王　晶	熊　强	朱宝长
范永山	李朝霞	刘建福	屈长青	王文强	徐建伟	朱德艳
方　俊	李充璧	刘　杰	权春善	王文彬	闫春财	朱长俊
方尚玲	李　峰	刘良国	邵　晨	王秀康	曾绍校	宗宪春
冯自立	李桂萍	刘长海	施树良	王秀利	张　峰	
耿丽晶	李　华	刘忠虎	施文正	王永飞	张建新	
郭立忠	李　梅	刘宗柱	舒坤贤	王有武	张　龙	

普通高等学校"十四五"规划生命科学类创新型特色教材

作者所在院校

（排名不分先后）

北京理工大学	华中科技大学	云南大学	辽宁大学
广西大学	南京工业大学	西北农林科技大学	燕山大学
广州大学	暨南大学	中央民族大学	临沂大学
哈尔滨工业大学	首都师范大学	郑州大学	山西医科大学
华东师范大学	湖北大学	新疆大学	宁夏大学
重庆邮电大学	湖北工业大学	青岛科技大学	重庆第二师范学院
滨州学院	湖北第二师范学院	青岛农业大学	齐鲁理工学院
河南师范大学	湖北工程学院	青岛农业大学海都学院	六盘水师范学院
嘉兴学院	湖北科技学院	山西农业大学	河西学院
武汉轻工大学	湖北师范大学	陕西科技大学	广西贵港工业学院
长春工业大学	汉江师范学院	陕西理工大学	
长治学院	湖南农业大学	上海海洋大学	
常熟理工学院	湖南文理学院	塔里木大学	
大连大学	华侨大学	唐山师范学院	
大连工业大学	武昌首义学院	天津师范大学	
大连海洋大学	淮北师范大学	天津医科大学	
大连民族大学	淮阴工学院	西北民族大学	
大庆师范学院	黄冈师范学院	北方民族大学	
佛山科学技术学院	惠州学院	西南交通大学	
阜阳师范大学	吉林农业科技学院	新乡医学院	
广东第二师范学院	集美大学	信阳师范学院	
广东石油化工学院	济南大学	延安大学	
广西师范大学	佳木斯大学	盐城工学院	
贵州师范大学	江汉大学	云南农业大学	
哈尔滨师范大学	江苏大学	肇庆学院	
合肥学院	江西科技师范大学	福建农林大学	
河北大学	荆楚理工学院	浙江农林大学	
河北经贸大学	南京晓庄学院	浙江师范大学	
河北科技大学	辽东学院	浙江树人学院	
河南科技大学	锦州医科大学	浙江中医药大学	
河南科技学院	聊城大学	郑州轻工业大学	
河南农业大学	聊城大学东昌学院	中国海洋大学	
石河子大学	牡丹江师范学院	中南民族大学	
菏泽学院	内蒙古民族大学	重庆工商大学	
贺州学院	仲恺农业工程学院	重庆三峡学院	
黑龙江八一农垦大学	宿州学院	重庆文理学院	

第二版前言

生物统计学是统计学原理和方法在生命科学及相关领域的应用，是分析和解释试验数据的必备工具。随着计算机技术的发展，利用统计软件来完成数据的统计分析已成为数据分析的基本方法。

在高校普遍开设生物统计学课程的情况下，已有众多的教材出版，其中不乏优秀者，但这些教材均以介绍人工完成统计计算为主，与利用统计软件来完成数据统计分析的现状严重脱节，一本浅显易懂、兼顾基本原理和软件应用的教材成为生物统计学课程教学的迫切需求。

全国十余所高校从事生物统计学教学多年、有丰富教学和科研经验的教师，参考国内外同类教材的体例和内容编写了既强调基本原理又突出实践应用的《生物统计学》教材，在说清基本原理的同时，编写了用 SPSS、Excel 实现统计分析的内容，满足了理论与实践结合的课程教学需求。本书于 2015 年出版并经三次重印，得到读者的一致好评，感谢第一版作者的辛勤付出。

随着科学技术的发展，对统计分析的知识和能力也提出了新的要求，为适应新的形势，在保持原教材基本原理和实践应用并重特色的基础上，进行《生物统计学》（第二版）的编写。本版对原版的大部分内容进行了更新，理论部分增加了判别分析、因子分析、检验效能和样本容量估计等分析方法，软件实现部分增加了 R 语言统计分析方法指导，且全部使用理论部分的例题，便于读者进行验证。

本书分为基本原理和软件实现两部分。基本原理部分系统地介绍了生物统计学的原理、方法和过程，内容涵盖统计分析的基础理论和常用方法，统计方法包括描述统计，单变量数据的参数、非参数检验和方差分析，双变量、多变量数据的回归分析、相关分析和协方差分析，常用试验设计及其统计分析方法，以及聚类分析与判别分析、主成分分析与因子分析等常用多元统计分析方法。软件实现部分系统地介绍了各类统计分析的软件实现方法，包括 SPSS 软件、R 语言实现的方法步骤和结果解读，Excel 软件的实现过程。

全书共分 15 章，第 1 章由陈其新（河南农业大学）编写，第 2 章和第 6 章由刘小宁、夏丽洁（新疆大学）编写，第 3 章由袁吉有（云南大学）编写，第 4 章和第 8 章由耿丽晶（锦州医科大学）编写，第 5 章由施文正（上海海洋大学）、万海清（湖南文理学院）编写，第 7 章由彭明春（云南大学）、聂呈荣（佛山科学技术学院）编写，第 9 章由蒋变玲（宿州学院）编写，第 10 章由彭明春编写，第 11 章由王有武（塔里木大学）编写，第 12 章由王秀康（延安大学）编写，第 13 章由李转见（河南农业大学）编写，第 14 章由李文婷（河南农业大学）编写，第 15 章由万海清编写。彭明春、陈其新对各章节进行了修改完善。

受编者水平限制，书中难免存在错漏，恳请读者批评指正，以便再版时修改完善。

编　者
2021 年 12 月

第一版前言

  生物统计学是应用数理统计的原理和方法来分析和解释生物界各种现象和试验数据的科学,是生命科学及其相关领域的研究者必备的一门工具。如同计算机对于所有自然科学和社会科学的重要作用一样,生物统计学的作用已经体现在生命科学研究的方方面面,而生物统计学本身的发展不仅促进了生命科学的发展,也为数理统计学的建立和发展以及新课题的提出作出了重要贡献。

  在生物统计学已经在各级各类高校普遍开设的情况下,编写一本浅显易懂、将理论性和应用性紧密结合的生物统计学教材,是许多高校的迫切需求。本书由来自全国十余所高校从事生物统计学教学多年、有丰富教学和科研经验的教师,集各家之所长,参考国内外同类教材编写而成。面向生命科学及其相关的农学、医学等专业背景的学习者,针对相关专业生物统计学或类似课程的教学需要,强调基础理论,突出实践应用。本书在编写方式上遵循由浅入深的认知规律,结合统计软件在生物统计学中的广泛应用,提供了针对常用的 SPSS 软件和 Excel 软件进行基本统计学运算的指导,具有很强的实用性。

  本书分为基础理论和软件应用两部分。基础理论以讲解生物统计的原理、方法和过程为目标,系统介绍生物统计学的数理统计基础、数据统计分析的原理和方法,内容涵盖了各类数据的常用统计分析方法。软件应用以讲解软件操作的数据格式、分析步骤和结果解释为目标,重点介绍统计分析工作在 SPSS 软件中的实现,并简要介绍了 Excel 软件的生物统计应用。

  全书共分 14 章,第 1 章由马纪(新疆大学)编写,第 2 章由刘小宁(新疆大学)编写,第 3 章由侯沁文(长治学院)编写,第 4 章由王玉(浙江中医药大学)、王晓俊(长春工业大学)编写,第 5 章由胡颖(哈尔滨工业大学)编写,第 6 章和第 14 章由万海清(湖南文理学院)、王文龙(湖南文理学院)编写,第 7 章由耿丽晶(辽宁医学院)编写,第 8 章和第 9 章由聂呈荣(佛山科学技术学院)、施文正(上海海洋大学)编写,第 10 章由陈国(华侨大学)编写,第 11 章和第 13 章由陈其新(河南农业大学)、李转见(河南农业大学)编写,第 12 章由彭明春(云南大学)、王有武(塔里木大学)、石培春(石河子大学)编写。彭明春、马纪对各章节内容进行了修改补充。云南大学党承林教授通审了全书,并提出了许多有益的建议,在此表示衷心感谢。

  由于编者水平有限,书中不足之处在所难免,恳请读者批评指正,以便再版时修改完善。

编　者
2014 年 11 月

目录

第1章　绪　　论

1.1　生物统计学简介

1.1.1　生物统计学的概念

统计学(statistics)是一门研究数据的收集、整理、分析与解释的科学。美国统计学家弗里德曼(D. Freedman)认为"统计学是对令人困惑费解的数字问题做出设想的艺术"。我国统计学家谢邦昌提出"统计学是一种利用科学方法来处理事物的学问,也就是将原来杂乱无章的资料整理成一种简单而有系统的资料,使人一看便了解资料的内容以及所代表的意义"。

统计学把数学语言引入具体的科学领域,并把具体科学领域中要解决的问题抽象为数学问题进行分析处理。作为数学的分支学科,统计学并非简单地等同于数学。数学研究的是没有量纲或单位的抽象的数及其数量关系,统计学则是研究具体的、实际调查或试验获得的数据的数量规律;统计学与数学所用的逻辑关系不同,数学主要使用演绎法,而统计学是演绎法与归纳法相结合,以归纳法为主的方法。

统计学分为描述统计学(descriptive statistics)和推断统计学(inference statistics)两部分。统计学也可分为理论统计学和应用统计学,理论统计学研究统计学的数学原理和方法,应用统计学将理论统计学的研究成果作为工具应用于各个科学领域。

生物科学是一门试验性很强的学科,生物学试验往往受到众多随机因素的干扰,具有相当程度的复杂性,因此许多观察结果具有不确定性,即使条件完全相同的多次重复试验结果并不完全一致,因此需要根据统计学原理进行科学设计和统计学分析,剔除试验误差的干扰,对各种试验结果出现的概率大小作出判断,从偶然的不确定性中找出内在的规律性。生物统计学(Biostatistics,Biometrics)是运用统计学的原理和方法,研究生物科学研究中有关数据搜集、整理、分析与推断的一门应用性学科。它广泛地应用于各类生物学研究领域。在生物科学学科体系中,生物统计学属于生物数学的范畴,在统计学学科体系中,生物统计学属于应用统计学的分支。

1.1.2　生物统计学的主要内容

生物统计学研究内容包括试验数据的获取、整理和分析等相关内容。具体而言,包括试验或调查设计、数据的整理(描述统计学)、概率论基础(统计理论基础)、统计推断方法(推断统计学)等内容。

1.试验或调查研究设计方法

生物学研究可分为证实性研究和调(观)查性研究等。证实性研究是对研究对象进行人为干预和控制,然后通过分析这种干预和控制所造成的效应来研究对象的某些属性。调查性则是在自然状态下对研究对象的特征进行观察和记录,并对结果进行描述和对比分析。在着手开展一项科学研究之前,需要根据提出的问题设计试验或调查研究方案。科学的试验或调查研究设计可为统计分析提供可靠数据,是获得可信的试验结论的主要前提。

在研究某个因素的效应大小,或两个以上因素的主效应或相互作用时,开展有控制的比较试验设计是常用的研究方法。试验设计有广义与狭义之分。广义的试验设计是指试验研究课题设计,亦即整个试验计划的制定。生物统计中的试验设计一般主要指狭义的试验设计,即试验单位的选择、重复数目的确定以及试验单位的分组等。合理的试验设计可控制试验误差,提高试验研究的精确性;采用合适的统计分析方法,可获得试验处理效应和试验误差的无偏估计。

在生态学、农学、流行病学、食品卫生检查等领域,现状研究的主要方法是调查,开展大范围抽样是常用的研究方法之一。调查设计也有广义与狭义之分。生物统计中一般所指的调查设计主要指狭义的调查设计,即抽样调查方法的选取,抽样单位和抽样调查数目的确定等内容。合理的调查设计也能控制抽样误差,提高调查研究的精确性,为获得总体参数或总体分布的合理估计提供可靠的数据。

简言之,试验或调查设计主要解决合理地收集必要而有代表性资料的问题。统计学在不同学科应用时,针对不同的调查对象,试验和调查设计的具体方法会有所不同。

2.数据资料的描述性统计

描述统计学(descriptive statistics)是对客观现象进行数量计量、数据收集、加工、概括和表示的方法,不同的领域对数据的统计描述略有差异。生物统计资料主要来源于试验性研究、调查性研究以及各种统计报表。在按照研究设计规定完成研究之后,应及时收集全部原始数据。对获得的数据要进行整理,即对原始数据进行净化、系统化和条理化处理,为下一步分析打好基础。数据净化是指对数据进行清理、检查核对和校正处理,系统化和条理化是根据研究目的和数据性质(计数资料,计量资料),对原始数据进行分组和归纳总结,编制频数统计表和绘制频数统计图。然后,计算有关统计指标,初步揭示数据内在联系和规律性,如集中性、变异性以及分布形态等;绘制统计图和编制统计表,对数据的基本特征和分布规律进行简要、形象的描述。由样本资料统计量(如平均数、标准差等)估计相应的总体参数的过程称为参数估计。

3.统计推断的基础理论

生物统计学的重要任务是建立由样本统计结果推断总体参数的方法,而这些方法均以随机变量的概率以及概率分布为基础,因此需要对相关的概率基础知识有所了解。生物统计学中所涉及的概率知识主要包括随机事件和概率的定义、概率的分布、抽样分布等基础概率知识等。这些概率知识非常基础,非数学专业的学生在理解上基本没有障碍。

4.数据资料的推断统计分析

推断统计学(inference statistics)是在一定的可信程度下根据样本数据去推断总体的方法,也称统计推断或假设检验,是统计学的核心和主要内容。统计推断的主要目的是在描述性统计了解数据特征的基础上,深入阐明数据的内在联系和规律性。

通过控制试验或调查获得了具有变异性的资料后，要了解资料之间的试验指标产生差异的原因，即变异是由处理效应引起的还是由随机误差导致的。例如，不同盐浓度对某种植物的生长有无影响？荒漠耐盐植物与非耐盐植物在耐盐性方面有无差异？农业害虫棉铃虫的解毒酶是否强于其他昆虫？等等。要回答上述问题，可利用显著性检验排除那些无法控制的偶然因素的干扰，将处理间是否存在本质差异这一问题以概率的形式揭示出来。显著性检验的方法很多，常用的有 t 检验、方差分析、χ^2 检验等。

统计分析的另一项重要内容是研究成对或成组变量（试验指标或性状）间的关系，即相关与回归分析。通过对资料进行相关与回归分析，可揭示变量间的内在联系。利用回归分析可以找出对某变量有影响的主要因素，可据此开展预测预报研究。近 30 年来，多元统计分析得到了迅速发展，并在生物科学领域得到广泛应用。

5.统计分析软件的应用

20 世纪 90 年代以来，随着计算机科学的飞速发展和广泛普及，使得大量统计数据的储存与检索、复杂数据的处理以及抽样模拟成为可能，大大促进了生物统计学的发展。各类统计软件的广泛推广应用，为生物统计分析提供了极大的便利。传统的常用的统计软件有 SAS、SPSS、Statistica、NCSS、Systat、Stata、Minitab、JMP、Eviews、DPS、matlab、Excel 等。近年来，R、Python、Julia 等开源软件在统计学领域应用越来越普遍。其中，R 语言由新西兰奥克兰大学开发的一款自由软件，具有强大的统计分析和作图功能，目前有 18300 多种软件包，几乎可实现所有的生物统计分析，已成为统计学专业人士和统计实务人员的首选统计工具。本书根据相关专业学生的知识结构和软件特点等，分别介绍 R 语言、SPSS 和 Excel 软件的应用。

1.1.3　学习生物统计学的重要性

生物统计学是每一个从事生物科学研究的人必须掌握的基本工具。在各种生物学科学研究中，常需要进行试验或调查。生物统计学可为相关的生物学研究提供试验或调查设计方法以及试验资料的统计分析方法。随着生物统计学方法的普及、统计学软件的不断发展，已有越来越多的科技工作者掌握并在实际研究工作中应用了生物统计学方法，并取得了显著的成效。

当代统计学在广泛吸收和融合相关学科新理论、新技术和新方法的基础上，不断丰富传统统计学理论与方法，开拓新的研究领域，已展示强大的生命力。某种意义上，目前的时代也是"统计时代"。统计学不仅能改善人们的生活方式，还能使我们的工作更有效率。显而易见，统计学已融入了社会生活的各个方面，人们的一切社会生活和日常生活都离不开统计学。英国统计学家高尔顿说过："当人类科学家在探索问题的丛林中遇到难以逾越的障碍时，唯有统计学工具可以为其开辟一条前进的通道。"英国统计学家哈斯利特（H.T Haslet）也说："统计方法的应用是这样普遍，在我们的生活和习惯中，统计的影响是这样巨大，以致统计的重要性无论怎样强调也不过分。"美国统计学家 C.R.劳（C.R.Rao，1934—　）认为："在抽象的意义下，全部的科学都是数学；在理性的基础上，所有的判断都是统计。"国内著名的经济学家、人口学家马寅初强调："学者不能离开统计而研究；政治家不能离开统计而施政；企业家不能离开统计学而执业。"可以说，没有坚实的统计学基础就不能从事科研活动，否则那成了庄子寓意的"井娃言海，夏虫语冰，曲士论道"。因此，掌握统计学基本原理并能熟练地使用软件进行统计分析，是对我们每个生物学类专业大学生的基本要求。

1.1.4　生物统计学发展简史

统计学是一门既古老又年轻的科学。据专家论述,统计学的学理研究起始于距今两千多年前的亚里士多德时代。尽管人类统计实践活动历史悠久,但统计学成为具有现代意义的系统学科仅有三百余年短暂历史,而且统计学目前仍然在飞速发展。追寻统计学的发展历史,有利于认识统计学的性质、统计学科的内涵以及发展趋势,所谓鉴以往而知未来。按统计方法及特征的历史演变顺序,可将统计学发展史大致分为古典记录统计学、近代描述统计学和现代推断统计学三个不同阶段。

1.古典记录统计学

17 世纪中叶至 19 世纪中叶,在利用文字或数字记录与分析国家社会经济状况的过程中,初步建立了统计研究的方法和规则。统计学在这一阶段的意义和范围还不太明确,概率论被引入之后,这些方法逐渐成熟。

统计学是从拉普拉斯(P.S.Laplace,1749—1827)开始的,他是法国天文学家、数学家、统计学家,他的主要贡献包括建立了概率论,代表作是《概率分析理论》,该书把数学分析方法运用于概率论研究,建立了严密的概率数学理论。拉普拉斯还推广了概率论的应用,解决了一系列实际问题,例如在人口统计、误差理论中的应用。拉普拉斯提出了大数定律并尝试了大样本推断(拉普拉斯定理,中心极限定理的一部分),初步建立了大样本推断的理论基础。他根据法国 30 个县市的人口出生率推算了全国的人口,这种利用样本来推断总体的思想方法为后人开创了抽样调查的方法。

德国著名数学家、物理学家、天文学家、大地测量学家高斯(C.F.Gauss,1777—1855)对统计学的误差理论作出了重要贡献。调查测量中的误差不仅不可避免,而且无法把握。高斯以他丰富的天文观察和土地测量经验,总结发现误差变异大多服从正态分布,运用极大似然法及其他数学知识,推导出测量误差的概率分布公式,并提出了"误差分布曲线",即高斯分布曲线,也就是今天所说的正态分布曲线。1809 年高斯发表了统计学中最常用的最小二乘法。

2.近代描述统计学

近代描述统计学的形成在 19 世纪中叶至 20 世纪上半叶。这种"描述"特色是由一批研究生物进化的学者提炼而成的,代表人物是英国的高尔顿和他的学生皮尔逊。

高尔顿(F.Galton,1822—1911)是英国生物学家、统计学家。他于 1882 年建立了人体测量试验室,测量了 9337 人的身高、体重、呼吸力、拉力和压力、手击的速率、听力、视力、色觉等人体资料,得出了"祖先遗传法则",引入了中位数、百分位数、四分位数、四分位差以及分布、相关、回归等重要的统计学概念与方法。1901 年,高尔顿创办了《Biometrika》(生物计量学)杂志,首次提出了"Biometry"(生物统计学)一词,认为"生物统计学是应用于生物学科中的现代统计方法"。高尔顿及其学生虽然开展的是生物统计学研究,但在这一过程中,他们更重要的贡献是发展了统计学方法本身。

皮尔逊(K.Pearson,1857—1936)是英国数学家、哲学家、统计学家。他将生物统计学提升到了通用方法论的高度,首创了频数分布表与频数分布图,提出了分布曲线的概念。1900 年皮尔逊发现了 χ^2 分布,并提出了有名的 χ^2 检验法,后经费歇尔(R.A.Fisher,1890—1962)补充,成为小样本推断统计的早期方法之一。皮尔逊还发展了回归与相关的概念,提出复相关、总相关、相关比等概念,不仅发展了高尔顿的相关理论,还为之建立了数学基础。

3.现代推断统计学

现代推断统计学形成时间大致是 20 世纪初叶至 20 世纪中叶,此时无论是社会领域还是自然领域都向统计学提出了更多的要求。人们开始深入研究事物与现象间的关系,对其中繁杂的数量关系以及一系列未知的数量变化,单靠描述的统计方法已难以奏效,因而产生了"推断"的方法来掌握事物总体的真正联系以及预测未来的发展。

从描述统计学到推断统计学是统计学发展过程中的一大飞跃,这场深刻变革是在农业田间试验领域完成的,英国统计学家戈塞特和费歇尔对现代推断统计学的建立作出了卓越贡献。

1908 年,戈塞特(W. S. Gosset,1876—1937)首次以"学生"(Student)为笔名,在《Biometrika》杂志上发表了"平均数的概率误差",为"学生氏 t 检验"提供了理论基础,成为统计推断理论发展史上的里程碑。后来,戈塞特又连续发表了相关系数的概率误差、非随机抽样的样本平均数分布、从无限总体随机抽样平均数的概率估算表等重要论文,为小样本理论奠定了基础。由于戈塞特的理论使统计学开始由大样本向小样本、由描述向推断发展,因此,可以认为是戈塞特开创了推断统计学。

费歇尔对统计学作出了很多重要贡献,他强调统计学是一门通用方法论。1924 年,费歇尔综合研究了 t 分布、χ^2 分布和 u 分布,使 t 检验也能适用于大样本,χ^2 检验也能适用于小样本。1925 年在《供研究人员使用的统计方法》中对方差分析和协方差分析进行了完整表述:方差分析法是一种在若干组能相互比较的资料中,把产生变异的原因加以区分的方法与技术,方差分析简单实用,大大提高了试验分析的效率,对大样本和小样本都可使用。1925 年提出了随机区组设计和拉丁方设计;1926 年发表了试验设计方法梗概;1935 年这些方法得到进一步完善,并首先在卢桑姆斯坦德农业试验站得到检验与应用,后来又被他的学生推广到许多其他科学领域。1938 年费歇尔与耶特斯合编了《F 分布显著性水平表》,为方差分析的研究与应用提供了方便。

费歇尔在统计学发展史上的地位是显赫的,他的研究成果特别适用于农业与生物学领域,但已经渗透到一切应用统计学中,由此所形成的推断统计学已经被广泛地应用。美国统计学家约翰逊(P.O.Johnson)在 1959 年出版的《现代统计方法:描述和推断》一书指出:"从 1920 至今的这段时期,称之为统计学的费歇尔时代是恰当的。"

1.2　统计学的常用术语

在正式进入统计学学习之前,需要先了解一些统计学的常用术语,这些术语定义了统计学的基本元素,理解这些术语有助于学好统计学。

1.总体、个体与样本

总体(population)是研究对象的全体,总体中的一个研究单位称为个体(individual)。例如,要了解某大学大一新生的身高,那么该校全体大一新生就是总体,每一个学生就是组成这个总体的个体。

样本(sample)是从总体中抽取的用于代表总体的一部分个体。通常情况下,了解大一新生的身高,可以选择几个专业的学生作为代表,被选中的学生就是代表这个总体的样本。可以用样本的平均数来估计总体的平均数,样本中个体数量越多,对总体的代表性越好。

包含有限多个个体的总体称为有限总体(finite population),包含无限多个个体的总体称为无限总体(infinite population)。例如研究某一地区新生儿的体重,因为新生儿的出生是无止境的,所以这一总体是一个无限总体;要调查某大学大一学生的身高,这一总体则是有限的,其中每个学生身高的测定值为这一总体的一个个体。在实际研究中还有一类假想总体,例如进行几种饲料的饲养试验,实际上并不存在用这几种饲料进行饲养的总体,只是假设有这样的总体存在,把所进行的每一次试验看成假想总体的一个个体。在生物科学研究中,广泛采用假想总体及其样本开展研究。

前面提到,统计学的逻辑关系是以归纳法为主,其含义就是通过样本来推断总体。为什么不直接研究总体呢?因为对于无限总体和假想总体,无法对其进行完全调查或观测;对于个体数量很多的有限总体,要获得全部观测值须花费大量人力、物力和时间或者观测值的获得带有破坏性,也不适用于直接研究总体。因此,通过样本来推断总体是统计分析的基本特点。

样本中所包含的个体数量称为样本容量或样本大小(sample size)。样本容量记为n,通常把$n \leq 30$的样本称为小样本,$n > 30$的样本称为大样本,它们在统计推断方法上有若干区别。为了能可靠地从样本来推断总体,要求样本具有一定的个体数量和代表性。

只有从总体随机抽取的样本才具有代表性。所谓随机抽样(random sampling),是指总体中的每一个个体都有同等的被抽取的机会组成样本。

2. 参数与统计数

统计学上,总体或样本的特征用数值来描述,称为特征数(eigenvalue);这种特征包括集中性和离散性两个方面,通常用平均数描述总体或样本的集中性,用标准差描述总体或样本的离散性。

由总体计算的特征数称为参数(parameter),由样本计算的特征数称为统计数(statistic)。通常用希腊字母表示参数,例如用μ表示总体平均数,用σ表示总体标准差;用拉丁字母表示统计数,例如用$\bar{x}$表示样本平均数,用s表示样本标准差。

对总体和样本的特征数加以区别是很有必要的,它们之间有一种逻辑关系,在统计学上由样本特征数可以推断或估计总体的特征数。总体参数由相应的样本统计数来估计,例如用$\bar{x}$估计μ,用s估计σ。平均数与标准差是一对非常重要的特征数。

3. 准确性与精确性

准确性与精确性是对在试验中所获得样本数据的质量的一种度量。准确性(accuracy)也叫准确度,是指在试验中某一试验指标的观测值与其真值接近的程度。直观上理解,观测值与真值接近,则其准确性高,反之则低。精确性(precision)也叫精确度,是指同一试验指标的重复观测值彼此接近的程度。若观测值彼此接近,则观测值精确性高,反之则低。由于真值常常不知道,所以准确性只是一个概念,不易度量,而精确性在统计学中可以通过随机误差的大小加以度量。

4. 随机误差与系统误差

试验中的误差问题是统计学的核心问题。观测数据之所以表现出随机性波动,主要是由随机误差引起的,正确估计出试验中的误差,对于统计推断的效率至关重要。前面提到的试验设计问题,实际上也是如何控制试验误差的问题。

试验中出现的误差分为两类:随机误差(random error)与系统误差(systematic error)。随机误差是由无法控制的内在和外在的偶然因素所造成的,是客观存在的,在试验中,即使十分小心也难以消除。如试验材料的初始条件、培养条件、管理措施等尽管在试验中力求一致,但不可能绝对一致。随机误差影响试验的精确性,随机误差愈小,试验的精确性愈高。因为各个样本平均数之间的差异实际上是由抽样造成的,所以随机误差也叫抽样误差(sampling error)。

系统误差也叫片面误差(lopsided error),是由试验材料的初始条件不同或测量仪器不准等引起的倾向性或定向性偏差。如供试对象年龄、初始重、性别、健康状况等存在差异,或饲料种类、品质、数量、饲养条件不完全相同,或测量的仪器调试存在差异等情况会导致系统误差。系统误差影响试验的准确性,应当通过采用适当的试验设计、精心完成试验操作来加以控制。

习题

习题 1.1　什么是生物统计学? 生物统计学有哪些主要内容?

习题 1.2　解释以下概念:总体、个体、样本、样本容量、参数、统计数。

习题 1.3　准确性与精确性有何不同?

习题 1.4　随机误差与系统误差有何不同?

第2章 数据的描述性分析

在生物学研究中,通过在一定条件下对某种事物或现象进行调查或试验,可获得大量的数据(data),或称为资料。这些数据在未整理之前,是一堆无序的数字。描述性分析就是通过对这些数据的整理归类,制作统计表、绘制统计图,计算平均数、标准差等特征数来反映数据的特征,揭示数据的内在规律。

2.1 数量性状数据与质量性状数据

对调查或试验获得的数据进行分类是统计归纳的基础,如果不进行分类,大量的原始数据就不能系统化、规范化,不能反映数据本身的特征和规律。在调查或试验中,由于使用的方法和研究的性状特征不同,数据的性质也就不同,生物的性状可以大致分为数量性状和质量性状两大类,取得的数据也可以是定量的或定性的,分别称为数量性状数据和质量性状数据。

1.数量性状数据

数量性状数据(data of quantitative character)是指通过测量、度量或计数取得的数据。根据数据的特征又分为连续型数据和离散型数据。

1) 连续型数据

连续型数据(continuous data)或称为计量数据(measurement data),是指用测量或度量方式得到的数量性状数据,即用度、量、衡等计量工具直接测定获得的数据。如身高、作物产量、蛋白质含量等。这类数据的观测值可以是整数,也可以是带小数的数值,其小数位数由测量工具或统计要求的精度而定,数据之间的变异是连续的,因此也称为连续性变量数据。

2) 离散型数据

离散型数据(discrete data)或称为计数数据(enumeration data),是指用计数方式得到的数量性状数据。如不同血型的人数、鱼的数量、白细胞数等。这类数据的观察值只能以整数表示,不会出现带小数的数值。观察值是不连续的,因此也称为非连续型变量数据。

2.质量性状数据

质量性状数据(data of qualitative character)或称为属性数据(attribute data),是指对某种现象进行观察而不能测量的数据。如土壤的颜色、植物叶的形状等。在统计分析中,质量性状数据需要进行数量化以后才能参与统计分析。

质量性状数据数量化的方法主要有二值化和等级化两种方法。二值化是用 1 和 0 分别表示某一特征的有和无。等级化是将数据用若干等级表示,如植物的抗病能力可划分为 3(免疫)、2(高度抵抗)、1(中度抵抗)、0(易感染)4 个等级。数量化后的质量性状数据参照离散型数据的处理方法进行处理。

2.2 数据的整理与基础分析

数据的整理是指根据数据的数量和数值范围,对数据进行分组和各组的频数统计,然后编制次数(频数)分布表或绘制次数(频数)分布图。

对原始数据进行检查核对后,根据数据中观测值的数量确定是否分组。当观测值不多($n \leqslant 30$)时,一般不分组直接进行数据整理。当观测值较多($n > 30$)时,需将观测值分成若干组,制成次数(频数)分布表,观察数据的集中性和变异性情况。不同类型的数据,其整理的方法略有不同。

1.离散型数据整理

离散型数据基本上采用单项式分组法整理,其特点是用样本变量自然值进行分组,每组均用一个或几个变量值来表示。分组时,可将数据中每个变量分别归入相应的组内,然后制成次数(频数)分布表。下面以 100 只芦花鸡每月产蛋数(表 2-1)为例,说明离散型数据的整理方法。

表 2-1　100 只芦花鸡每月产蛋数

14	16	14	13	15	13	16	12	13	15	13	14	14	14	13	15	16	14	15	13
17	14	15	14	14	15	13	14	16	12	15	11	15	14	12	14	16	14	15	
12	14	13	14	17	14	15	14	11	14	14	15	15	14	13	15	17	13		
14	15	14	15	13	14	15	14	16	12	14	11	17	14	16	14	15			
13	17	15	14	13	14	15	14	15	14	13	16	14	12	15	14	14			

当所调查数据的变量值较少时,以每个变量值为一组;当数据较多、变量值范围较大时,以几个相邻观察值为一组,适当减少组数,这样资料的规律性更明显,对资料进一步计算分析也比较方便。

表 2-1 的数据,变量值为 11~17,可分成 7 组。然后以唱票方式记录每个变量值(产蛋数)出现的次数,便可得到次数(频数)分布表(表 2-2)。

原来无序的原始数据经整理后,从中可以发现有 35% 的芦花鸡每月产蛋数为 14 枚,有 72% 的芦花鸡月产蛋数为 13~15 枚;产蛋 12 枚及以下的有 12% 的个体,产蛋 16 枚及以上的有 16% 的个体。

2.连续型数据整理

连续型数据不能按离散型数据的分组方法进行整理,一般采用组距式分组法,即在分组前确定全距、组数、组距、组中值及各组上下限,然后将全部观测值按照大小归入相应的组。下面以 100 例 30~40 岁健康男子血清总胆固醇含量(mmol/L)测定结果(表 2-3)为例,说明其整理的方法及步骤。

表 2-2　产蛋数的次数(频数)分布表

产蛋数	次数	频率/(%)	累计频率/(%)
11	4	0.04	0.04
12	8	0.08	0.12
13	18	0.18	0.30
14	35	0.35	0.65
15	19	0.19	0.84
16	11	0.11	0.95
17	5	0.05	1.00

表 2-3　100 例 30～40 岁健康男子血清总胆固醇含量(mmol/L)测定结果

4.77	3.37	6.14	3.95	3.56	4.23	4.31	4.71	5.69	4.12	5.16	5.10	5.85	4.79	5.34	4.24	4.32	4.77	6.36	6.38
4.56	4.37	5.39	6.30	5.21	7.22	5.54	3.93	5.21	6.51	4.88	5.55	3.04	4.55	3.35	4.87	4.17	5.85	5.16	5.09
5.18	5.77	4.79	5.12	5.20	5.10	4.70	4.74	3.50	4.69	4.52	4.38	4.31	4.58	5.72	6.55	4.76	4.61	4.17	4.03
4.38	4.89	6.25	5.32	4.50	4.63	3.61	4.44	4.43	4.25	4.47	3.40	3.91	2.70	4.60	4.09	5.96	5.48	4.40	4.55
4.03	5.85	4.09	3.35	4.08	4.49	5.30	4.97	3.18	3.97	5.38	3.89	4.60	4.47	3.64	4.34	5.18	6.14	3.24	4.90

（1）求全距。全距又称为极差，是数据中最大值与最小值之差，表示样本数据的变异幅度。本例中，最大值为 7.22，最小值为 2.70，因此全距为 7.22－2.70＝4.52。

表 2-4　样本容量与分组数

样　本　容　量	分　　组　　数
30～60	5～8
60～100	7～10
100～200	9～12
200～500	10～18
500 以上	15～30

（2）确定组数。确定组数的多少以达到既简化数据又不影响反映数据的规律性为原则。组数要适当，不宜过多，也不宜过少。一般可参考表 2-4 的样本容量和分组数的关系来确定。本例中，$n＝100$，根据表 2-4，确定分组数为 9～10 组。

（3）确定组距。每组最大值与最小值之差称为组距，分组时要求各组的组距相等。组距的大小由全距与组数确定，计算公式为

$$组距＝全距÷组数$$

本例 4.52÷10≈0.50。

（4）确定组限及组中值。各组的变量值的起止界限称为组限。每组有两个组限，最小值称为下限，最大值称为上限。最小一组的下限必须包括数据中的最小值，最大一组的上限必须包括数据中的最大值，习惯上组限和组距取十分位数或五分位数。每一组的中点值称为组中值，在计算时作为该组的代表值。

组中值与组限的关系为

$$组中值＝(组下限＋组上限)÷2$$

本例中，最小值为 2.70，最大值为 7.22，组距为 0.50，故第一组取下限 2.50、上限 3.00、组中值 2.75，最后一组取下限 7.00、上限 7.50、组中值 7.25，余类推。

（5）分组编制次数（频数）分布表。分组结束后，将数据中的每一观测值逐一归组，统计每组的数据个数，然后制成次数（频数）分布表。

次数（频数）分布表不仅便于观察数据的规律性，而且可根据它绘制次数（频数）分布图及计算平均数、标准差等统计量。本例数据分组及制作的次数（频数）分布表如表 2-5 所示。可以看出该数据分布的一般趋势，即有 65％的人总胆固醇含量在 4.00～5.50 mmol/L。

表 2-5　100 例 30～40 岁健康男子血清总胆固醇含量次数（频数）分布表

下　　限	上　　限	组　中　值	次　　数	频率/(%)	累计频率/(%)
2.50	3.00	2.75	1	1.00	1.00
3.00	3.50	3.25	8	8.00	9.00
3.50	4.00	3.75	8	8.00	17.00
4.00	4.50	4.25	25	25.00	42.00
4.50	5.00	4.75	23	23.00	65.00
5.00	5.50	5.25	17	17.00	82.00
5.50	6.00	5.75	9	9.00	91.00
6.00	6.50	6.25	6	6.00	97.00
6.50	7.00	6.75	2	2.00	99.00
7.00	7.50	7.25	1	1.00	100.00

在归组时应注意,处于组限上的数据采取"就上不就下"的原则,即归入以其作为下限的组;数据不能重复统计或遗漏,各组的次数相加结果应与样本容量相等。

2.3　常用统计表与统计图

统计表是用表格形式来表示数量关系,统计图是用几何图形来表示数量关系。用统计图表,可以把研究对象的特征、内部构成、相互关系等直观、形象地表达出来,便于比较分析。

1.统计表

1) 统计表的结构和要求

统计表由标题、横标目、纵标目、线条、数字及合计(总计)构成,其基本格式为

表号　标题

总横标目(或空白)	纵标目 1	纵标目 2	…	纵标目 k	合　计
横标目 1	数值	数值	…	数值	行之和
横标目 2	数值	数值	…	数值	行之和
⋮	⋮	⋮	⋮	⋮	⋮
横标目 n	数值	数值	…	数值	行之和
总计	列之和	列之和	…	列之和	总和

编制统计表的总原则:结构简单,层次分明,内容安排合理,重点突出,数据准确,便于理解和比较分析。具体要求如下。

(1) 标题:标题要简明扼要、准确地说明表的内容,有时需在最右侧注明时间、地点,表中数据为同一单位时也在此说明。

(2) 标目:标目分为横标目和纵标目两项。横标目列在表的左侧,纵标目列在表的上端,并注明计量单位,如%、kg、cm 等。

(3) 数字:一律用阿拉伯数字,小数点对齐,(每列)小数位数一致,无数字的用"—"表示,数字是"0"的,则填写"0"。

(4) 线条:表的上、下两条边线略粗,纵、横标目间及合计(总计)用细线分开,表的左右边线可省去,表的左上角一般不用斜线;科技论文则习惯使用三线表。

2) 统计表的种类

表可根据纵、横标目是否有分组而分为简单表和复合表两类。简单表由一组横标目和一组纵标目组成,纵、横标目都未分组。此类表适用于简单数据的统计,如表 2-6 所示。

表 2-6　阿司匹林对心脏病的预防效果

药　剂	发 病 人 数	正 常 人 数	发病率/(‰)
阿司匹林	104	10933	9.42
CK(安慰剂)	189	10845	17.13

复合表由两组或多组横标目与一组纵标目结合而成,或由一组横标目与两组或多组纵标目结合而成,或两组或多组横、纵标目结合而成。此类表适用于复杂数据的统计,如表 2-7 所示。

表 2-7　温度和光照对菜豆生长的影响　　　　　　　　　　　　　　（单位：cm）

品种	室温/℃			光照/（%）		
	25	20	15	100	75	50
A	140	120	110	140	110	80
B	160	140	100	160	130	90
C	140	150	110	140	120	100

2.统计图

常用的统计图有柱状图（bar chart）、饼图（pie chart）、线图（linear chart）、直方图（histogram）和折线图（broken-line chart）等。图形的选择取决于数据的性质，一般情况下，离散型数据常用柱状图、线图或饼图，连续型数据采用直方图和折线图。

1）统计图绘制的基本要求

（1）标题简明扼要，列于图的下方；纵、横两轴应有刻度，注明单位。

（2）横轴由左至右、纵轴由下而上，数值由小到大；图形宽度与高度之比为 4∶3 至 6∶5。

（3）图中用不同颜色或线条代表不同事物时，应有图例说明。

2）常用统计图及其绘制方法

（1）柱状图：用于不同组数据间的比较。作图时，用横坐标表示各组的组限，纵坐标表示次数或频率，按照各组组距的大小和次数多少，分别绘制一定宽度和相应高度的长条柱。柱之间有一定的距离，以区别于直方图（图 2-1）。

（2）饼图：用于表示离散型数据的构成比。所谓构成比，就是各类别、等级的观测值次数与观测总次数的百分比（图 2-2）。

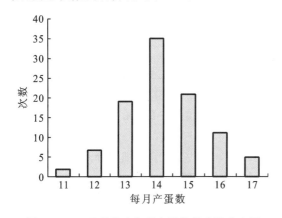

图 2-1　100 只芦花鸡每月产蛋数的次数分布图

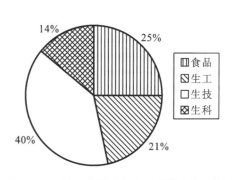

图 2-2　不同专业学生参加比赛的人数比例

（3）直方图：适合于表示连续型数据的次数（频数）分布。其作图与柱状图相似，只是各组之间没有间隔，前一组上限和后一组下限可合并共用，将 100 例 30～40 岁健康男子血清总胆固醇含量（mmol/L）次数（频数）分布表（表 2-5）做成次数（频数）分布图，如图 2-3（a）所示。

（4）折线图：对于连续型数据，还可根据次数（频数）分布表作出次数（频数）分布折线图（图 2-3（b））。

（5）线图：用来表示事物或现象随其他变量（如时间）变化而变化的情况。线图有单式和复式两种。单式线图表示某一事物或现象的动态（图 2-4）。复式线图是在同一图上表示两种或两种以上事物或现象的动态，可以用不同的线型区别不同的事物（图 2-5）。

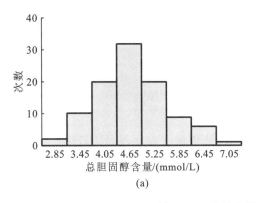

(a)

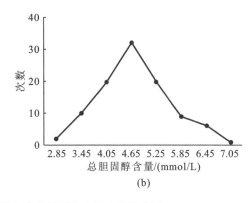

(b)

图 2-3 100 例 30～40 岁健康男子血清总胆固醇含量次数分布图

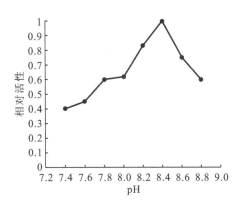

图 2-4 不同 pH 对精氨酸激酶活性的影响

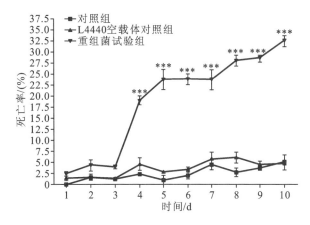

图 2-5 RNA 干扰片段对棉铃虫幼虫死亡率的影响

2.4 数据的特征数

从数据的次数分布可以看出变量分布具有两种明显的基本特征,即集中性和离散性。集中性(centrality)是指变量有向某一中心聚集的趋势,或者说以某一数值为中心向两侧递减分布的性质;离散性(discreteness)是指变量有离中心分散变异的性质。数据整理之后,需计算特征数,以便作为样本的代表值与其他样本比较,或用于统计推断的计算。

反映数据集中性的特征数为平均数,常用的是算术平均数,还包括几何平均数、调和平均数、中位数和众数等。反映数据离散性的特征数为变异数,常用的是方差和标准差,以及极差、变异系数等。特征数还包括描述变量分布的偏度和峰度。

2.4.1 平均数

平均数是统计学中最常用的统计量,用来表明资料中各观测值的中心位置,并可作为资料的代表值与另外一组资料比较,以确定两者之间的差异情况。平均数主要包括算术平均数、几何平均数、调和平均数、中位数和众数等,现分别介绍如下。

1.算术平均数

算术平均数(arithmetic mean)是指资料中各观察值的总和除以观察值个数所得的商,简称平均数或均数,记为 $\bar{x}$。其计算公式为

$$\bar{x} = \frac{(x_1 + x_2 + \cdots + x_n)}{n} = \frac{\sum\limits_{i=1}^{n} x_i}{n} = \frac{\sum x}{n} \tag{2-1}$$

算术平均数通常情况下使用样本数据直接计算。整理成次数分布表的数据,可采用加权法进行简要计算,但由于用组中值代表一组数据的取值,故计算结果有一定误差。

1) 算术平均数的特性

(1) 样本各观测值与平均数之差称为离均差(deviation from mean)。样本离均差之和为零,即

$$\sum (x - \bar{x}) = 0 \tag{2-2}$$

因为

$$\sum (x - \bar{x}) = (x_1 - \bar{x}) + (x_2 - \bar{x}) + \cdots + (x_n - \bar{x})$$
$$= (x_1 + x_2 + \cdots + x_n) - n\bar{x} = \sum x - n\bar{x}$$

(2) 样本各观测值与平均数之差的平方和称为离均差平方和(mean deviation sum of squares,记为 SS)。样本的离均差平方和最小。即对于任意数 a,有

$$\sum (x - \bar{x})^2 \leqslant \sum (x - a)^2 \tag{2-3}$$

因为

$$\sum (x - a)^2 = \sum [(x - \bar{x}) + (\bar{x} - a)]^2$$
$$= \sum [(x - \bar{x})^2 + 2(x - \bar{x})(\bar{x} - a) + (\bar{x} - a)^2]$$
$$= \sum (x - \bar{x})^2 + 2 \sum (x - \bar{x})(\bar{x} - a) + \sum (\bar{x} - a)^2$$
$$= \sum (x - \bar{x})^2 + n(\bar{x} - a)^2$$

2) 算术平均数的作用

算术平均数是描述观测资料最重要的特征数,它的作用有以下两点:

(1) 指出资料内变量的中心位置,是资料数量或质量水平的代表;

(2) 作为资料的代表与其他资料进行比较。

2.几何平均数

将资料中的 n 个观测值相乘之积开 n 次方所得的数值,称为几何平均数(geometric mean),记为 G。其计算公式为

$$G = \sqrt[n]{x_1 x_2 x_3 \cdots x_n} = \sqrt[n]{\prod_{i=1}^{n} x_i} \tag{2-4}$$

当数据以相关或成比例的形式变化时,或数据以比率、指数形式表示时,经过对数化处理以后可以呈现对称的正态分布,在这种情况下就需要用几何平均数计算平均变化率。

3.调和平均数

资料中各观测值的倒数的算术平均数的倒数,称为调和平均数(harmonic mean),记为 H。其计算公式为

$$H = \frac{1}{\frac{1}{n}(\frac{1}{x_1} + \frac{1}{x_2} + \cdots + \frac{1}{x_n})} = \frac{1}{\frac{1}{n}\sum\frac{1}{x}} \tag{2-5}$$

调和平均数主要用于计算生物不同阶段的平均增长率。

4.分位数

分位数(quantile),亦称分位点,是指将数据平均分为几个等份的数值点,常用的有中位数、四分位数、百分位数等。

将所有观测值从大到小顺序排列,位于中间的那个观测值称为中位数(median),记为 M_d。当观测值的个数是偶数时,以中间两个观测值的平均数作为中位数。当样本数据呈偏态分布时,中位数的代表性优于算术平均数。

将排序后的数据进行四等分,则得到四分位数(quartile)。四分位数有三个,较小的四分位数称为第一四分位数(Q_1)或下四分位数,中位数是第二个四分位数(Q_2),较大的四分位数称为第三四分位数(Q_3)或上四分位数。Q_3 与 Q_1 的差称为四分位距,有时用于度量数据的离散情况。如果将排序后的数据进行一百等分,则得到百分位数(percentile),在医学和社会经济统计分析中用得较多。

5.众数

资料中出现次数最多的观测值或组中值,称为众数(mode),记为 M_0。资料可能有多个众数或没有众数。

2.4.2　变异数

观察值的分布具有集中性和离散性两个方面的特征,只考察表示集中性的平均数是不够的,还必须考察其离散性,用变异数来表示。反映样本离散性的变异数包括极差、方差、标准差和变异系数等,方差和标准差是使用最广泛的变异数,变异系数用于数据差异很大或不同量纲的数据比较。

1.极差

资料中观测值的最大值与最小值之差称为极差(range),记为 R。

$$R = \max\{x_1, x_2, \cdots, x_n\} - \min\{x_1, x_2, \cdots, x_n\} \tag{2-6}$$

例如表 2-3 资料中,30～40 岁健康男子血清总胆固醇含量的极差 $R = 7.22 - 2.70 = 4.52$。

2.方差

观测值相对于平均数的变异程度,可以用离均差来表示。由于所有观测值与平均数的离均差之和等于 0,所以不能用它来反映样本的总变异情况。离均差平方和 $\sum(x-\bar{x})^2$ 可以消除上述影响,但随样本容量而改变。为去除样本容量的影响,可以用离均差平方和除以样本容量,即 $\sum(x-\bar{x})^2/n$,得出离均差平方和的平均数来反映样本的总变异情况,称为方差(variance,记为 s^2)或均方(mean squares,记为 MS)。

在统计学上,为能用 s^2 来估计总体方差 σ^2,求样本方差 s^2 时,分母不用 n,而是用自由度 $n-1$。于是有

$$s^2 = \frac{\sum(x-\bar{x})^2}{n-1} \tag{2-7}$$

相应的总体参数称为总体方差,记为 σ^2。对有限总体而言,σ^2 的计算公式为

$$\sigma^2 = \frac{\sum (x - \mu)^2}{N} \tag{2-8}$$

式中,N 为总体所含个体数。

3. 标准差

方差虽能反映样本的变异程度,但由于离均差取了平方和,其数值和单位与观测值不能配合使用。为去除这一影响,可使用方差的平方根来表示变异程度,称为标准差(standard deviation),记为 s。其计算公式为

$$s = \sqrt{\frac{\sum (x - \bar{x})^2}{n - 1}} \tag{2-9}$$

可以证明,$\sum (x - \bar{x})^2 = \sum x^2 - \frac{(\sum x)^2}{n}$。因此,可以不计算平均数而直接计算方差和标准差:

$$s = \sqrt{\frac{\sum x^2 - \frac{(\sum x)^2}{n}}{n - 1}} \tag{2-10}$$

标准差表示样本中各个观察值相对于平均数的平均变异程度。

相应的总体参数称为总体标准差,记为 σ。对于有限总体而言,σ 的计算公式为

$$\sigma = \sqrt{\frac{\sum (x_i - \mu)^2}{N}} \tag{2-11}$$

1)标准差的特性

(1)标准差受所有观测值的影响,观测值间的差异大小直接影响标准差的大小。

(2)在计算标准差时,所有观测值同时加上一个常数,标准差值不变;所有观测值同时乘以常数 a 时,标准差扩大 a 倍。

(3)数据呈正态分布时,在平均数两侧 $1s$ 范围内的观测值个数为 68.26%,在平均数两侧 $2s$ 范围内的观测值个数为 95.45%,在平均数两侧 $3s$ 范围内的观测值个数为 99.73%。

2)标准差的作用

(1)表示变量变异程度的大小。标准差小,说明变量比较密集地分布于平均数附近;标准差大,说明变量分布比较分散。因此,可以根据标准差的大小判断平均数的代表性。

(2)利用标准差估计变量的次数分布及各类观测值在总体中所占的比例。

(3)利用样本标准差代替总体标准差计算平均数的标准误。

(4)用于平均数的区间估计和变异系数的计算。

4. 变异系数

当进行两个或多个资料变异程度的比较时,如果度量单位与平均数相同,可以直接利用标准差来比较。在度量单位不同和(或)平均数差异较大时,比较两个样本的变异程度就不能直接采用标准差,而须先对其进行标准化处理,消除度量单位的差异和平均数大小的差异的影响。

标准差与平均数的比值称为变异系数(coefficient of variation),记为 C_v。其计算公式为

$$C_v = \frac{s}{\bar{x}} \tag{2-12}$$

【例 2.1】　测定华山松和马尾松的种子各 10 粒,种子长度(mm)分别为:华山松 11.2、12.8、13.5、12.3、11.6、14.3、10.9、15.2、12.6、13.1;马尾松 4.6、5.3、4.9、5.3、5.7、4.1、5.8、3.9、4.6、5.4。试比较两种松树种子长度的变异程度。

通过计算可知,华山松种子长度平均值为 12.75 mm,标准差为 1.3525 mm,变异系数为 0.1061;马尾松种子长度平均值为 4.96 mm,标准差为 0.6501 mm,变异系数为 0.1311。虽然马尾松种子长度的标准差较华山松的小,但由于其平均值较小,变异程度反而较华山松的大。

2.4.3　偏度和峰度

除用平均数和变异数进行数据的特征描述外,还可以用偏度和峰度对其分布形态进行描述,表示分布的偏倚情况和陡缓程度,反映数据对正态分布的偏离程度。

1.偏度

偏度(skewness)用于描述样本观察值分布的对称性,可以度量统计数据分布的偏倚方向和程度,以 S_k 表示。其计算公式为

$$S_k = \frac{\sum (x - \bar{x})^3}{s^3 (n-1)} \qquad (2\text{-}13)$$

$S_k = 0$ 时,数据呈正态分布,两侧尾部长度对称;$S_k < 0$ 时,分布负偏离,也称左偏态,左边拖尾;$S_k > 0$ 时,分布正偏离,也称右偏态,右边拖尾。

右偏时,一般算术平均数>中位数>众数;左偏时相反,即众数>中位数>平均数。正态分布时三者相等。

2.峰度

峰度(kurtosis)是描述分布形态陡缓程度的指标,可以度量统计数据分布的陡缓程度,以 K_u 表示。其计算公式为

$$K_u = \frac{\sum (x - \bar{x})^4}{s^4 (n-1)} - 3 \qquad (2\text{-}14)$$

$K_u = 0$ 时,数据呈正态分布;$K_u < 0$,比正态分布平缓,表示分布较分散,呈低峰态;$K_u > 0$,比正态分布陡峭,表示分布更集中在平均数周围,呈尖峰态。计算公式中"-3"是为了把标准值调整为 0,在使用统计软件进行计算时,需注意软件默认的峰度计算公式。

2.5　异常值识别与生物学正常范围的确定

1.异常值识别

在处理试验数据的时候,常遇到个别数据偏离预期值或偏离大多数结果的情况。如果把这些数据和正常数据放在一起进行统计,可能影响试验结果的正确性;如果把这些数据简单地剔除掉,又可能忽略了重要的试验信息。因此,判断数据是否异常十分必要。

对异常数据的判别主要采用物理判别法和统计判别法两种方法。所谓物理判别法,就是根据人们对客观事物已有的认识,判别由于外界干扰、人为误差等原因所造成的实测数据对正常结果的偏离,在试验过程中随时判断,随时剔除。统计判别法是根据正态分布的正常变异程度,计算出包含 95% 或 99% 的数据范围,超出该范围的数据就可以判定为异常数据。最常用

的异常数据判定法为拉依达(Pauta)法。

前面介绍过正态分布有 95.43% 的观测值落在 $\bar{x}\pm 2s$ 范围内,有 99.73% 的观测值落在 $\bar{x}\pm 3s$ 范围内。因此,样本中出现在 $\bar{x}\pm 3s(2s)$ 范围外数据的概率很小,可以将这种数据视为异常数据,予以剔除。需要说明的是:

(1) 计算平均值和标准差时,应包括可疑值在内;

(2) 可疑数据应逐一检验,不能同时剔除多个数据,首先检验偏差最大的数;

(3) 剔除一个数后,如果还要检验下一个数,应重新计算平均值及标准差;

(4) 该检验法适用于试验次数较多或要求不高的情况,当以 $3s$ 为界时,要求 $n>10$;以 $2s$ 为界时,要求 $n>5$。

【例 2.2】 计算阿魏菇的醇提取物对黑色素瘤 B16 细胞活性(OD 值)的影响,测定结果为:2.35、2.23、2.41、2.34、2.31、2.41、2.25、2.36、2.45、2.35、2.29、1.55。试判断有无异常值存在。

因为 $\bar{x}=2.2750$,$s=0.2373$,$3s=0.7119$,$\bar{x}-3s=1.5631$,而 $x_{12}=1.55<1.5631$,所以该值应视为异常值,予以舍弃。

对于试验数据中的异常值的处理,必须慎重考虑,反复验证。如果反复试验都是同样的结果,在确信试验没有问题的情况下,应该考虑这种异常值可能反映了试验中的某种新现象或新规律,值得深入探讨。这类"异常值"可能有助于深化人们对客观事物的认识,如果随意删除,可能失去认识和发现新事物的机会。

2.生物学正常值范围的确定

生物正常值是指正常人体或动物体的各种生理常数,正常人体液和排泄物中某种生理、生化指标或某种元素的含量,以及人体对各种试验的正常反应值等。由于存在变异,各种数据不仅因人而异,且同一个人还会随人体内、外环境的改变而改变,因而需要确定其波动的范围,即正常值范围(normal range)。

制定正常值范围。①首先要确定一批样本容量足够多的"正常人"。所谓"正常人"不是指机体任何器官、组织的形态及机能都正常的人,而是指排除了影响所研究指标的疾病的有关因素的同质人群。②根据指标的实际用途确定单侧或双侧界值:若某种指标过高或过低均属异常,需要确定正常值范围的下限和上限,如白细胞计数;若某指标过高为异常,需确定上限,如尿铅;若某指标过低为异常,需确定下限,如肺活量。③根据研究目的和实用要求选定适当的百分界值,常用 80%、90%、95%或 99%,其中最常用的是 95%。④根据资料的分布特点,选用恰当的界值计算方法,如正态分布资料用正态分布法,对数正态分布资料用对数正态分布法,偏态分布资料用百分位数法。

对于一个指标,随机抽取一个大样本后,如何根据样本资料利用正态分布法或百分位数法指定参考值范围,可以参考表 2-8。

表 2-8 正常值范围的指定

百分比/(%)	正态分布法			百分位数法		
	双侧	单侧		双侧	单侧	
		仅有上限	仅有下限		仅有上限	仅有下限
90	$x\pm 1.645s$	$x-1.282s$	$x+1.282s$	$P_5\sim P_{95}$	P_{10}	P_{90}
95	$x\pm 1.960s$	$x-1.645s$	$x+1.645s$	$P_{2.5}\sim P_{97.5}$	P_5	P_{95}
99	$x\pm 2.576s$	$x-2.326s$	$x+2.326s$	$P_{0.5}\sim P_{99.5}$	P_1	P_{99}

【例 2.3】 测得某品种胡麻 100 株的株高,$\bar{x}=66.72$ cm,$s=2.08$ cm,试用正态分布法估计双侧 95％正常值范围。

依据题意计算百分范围 95,正态分布法双侧,应求 $\bar{x}\pm1.960s$。

代入公式 $\bar{x}\pm1.960s$,可得:$66.71\pm1.960\times2.08=(62.64,70.80)$,因此某胡麻品种株高的 95％的正常值范围为 62.64 cm,70.80 cm。

习题

习题 2.1 生物统计中常用的平均数有几种? 各在什么情况下应用?

习题 2.2 何谓标准差? 标准差有哪些特性?

习题 2.3 何谓变异系数? 为什么变异系数要与平均数、标准差配合使用?

习题 2.4 为什么要对数据进行整理? 连续型数据整理的基本步骤是什么?

习题 2.5 有一组分析测试数据:0.128、0.129、0.131、0.133、0.135、0.138、0.141、0.142、0.145、0.148、0.167。请检查这组数据中有无异常值。

习题 2.6 正常值的含义是什么? 确定正常值的原则是什么? 有哪些方法?

习题 2.7 尸检中测得北方成年女子 80 人的肾上腺质量(g)如下。

(1) 编制频数表并制作统计图;

(2) 求中位数、平均数和标准差。

19.0	12.0	14.0	14.0	8.2	13.0	6.5	12.0	15.0	17.2
12.0	12.7	25.0	8.5	20.0	17.0	8.4	8.0	13.0	15.0
20.0	13.0	13.0	14.0	15.0	7.9	10.5	9.5	10.0	12.0
6.5	11.0	12.5	7.5	14.5	17.5	12.0	10.0	11.0	11.5
16.0	13.0	10.5	11.0	14.0	7.5	14.0	11.4	9.0	11.1
10.0	10.5	8.0	12.0	11.5	19.0	10.0	9.0	19.0	10.0
22.0	9.0	12.0	8.0	14.0	10.0	11.5	11.0	15.0	16.0
8.0	15.0	9.9	8.5	12.5	9.6	18.5	11.0	12.0	12.0

第 **3** 章

概率与概率分布

统计分析的目的是探索总体的数量规律性,总体的数量规律性是由总体中所有个体决定的,而现实情况不允许或不可能对总体的每个个体进行研究,因此只能用从总体中获取的样本去推断总体。对总体所做的推断都是概率性的,即在一定的概率条件下,通过样本推断总体,概率是进行统计推断的手段。单个事件发生的可能性是用概率来度量的,而一个总体中包含多个事件,就会有多种不同的结果,这些结果的概率集合就是总体的概率分布,了解了总体的概率分布,就弄清了总体的数量规律性。因此,概率和概率分布是统计学的理论基础。

3.1 概率的基础知识

自然界发生的现象可以归为两大类:一类为确定性现象(deterministic phenomenon);另一类为非确定性现象,也称为随机现象(random phenomenon)。确定性现象很好理解,简单地讲,就是条件完全决定结果的一类现象。例如,一个物体如果在外力作用下被抛向空中,或快或慢总会落到地面,由给定条件(地球引力)可得出必然结果(物体落回地面)。而随机现象是一类条件不能完全决定结果的现象,即在保持条件不变的情况下,重复进行试验,其结果未必相同。例如,掷一枚质地均匀对称的硬币,其结果是可能出现正面,也可能出现反面;一天进入某一商店的人数,可能是几人或几十人,也可能是几百人,事先不可能断言一天内进入该商店的人数。除了控制因素外,还存在许许多多偶然因素,再加上这些因素配合方式和程度的不同,造成这类现象的结果是无法预测的。

通过对随机现象进行大量研究后,就能从偶然现象中揭示出其内在规律。概率论就是研究偶然现象的规律性的科学,基于实际观测结果,利用概率论得出的规律,揭示偶然性中所蕴含的必然性的科学就是统计学。概率论是统计学的基础,而统计学则是概率论在各科学领域中的实际应用。

3.1.1 概率的基本概念

1.事件

1) 随机试验

根据某一研究目的,在一定条件下对随机现象所进行的观察或试验统称为随机试验(randomized trial),简称试验。随机试验的结果不止一个,并且事先不知道会有哪些可能的结果,也不确定某一次试验会出现哪种结果。例如,在一定种植条件下,测量某一品种玉米的株高,对一株玉米株高的测量就是一次随机试验,测量 n 株就是做了 n 次重复的随机试验,但是每株的高度具体是多少,事先不可获知。

2)随机事件

随机试验的每一种可能结果称为随机事件,简称事件(event),通常用 A、B、C 等来表示。把不能再分的事件称为基本事件。例如,在编号为 1~5 的 5 件产品中随机抽取 1 件,则有 5 种不同的可能结果:"取得一个编号是 1","取得一个编号是 2",…,"取得一个编号是 5"。这 5 个事件都是不可能再分的事件,是基本事件。由若干个基本事件组合而成的事件称为复合事件。如"取得一个编号小于 3"是一个复合事件,它由"取得一个编号是 1"和"取得一个编号是 2"两个基本事件组合而成。

在一定条件下必然发生的事件称为必然事件(certain event),用 U 表示。例如,每天太阳从东方升起,从西方落下。在一定条件下不可能发生的事件称为不可能事件(impossible event),用 V 表示。例如,在编号为 1~5 的 5 件产品中,随机抽取一件既是编号 2 又是编号 3,这是不可能事件。必然事件与不可能事件可以看作两个特殊的随机事件。

2.频率

在相同条件下进行了 n 次试验,若事件 A 发生的次数为 m,称为事件 A 发生的频数,则比值 m/n 称为事件 A 发生的频率(frequency),记为 $W(A)$,即

$$W(A) = \frac{m}{n} \tag{3-1}$$

频率可以快速地确定事件 A 发生可能性的大小,且随着 n 增大,能逐步确定这个数值的大小,但是频率具有波动性,因此可以用频率的稳定中心 $P(A)$ 来描述事件 A 发生可能性的大小。

3.概率

1)概率的统计定义

对随机试验进行研究时,不仅要知道可能发生哪些随机事件,还要了解各种随机事件发生的可能性大小,以揭示这些事件的内在统计规律性。用于反映事件发生的可能性大小的数量指标称为概率(probability)。事件 A 的概率记为 $P(A)$。下面首先介绍概率的统计定义。

在相同条件下进行 n 次重复试验,当 n 逐渐增大时,随机事件 A 的频率 $W(A)$ 越来越稳定地接近某一数值 p,那么就把 p 称为随机事件 A 的概率。这样定义的概率称为统计概率。在一般情况下,随机事件的概率 p 不可能准确得到,常以试验次数 n 充分大时随机事件 A 的频率作为该随机事件概率的近似值,即

$$P(A) = p \approx \frac{m}{n} \quad (n \text{ 充分大}) \tag{3-2}$$

【**例 3.1**】 为研究马尾松林的虫害情况,对马尾松林进行虫害调查,结果见表 3-1。试估计马尾松林发生虫害的概率。

由于调查的株数增多时,虫害频率稳定地接近 0.37,可以估计马尾松林发生虫害的概率为 0.37左右。

2)概率的古典定义

对于某些随机事件,不需要进行多次重复试验来确定其概率,而是根据随机事件本身的特性直接计算其概率。这类随机试验满足以下三个条

表 3-1 马尾松林害虫情况调查记录

调查株数 n	虫害株数 m	频率 $W(A)$
50	21	0.420
100	38	0.380
200	73	0.365
500	186	0.372
1000	371	0.371

件：①试验的所有可能结果只有有限个；②试验的各种结果出现的可能性相等；③试验的所有可能结果两两互不相容。这样的随机试验，称为古典概型。对于古典概型，概率的定义如下：

设样本空间由 n 个等可能的基本事件所构成，其中事件 A 包含 m 个基本事件，则事件 A 的概率为 m/n，即

$$P(A) = \frac{m}{n} \tag{3-3}$$

这样定义的概率称为古典概率或先验概率。

根据概率的定义，任何事件的概率都介于 0 和 1 之间。

【例 3.2】 某养殖场养殖了 30 头牛，其中 3 头患有某种遗传病。从这群牛中任意抽出 10 头，则其中恰有 2 头患病牛的概率是多少？

$$P(A) = \frac{C_3^2 C_{27}^8}{C_{30}^{10}} = 0.2217$$

即从这群牛中随机抽出 10 头，其中恰有 2 头患病牛的概率为 22.17%。

3.1.2 概率的计算

1.事件的相互关系

（1）和事件：事件 A 和事件 B 中至少有一个发生构成的新事件，称为事件 A 与事件 B 的和事件，记作 $A \cup B$（或 $A+B$）。

（2）积事件：事件 A 和事件 B 同时发生构成的新事件，称为事件 A 与事件 B 的积事件，记作 $A \cap B$（或 AB）。

（3）互斥事件：若事件 A 和事件 B 不可能同时发生，称事件 A 与事件 B 互斥，这样的两个事件称为互斥事件。

（4）独立事件：事件 A 发生与否对事件 B 的发生没有影响，称事件 A 与事件 B 相互独立，这样的两个事件称为独立事件。

2.概率计算法则

1）加法定理

两个事件的和事件的概率为

$$P(A \cup B) = P(A) + P(B) - P(A \cap B) \tag{3-4}$$

如果 A 和 B 是互斥事件，则式（3-4）变为

$$P(A \cup B) = P(A) + P(B) \tag{3-5}$$

若有限多个事件两两互不相容，则

$$P(A_1 \cup A_2 \cup \cdots \cup A_n) = P(A_1) + P(A_2) + \cdots + P(A_n) \tag{3-6}$$

2）条件概率

已知事件 A 发生条件下事件 B 发生的概率，称为条件概率。它记作 $P(B|A)$，读作"在 A 条件下 B 的概率"。条件概率可用下式计算：

$$P(B|A) = \frac{P(AB)}{P(A)} \tag{3-7}$$

事件 A 与事件 B 之间不一定有因果或者时间顺序关系。

【例 3.3】 某品系犬出生后活到 12 岁的概率为 0.70，活到 15 岁的概率为 0.49，求现年为

12 岁的该品系犬活到 15 岁的概率。

设 A 表示"某品系犬活到 12 岁",B 表示"某品系犬活到 15 岁",则 $P(A)=0.70$,$P(B)=0.49$。

由于 $AB=B$,故 $P(AB)=P(B)=0.49$,故

$$P(B|A)=\frac{P(AB)}{P(A)}=\frac{0.49}{0.70}=0.70$$

即现年为 12 岁的这种狗活到 15 岁的概率为 0.70。

3)乘法法则

设事件 A 和事件 B 是同一个样本空间的两个事件,则

$$P(AB)=P(A)P(B|A) \tag{3-8}$$

如果事件 A 与事件 B 相互独立,则 $P(B|A)=P(B)$,于是

$$P(AB)=P(A)P(B) \tag{3-9}$$

可以把上面公式推广到多个事件,现在有 $A_1,A_2,\cdots,A_n$ 个事件,则

$$P(A_1A_2\cdots A_n)=P(A_1)P(A_2|A_1)P(A_3|A_1A_2)\cdots P(A_n|A_1A_2\cdots A_{n-1}) \tag{3-10}$$

如果有 $A_1,A_2,\cdots,A_n$ 相互独立,则

$$P(A_1A_2\cdots A_n)=P(A_1)P(A_2)P(A_3)\cdots P(A_n) \tag{3-11}$$

【例 3.4】　一批零件共有 100 个,其中 10 个不合格。从中一个一个不返回取出,求第三次才取出不合格品的概率。

记 $A_i=$"第 i 次取出的是不合格品",$B_i=$"第 i 次取出的是合格品",则 $B_1B_2A_3$ 表示第三次才取出不合格品。

$$P(B_1B_2A_3)=P(B_1)P(B_2|B_1)P(A_3|B_1B_2)=\frac{90}{100}\times\frac{89}{99}\times\frac{10}{98}=0.083$$

即第三次才取出不合格品的概率为 0.083。

3.1.3　概率分布

1.随机变量

事件的概率表示一次试验某个结果发生的可能性大小。要全面了解一个随机现象,则必须知道试验的全部可能结果以及各种可能结果发生的概率,即必须知道随机试验的概率分布(probability distribution)。

随机变量(random variable)是表示随机试验各种结果的变量,用 x,y 等表示,试验的结果就是随机变量的值。引入随机变量的概念后,随机试验概率分布问题就转为随机变量概率分布问题。如果随机变量 x 的全部可能取值为有限个或可数无穷个,且这些取值的概率是确定的,则称 x 为离散型随机变量(discrete random variable)。如果随机变量 x 的可能取值为某范围内的任何数值,且在其中任一区间取值的概率是确定的,则称 x 为连续型随机变量(continuous random variable)。

2.离散型随机变量的概率分布

若将离散型随机变量 x 的所有可能取值 $x_i(i=1,2,\cdots)$ 与相应的概率 p_i 对应排列起来,

则称为离散型随机变量 x 的概率分布或分布律。表 3-2 是离散型随机变量的概率分布表。

表 3-2 离散型随机变量概率分布表

x	x_1	x_2	$\cdots$	x_i	$\cdots$
p	p_1	p_2	$\cdots$	p_i	$\cdots$

表示离散型随机变量 x 的取值 x 与其对应的概率 $P(x = x_i)$ 之间的数学关系式 $p(x)$，称为概率函数。

$$P(x = x_i) = p(x_i) \tag{3-12}$$

比如二项分布的概率函数为 $P(x) = C_n^x p^x (1 - p)^{n-x}$。

离散型随机变量 x 的取值小于或等于某一可能值 x_0 的概率称为概率累积函数，或分布函数 $F(x_0)$。

$$F(x_0) = \sum_{x_i \leqslant x_0} p(x_i) = P \quad (x \leqslant x_0) \tag{3-13}$$

3.连续型随机变量的概率分布

连续型随机变量(如体长、株高和产量)的概率分布不能用分布律来表示，因为连续型随机变量可能的取值是不可数的，在任意小的区间内，随着测量精确度的提高，其取值不断变化。因此，连续型随机变量只能在某个区间内取值，在任意区间 $[a,b]$ 上的概率以 $P(a \leqslant x < b)$ 表示。下面通过频率分布密度曲线予以说明。

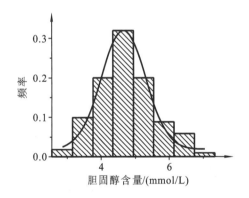

图 3-1 30～40 岁健康男子血清总胆固醇含量分布

例如，对 100 名 30～40 岁健康男子的血清总胆固醇含量作频率分布图，见图 3-1。

图中以胆固醇含量为横坐标，以频率为纵坐标。如果样本容量越来越大($n \rightarrow +\infty$)，数据分组就越来越细($i \rightarrow 0$)，则无限小区间内的频率将趋近于一个定值，这个值叫做概率密度(probability density)。当 $i \rightarrow 0$、$n \rightarrow +\infty$ 时，频率分布的极限是一条稳定的函数曲线。这条曲线叫做概率密度分布曲线，相应的函数叫做概率密度函数。这条曲线排除了抽样和测量的误差，完全反映数据的变动规律。

若概率密度函数记为 $f(x)$，则 x 在区间 $[a,b)$ 取值的概率为

$$P(a \leqslant x < b) = \int_a^b f(x) \mathrm{d}x \tag{3-14}$$

可见，连续型随机变量的概率分布由概率密度函数确定。由于一次试验中随机变量 X 的取值必在 $(-\infty, +\infty)$ 范围内，所以，x 的取值在 $(-\infty, +\infty)$ 范围内的概率必为 1。

$$P(-\infty < x < +\infty) = \int_{-\infty}^{+\infty} f(x) \mathrm{d}x = 1 \tag{3-15}$$

3.2　常见理论分布

3.2.1　二项分布

1.二项分布的概率函数

二项分布(binomial distribution)是一种常见的离散型随机变量的概率分布。所谓二项,是指每次试验只有两个可能的结果:事件 A 和事件 $\overline{A}$,它们互为对立事件。在每次试验中,事件 A 发生的概率 p 不变(事件 $\overline{A}$ 发生的概率 $q=1-p$),这样的试验叫做伯努利试验(Bernoulli trial)。那么,独立重复 n 次伯努利试验,事件 A 可能发生 X 次($X=0,1,2,\cdots,n$)的概率,就是二项分布要解决的问题。比如抛一枚质地均匀对称的硬币,每抛一次,正、反面出现的概率都是 1/2,独立重复抛 3 次硬币,则正、反面都可能出现 0、1、2 或 3 次,这就是 3 重伯努利试验。

在 n 重伯努利试验中,如果事件 A 发生的次数是随机变量 X($X=0,1,2,\cdots,n$),则事件 A 发生 x 次的概率 $P(x)$ 可以用二项式 $(p+q)^n$ 展开式中含 x 的项来表示:

$$P(x)=C_n^x p^x q^{n-x} \quad (x=0,1,2,\cdots,n) \tag{3-16}$$

它也称为二项分布的概率函数。

在生物学研究中,经常遇见二项分布问题,如 n 对等位基因的基因型和表型的遗传分离与组合规律、n 粒种子的萌发数、n 头病畜治疗后的治愈数等。

2.二项分布的意义及性质

二项分布有两个参数,分别为 n 和 p,n 为正整数,p 为 0 与 1 之间的任何数值。如果随机变量 X 服从参数为 n 和 p 的二项分布,记为 $X \sim B(n,p)$。

二项分布的总体平均数 $\mu=np$,表示在 n 次试验中,事件 A 发生的平均次数。二项分布的总体标准差 $\sigma=\sqrt{npq}$,表示在 n 次试验中事件 A 发生不同次数与平均次数的平均离差。

如果数据以频率表示,则称为二项成数,此时 $\mu=p$,$\sigma=\sqrt{\dfrac{pq}{n}}$。

二项分布曲线的形状由 n 和 p 两个参数决定。当 p 趋于 0.5 时,二项分布趋于对称;当 p 值较小($p<0.3$)且 n 不大时,分布是左偏的;当 p 值较大($p>0.7$)且 n 不大时,分布是右偏的。后两种情况下,当 n 增大时分布趋于对称,如图 3-2 所示。

当 $n \to \infty$ 时,二项分布接近连续型的正态分布,如图 3-3 所示。图中 p 都为 0.2,n 从 10 $\to$ 50 $\to$ 100,分布的对称性增加,随着 n 增大分布趋于对称。

当二项分布满足 $np \geqslant 5$ 时,二项分布接近正态分布。这时,也仅仅在这时,二项分布的 x 变量具有 $\mu=np$,$\sigma=\sqrt{npq}$ 的正态分布。在后面的章节将看到,利用二项分布对正态分布的近似性,可以将二项成数按照正态分布的假设检验方法进行近似的分析。

3.二项分布的应用条件

当所研究的生物学现象满足以下条件时,可以应用二项分布来解决问题:①随机试验结果只能出现相互对立的结果之一,如雌性或雄性,阳性或阴性等,属于两分类资料;②这一对立事件的概率之和为 1,即其中一个结果发生的概率为 p,与它对立的结果发生的概率为 $q=1-p$;③在相同条件下重复进行 n 次随机试验,且试验结果相互独立。

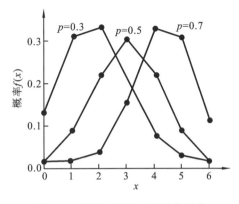

图 3-2　不同 p 值的二项分布比较

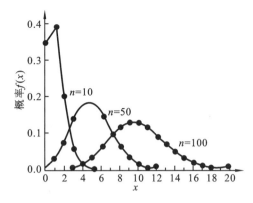

图 3-3　不同 n 值的二项分布比较

3.2.2　泊松分布

泊松分布(Poisson distribution)是另一种常见的离散型随机变量的概率分布,用来描述和分析随机发生在单位空间或时间里的稀有事件的概率分布。在生物、医学研究中,如单位面积内细菌计数,计数器小方格中血细胞数,森林单位空间中的某种野生动物数等,都是研究罕见事件发生的分布规律,样本容量 n 必须很大才能观察到这类事件,这类随机变量均服从泊松分布。

若随机变量 x 只取零和正整数值 $0,1,2,\cdots$,且其概率分布为

$$P(x) = \frac{\lambda^x}{x!}\mathrm{e}^{-\lambda} \quad (x = 0,1,2,\cdots) \tag{3-17}$$

其中:$\lambda > 0$;$e = 2.7182$ 是自然对数的底数;称 x 服从参数为 λ 的泊松分布,记为 $x \sim P(\lambda)$。泊松分布适合于描述单位时间(或空间)内随机事件发生的次数。

1.泊松分布的性质

(1) 泊松分布的平均数与方差相等,即 $\mu = \sigma^2 = \lambda$,利用这一特征可以初步判断一个离散型随机变量是否服从泊松分布。

(2) 当 $n \rightarrow \infty$ 时,泊松分布近似服从正态分布 $N(\lambda,\lambda)$。

(3) 当 $n \rightarrow \infty$,p 很小,且 $np = \lambda$ 保持不变时,二项分布转化为泊松分布。

λ 是泊松分布的唯一参数。λ 值越小,分布越偏倚,随着 λ 的增大,分布趋于对称,如图 3-4 所示。当 $\lambda = 20$ 时,分布接近于正态分布。所以当 $\lambda \geqslant 20$ 时,可以用正态分布来近似地处理泊松分布的问题。

2.泊松分布的概率计算

泊松分布的概率计算依赖于参数 λ,只要参数 λ 确定了,把 $x = 0,1,2,\cdots$ 代入概率函数式即可求得各项的概率。但是参数 λ 往往是未知的,需将样本平均数作为 λ 的估计值。

【例 3.5】　生物在特定强度紫外线照射时,每个基因组平均产生 4 个嘧啶二聚体,且服从泊松分布,请计算一个基因组:

(1) 不发生嘧啶二聚体突变的概率;

(2) 产生 3 个嘧啶二聚体突变的概率;

(3) 产生多于 3 个嘧啶二聚体突变的概率。

已知每个基因组嘧啶二聚体的分布服从泊松分布,且平均数 $\bar{x} = 4$。将 $\lambda = 4$ 代入式(3-

17)中,得

$$P(x) = \frac{4^x}{x!} \mathrm{e}^{-4} \quad (x = 0,1,2,3,4)$$

(1) 基因组不发生嘧啶二聚体突变的概率为

$$P(x = 0) = \frac{4^0}{0!} \mathrm{e}^{-4} = 0.0183$$

(2) 基因组产生 3 个嘧啶二聚体突变的概率为

$$P(x = 3) = \frac{4^3}{3!} \mathrm{e}^{-4} = 0.1954$$

(3) 基因组产生多于 3 个嘧啶二聚体突变的概率为

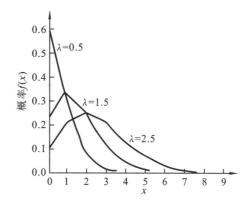

图 3-4　参数 λ 不同的泊松分布

$$P(x > 3) = 1 - P(x \leqslant 3) = 1 - (\frac{4^3}{3!} + \frac{4^2}{2!} + \frac{4^1}{1!} + \frac{4^0}{0!})\mathrm{e}^{-4} = 0.5665$$

对泊松分布应用时,需要注意试验条件的变化。如果 n 次试验不再相互独立,例如一些具有传染性的罕见疾病的发病数,因为首例发生之后可成为传染源,影响到后续病例的发生,所以不符合泊松分布的应用条件。再如,对于在单位时间、单位面积或单位容积内所观察的事物,由于某些外在或内在因素影响,分布不随机、结果不独立时,如污染的牛奶中细菌呈集落存在,钉螺在繁殖期呈窝状散布等,均不能用泊松分布来描述。

3.2.3　正态分布

1.正态分布的概率密度函数

正态分布(normal distribution)是一种十分重要的连续型随机变量的概率分布。许多生物学现象和医学现象所产生数据都服从或近似服从正态分布,如小麦的株高、畜禽的体长、血糖含量等。这类数据的频数分布曲线呈悬钟形,在平均数附近的占大多数,表现为两头少、中间多、两侧对称。实际上如果一个随机变量受到很多无法控制的随机因素的影响,往往就会呈现出正态分布的特征。此外,有些随机变量的概率分布在一定条件下以正态分布为其极限分布。因此,正态分布无论在理论研究上还是实际应用上都占有十分重要的地位。

正态分布的概率密度函数为

$$f(x) = \frac{1}{\sigma\sqrt{2\pi}} \mathrm{e}^{\frac{(x-\mu)^2}{2\sigma^2}} \tag{3-18}$$

其中: μ 为平均数, σ^2 为方差,记为 $X \sim N(\mu, \sigma^2)$。曲线因 σ 不同而峰度不同(图 3-5),因 μ 不同而位置不同(图 3-6)。

正态分布的概率累积函数为

$$F(x) = \frac{1}{\sigma\sqrt{2\pi}} \int_{-\infty}^{x} \mathrm{e}^{-\frac{(x-\mu)^2}{2\sigma^2}} \mathrm{d}x \tag{3-19}$$

$F(x)$ 表示正态分布在区间 $(-\infty, x)$ 的面积(图 3-7),利用概率累积函数可以很方便地求出随机变量 x 在区间 $[a,b)$ 的概率(图 3-8):

$$P(a \leqslant x < b) = F(b) - F(a) \tag{3-20}$$

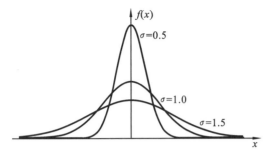

图 3-5　不同标准差的正态分布密度曲线

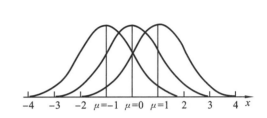

图 3-6　不同平均数的正态分布密度曲线

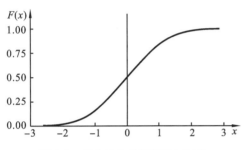

图 3-7　正态分布的概率累积函数

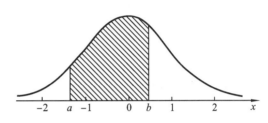

图 3-8　正态分布的区间概率

2.正态分布的特征

正态分布具有以下几个重要特征：

（1）正态分布密度曲线是关于 $x=\mu$ 对称的悬钟形曲线；

（2）$f(x)$ 在 $x=\mu$ 处达到极大，极大值 $f(\mu)=\dfrac{1}{\sigma\sqrt{2\pi}}$ ；

（3）$f(x)$ 是非负函数，以横轴为渐近线，分布从 $-\infty$ 至 $+\infty$；

（4）分布密度曲线与横轴所夹的面积为 1，即

$$P(-\infty<x<+\infty)=\int_{-\infty}^{+\infty}\frac{1}{\sigma\sqrt{2\pi}}e^{-\frac{(x-\mu)^2}{2\sigma^2}}\mathrm{d}x=1$$

（5）正态分布有两个参数，其中平均数 μ 是位置参数，标准差 σ 是变异度参数。

3.标准正态分布

$\mu=0,\sigma^2=1$ 时的正态分布称为标准正态分布，以 $N(0,1)$ 来表示。标准正态分布的概率密度函数及概率累积函数分别记作 $\phi(u)$ 和 $\Phi(u)$：

$$\phi(u)=\frac{1}{\sqrt{2\pi}}e^{-\frac{u^2}{2}} \tag{3-21}$$

$$\Phi(u)=\frac{1}{\sqrt{2\pi}}\int_{-\infty}^{u}e^{-\frac{1}{2}u^2}\mathrm{d}u \tag{3-22}$$

随机变量 u 服从标准正态分布，记作 $u\sim N(0,1)$，概率密度曲线如图 3-9 所示。从标准正态分布的概率密度函数及概率累积函数可以看出，式中只有随机变量 u，没有参数，这对于今后计算任意区间上的概率十分方便。实际上标准正态分布的随机变量 u 取不同值的概率累积值都已经算出，列于附录 A 中。对于一般的正态分布，只要先将其转化为标准正态分布，然后再查表，就能得出随机变量在某区间的概率值，因此，任何一个服从正态分布 $N(\mu,\sigma^2)$ 的随机变量 x，都可以作标准化变换处理：

$$u = \frac{x - \mu}{\sigma} \qquad (3\text{-}23)$$

u 称为标准正态变量或标准正态离差。经过标准正态变换之后,不同 μ 和 σ^2 的正态分布的概率计算就十分方便了。

4.正态分布的概率计算

1) 标准正态分布的概率计算

设 $u \sim N(0,1)$,则 u 在 $[u_1, u_2]$ 内取值的概率为

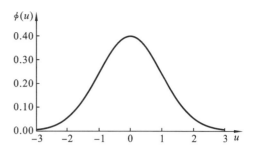

图 3-9　标准正态分布的概率密度曲线

$$P(u_1 \leqslant u < u_2) = \frac{1}{\sqrt{2\pi}} \int_{u_1}^{u_2} e^{-\frac{1}{2}u^2} du = \frac{1}{\sqrt{2\pi}} \int_{-\infty}^{u_2} e^{-\frac{1}{2}u^2} du - \frac{1}{\sqrt{2\pi}} \int_{-\infty}^{u_1} e^{-\frac{1}{2}u^2} du$$
$$= \Phi(u_2) - \Phi(u_1) \qquad (3\text{-}24)$$

而 $\Phi(u_1)$ 与 $\Phi(u_2)$ 可由正态分布表(附录 A)查得。u 在区间 $[u_1, u_2]$ 内取值的概率如图 3-8 阴影部分所示。

【例 3.6】 已知 $u \sim N(0,1)$,试求下列概率:

(1) $P(u < -1)$;

(2) $P(|u| \leqslant 2.576)$;

(3) $P(|u| \geqslant 1.960)$;

(4) $P(-3 \leqslant u < 3)$。

利用式(3-24),并查附录 A,计算得:

(1) $P(u < -1) = \Phi(-1) = 0.1587$;

(2) $P(|u| \leqslant 2.576) = 1 - 2 \times \Phi(-2.576) = 1 - 2 \times 0.005 = 0.99$;

(3) $P(|u| > 1.960) = 1 - P(|u| \leqslant 1.960) = 2 \times \Phi(-1.960) = 2 \times 0.025 = 0.05$;

(4) $P(-3 \leqslant u < 3) = \Phi(3) - \Phi(-3) = 0.9986 - 0.0014 = 0.9972$。

2) 一般正态分布的概率计算

随机变量 x 服从正态分布 $N(\mu, \sigma^2)$,则 x 的取值落在任意区间 $[x_1, x_2]$ 的概率,记作 $P(x_1 \leqslant x < x_2)$,利用标准正态离差对 x 进行标准化处理,求出 u_1 和 u_2,然后查表计算,即可求出。

【例 3.7】 已知小麦某品种的株高 y 服从正态分布 $N(146.2, 3.8^2)$,求:

(1) $y \leqslant 150$ cm 的概率;

(2) $y \geqslant 155$ cm 的概率;

(3) y 在 $142 \sim 152$ cm 的概率。

根据式(3-23)及式(3-24),有:

(1) $P(y \leqslant 150 \text{ cm}) = \Phi\left(\dfrac{150 - 146.2}{3.8}\right) = \Phi(1) = 0.8413$;

(2) $P(y \geqslant 155 \text{ cm}) = 1 - \Phi\left(\dfrac{155 - 146.2}{3.8}\right) = 1 - \Phi(2.32) = 1 - 0.9898 = 0.0102$;

(3) $P(142 \text{ cm} \leqslant y < 152 \text{ cm}) = \Phi\left(\dfrac{152 - 146.2}{3.8}\right) - \Phi\left(\dfrac{142 - 146.2}{3.8}\right)$

$$= \Phi(1.53) - \Phi(-1.11) = 0.9370 - 0.1335 = 0.8035 \text{。}$$

5.正态分布的几个特殊值与临界值

随机变量 x 服从正态分布 $N(\mu,\sigma^2)$,转化为标准正态分布 $N(0,1)$ 后,在下列区间的概率反映了正态分布的取值特点和主要分布范围(图 3-10)。

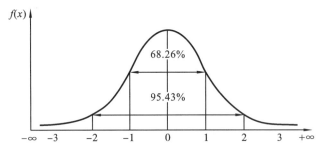

图 3-10　正态随机变量 U 落在不同区间内的概率点

u 值落入 ±1 范围内的概率为 68.26%,u 值落入 ±2 范围内的概率为 95.43%,u 值落入 ±3 范围内的概率为 99.73%,即

$$P(-1\leqslant u<1)=0.6826$$
$$P(-2\leqslant u<2)=0.9543$$
$$P(-3\leqslant u<3)=0.9973$$

由此可见,尽管正态随机变量 u 的取值范围是从 $-\infty$ 到 $+\infty$,但实际上绝大部分取值在 ±3 范围内。这一特点可用来初步判断一组调查样本的数据是否符合正态分布。

另外,95% 的数据落在 ±1.960 范围内,反之 u 落在 ±1.960 之外的概率为 0.05;99% 的数据落在 ±2.576 范围内,反之 u 落在 ±2.576 之外的概率为 0.01。即

$$P(-1.960\leqslant u<1.960)=0.95,\quad P(|u|\geqslant1.960)=1-0.95=0.05$$
$$P(-2.576\leqslant u<2.576)=0.99,\quad P(|u|\geqslant2.576)=1-0.99=0.01$$

随机变量 u 落在 $(-u,+u)$ 区间之外的概率称为双尾概率或双侧概率,记作 $\alpha/2$,通常 $\alpha=0.05$ 或 0.01。随机变量 u 小于 u 或大于 u 的概率,称为单尾概率或单侧概率,记作 α。例如,u 落在 ±1.960 之外的双尾概率为 0.05,而单尾概率为 0.025。

统计学上,将尾区概率 0.05 或 0.01 规定为小概率标准,它们所对应的 u 值称为正态分布的临界值。对于右侧尾区,满足 $P(u>u_\alpha)=\alpha$ 时的 u_α 值,称为 α 的上侧临界值或上侧分位数。对于左侧尾区,满足 $P(u<-u_\alpha)=\alpha$ 时的 $-u_\alpha$ 值,称为 α 的下侧临界值或下侧分位数。如果将 α 平分到两侧尾区,则每一尾区的面积为 $\alpha/2$,满足 $P(|u|\geqslant u_{\alpha/2})=\alpha$ 时的 $u_{\alpha/2}$ 值,称为 α 的双侧临界值或双侧分位数。

正态分布的临界值(分位数)可以从附录B查出。例如,$\alpha=0.05$ 时,双侧临界值 $u_{0.05/2}=1.960$,上侧临界值 $u_{0.05}=1.645$。正态分布临界值的含义如图 3-11 所示。

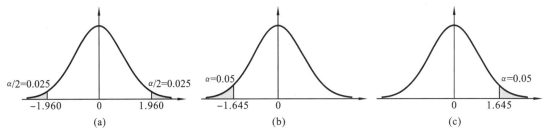

图 3-11　正态分布的单侧和双侧临界值

3.3 大数定律与中心极限定理

1. 大数定律

大数定律(law of large numbers)是概率论描述当试验次数很大时所呈现的概率性质的定律。大数定律以确切的数学形式表达了大量重复出现的随机现象的统计规律性,即频率的稳定性和平均结果的稳定性,并讨论了它们成立的条件。常用的大数定律有伯努利大数定律和辛钦大数定律。

1) 伯努利大数定律

设 m 是 n 次独立试验中事件 A 出现的次数,p 为每次试验中事件 A 出现的概率,则对于任意小的正数 ε,有

$$\lim_{n \to \infty} P\left(\left| \frac{m}{n} - p \right| < \varepsilon \right) = 1 \tag{3-25}$$

伯努利大数定律说明,当试验次数足够多时,事件出现的频率无限接近于该事件发生的概率。

2) 辛钦大数定律

设 $x_1, x_2, \cdots, x_n$ 是来自同一总体的随机变量,μ 为总体的平均数,则对于任意小的正数 ε,有

$$\lim_{n \to \infty} P\left(\left| \frac{1}{n} \sum x_i - \mu \right| < \varepsilon \right) = 1 \tag{3-26}$$

辛钦大数定律说明,当试验次数足够多时,随机变量的算术平均数无限接近于总体的平均数。

大数定律可以简单表述为:样本容量越大,样本统计数与参数之差越小。利用大数定律,只要从总体中抽取的样本足够多,就可以用样本统计数来估计总体参数。

2. 中心极限定理

中心极限定理(central limit theorem)是概率论中讨论随机变量的和的分布趋向正态分布的定理,是数理统计学和误差分析的理论基础,它指出了大量随机变量累积分布逐步收敛到正态分布的条件。

设 $X_1, X_2, \cdots, X_k$ 是相互独立的随机变量,且各具有平均数 μ_{X_i} 和方差 $\sigma^2_{X_i}$,如果令 $\sum X_i = X_1 + X_2 + \cdots + X_k$,$\quad \sum \mu_{X_i} = \mu_{X_1} + \mu_{X_2} + \cdots + \mu_{X_k}$,$\quad \sum \sigma^2_{X_i} = \sigma^2_{X_1} + \sigma^2_{X_2} + \cdots + \sigma^2_{X_k}$ $\quad$($i = 1, 2, \cdots, k$),则

$$\lim_{k \to \infty} P\left(a \leqslant \frac{\sum X_i - \sum \mu_{X_i}}{\sqrt{\sum \sigma^2_{X_i}}} < b \right) = \int_a^b \frac{1}{\sqrt{2\pi}} e^{-\frac{1}{2}u^2} \mathrm{d}u = \varPhi(b) - \varPhi(a) \tag{3-27}$$

其中:$u = \dfrac{\sum X_i - \sum \mu_{X_i}}{\sqrt{\sum \sigma^2_{X_i}}}$,是标准化变量。

中心极限定理说明,随机变量的和的分布趋于正态分布;无论原来的总体是不是正态分布,只要 n 足够大,均可把样本平均数 $\bar{x}$ 的分布看作正态分布。

3.4 抽样分布

从一个总体中抽样,样本统计数包括平均数、标准差和方差。当以相同的样本容量 n 从一个总体作不同批次的随机抽样时,所得统计数也具有了随机变量的特点,因而也会形成一定的概率分布,叫做样本的抽样分布(sampling distribution),包括样本平均数的分布、样本方差的分布等。抽样分布也是随机变量函数的分布,它提供了样本统计数与总体参数的相互关系,是进行推断的理论基础,也是统计推断科学性的重要依据。

从总体到样本是研究抽样分布的问题,而从样本到总体是研究统计推断的问题。统计推断以总体分布和样本抽样分布的理论关系为基础。因此,掌握抽样分布有关知识是正确理解和掌握统计推断的原理与方法的必要基础。

3.4.1 抽样试验和无偏估计

随机抽样(random sampling)分为放回式抽样和非放回式抽样两种方法。对于无限总体,放回与否都可保证每一个体被抽到的机会相等;对于有限总体,就应该采取放回式抽样,以确保每一个体被抽到的机会相等。

由不同样本计算的平均数 $\bar{x}$、方差 s^2 和标准差 s 大小不同,与原总体的参数相比存在不同程度的差异,这种差异是由于抽样造成的,称为抽样误差(sampling error)。由于样本统计数也是一个随机变量,因此其不同的取值也形成概率分布,即抽样分布。

设有一个 $N=3$,具有变量 3、4、5 的总体,可以求得其参数为:$\mu=4$,$\sigma^2=0.6667$,$\sigma=0.8165$。若以 $n=2$ 作放回式抽样,则共可获得 $N^2=9$ 个样本。可以对每个样本计算其平均数 $\bar{x}$、方差 s^2 和标准差 s,并可计算各统计数的平均值(表 3-3)。

表 3-3　$N=3$,$n=2$ 抽样样本的统计数

样本编号	样　本　值	x	s^2	s
1	3　3	3.0	0.0	0.0000
2	3　4	3.5	0.5	0.7071
3	3　5	4.0	2.0	1.4142
4	4　3	3.5	0.5	0.7071
5	4　4	4.0	0.0	0.0000
6	4　5	4.5	0.5	0.7071
7	5　3	4.0	2.0	1.4142
8	5　4	4.5	0.5	0.7071
9	5　5	5.0	0.0	0.0000
平均值		4.0	0.6667	0.6285

统计学上,如果样本统计数分布的平均数与总体的相应参数相等,则称该统计数为总体相应参数的无偏估计值(unbiased estimated value)。通过计算可知:

①样本平均数 $\bar{x}$ 是总体平均数 μ 的无偏估计值;

②样本方差 s^2 是总体方差 σ^2 的无偏估计值；

③样本标准差 s 不是总体标准差 σ 的无偏估计值。

3.4.2　样本平均数的分布

1.总体方差已知时样本平均数的分布

从一个正态分布总体 $N(\mu, \sigma^2)$ 中进行抽样，由样本平均数 $\bar{x}$ 构成的总体的平均数和标准差分别记为 $\mu_{\bar{x}}$ 和 $\sigma_{\bar{x}}$，则样本平均数服从正态分布 $N(\mu, \sigma^2/n)$，且

$$\mu_{\bar{x}} = \mu, \quad \sigma_{\bar{x}} = \frac{\sigma}{\sqrt{n}} \tag{3-28}$$

如果被抽样的总体不呈正态分布，但平均数和方差分别为 μ、σ^2，根据中心极限定理，样本平均数的分布仍为正态分布 $N(\mu, \sigma^2/n)$。标准化统计量为

$$u = \frac{\bar{x} - \mu}{\sigma_{\bar{x}}} = \frac{\bar{x} - \mu}{\sigma/\sqrt{n}} \tag{3-29}$$

样本平均数抽样总体的标准差 $\sigma_{\bar{x}}$，表示平均数抽样误差的大小，称为平均数的标准误（standard error of mean），简称标准误。$\sigma_{\bar{x}}$ 大，说明各样本平均数 $\bar{x}$ 间差异程度大，样本平均数的精确性低；反之，$\sigma_{\bar{x}}$ 小，说明 $\bar{x}$ 间的差异程度小，样本平均数的精确性高。

由式(3-28)可知，$\sigma_{\bar{x}}$ 的大小与原总体的标准差 σ 成正比，与样本容量 n 的平方根成反比。因为 σ 是常数，所以增大样本容量可以降低样本平均数 $\bar{x}$ 的抽样误差。

当原总体的标准差未知时，用样本标准差 s 估计总体标准差 σ，这时计算的标准误称为样本标准误，记为 $s_{\bar{x}}$。即

$$s_{\bar{x}} = \frac{s}{\sqrt{n}} \tag{3-30}$$

样本标准差与样本标准误是两个容易混淆的概念。样本标准差 s 是反映样本中各观测值 $x_1, x_2, \cdots, x_n$ 变异程度的一个指标，其大小说明了 $\bar{x}$ 对样本的代表性。样本标准误是样本平均数 $\bar{x}_1, \bar{x}_2, \cdots, \bar{x}_k$ 的标准差，表示样本平均数的抽样误差，其大小说明了样本间变异程度的大小及 $\bar{x}$ 精确性的高低。使用时，对于大样本资料，标准差 s 与平均数 $\bar{x}$ 配合使用，记为 $\bar{x} \pm s$，用以说明所研究性状或指标的稳定性，也称为描述性的误差；对于小样本资料，常将标准误 $s_{\bar{x}}$ 与样本平均数 $\bar{x}$ 配合使用，记为 $\bar{x} \pm s_{\bar{x}}$，用以表示抽样误差的大小，也称为推断性的误差。

2.总体方差未知时样本平均数的分布

总体方差未知时，标准化的统计量为

$$t = \frac{\bar{x} - \mu}{s_{\bar{x}}} = \frac{\bar{x} - \mu}{s/\sqrt{n}} \tag{3-31}$$

统计量 t 不是服从正态分布而是服从自由度 $df = n - 1$ 的 t 分布。

t 分布是英国统计学家戈塞特（W. S. Gosset）以 Student 为笔名发表论文时提出的，故称为学生氏 t 分布。其概率密度函数为

$$f(x) = \frac{1}{\sqrt{\pi \cdot df}} \cdot \frac{\Gamma\left(\dfrac{df + 1}{2}\right)}{\Gamma\left(\dfrac{df}{2}\right)} \cdot \left(1 + \frac{x^2}{df}\right)^{\frac{df+1}{2}} \tag{3-32}$$

其中：$\Gamma(\alpha) = \displaystyle\int_0^{\infty} x^{\alpha-1} \mathrm{e}^{-x} \mathrm{d}x$ 是参数 α 的 Γ 函数；$\Gamma(x) = (x-1)!$，$\Gamma\left(\dfrac{1}{2}\right) = \sqrt{\pi}$，$\Gamma(x+1) =$

$x\Gamma(x)!$。

与正态分布类似，t 分布也是一种对称分布。与标准正态分布类似，t 分布的上侧、下侧和双侧临界值由以下各式给出：

$$P(t \geqslant t_a) = \alpha$$
$$P(t \leqslant -t_a) = \alpha$$
$$P(|t| \geqslant t_{\alpha/2}) = \alpha$$

对于给定的 α，从附录 C 中可以查出相应的上侧、下侧和双侧临界值。t 的取值范围是 $(-\infty, +\infty)$；$df = n-1$，为自由度。

t 分布曲线如图 3-12 所示，有以下特点：

（1）t 分布受自由度影响，自由度不同时 t 分布曲线不同；

（2）t 分布曲线左右对称，且 $t=0$ 时密度函数具有最大值；

（3）t 分布曲线较正态分布曲线的顶部低，尾部高而平。随着 df 的增大，t 分布逐渐趋近于标准正态分布，$df = \infty$ 时 t 分布曲线与标准正态分布曲线重合。

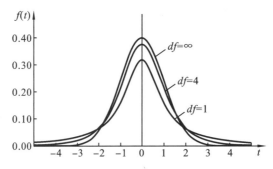

图 3-12　不同自由度下的 t 分布曲线

3.总体方差已知时样本平均数差数的分布

从平均数为 μ_1、μ_2，标准差为 σ_1、σ_2 的两个正态总体中，分别独立随机地抽取含量为 n_1 和 n_2 的样本，则两个样本平均数差的分布服从正态分布，且标准化统计量为

$$u = \frac{(\bar{x}_1 - \bar{x}_2) - (\mu_1 - \mu_2)}{\sqrt{\sigma_1^2/n_1 + \sigma_2^2/n_2}} \tag{3-33}$$

总体方差未知但样本为大样本时，可用样本方差代替总体方差进行计算。总体方差未知的小样本数据的计算较为复杂，在统计推断部分中介绍。

3.4.3　样本方差的分布

1.单个样本方差的分布

从正态总体 $N(\mu, \sigma^2)$ 中抽取 n 个观察值，其标准化的离差的平方和定义为 χ^2，即

$$\chi^2 = \sum \left(\frac{x-\mu}{\sigma}\right)^2 = \frac{1}{\sigma^2} \sum (x-\mu)^2 \tag{3-34}$$

当用样本平均数 $\bar{x}$ 估计总体平均数 μ 时，则有

$$\chi^2 = \frac{1}{\sigma^2} \sum (x-\bar{x})^2 \tag{3-35}$$

根据样本方差 $s^2 = \dfrac{\sum (x-\bar{x})^2}{n-1}$，则式(3-35)可变换为

$$\chi^2 = (n-1)\frac{s^2}{\sigma^2} \tag{3-36}$$

其中,分子表示样本的离散程度,分母表示总体方差,服从自由度 $df = n-1$ 的 χ^2 分布。

和 t 分布一样,χ^2 分布也是概率密度曲线随自由度改变而变化的一类分布。其概率密度函数为

$$f(x) = \frac{x^{\frac{df-1}{2}}}{2^{\frac{df}{2}} \cdot \Gamma\left(\frac{df}{2}\right)} \cdot e^{-\frac{x}{2}} \tag{3-37}$$

χ^2 分布曲线(图 3-13)是不对称的,$P(\chi^2 > \chi_a^2) = \alpha$ 时,χ_a^2 为上侧临界值,则其下侧临界值为 $\chi_{1-\alpha}^2$。附录 D 给出了 χ^2 分布的上侧临界值(分位数):$df = 5$,$\alpha = 0.05$ 时,上侧临界值为 $\chi_{0.05,5}^2 = 11.071$,下侧临界值为 $\chi_{0.95,5}^2 = 1.146$(图 3-14、图 3-15)。

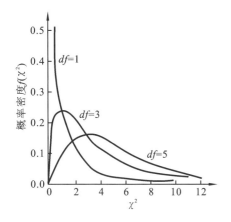

图 3-13 不同自由度下的 χ^2 分布曲线

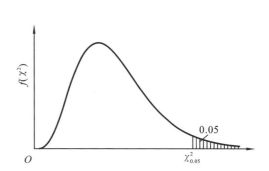

图 3-14 χ^2 分布的上侧临界值

2.两个样本方差比的分布

从正态总体 $N(\mu, \sigma^2)$ 中分别抽取样本容量为 n_1 和 n_2 的两个独立样本,其样本方差分别为 s_1^2 和 s_2^2,定义样本方差之比为 F,即

$$F = \frac{s_1^2}{s_2^2} \tag{3-38}$$

F 具有 s_1^2 的自由度 $df_1 = n_1 - 1$ 和 s_2^2 的自由度 $df_2 = n_2 - 1$。如果对一正态总体进行特定的样本容量为 n_1 和 n_2 的一系列随机独立抽样,则所有可能的 F 值构成一个分布,称为 F 分布。其概率密度函数为

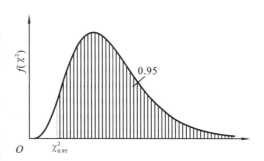

图 3-15 χ^2 分布的下侧临界值

$$f(x) = \frac{\Gamma\left(\frac{df_1 + df_2}{2}\right)}{\Gamma\left(\frac{df_1}{2}\right) \cdot \Gamma\left(\frac{df_2}{2}\right)} \cdot \left(\frac{df_1}{df_2}\right)^{\frac{df_1}{2}} \cdot \frac{F^{\frac{df_1}{2}-1}}{\left(1 + \frac{df_1}{df_2}F\right)^{\frac{df_1 + df_2}{2}}} \tag{3-39}$$

F 分布密度曲线也是不对称分布,并随自由度 df_1、df_2 改变而变化,当自由度增大时趋向对称(图3-16)。

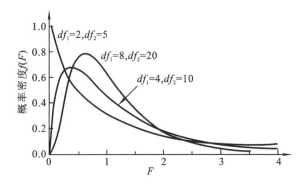

图 3-16   不同自由度下的 F 分布密度曲线

附录 E 列出了 F 分布的上侧临界值(分位数);为了查表方便,计算 F 值时,总是以大方差作为分子,取 F 值大于 1 而不必查下侧临界值。例如查表可得 $df_1=5,df_2=12,\alpha=0.05$ 时,$F_{5,12,0.05}=3.106$。

习题

习题 3.1   什么是必然事件、不可能事件和随机事件?

习题 3.2   什么是频率?什么是概率?频率如何转化为概率?

习题 3.3   什么是正态分布?什么是标准正态分布?正态分布曲线有什么特点?

习题 3.4   一对夫妇基因型分别为 ii 和 $I^B i$,他们生两个孩子都是 B 型血的概率是多少?他们生两个 O 型血女孩的概率是多少?

习题 3.5   播种时在一等小麦种子中混合 2.0% 的二等种子、1.5% 的三等种子和 1.0% 的四等种子。用一等、二等、三等、四等种子长出的麦穗含 50 颗以上麦粒的概率分别为 0.5、0.15、0.1 和 0.05。求这批种子所结的穗含有 50 颗以上麦粒的概率。

习题 3.6   现有两种黄豆,发芽率分别为 70% 和 80%,且两种黄豆的发芽相对独立。现各取一粒,求:

(1) 两粒黄豆都发芽的概率;

(2) 至少有一粒发芽的概率;

(3) 只有一粒发芽的概率。

习题 3.7   有 4 对相互独立的等位基因独立分配,表型共有几种?各表型概率多大?

习题 3.8   某地区人群食管癌的发生率为 0.05%,在当地随机抽取 500 人,结果 2 人患食管癌的概率是多少?

习题 3.9   某随机变量 x 服从正态分布 $N(3,3^2)$,求 $P(x\leqslant 0)$、$P(x\leqslant 5)$、$P(x\geqslant 12)$ 和 $P(5\leqslant x<10)$ 的值。

第**4**章 假设检验与参数估计

统计分析是基于样本与总体的关系建立的用样本统计数推断总体参数的方法,这种推断是概率性的。前面介绍的从一个或两个总体中抽样时样本统计数(平均数、方差)与相应总体参数的关系,是统计推断的基础。本章介绍由样本推断总体的基本原理以及从不同总体获得样本后对总体进行推断的方法,主要包括假设检验和参数估计。在由样本平均数对总体平均数作出估计时,由于样本平均数包含抽样误差,因此样本平均数对总体参数的推断是概率性的。统计推断是通过样本统计数对总体参数作出假设并检验这个假设发生的概率的大小来作出推断的。

4.1 假设检验的原理

4.1.1 假设检验的步骤

假设检验(test of hypothesis),又称显著性检验(significance test),是利用样本统计数推断总体参数的统计方法。该思想最早出现在统计学家 Fisher 发表于 1935 年的著作《The Design of Experiment》中。据 Fisher 描述,有位女士声称自己在喝英式茶的时候能区分出是先倒茶还是先倒奶,于是 Fisher 打算设计一个试验来验证这位女士是否真的具有她描述的这种能力。他调配出了 8 杯完全一样,仅是倒茶倒奶顺序相反的茶,根据女士品尝后的判断进行分析。虽然在书中 Fisher 没有叙述试验结果,但讨论了试验的各种可能结果。该书中有关试验设计的论述是科学革命的要素之一,这场革命在 20 世纪上半叶席卷了科学的所有领域。在今天看来,这个小试验也许并不复杂,但其中展示出的先驱性的思想让我们深感佩服。

假设检验有多种方法,如常用的有 t 检验、F 检验和 χ^2 检验等,但都是根据统计数的抽样分布和小概率原理进行,它们的基本原理都是相同的。下面以样本平均数的假设检验为例来说明其原理和步骤。

研究一批番茄原汁中维生素 C 的含量与规定的 6.50 μg/g 的标准是否有差异,随机抽测 7 个样品,测定结果(μg/g)分别为 6.74、6.56、6.89、6.32、6.82、6.10、6.90。可计算出番茄汁中维生素 C 的含量平均值为 6.62 μg/g,标准差为 0.31 μg/g。平均值 6.62 μg/g 与标准值 6.50 μg/g 之间的差异 0.12 μg/g,是由随机误差引起的,还是真实差异呢?

结合前面学过的抽样分布知识,将番茄汁样品看成是从标准品总体中抽取的一个随机样本,即假定样品所在的总体就是标准品总体,于是样品所在总体的平均数 μ 与标准品总体的平均数 μ_0 相等,这个假设称为零假设(null hypothesis)或无效假设(ineffective hypothesis),记作

H_0,表示为 $H_0:\mu=\mu_0$;此外,既然是假设,就存在另外的可能性,所以与零假设对应,需要做一个相反的假设,称为备择假设(alternative hypothesis),记作 H_A,可以表示为 $H_A:\mu\neq\mu_0$。

接下来需要计算在零假设条件下样品抽自标准品总体的概率。如果概率较大,就可以认为零假设成立,即样品是从标准品总体中随机抽取的(样品中维生素 C 含量与规定的 $6.50\ \mu g/g$ 标准无显著差异),样品与总体之间的差异 $0.12\ \mu g/g$ 是随机误差;反之,如果概率很小,比如说小于 0.05 甚至 0.01,则可以认为零假设不成立,即样品不是从标准品总体中随机抽取的(样品中维生素 C 含量与规定的 $6.50\ \mu g/g$ 标准有显著差异)。

判断零假设是否成立采用小概率原理:小概率事件在一次试验中不应该发生。假设检验的基本思路是,根据零假设计算出事件发生的概率,如果概率很小,事件在一次试验中是不应该发生的,如果发生了,则认为零假设不成立。

现在计算本例中的概率。根据 H_0,即番茄汁样品是番茄汁标准品总体的随机样本的假设,由于总体的标准差未知且为小样本,样本平均数服从 t 分布。计算统计量 t 得

$$t=\frac{\bar{x}-\mu}{s/\sqrt{n}}=\frac{6.62-6.50}{0.31/\sqrt{7}}=1.024$$

接下来判断样品取自标准品总体的概率值。当 $t>t_{\alpha/2}$ 或 $t<-t_{\alpha/2}$ 时,样本取自标准品总体的概率小于 α,应当否定零假设;当 $-t_{\alpha/2}<t<t_{\alpha/2}$ 时,样本取自标准品总体的概率大于 α,应当接受零假设。

查附录 C,自由度 $df=6$ 时,$t_{0.05/2}=2.447$,而 $t=1.024<t_{0.05/2}$,因此,样本取自标准品总体的概率大于 0.05,故接受 H_0,即番茄汁样品取自标准品总体,两者间 $0.12\ \mu g/g$ 的差异是随机误差,推断番茄汁样品的总体平均数与标准值 $6.50\ \mu g/g$ 之间无显著差异。

可以将上述假设检验的过程概括为以下 4 个主要步骤。

1.提出假设

根据研究目的和检验对象提出假设。一个是零假设(原假设,无效假设),记作 H_0;另一个是备择假设(对应假设),记作 H_1 或 H_A。零假设的含义是抽取样本的总体与已知总体"零"差异,称为无效假设是因为检验的目的通常是要否定这个假设。根据零假设可以算出因抽样误差而获得样本结果的概率。

备择假设是与零假设相反的一种假设,即认为抽取样本的总体与已知总体间存在差异,因此,零假设与备择假设是对立事件。在检验中,如果接受 H_0 就否定 H_A;反之,否定 H_0 就接受 H_A。针对样本频率、方差和总体的分布也可以根据试验目的提出相应的假设,并进行检验。

2.确定显著水平

提出零假设和备择假设后,要确定一个否定 H_0 的概率标准,这个概率标准称为显著水平(significance level),记作 α。α 是人为规定的小概率界限,统计学中一般取 $\alpha=0.05$ 或 0.01。所谓显著,以平均数的检验为例,是指样本平均数与已知总体平均数之间的差异是由随机误差引起的概率小于规定的小概率标准 α,认为这个差异不是随机误差,而是显著的真实差异。

3.计算统计量及概率

在 H_0 正确的假定下,根据抽样分布计算统计量及差异是抽样误差的概率。由于计算在 H_0 正确的假定下进行,所以 H_0 必须包含等号,不然无法进行计算。

4.推断是否接受假设

根据小概率原理作出是否接受 H_0 的判断。如果根据一定的假设条件,计算出某事件发

生的概率很小,即在一次试验中小概率事件发生了,则可认为假设不成立,从而否定假设。

统计学中,通常把概率小于 0.05(或 0.01)作为小概率。如果计算的概率大于 0.05(或 0.01),则认为不是小概率事件,H_0 的假设可能是正确的,应该接受,同时否定 H_A;反之,如果所计算的概率小于 0.05(或 0.01),则否定 H_0,接受 H_A。

接受备择假设意味着样本与总体的差异是显著的,$\alpha \leqslant 0.05$ 称为差异显著水平(significance level)或差异显著标准(significance standard);$\alpha \leqslant 0.01$ 称为差异极显著水平(highly significance level)。通常,差异达到显著水平时,在资料的右上方标注"*",差异达到极显著水平时,在资料的右上方标注"**"。

【例 4.1】　正常人血钙值服从正态分布,平均值为 2.29 mmol/L,标准差为 0.61 mmol/L。现有 8 名甲状旁腺功能减退症患者经治疗后,测得其血钙值平均为 2.01 mmol/L,试检验其血钙值是否正常。

零假设 $H_0:\mu=\mu_0=2.29$ mmol/L,即患者的血钙值与正常人的相同。备择假设 $H_A:\mu \neq \mu_0$,即患者的血钙值与正常人的不同。

确定显著水平:$\alpha=0.05$。

计算统计量及概率:

$$u=\frac{\bar{x}-\mu}{\sigma_{\bar{x}}}=\frac{2.01-2.29}{0.61/\sqrt{8}}=-1.298$$

查附录 A,u 对应的概率为 0.097,$-u$ 对应的概率为 0.903,u 对应的双尾概率之和为 0.194,即 $\bar{x}=2.01$ mmol/L 与 $\mu=2.29$ mmol/L 的差值 0.28 mmol/L 是抽样误差,从正常人总体中抽得该样本的概率为 0.806。

由于计算得到的概率为 0.806,大于 0.05 的显著水平,应接受 H_0,所以推断治疗后的血钙值和正常值无显著差异,其差值 -0.28 mmol/L 应归于误差所致。

在实际检验时,可将上述计算简化。由于 $P(|u| \geqslant 1.960)=0.05$,$P(|u| \geqslant 2.576)=0.01$,因此,在用 u 分布进行检验时,如果算得 $|u|>1.960$,就是在 $\alpha=0.05$ 的水平上达到显著,如果 $|u|>2.576$,就是在 $\alpha=0.01$ 的水平上达到显著,即达到极显著水平,无须再计算 u 值对应的概率。

综上所述,假设检验的步骤可概括为:

(1) 提出零假设 H_0 和备择假设 H_A;

(2) 确定检验的显著水平 α;

(3) 在 H_0 正确的前提下,根据抽样分布的统计量进行假设检验的概率计算;

(4) 计算统计量对应的概率值与显著水平 α 比较,或统计量与显著水平 α 的临界值比较,进行差异显著性推断。

4.1.2　双尾检验与单尾检验

在样本平均数的抽样分布中,$\alpha=0.05$ 时,有 95% 的 $\bar{x}$ 落在区间 $(\mu-1.960\sigma_{\bar{x}}$,$\mu+1.960\sigma_{\bar{x}})$ 内,5% 的 $\bar{x}$ 落在此区间外;$\alpha=0.01$ 时,有 99% 的 $\bar{x}$ 落在区间 $(\mu-2.576\sigma_{\bar{x}}$,$\mu+2.576\sigma_{\bar{x}})$ 内,1% 的 $\bar{x}$ 落在此区间外。在进行假设检验时,95% 或 99% 的区域为接受 H_0 的区域,简称接受域;接受域之外的区域为否定 H_0 的区域,简称否定域,标准正态分布的接受域和否定域如图 4-1 所示。

上述假设检验的两个否定域,分别位于分布曲线的两尾,称为双尾检验(two-tailed test)。对于 $H_A:\mu \neq \mu_0$,有 $\mu>\mu_0$ 或 $\mu<\mu_0$ 两种可能,即样本平均数 $\bar{x}$ 有可能落入左侧否定域,也有可

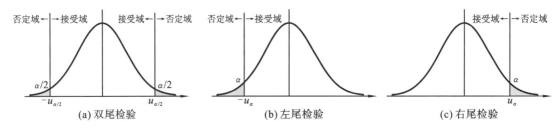

图 4-1 假设检验的接受域和否定域

能落入右侧否定域。例如,检验 A、B 两种药物的治病疗效是否有差别,存在 A 药疗效比 B 药疗效好还是 B 药疗效比 A 药疗效好,两种可能性都存在,相应的假设检验就应该用双尾检验。双尾检验的应用非常广泛。

如果已经知道某新药的疗效不可能低于旧药,于是其零假设为 $H_0:\mu\leqslant\mu_0$,备择假设 $H_A:\mu>\mu_0$,这时否定域只在右尾,相应的检验也只能考虑右侧的概率,这种只有一个否定域的检验称为单尾检验(one-tailed test)。

对于 $H_A:\mu>\mu_0$,是右尾检验,H_0 的否定域为 $u>u_\alpha$,u_α 为右尾临界值。对于 $H_A:\mu<\mu_0$,是左尾检验,H_0 的否定域为 $u<u_\alpha$,u_α 为左尾临界值;对于 u 分布、t 分布等对称分布,可使用右尾临界值进行左尾检验,这时 H_0 的否定域为 $u<-u_\alpha$。

需要指出,双尾检验的临界值大于单尾的临界值。例如,$|u_{0.05/2}|=1.960$,$|u_{0.05}|=1.645$;$|u_{0.01/2}|=2.576$,$|u_{0.01}|=2.326$,所以单尾检验比双尾检验效率高。进行单尾检验时,需有足够的依据。

4.1.3 假设检验中的两类错误

假设检验是根据一定概率显著水平对总体特征进行的推断。否定了 H_0,并不等于已证明 H_0 不真实;接受了 H_0,也不等于已证明 H_0 是真实的。如果 H_0 是真实的,假设检验却否定了它,就犯了一个否定真实假设的错误,称为第 I 类错误(type I error),也称弃真错误或 α 错误,弃真的最大概率为 α。如果 H_0 不是真实的,假设检验却接受了它,就犯了接受不真实假设的错误,称为第 II 类错误(type II error),也称纳伪错误或 β 错误,纳伪的概率记为 β。

两类错误的关系是,在样本容量相同时,减少犯第 I 类错误的概率 α,就会增加犯第 II 类错误的概率 β;反之,减少犯第 II 类错误的概率 β,就会增加犯第 I 类错误的概率 α(图 4-2)。

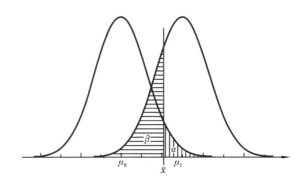

图 4-2 假设检验中两类错误的关系

例如,将概率显著水平 α 从 0.05 提高到 0.01,就更容易接受 H_0,减少犯第 Ⅰ 类错误的概率,但增加了犯第 Ⅱ 类错误的概率。一般将显著水平定为 0.05 较为合适,这样可使犯两类错误的概率都比较小。另外,通过控制试验误差和增大样本容量,可以同时减小犯两类误差的概率。

通过假设检验中的两类错误理论知识,我们能更好地理解生活和工作中的很多现象。例如:2020 年新冠肺炎疫情暴发初期,新闻报道中时常会出现同一个人进行核算检测的结果可能几次是阴性,几次是阳性,也就是会出现假阳性的检测结果。通过学习我们知道,检验方法存在犯错误的概率,理想的试剂应该是出现假阴性或假阳性的概率越小越好。但疫情初期,样本容量有限、检测技术也在探索中,从统计学的观点看,新闻报道中出现假阴性和假阳性患者并不奇怪。我国科学家们通过增大样本容量和提升检测技术水平,使两类错误明显降低,显著地提高了检测准确率。由此可见,我们不仅要正确理解两类错误、假设检验等知识,还要尊重科学,向中国科学家们学习科学务实精神,认同中国的智慧和精神,增强民族自豪感。

假设检验中,犯第 Ⅰ 类错误的概率为 α,犯第 Ⅱ 类错误的最大概率为 $\beta=1-\alpha$。统计学上把 $1-\beta$ 称为检验效能(power of test)或把握度。对于确实存在差异(H_A 成立)的两个总体,用显著水平 α 进行检验时,检验效能能反映其差异。由于接受 H_0 时犯第 Ⅱ 类错误的概率可能性很大,所以有必要进行检验效能的计算。检验效能较低时,需进行样本容量估计(estimation of sample size),然后根据需要的样本容量重新进行试验,获取结果进行分析以保证推断结论的可靠性。

4.1.4　检验效能与样本容量估计

1.非中心分布

检验效能计算和样本容量估计需根据统计量的非中心分布(noncentral distribution)计算。先简要介绍非中心分布,再介绍检验效能和样本容量估计的计算方法。

H_0 成立时,统计量服从以其数学期望为中心的分布(统计量 u、t 的数学期望为 0,统计量 χ^2 的数学期望为 $n-1$,统计量 F 的数学期望为 1)。H_A 成立时,统计量抽样分布的中心将发生偏移,称为非中心分布,偏移量称为非中心分布的非中心参数(noncentral parameter),记为 λ。

平均数 $\mu\neq0$ 的正态分布就是非中心 u 分布,平均数 μ 就是非中心参数。

非中心 t 分布的概率密度函数为

$$f_t(x,\lambda) = \frac{df^{\frac{df}{2}} e^{-\frac{\lambda^2}{2}}}{\sqrt{\pi}\Gamma\left(\frac{df}{2}\right)(df+x^2)^{\frac{df+1}{2}}} \left[\sum_{k=0}^{\infty}\Gamma\left(\frac{(df+k+1)}{2}\right)\left(\frac{\lambda^k}{k!}\right)\left[\frac{\sqrt{2}x}{\sqrt{df+x^2}}\right]^k\right] \quad (4\text{-}1)$$

其中:λ 为非中心参数;df 为自由度。当 $\lambda=0$ 时退化为 t 分布。

非中心 χ^2 分布的概率密度函数为

$$f_{\chi^2}(x,\lambda) = e^{-\frac{\lambda}{2}}\left[\sum_{k=0}^{\infty}\frac{(\lambda/2)^k}{k!}\frac{x^{\frac{df}{2}+k-1}e^{-\frac{x}{2}}}{2^{\frac{df}{2}+k}\Gamma(df/2+k)}\right] \quad (4\text{-}2)$$

其中:λ 为非中心参数;df 为自由度。当 $\lambda=0$ 时退化为 χ^2 分布。

非中心 F 分布的概率密度函数为

$$f_F(x,\lambda) = \frac{df_1^{\frac{df_1}{2}} df_2^{\frac{df_2}{2}}}{\Gamma(df_2/2)} e^{-\frac{\lambda}{2}} x^{\frac{df_1}{2}-1} \left[\sum_{k=0}^{\infty} \frac{\Gamma\left(\frac{df_1+df_2}{2}+k\right)\left(\frac{\lambda df_1}{2}x\right)^k}{k!\,\Gamma(df_1/2+k)(df_1 x+df_2)^{\frac{df_1+df_2}{2}+k}} \right] \tag{4-3}$$

其中 λ 为非中心参数，df_1、df_2 为自由度。当 $\lambda=0$ 时退化为 F 分布。

检验效能的计算，需要计算显著水平 α 对应的分位数 a 的非中心分布的尾部累计概率。概率累计函数为

$$F(x,\lambda) = \int_a^{\infty} f(x)\,\mathrm{d}x \tag{4-4}$$

实际使用时，这种计算比较困难。

2.检验效能

以总体方差未知的单个平均数为例，说明检验效能计算基本原理。总体方差未知的单个样本平均数，与已知平均数为 μ_0 的总体比较，用样本平均数 $\bar{x}$ 估计其总体平均数 μ，统计量 $t=(\bar{x}-\mu_0)/(s/\sqrt{n})$ 即为非中心参数 λ。

1）单尾检验效能

进行右尾检验时，零假设 $H_0:\mu\leqslant\mu_0$，备择假设 $H_A:\mu>\mu_0$。H_A 为真而被否定，犯第 II 类错误的概率为

$$\beta = P(t\leqslant t_a \mid H_A) = T'(t_a,\lambda) \tag{4-5}$$

检验效能

$$E = 1-\beta = 1-T'(t_a,\lambda) \tag{4-6}$$

式中：T' 为非中心 t 分布累积函数；t_a 为 t 分布自由度为 $df=n-1$、显著水平为 α 的分位数；t 为非中心参数（下同）。检验效能曲线如图 4-3(a) 所示。

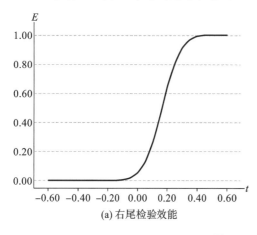
(a)右尾检验效能

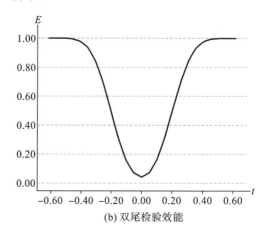
(b)双尾检验效能

图 4-3 检验效能曲线

进行左尾检验时，零假设 $H_0:\mu\geqslant\mu_0$，备择假设 $H_A:\mu<\mu_0$。H_A 为真而被否定，犯第 II 类错误的概率为

$$\beta = P(t\geqslant-t_a \mid H_A) = P(-t\leqslant t_a \mid H_A) = T'(t_a,-\lambda) \tag{4-7}$$

检验效能

$$E = 1-\beta = 1-T'(t_a,-\lambda) \tag{4-8}$$

比较式和式可知，单尾检验的检验效能为

$$E = 1-T'(t_a,|\lambda|) \tag{4-9}$$

由于 $T^{'}(t_\alpha,\lambda) \approx 1 - T(\lambda - t_\alpha)$，手工计算时使用近似 t 分布公式计算

$$E = T(\mid\lambda\mid - t_\alpha) \tag{4-10}$$

式中：T 为 t 分布累积函数；t_α 为 t 分布自由度为 $df = n-1$、显著水平为 α 的分位数（下同）。检验效能较低时，两种方法的计算结果有一定差异，随着检验效能的提高，两种方法的计算结果趋于一致。

2）双尾检验效能

进行双尾检验时，零假设 $H_0 : \mu = \mu_0$，备择假设 $H_A : \mu \neq \mu_0$。H_A 为真而被否定，犯第 Ⅱ 类错误的概率 β 为：

$$\beta = P(\mid t\mid \leqslant t_{\alpha/2}\mid H_A) = P(-t_{\alpha/2} \leqslant \delta \leqslant t_{\alpha/2}\mid H_A) = T^{'}(t_{\alpha/2},\lambda) - T^{'}(-t_{\alpha/2},\lambda) \tag{4-11}$$

检验效能 $\Omega = 1 - \beta$，即

$$E = 1 - \beta = 1 - T^{'}(t_{\alpha/2},\lambda) + T^{'}(-t_{\alpha/2},\lambda) \tag{4-12}$$

效能函数曲线如图 4-3(b) 所示。近似 t 分布计算公式为

$$E = T(\lambda - t_{\alpha/2}) + T(-\lambda - t_{\alpha/2}) \tag{4-13}$$

3.检验效能的计算

总体方差已知时，用 u_α 替换 t_α，用 σ 替换 s，用正态分布累积函数 Φ 替换 t 分布累积函数 T 进行检验效能的计算。

4.样本容量估计

接受 H_0 时，一般要求检验效能达到 0.85 以上。如果检验效能较低，需要增加样本容量进行试验，验证零假设是否真正成立，以保证推断结果的可靠性。

样本容量估计用于估计在规定检出最小差异条件下，达到一定检验效能需要的样本容量，是检验效能的逆运算。假设需检出的最小差异为 $\delta = \lambda(s/\sqrt{n})$，要求的检验效能为 $E = 1 - \beta$，检验的显著水平的 α。据此可推得所需样本容量为

$$n = \left(\frac{t_\alpha + t_\beta}{\delta/s}\right)^2 \tag{4-14}$$

式中：δ 为需检出的最小差异；s 为标准差；t_α、t_β 为自由度为 $df = n-1$ 的 t 分布的临界值。计算时先任取一个自由度计算出第一个 n 值，然后依次用计算出来的 n 的自由度 $df = n-1$ 代入进行迭代，直至 n 稳定为止。

双尾检验时，将 t_α 替换为 $t_{\alpha/2}$ 即可。总体方差已知时，将 t_α 替换为 u_α，t_β 替换为 u_β，s 替换为 σ 即可，不需进行迭代。实际工作中，一般取 $\alpha = 0.05$，$\beta = 0.1$；无特殊要求时，取 Δ 平均数的 $5\% \sim 10\%$。

番茄原汁维生素 C 含量数据。已知 $n = 7$，$\delta = 0.12\ \mu g/g$，$s = 0.31\ \mu g/g$，$\lambda = 1.024$，$\alpha = 0.05$。求检验效能；如果检验效能达不到 0.85，要有 90% 的把握检出 0.25 $\mu g/g$ 的差异，需要检测多少样品？

①检验效能：

$$E_1 = 1 - T^{'}(t_{\alpha/2},\lambda) + T^{'}(-t_{\alpha/2},\lambda) = 1 - T^{'}(2.447,1.024) + T^{'}(-2.447,1.024) = 0.1354$$

$$E_2 = T(\lambda - t_{\alpha/2}) + T(-\lambda - t_{\alpha/2}) = T(1.024 - 2.447) + T(-1.024 - 2.447) = 0.1046$$

②样本容量估计：

$$n = \left(\frac{t_{\alpha/2} + t_\beta}{\delta/s}\right)^2 = \left(\frac{t_{\alpha/2} + t_\beta}{0.25/0.31}\right)^2 \Rightarrow \cdots \Rightarrow 18 \Rightarrow 18$$

检验效能为 0.1354(近似公式计算为 0.1047);要有 90% 的把握检出 0.25 $\mu g/g$ 的差异,需要检测 18 个样品。

血钙质检测数据(例 4.1)。已知 $n=8$,$\delta=-0.28$ mmol/L,$\sigma=0.61$ mmol/L,$\lambda=-1.298$,$\alpha=0.05$。求检验效能;如果检验效能达不到 0.85,要有 90% 的把握检出 0.20 mmol/L 的差异,需要检测多少病人?

①检验效能:

$$E = \Phi(\lambda - u_{a/2}) + \Phi(-\lambda - u_{a/2}) = \Phi(-1.298 - 1.960) + \Phi(1.298 - 1.960) = 0.2547$$

②样本容量估计:

$$n = \left(\frac{u_{a/2} + u_{\beta}}{\delta/s}\right)^2 = \left(\frac{1.960 + 1.282}{0.20/0.61}\right)^2 = 97.77 \approx 98$$

检验效能为 0.2547;要有 90% 的把握检出 0.20 mmol/L 的差异,需要检测 98 个病人。

4.1.5　应用假设检验需要注意的问题

1.应用检验方法必须符合其适用条件

每一种假设检验方法都有其适用条件。在实际应用时,应根据设计类型、变量类型、样本大小等因素选择合适的检验方法。例如,一般的 t 检验要求样本取自正态分布总体,而且各总体方差同质;如果方差不同质,有的学者认为不宜用 t 检验进行平均数的差异显著性检验;成对设计的数据不能用成组样本的 t 检验进行检验。如果数据与所用检验方法的条件不符合,得出的结论就不可靠。

2.正确理解 P 值的意义

P 值是零假设成立时从总体中抽到比样本更极端的结果的概率,不能把 P 值的大小理解为总体参数差异的大小。例如,$P<0.05$,意思是从总体中抽到比样本更极端的结果的可能性小于 5%,或者在同样的条件下重复研究,得出相反结论的可能性小于 5%。P 值越小,说明从总体中抽到样本的概率越小,越有理由认为总体间存在差异。P 值很小时"否定 H_0,接受 H_A",是说推断结果犯第 I 类错误的概率不大,不是说总体参数差异很大。

在报告检验结论时,应写出统计量值及 P 值,并根据 P 值进行推断。$P<\alpha$ 时,推断结论为"差异(极)显著",但不能说明"总体参数差异(很)大";$P>\alpha$ 时,推断结论为"差异不显著",也不能说明"总体参数无差异"。如果 P 值很接近 α,不能简单地接受或否定 H_0,应该增加样本容量继续观察研究。

3.权衡犯两类错误的结果,调整显著水平

假设检验的两类错误之中,有时其中一种错误危害较大。由于样本容量一定时,犯第 I 类错误的概率 α 变小,犯第 II 类错误的概率 β 就变大,反之亦然。进行假设检验时,可权衡两类错误的危害来确定 α 的大小,如果犯第 II 类错误的危害较大,可以适当增加 α,以降低 β。

4.假设检验接受 H_0 时,应进行检验效能分析

假设检验接受 H_0 时,犯第 II 类错误的概率 β 可能很大,应进行检验效能分析确定推断正确的概率。如果检验效能较低(小于 0.85),应根据要求检出的最小差异和较低的 $\beta(0.10)$ 估计样本容量,重新进行试验。

4.2 单个样本的假设检验

　　单个样本的假设检验包括平均数的假设检验、方差的假设检验、二项频率数据的假设检验,最为常用的是平均数的假设检验。样本平均数的假设检验用于检验单个样本平均数与已知的总体平均数间是否存在显著差异,即检验该样本是否来自某一总体,由此推断样本所在总体的平均数。还可以检验样本与一些公认的理论数值、经验数值或期望数值,如正常生理指标、长期观察的平均值、食品的行业标准等的差异。

4.2.1 单个样本平均数的检验

1.总体方差已知的单个样本平均数

　　当总体方差 σ^2 已知时,样本平均数的分布服从 $N(\mu, \sigma^2)$,用 u 检验法进行检验。

　　(1) 根据零假设 H_0 的不同情况,备择假设 H_A 也不同,总共分为以下三种情况。

　　①零假设 $H_0: \mu = \mu_0$,样本所在总体的平均数 μ 与已知总体平均数 μ_0 无显著差异。备择假设 $H_A: \mu \neq \mu_0$,即样本所在总体的平均数 μ 与已知总体平均数 μ_0 有显著差异。

　　②零假设 $H_0: \mu \leqslant \mu_0$,样本所在总体的平均数 μ 不大于已知总体平均数 μ_0。备择假设 $H_A: \mu > \mu_0$,要求(或已知)样本所在总体的平均数 μ 不小于已知总体平均数 μ_0。

　　③零假设 $H_0: \mu \geqslant \mu_0$,样本所在总体的平均数 μ 不小于已知总体平均数 μ_0。备择假设 $H_A: \mu < \mu_0$,要求(或已知)样本所在总体的平均数 μ 不大于对照总体平均数 μ_0。

　　(2) 确定显著水平:$\alpha = 0.05$ 或 $\alpha = 0.01$。

　　(3) 检验统计量:

$$u = \frac{\overline{x} - \mu_0}{\sigma_{\overline{x}}} \tag{4-15}$$

　　(4) 推断:根据备择假设不同,否定域也不同。

　　①备择假设 $H_A: \mu \neq \mu_0$ 时,H_0 的否定域为 $|u| > |u_{\alpha/2}|$。

　　②备择假设 $H_A: \mu > \mu_0$ 时,H_0 的否定域为 $u > u_\alpha$。

　　③备择假设 $H_A: \mu < \mu_0$ 时,H_0 的否定域为 $u < -u_\alpha$。

　　进行检验效能计算及样本容量估计时,单尾检验效能为

$$E = \Phi(|\lambda| - u_\alpha) \tag{4-16}$$

式中 $\lambda = (\overline{x} - \mu_0)\sqrt{n}/\sigma$(下同)。双尾检验效能为

$$E = \Phi(\lambda - u_{\alpha/2}) + \Phi(\lambda - u_{\alpha/2}) \tag{4-17}$$

　　单尾检验的样本容量估计为

$$n = \left(\frac{u_\alpha + u_\beta}{\delta/\sigma}\right)^2 \tag{4-18}$$

　　双尾检验时,将 u_α 替换为 $u_{\alpha/2}$。

　　总体方差 σ^2 未知的大样本,可以用 s 代替 σ 进行 u 检验。

　　【例 4.2】 已知豌豆籽粒质量(mg)服从正态分布 $N(377.2, 3.3^2)$,在改善栽培条件后,随机抽取 9 粒,其籽粒平均质量为 379.2 mg,若标准差仍为 3.3 mg,问:改善栽培条件是否显著提高了豌豆籽粒质量?

已知总体标准差 $\sigma=3.3$ mg,进行样本平均数的检验,故采用 u 检验;由于改善栽培条件后的籽粒平均质量只有高于 377.2 mg,才可认为新栽培条件提高了豌豆籽粒质量,故进行单尾检验。

(1)零假设 $H_0:\mu\leqslant\mu_0$,改善栽培条件后的籽粒平均质量不高于原栽培条件的籽粒平均质量。备择假设 $H_A:\mu>\mu_0$,改善栽培条件后的籽粒平均质量高于原籽粒平均质量。

(2)确定显著水平:$\alpha=0.05$。

(3)检验计算:

$$u=\frac{\bar{x}-\mu_0}{\sigma/\sqrt{n}}=\frac{379.2-377.2}{3.3/\sqrt{9}}=1.818$$

查附录 B,得 $u_{0.05}=1.645$,由于 $u>u_{0.05}$,所以 $P<0.05$。

(4)推断:否定 H_0,接受 H_A。即栽培条件的改善,显著提高了豌豆籽粒质量。

【例 4.3】 已知荒漠甲虫光滑鳖甲的鞘翅长 9.38 cm,对其抗冻蛋白基因进行 RNA 干扰,幼虫孵化为成虫后,随机测量了 100 只成虫的鞘翅长,其平均长度为 9.55 cm,标准差为 0.574 cm,问:RNA 干扰之后,光滑鳖甲的鞘翅长有无显著变化?

总体方差 σ^2 未知,但对大样本,可用 s 来代替 σ 进行 u 检验;由于 RNA 干扰前后对鞘翅长度的影响未知,故用双尾检验。

由题可知,$\mu_0=9.38$,$\bar{x}=9.55$,$s=0.574$。

(1)零假设 $H_0:\mu=\mu_0$,即 RNA 干扰前后鞘翅长没有显著差异。备择假设 $H_A:\mu\neq\mu_0$,即 RNA 干扰前后鞘翅长有显著差异。

(2)确定显著水平:$\alpha=0.05$。

(3)检验计算:

$$u=\frac{\bar{x}-\mu}{s_{\bar{x}}}=\frac{9.55-9.38}{0.574/\sqrt{100}}=2.962$$

查附录 B,得双尾检验临界值 $u_{0.05/2}=1.960$,由于 $|u|>u_{0.05/2}$,所以 $P<0.05$。

(4)推断:否定 H_0,接受 H_A。即 RNA 干扰对光滑鳖甲的鞘翅长度有显著影响。

2.总体方差未知的单个样本平均数

总体方差 σ^2 未知时,样本平均数服从 t 分布,采用 t 检验进行检验。由于试验条件和研究对象的限制,生物学试验的样本容量很难达到 30 以上,因此,t 检验在生物学研究中具有重要的意义。

(1)零假设 $H_0:\mu=\mu_0$。备择假设 $H_A:\mu\neq\mu_0$。

(2)确定显著水平:$\alpha=0.05$ 或 $\alpha=0.01$。

(3)检验计算:

$$t=\frac{\bar{x}-\mu_0}{s_{\bar{x}}} \tag{4-19}$$

(4)推断:H_0 的否定域为 $|t|>|t_{\alpha/2}|$。

与 u 检验法类似,H_0 为 $\mu\leqslant\mu_0$,H_A 为 $\mu>\mu_0$ 时,H_0 的否定域为 $t>t_\alpha$;H_0 为 $\mu\geqslant\mu_0$,H_A 为 $\mu<\mu_0$ 时,H_0 的否定域为 $t<-t_\alpha$。

检验效能计算及样本容量估计方法见式(4-9)至式(4-14)。

【例 4.4】 已知室内空气的甲醛含量限值为 0.3 mg/m³。现检测一新搬迁小区住户的室内甲醛含量,共检测了 9 户,其测量值(mg/m³)为:0.12、0.16、0.30、0.25、0.11、0.23、0.18、0.15 和

0.09，问：该小区住户的室内空气甲醛平均含量是否超标？

σ^2 未知，且 $n=9$ 为小样本，故用 t 检验。此次抽样测定的平均含量可能低于标准值，故采取单尾检验。由题可知 $\mu_0=0.3$，$\bar{x}=0.176$，$s=0.072$。

(1) 零假设 $H_0:\mu\geqslant\mu_0$，即该次抽样测定的住户甲醛平均含量达到 0.3 $\mathrm{mg/m^3}$ 的污染标准。备择假设 $H_A:\mu<\mu_0$，即该次抽样测定的住户甲醛平均含量没有达到污染标准。

(2) 确定显著水平：$\alpha=0.05$。

(3) 检验计算：

$$t=\frac{\bar{x}-\mu}{s_{\bar{x}}}=\frac{0.176-0.3}{0.072/\sqrt{9}}=-5.167$$

查附录 C，当 $df=n-1=8$ 时，$t_{0.05}=1.860$，由于 $t<-t_{0.05}$，所以 $P<0.05$。

(4) 推断：否定 H_0，接受 H_A。即该次抽样测定的住户的甲醛平均含量没有超标。

4.2.2 单个样本方差的检验

从一个正态总体中抽样时，样本方差的分布服从自由度 $df=n-1$ 的 χ^2 分布。利用这种分布可以对样本方差 s^2 与已知总体方差 σ_0^2 之间的差异显著性进行检验，即对样本变异性进行检验。

(1) 零假设 $H_0:\sigma=\sigma_0$，样本所在总体的方差与已知总体的方差无显著差异。备择假设 $H_A:\sigma\neq\sigma_0$，样本所在总体的方差与已知总体的方差存在显著差异。

(2) 确定显著水平：$\alpha=0.05$ 或 $\alpha=0.01$。

(3) 检验统计量：

$$\chi^2=(n-1)\frac{s^2}{\sigma_0^2} \tag{4-20}$$

(4) 推断：H_0 的否定域为 $\chi^2>\chi_{\alpha/2}^2$ 和 $\chi^2<\chi_{1-\alpha/2}^2$。

H_0 为 $\sigma\geqslant\sigma_0$，H_A 为 $\sigma<\sigma_0$ 时，H_0 的否定域为 $\chi^2<\chi_{1-\alpha}^2$；H_0 为 $\sigma\leqslant\sigma_0$，H_A 为 $\sigma>\sigma_0$ 时，H_0 的否定域为 $\chi^2>\chi_{\alpha}^2$。

【例 4.5】 已知某农田受到重金属污染，抽样测定其镉含量($\mu\mathrm{g/g}$)分别为 3.6、4.2、4.7、4.5、4.2、4.0、3.8、3.7，问：试检验污染农田镉含量的方差与正常农田镉含量的方差 0.065 $(\mu\mathrm{g/g})^2$ 是否相同？

(1) 零假设 $H_0:\sigma^2=\sigma_0^2$，即污染农田镉含量的方差与正常农田镉含量的方差相同。备择假设 $H_A:\sigma^2\neq\sigma_0^2$，即污染农田镉含量的方差与正常农田镉含量的方差不同。

(2) 确定显著水平：$\alpha=0.05$。

(3) 检验计算：

$$\bar{x}=4.09\ \mu\mathrm{g/g}, \quad s=0.39\ \mu\mathrm{g/g}, \quad \chi^2=(n-1)\frac{s^2}{\sigma_0^2}=(8-1)\frac{\times0.39^2}{0.065}=16.380$$

查附录 D，$df=8-1=7$ 时，$\chi_{0.975}^2=1.690$，$\chi_{0.025}^2=16.013$，由于 $\chi^2>\chi_{0.025}^2$，所以 $P<0.05$。

(4) 推断：接受 H_A，否定 H_0。即污染农田镉含量的方差与正常农田镉含量的方差不相同。

4.2.3 单个样本频率的假设检验

在生物学研究中，许多数据资料是用频率(或百分数、成数)表示的。当总体或样本中的个体分为两种属性时,如药剂处理后害虫的存活与死亡、种子播种后的发芽与不发芽、动物的雌与雄等,这类资料组成的总体通常服从二项分布,因此称为二项总体。有些总体有多个属性,但可根据研究目的经适当的处理分为"目标性状"和"非目标性状"两种属性,也可看作二项总体。由于二项分布近似于正态分布,因此对二项分布数据的检验类似于对平均数的检验。二项分布的数据有次数和频率两种表示方法,这里介绍样本频率 $\hat{p}$ 与理论频率 p_0 的差异显著性检验方法。

差异性检验方法因 n、p 的大小不同而不同。当 np 或 nq 小于 5 时,由二项分布的概率函数直接计算概率进行检验,否则用正态近似法进行检验。用正态近似法进行检验时,如果 np 和 nq 均大于 30,直接采用 u 检验法进行检验;否则,根据 n 的大小选用 u 检验($n \geqslant 30$)或 t 检验($n < 30$),且需进行连续性校正。

不需进行连续性校正时,检验统计量 u 的计算公式为

$$u = \frac{\hat{p} - p}{\sigma_p} \tag{4-21}$$

式中 σ_p 为样本频率的标准误,$\sigma_p = \sqrt{\dfrac{pq}{n}}$。

需要进行连续性校正时,检验统计量 u_c(或 t_c,$df = n-1$)的计算公式为

$$u_c(t_c) = \frac{(\hat{p} - p) \mp 0.5/n}{\sigma_p} \tag{4-22}$$

进行检验效能计算及样本容量估计时,右尾检验效能为

$$E = 1 - \Phi \left[\frac{(\hat{p} - p)\sqrt{n} + u_a \sqrt{pq} + c}{\sqrt{\hat{p}\hat{q}}} \right] \tag{4-23}$$

不进行连续性校正时 $c = 0$,需进行连续性校正时,$c = 0.5/n$(下同)。左尾检验效能为

$$E = \Phi \left[\frac{(\hat{p} - p)\sqrt{n} - u_a \sqrt{pq} - c}{\sqrt{\hat{p}\hat{q}}} \right] \tag{4-24}$$

双尾检验效能为

$$E = 1 - \Phi \left[\frac{(\hat{p} - p)\sqrt{n} + u_{a/2} \sqrt{pq} + c}{\sqrt{\hat{p}\hat{q}}} \right] + \Phi \left[\frac{(\hat{p} - p)\sqrt{n} - u_{a/2} \sqrt{pq} - c}{\sqrt{\hat{p}\hat{q}}} \right] \tag{4-25}$$

单尾检验的样本容量估计为

$$n = \left(\frac{u_a \sqrt{pq} + u_\beta \sqrt{\hat{p}\hat{q}}}{\delta} \right)^2 \tag{4-26}$$

双尾检验时,将 u_a 替换为 $u_{a/2}$。

【例 4.6】 某地某一时期内出生 350 名婴儿,其中男性 196 名,女性 154 名。问:该地区出生婴儿的性别比与通常的性别比(总体概率约为 0.5)是否不同?

本题中,$p_0 = 0.5$,$n = 350$。由于 np、nq 均大于 30,故无须进行连续性校正。

(1)零假设 $H_0: p = p_0$,即此地出生婴儿的性别比与通常的性别比相同。备择假设 $H_A: p \neq p_0$,即此地出生婴儿的性别比与通常的性别比显著不同。

(2)确定显著水平:$\alpha = 0.05$。

(3)检验计算:

$$\hat{p}=\frac{x}{n}=\frac{196}{350}=0.56，\quad u=\frac{\hat{p}-p}{\sigma_p}=\frac{0.56-0.5}{\sqrt{0.5(1-0.5)/350}}=2.247$$

（4）推断：由于 $|u|>u_{0.05}=1.960，P<0.05$，故接受 H_A。即该地出生婴儿的性别比与通常的性别比具有显著差异。

【例 4.7】　有一批棉花种子，规定发芽率 $p>80\%$ 为合格，现随机抽取 100 粒进行发芽试验，有 77 粒发芽，问：该批棉花种子是否合格？

本题中，$p_0=0.8，q_0=0.2，n=100$。$np=80，nq=20$，故需进行连续性校正。因为发芽率 $\leqslant 80\%$ 认为不合格，故作单尾检验。

（1）零假设 $H_0:p\leqslant p_0$，即该批棉花不合格。备择假设 $H_A:p>p_0$，即该批棉花合格。

（2）确定显著水平：$\alpha=0.05$。

（3）检验计算：

$$\hat{p}=\frac{x}{n}=\frac{77}{100}=0.77，\quad u_c=\frac{(\hat{p}-p)\mp\dfrac{0.5}{n}}{\sigma_p}=\frac{(0.77-0.80)+\dfrac{0.5}{100}}{\sqrt{0.80\times0.2/100}}=-0.625$$

（4）推断：由于 $u<u_{0.05}=1.645，P>0.05$，接受 H_0。即这批种子不合格。

（5）$n=100，p=0.2，\hat{p}=0.77，\alpha=0.05$。检验效能为

$$\begin{aligned}E&=1-\Phi\left[\frac{(\hat{p}-p)\sqrt{n}+u_a\sqrt{pq}}{\sqrt{\hat{p}\hat{q}}}\right]\\&=1-\Phi\left[\frac{(0.77-0.80)\sqrt{100}+1.645\sqrt{0.80\times0.20}}{\sqrt{0.77\times0.23}}\right]=0.1975\end{aligned}$$

检验效能为 0.1975，低于一般要求的 0.85 以上；为进一步证明棉花种子是否合格，需增加样本容量继续试验。

（6）如果要有 90% 的把握证明该棉花种子不合格，要检出的发芽率差为 0.05，估计样本容量为

$$\begin{aligned}n&=\left(\frac{u_a\sqrt{(p+\delta)(q-\delta)}+u_\beta\sqrt{\hat{p}\hat{q}}}{\delta}\right)^2\\&=\left(\frac{1.645\sqrt{0.80\times0.20}+1.282\sqrt{0.77\times0.23}}{0.03}\right)^2\approx1593\end{aligned}$$

如果要有 90% 的把握证明该棉花种子不合格，至少需要使用 1593 粒种子进行发芽试验。

4.3　两个样本的差异显著性检验

4.3.1　两个样本方差的同质性检验

方差同质性，又称为方差齐性（homogeneity of variance），是指各样本所属的总体方差是相同的。方差同质性检验是从各样本的方差来推断其总体方差是否相同。

从两个正态总体 $N_1(\mu_1,\sigma_1^2)$ 和 $N_2(\mu_2,\sigma_2^2)$ 中，分别抽取样本大小为 n_1 和 n_2 的随机样本，求出它们样本方差 s_1^2 和 s_2^2，则标准化的样本方差之比 F 服从 $df_1=n_1-1，df_2=n_2-1$ 的 F 分布。

$$F = \frac{s_1^2}{s_2^2} \qquad (4\text{-}27)$$

利用 F 统计量，对两个样本所属总体的方差进行同质性检验。

（1）零假设 $H_0: \sigma_1^2 = \sigma_2^2$，即认为两样本的方差是同质的。备择假设 $H_A: \sigma_1^2 \neq \sigma_2^2$，即认为两个总体的方差不具备齐性。

（2）确定显著水平：$\alpha = 0.05$。

（3）计算统计量：

$$F = \frac{s_{\text{大}}^2}{s_{\text{小}}^2}$$

（4）推断：H_0 的否定域为 $F > F_\alpha$（双尾检验时 H_0 的否定域为 $F > F_{\alpha/2}$，但习惯上进行右尾检验而不进行双尾检验和左尾检验，且显著水平取 $\alpha = 0.05$）。

【例 4.8】 测得荒漠昆虫光滑鳖甲和小胸鳖甲的体重（g）数据如下。

光滑鳖甲：0.1254、0.1332、0.1331、0.1211、0.1144、0.1184、0.1071、0.1568、0.1126、0.1325、0.1572、0.1887、0.1257、0.1812、0.1245；

小胸鳖甲：0.0824、0.0647、0.0648、0.0475、0.0693、0.0768、0.0681、0.0617、0.0765、0.0523、0.0669、0.0562、0.068、0.0588、0.0478。

试检验这两种拟步甲科荒漠昆虫体重的变异性是否一致。

（1）零假设 $H_0: \sigma_1^2 = \sigma_2^2$，两种昆虫体重的变异性一致。备择假设 $H_A: \sigma_1^2 \neq \sigma_2^2$，两种昆虫体重的变异性不一致。

（2）确定显著水平：$\alpha = 0.05$。

（3）检验计算：

$$\bar{x}_1 = 0.13546 \text{ g}, \quad s_1 = 0.02458 \text{ g}; \quad \bar{x}_2 = 0.06412 \text{ g}, \quad s_2 = 0.0103 \text{ g}$$

$$F = \frac{s_1^2}{s_2^2} = \frac{0.02458^2}{0.0103^2} = 5.695$$

查附录 E，$df_1 = 15 - 1 = 14$，$df_2 = 15 - 1 = 14$，$F_{0.05} = 2.484$，由于 $F > F_{0.05}$，故 $P < 0.05$。

（4）推断：接受 H_A，否定 H_0，即认为两种昆虫体重的变异不具有同质性。

4.3.2　两个样本平均数的差异显著性检验

1.总体方差已知的成组样本平均数

两个总体方差 σ_1^2 和 σ_2^2 已知时，样本平均数的差数服从正态分布，用 u 检验法检验两个样本平均数 $\bar{x}_1$ 和 $\bar{x}_2$ 所属的总体平均数 μ_1 和 μ_2 是否来自同一个总体。

当两个样本方差 σ_1^2 和 σ_2^2 已知时，两个样本平均数差数的标准误为

$$\sigma_{\bar{x}_1 - \bar{x}_2} = \sqrt{\frac{\sigma_1^2}{n_1} + \frac{\sigma_2^2}{n_2}} \qquad (4\text{-}28)$$

统计量 u 的计算公式为

$$u = \frac{(\bar{x}_1 - \bar{x}_2) - (\mu_1 - \mu_2)}{\sigma_{\bar{x}_1 - \bar{x}_2}} \qquad (4\text{-}29)$$

检验效能计算方法见式（4-16）和式（4-17）。其中 $\lambda = \frac{(\bar{x}_1 - \bar{x}_2)\sqrt{n_1 n_2}}{\sqrt{n_2 \sigma_1^2 + n_1 \sigma_2^2}}$。单尾检验的样本容量估计为

$$n_1 = n_2 = \left(\frac{u_\alpha + u_\beta}{\delta / \sqrt{\sigma_1^2 + \sigma_2^2}} \right)^2 \tag{4-30}$$

双尾检验时,将 u_α 替换为 $u_{\alpha/2}$。

σ_1^2、σ_2^2 未知,但两个样本都是大样本时,可用样本标准差 s_1 和 s_2 分别代替 σ_1 和 σ_2 进行计算。

【例 4.9】 为研究荒漠昆虫光滑鳖甲雌雄个体的体型差异,测量了 65 对抱对求偶的试虫的体长和体重,并计算出体长与体重的比值,结果为雄性平均体长体重比值为 182.09,标准差为 29,雌性平均体长体重比值为 156.60,标准差为 23,问:雌雄性之间的体长与体重的比值有无显著差异?

总体方差 σ_1^2 和 σ_2^2 未知,但为大样本,用 u 检验法检验。事先不知道雌雄性之间的体长与体重的比值孰大孰小,用双尾检验。

已知,$\bar{x}_1 = 182.09$,$\bar{x}_2 = 156.60$,$s_1 = 29$,$s_2 = 23$,$n_1 = n_2 = 65$。

$$s_{\bar{x}_1 - \bar{x}_2} = \sqrt{\frac{s_1^2}{n_1} + \frac{s_2^2}{n_2}} = \sqrt{\frac{29^2}{65} + \frac{23^2}{65}} = 4.591$$

(1) 零假设 $H_0 : \mu_1 = \mu_2$,即两个总体具有相同的平均数。备择假设 $H_A : \mu_1 \neq \mu_2$,即两平均数之间有显著差别。

(2) 确定显著水平:$\alpha = 0.01$。

(3) 检验计算:

$$u = \frac{\bar{x}_1 - \bar{x}_2}{s_{\bar{x}_1 - \bar{x}_2}} = \frac{182.09 - 156.60}{4.591} = 5.552$$

查附录 B 得:$u_{0.01/2} = 2.576$,$|u| > u_{0.01/2}$,$P < 0.01$。

(4) 推断:否定 H_0,接受 H_A,即光滑鳖甲雌雄性之间的体长体重比值有极显著差异,表现为雄性大于雌性。

2.总体方差未知的组成样本平均数

成组数据的两个样本来自不同的总体,两个样本变量之间没有任何关联,即两个抽样样本彼此独立,所得数据为成组数据。两组数据以组平均数进行相互比较,来检验其差异的显著性。当总体方差 σ_1^2 和 σ_2^2 未知时,样本平均数的差数服从 t 分布,两组平均数差异显著性用 t 检验进行检验。并根据两个样本方差是否同质采用不同的计算式(样本方差的同质性用 F 检验进行检验)。

两个样本方差同质时,先合并方差 $s_e^2 = \frac{(n_1 - 1)s_1^2 + (n_2 - 1)s_2^2}{(n_1 - 1) + (n_2 - 1)}$,标准误为

$$s_{\bar{x}_1 - \bar{x}_2} = \sqrt{\frac{s_e^2}{n_1} + \frac{s_e^2}{n_2}} \tag{4-31}$$

统计量 t 的计算公式为

$$t = \frac{\bar{x}_1 - \bar{x}_2}{s_{\bar{x}_1 - \bar{x}_2}} \tag{4-32}$$

自由度 $df = (n_1 - 1) + (n_2 - 1) = n_1 + n_2 - 2$。

两个样本的方差不同质时,统计量近似 t 分布,进行近似的 t 检验。标准误为

$$s_{\bar{x}_1 - \bar{x}_2} = \sqrt{\frac{s_1^2}{n_1} + \frac{s_2^2}{n_2}} \tag{4-33}$$

自由度 df' 不再是两样本自由度之和,而要通过系数 R 计算。其计算公式为

$$R = \dfrac{\dfrac{s_1^2}{n_1}}{\dfrac{s_1^2}{n_1} + \dfrac{s_2^2}{n_2}}, \quad df' = \dfrac{1}{\dfrac{R^2}{n_1 - 1} + \dfrac{(1-R)^2}{n_2 - 1}} \tag{4-34}$$

检验效能计算方法见式(4-9)至式(4-13)。两个样本方差同质时 $df = n_1 + n_2 - 2$，$\lambda = \dfrac{(\bar{x}_1 - \bar{x}_2)\sqrt{n_1 n_2}}{\sqrt{(n_1 + n_2)s_e^2}}$。单尾检验的样本容量估计为

$$n_1 = n_2 = 2 \times \left(\dfrac{t_\alpha + t_\beta}{\delta / \sqrt{s_e^2}} \right)^2 \tag{4-35}$$

需进行逐步迭代。双尾检验时，将 t_α 替换为 $t_{\alpha/2}$。

两个样本方差不同质时，$\lambda = \dfrac{(\bar{x}_1 - \bar{x}_2)\sqrt{n_1 n_2}}{\sqrt{n_2 \sigma_1^2 + n_1 \sigma_2^2}}$，自由度根据式(4-36)计算。单尾检验的样本容量估计为

$$n_1 = n_2 = \left(\dfrac{t_\alpha + t_\beta}{\delta / \sqrt{s_1^2 + s_2^2}} \right)^2 \tag{4-36}$$

需进行逐步迭代。双尾检验时，将 t_α 替换为 $t_{\alpha/2}$。

检验效能计算及样本容量估计方法与单样本完全相同，见式(4-9)至式(4-14)。

【例 4.10】 研究骆驼蓬凝集素 A 和 B 对小鼠 S180 移植性实体瘤的影响。接种 S180 细胞 0.2 mL 于小鼠腹腔，浓度为 10^7 个/mL，第 9 天开始分别腹腔注射骆驼蓬凝集素 A 和 B 50 mg/kg，连续注射 8 天后处死小鼠，剥瘤称重，数据见表 4-1。检验两种凝集素对肿瘤的抑制效果有无差异。

表 4-1 凝集素 A 和 B 处理后小鼠肿瘤质量

凝集素	肿瘤质量/g								
A	0.43	0.39	0.52	0.61	0.49	0.63	0.56	0.37	0.46	0.52
B	0.85	0.78	0.63	0.81	0.72	0.90	0.88	0.94	0.83	0.99

本题中，两样本的总体方差 σ_1^2 和 σ_2^2 未知，且样本容量小于 30，所以应先进行 F 检验，再进行 t 检验。

计算可得：$\bar{x}_1 = 0.4980$，$s_1^2 = 0.00766$，$\bar{x}_2 = 0.8330$，$s_2^2 = 0.0111$。

(1) 方差的同质性检验：

①零假设 H_0：$\sigma_1^2 = \sigma_2^2$，即两种凝集素处理肿瘤质量的变异程度一致。备择假设 H_A：$\sigma_1^2 \neq \sigma_2^2$，即两种凝集素处理肿瘤质量的变异程度不一致。

②确定显著水平：$\alpha = 0.05$。

③检验计算：

$$F = \frac{s_1^2}{s_2^2} = \frac{0.0111}{0.00766} = 1.457$$

查附录 E，$df_1 = df_2 = 10 - 1 = 9$，$F_{0.05} = 3.179$，$F < F_{0.05}$，故 $P > 0.05$。

④推断：接受 H_0，否定 H_A，即认为两种凝集素处理肿瘤质量的变异具有同质性。

(2) t 检验：

通过 F 检验，可假设两个样本的总体方差相等，即 $\sigma_1^2 = \sigma_2^2$。由于事先不知两种处理肿瘤的质量孰高孰低，故用双尾检验。

①零假设 $H_0: \mu_1 = \mu_2$，即两种凝集素处理的肿瘤质量无显著差异。备择假设 $H_A: \mu_1 \neq \mu_2$，即两种凝集素处理的肿瘤质量有显著差异。

②确定显著水平：$\alpha = 0.01$。

③检验计算：

$$t = \frac{0.4980 - 0.8330}{\sqrt{\dfrac{9 \times 0.00766 + 9 \times 0.0111}{9 + 9}\left(\dfrac{1}{10} + \dfrac{1}{10}\right)}} = -7.722$$

查附录 C，$df = 10 + 10 - 2 = 18$，$t_{0.01/2} = 2.878$，由于 $|t| > t_{0.01/2}$，所以 $P < 0.01$。

④推断：否定 H_0，接受 H_A。认为两种凝集素处理的肿瘤质量差异达到极显著水平。

【例 4.11】　为研究 NaCl 在种子萌发阶段对灰绿藜幼苗生长的影响，将在蒸馏水中萌发 5 天的幼苗随机分成 2 组，一组作为对照继续进行蒸馏水处理，另一组用 100 mmol/L 的 NaCl 溶液处理，第 10 天时各随机抽取 10 株幼苗检测下胚轴长度（cm），结果见表 4-2。问：低浓度的 NaCl 对盐生植物灰绿藜的幼苗下胚轴生长是否有促进作用？

表 4-2　两种处理的灰绿藜幼苗下胚轴长度测定结果

处 理 方 法	幼苗下胚轴长度/cm									
蒸馏水处理	1.0	1.1	1.2	1.0	1.1	1.0	1.2	1.0	1.1	1.1
NaCl 溶液处理	1.9	1.8	2.1	1.7	1.4	1.7	1.5	1.6	1.8	1.7

本题中，两样本的总体方差 σ_1^2 和 σ_2^2 未知，且样本容量小于 30，所以应先进行 F 检验，再进行 t 检验。

计算可得：$\bar{x}_1 = 1.08$，$s_1^2 = 0.00622$，$\bar{x}_2 = 1.72$，$s_2^2 = 0.03956$。

（1）方差的同质性检验：

①零假设 $H_0: \sigma_1^2 = \sigma_2^2$，即两种处理的幼苗下胚轴长度的变异程度一致。备择假设 $H_A: \sigma_1^2 \neq \sigma_2^2$，即两种处理的幼苗下胚轴长度的变异程度不一致。

②确定显著水平：$\alpha = 0.05$。

③检验计算：

$$F = \frac{s_1^2}{s_2^2} = \frac{0.0395}{0.00622} = 6.350$$

查附录 E，$df_1 = df_2 = 10 - 1 = 9$，$F_{0.05} = 3.179$，故 $P < 0.05$。

④推断：否定 H_0，接受 H_A。即两种处理的灰绿藜幼苗下胚轴长度的变异不具有同质性。

（2）近似 t 检验：

①零假设 $H_0: \mu_1 \geqslant \mu_2$，即低浓度 NaCl 不能促进幼苗下胚轴生长。备择假设 $H_A: \mu_1 < \mu_2$，即低浓度 NaCl 可促进幼苗下胚轴生长。

②确定显著水平：$\alpha = 0.05$。

③检验计算：

$$R = \frac{s_1^2/n_1}{s_1^2/n_1 + s_2^2/n_2} = \frac{0.0062/10}{0.0062/10 + 0.0395/10} = 0.1357$$

$$df' = \frac{1}{\dfrac{R^2}{n_1 - 1} + \dfrac{(1 - R)^2}{n_2 - 1}} = \frac{1}{\dfrac{0.1357^2}{10 - 1} + \dfrac{(1 - 0.1357)^2}{10 - 1}} = 11.75 \approx 12$$

$$t = \frac{\bar{x}_1 - \bar{x}_2}{s_{\bar{x}_1 - \bar{x}_2}} = \frac{1.08 - 1.72}{\sqrt{0.0062/10 + 0.0395/10}} = 9.467$$

查附录 C，$df' = 12$，$t_{0.05} = 2.179$，$t_{0.01} = 3.055$，由于 $|t| > t_{0.01}$，所以 $P < 0.01$。

④推断：接受 H_A，否定 H_0，认为低浓度 NaCl 能够显著促进盐生植物灰绿藜幼苗下胚轴的生长。

3.成对样本平均数

在进行两种处理效果的比较试验设计中，配对设计比成组设计在误差控制方面具有较大的优势。配对设计是将两个性质相同的供试单元(或个体)组成配对，然后把相比较的两个处理分别随机地分配到每个配对的两个供试单元上，由此得到的观测值为成对数据。

例如，田间试验以土地条件最为接近的两个相邻小区为一对，布置两个不同的处理方法；在同一植株某一器官的对称部位上实施两种不同的处理方法；用若干同窝的两只动物做不同处理，每个配对之间除了处理条件差异外，其他方面的误差都尽可能控制到最小。在做药效试验时，测定若干试验动物服药前后的有关数值，则服药前后的数值也构成一个配对。由于同一配对内两个供试单元的背景条件非常接近，而不同配对间的条件差异又可以通过各个配对差数予以消除，所以配对设计可以控制试验误差，具有较高精确度。

在进行假设检验时，只要假设两样本的总体差数 $\mu_d = \mu_1 - \mu_2 = 0$，而不必假定两样本的总体方差 σ_1^2 和 σ_2^2 相同。需要注意，即使成组数据的样本数相等($n_1 = n_2$)，也不能用成对数据的方法来比较，因为成组数据的两个变量是相互独立的，没有配对的基础。

设 n 个成对的观察值分别为 x_{1i} 和 x_{2i}，各对数据的差数为 $d_i = x_{1i} - x_{2i}$，则样本差数的平均数 $\bar{d} = \dfrac{\sum d_i}{n} = \dfrac{\sum (x_{1i} - x_{2i})}{n}$。若差数的标准差为 s_d，则样本差数平均数的标准误为

$$s_{\bar{d}} = \frac{s_d}{\sqrt{n}} \tag{4-37}$$

统计量 t 的计算公式为

$$t = \frac{\bar{d} - \mu_d}{s_{\bar{d}}} \tag{4-38}$$

自由度为 $df = n - 1$。进行假设检验时，零假设为 $H_0 : \mu_d = 0$，备择假设为 $H_A : \mu_d \neq 0$。检验效能计算及样本容量估计方法见式(4-9)至式(4-14)。

【例 4.12】 构建荒漠昆虫小胸鳖甲抗冻蛋白基因 $Mpafp$ 的重组表达质粒，在大肠杆菌中进行诱导表达和纯化之后，用差式扫描量热法(DSC 法)和渗透压法两种方法分别对 5 个批次表达的蛋白质进行热滞活性(℃)测定，结果如表 4-3 所示。问：两种方法所测抗冻蛋白的活性有无显著差异？

表 4-3　两种方法测定小胸鳖甲抗冻蛋白的活性比较

样 品 编 号	1	2	3	4	5
渗透压法测定活性 x_1/℃	0.95	1.08	1.47	1.36	1.45
DSC 法测定活性 x_2/℃	1.02	1.25	1.35	1.3	1.37

本题对同一个样品两种测定方法进行比较，属于成对数据；因事先不知道两种方法的结果是否存在显著差异，故进行双尾检验。

(1) 零假设 $H_0 : \mu_d = 0$，即两种方法所测抗冻蛋白活性无显著差异。备择假设 $H_A : \mu_d \neq 0$，即两种方法的结果有显著差异。

(2) 确定显著水平：$\alpha = 0.05$。

（3）检验计算：

$$\bar{d} = 0.004, \quad s_d = 0.1205, \quad t_{n-1} = \frac{\bar{d} - \mu_d}{s_{\bar{d}}} = \frac{0.004}{0.1205/\sqrt{5}} = 0.074$$

查附录 C，$df = 5-1 = 4$ 时，$t_{0.05/2} = 2.776$，由于 $|t| < t_{0.05/2}$，所以 $P > 0.05$。

（4）推断：接受 H_0，否定 H_A，即两种方法所测小胸鳌甲抗冻蛋白的活性无显著差异。

（5）$n = 5, \delta = -0.004\ ℃, s = 0.1205\ ℃, \lambda = 0.074, \alpha = 0.05$。检验效能为

$$E_1 = 1 - T'(t_{\alpha/2}, \lambda) + T'(-t_{\alpha/2}, \lambda) = 1 - T'(2.776, 0.074) + T'(-2.776, 0.074) = 0.0504$$

$$E_2 = T(\lambda - t_{\alpha/2}) + T(-\lambda - t_{\alpha/2}) = T(0.074 - 2.776) + T(-0.074 - 2.776) = 0.0502$$

检验效能为 0.0504（近似公式计算结果为 0.0502），远低于一般要求的 0.85 以上。需增加样本容量继续试验以便证明两种方法的测量结果是否确实无显著差异。

（6）如果要有 90% 的把握检测出 0.05 ℃ 的差异，估计样本容量

$$n = \left(\frac{t_{\alpha/2} + t_\beta}{\delta/s}\right)^2 = \left(\frac{t_{\alpha/2} + t_\beta}{0.05/0.1205}\right)^2 \Rightarrow \cdots 63 \Rightarrow 63$$

如果要有 90% 的把握检测出 0.05℃ 的差异，需要检测的样本容量为 63 份。

4.3.3　两个样本频率差异的检验

从概率分别为 p_1 和 p_2 的两个二项总体中抽取的两个样本频率 $\hat{p}_1$ 和 $\hat{p}_2$ 之差 $\hat{p}_1 - \hat{p}_2$，近似服从正态分布 $N[(p_1 - p_2), \sigma^2_{p_1 - p_2}]$，所以可以用近似 u 检验法对两个样本频率所在总体的概率差异进行显著性检验。u 值的计算公式为

$$u = \frac{(\hat{p}_1 - \hat{p}_2) - (p_1 - p_2)}{\sigma_{p_1 - p_2}}$$

其中，$\sigma_{p_1 - p_2} = \sqrt{\dfrac{p_1 q_1}{n_1} + \dfrac{p_2 q_2}{n_2}}$。当 $p_1 = p_2$ 时，若 $\bar{p} = \dfrac{n_1 \hat{p}_1 + n_2 \hat{p}_2}{n_1 + n_2} = \dfrac{x_1 + x_2}{n_1 + n_2}$，则

$$\sigma_{p_1 - p_2} = \sqrt{\bar{p}\,\bar{q}\left(\frac{1}{n_1} + \frac{1}{n_2}\right)} \tag{4-39}$$

$$u = \frac{\hat{p}_1 - \hat{p}_2}{\sigma_{p_1 - p_2}} \tag{4-40}$$

与单个样本频率的检验一样。即当 np 或 nq 小于 5 时，按二项分布直接计算概率进行检验，否则用正态近似法进行检验。用正态近似法进行检验时，如果所有 np、nq 均大于 30，直接采用 u 检验法进行检验；否则，根据 n 的大小选用 u 检验（$n \geqslant 30$）或 t 检验（$n < 30$），且需进行连续性校正。

进行连续性校正时，统计量 u_c（或 t_c，$df = n_1 + n_2 - 2$）的计算公式为

$$u_c(t_c) = \frac{(\hat{p}_1 - \hat{p}_2) \mp 0.5/n_1 \mp 0.5/n_2}{\sigma_{p_1 - p_2}} \tag{4-41}$$

检验效能计算方法见式（4-9）至式（4-13）。$df = n_1 + n_2 - 2$；单尾检验时，如果合并标准差，$\lambda = \dfrac{|p_1 - p_2|\ \sqrt{n_1 n_2}}{\sqrt{n_1 p_1 q_1 + n_2 p_2 q_2}}$，如果不合并标准差，$\lambda = \dfrac{|p_1 - p_2|\ \sqrt{n_1 n_2}}{\sqrt{n_2 p_1 q_1 + n_1 p_2 q_2}}$。双尾检验计算 λ 时，将 $|p_1 - p_2|$ 替换为 $(p_1 - p_2)$ 即可。单尾检验的样本容量估计为

$$n_1 = n_2 = \frac{1}{2}\left(\frac{u_\alpha + u_\beta}{\arcsin\sqrt{p_1} - \arcsin\sqrt{p_2}}\right)^2 \tag{4-42}$$

双尾检验时，将 u_α 替换为 $u_{\alpha/2}$。

【**例 4.13**】 采用 RNA 干扰技术破坏棉铃虫的细胞色素氧化酶基因 *CYP6B6* 之后，检测其三龄幼虫的抗 2,13 烷酮的抗性。RNA 干扰组幼虫共 200 只,死亡 183 只,对照组幼虫共 200 只,死亡 142 只。问:RNA 干扰是否能降低棉铃虫幼虫的抗药性?

本题 np 和 nq 均大于 30,不需进行连续性校正。又预期 RNA 干扰可降低棉铃虫的抗药性,故进行单尾下侧检验。

(1) 零假设 $H_0:p_1=p_2$,即 RNA 干扰不降低抗药性。备择假设 $H_A:p_1>p_2$,即 RNA 干扰可显著降低抗药性。

(2) 确定显著水平:$\alpha=0.01$。

(3) 检验计算:

$$\hat{p}_1=\frac{x_1}{n_1}=\frac{183}{200}=0.915, \quad \hat{p}_2=\frac{x_2}{n_2}=\frac{142}{200}=0.710$$

$$\bar{p}=\frac{x_1+x_2}{n_1+n_2}=\frac{183+142}{200+200}=0.8125, \quad \bar{q}=1-0.8125=0.1875$$

$$\sigma_{p_1-p_2}=\sqrt{\bar{p}\bar{q}\left(\frac{1}{n_1}+\frac{1}{n_2}\right)}=\sqrt{0.8215\times0.1875\times\left(\frac{1}{200}+\frac{1}{200}\right)}=0.0392$$

$$u=\frac{\hat{p}_1-\hat{p}_2}{\sigma_{p_1-p_2}}=\frac{0.915-0.710}{0.0392}=5.223$$

(4) 推断:由于 $|u|>u_{0.01}=2.336$,$P<0.01$,故否定 H_0,接受 H_A,即 RNA 干扰细胞色素氧化酶基因可以极显著地降低棉铃虫幼虫的抗药性。

【**例 4.14**】 用药物治疗法治疗一般性胃溃疡患者 80 例,治愈 63 例;治疗特殊性胃溃疡患者 99 例,治愈 31 例。问:该治疗方法对两种不同胃溃疡患者的治疗效果有无明显不同?

本题 $nq<30$,需要进行连续性校正。采用双尾检验。

(1) 零假设 $H_0:p_1=p_2$,即该疗法对两种不同胃溃疡患者的治疗效果无显著差异。备择假设 $H_A:p_1\neq p_2$,即该疗法对两种不同胃溃疡患者的治疗效果有显著差异。

(2) 确定显著水平:$\alpha=0.01$。

(3) 检验计算:

$$\hat{p}_1=\frac{x_1}{n_1}=\frac{63}{80}=0.7875, \quad \hat{p}_2=\frac{x_2}{n_2}=\frac{31}{99}=0.3131$$

$$\bar{p}=\frac{x_1+x_2}{n_1+n_2}=\frac{63+31}{80+99}=0.5251, \quad \bar{q}=1-0.5251=0.4749$$

$$\sigma_{p_1-p_2}=\sqrt{\bar{p}\bar{q}\left(\frac{1}{n_1}+\frac{1}{n_2}\right)}=\sqrt{0.5251\times0.4749\times\left(\frac{1}{80}+\frac{1}{99}\right)}=0.0561$$

$$u_c=\frac{(\hat{p}_1-\hat{p}_2)\mp\frac{0.5}{n_1}\mp\frac{0.5}{n_2}}{\sigma_{p_1-p_2}}=\frac{(0.7875-0.3131)-\frac{0.5}{80}-\frac{0.5}{99}}{0.0561}=8.255$$

(4) 推断:$|u|>u_{0.01/2}=2.576$,$P<0.01$,故否定 H_0,接受 H_A,认为该治疗方法对两种不同胃溃疡患者的治疗效果具有极显著差异。

4.4　参数估计

参数估计(parametric estimation)是建立在一定理论分布的基础之上,通过样本平均数推断其总体平均数,或由样本方差推断其总体方差的方法。这种推断是在一定的概率水平下,根据样本统计数对总体参数作出在某一数值范围的估计,其结果是一个区间,这就是参数的区间估计(interval estimation)的概念,点估计(point estimation)则是参数区间估计表达的另外一种形式。

4.4.1　参数估计的原理

根据中心极限定理和大数定律,不论总体是否为正态分布,其样本平均数都近似服从 $N(\mu, \sigma_x^2)$ 的正态分布。因而,当概率水平 $\alpha = 0.05$ 时,也就是置信度(degree of confidence)为 $P = 1 - \alpha = 0.95$ 时,有

$$P(\mu - 1.960\sigma_{\bar{x}} \leqslant \bar{x} \leqslant \mu + 1.960\sigma_{\bar{x}}) = 0.95$$

可变换为

$$P(\bar{x} - 1.960\sigma_{\bar{x}} \leqslant \mu \leqslant \bar{x} + 1.960\sigma_{\bar{x}}) = 0.95$$

对于某一概率标准 α,则有通式:

$$P(\bar{x} - u_a\sigma_{\bar{x}} \leqslant \mu \leqslant \bar{x} + u_a\sigma_{\bar{x}}) = 1 - \alpha \tag{4-43}$$

式(4-43)表明,在 $P = 1 - \alpha$ 置信度下,总体平均数 μ 落在区间 $(\bar{x} - u_a\sigma_{\bar{x}}, \bar{x} + u_a\sigma_{\bar{x}})$ 内的概率为 $1 - \alpha$。区间 $(\bar{x} - u_a\sigma_{\bar{x}}, \bar{x} + u_a\sigma_{\bar{x}})$ 称为 μ 的 $1 - \alpha$ 置信区间(confidence interval)。对于 μ 的 $1 - \alpha$ 置信区间,可以用下限 L_1 和上限 L_2 的形式表示为:$[L_1 = \bar{x} - u_a\sigma_{\bar{x}}, L_2 = \bar{x} + u_a\sigma_{\bar{x}}]$,也可以写作:$L = \bar{x} \pm u_a\sigma_{\bar{x}}$。

区间 $[L_1, L_2]$ 即为用样本平均数 $\bar{x}$ 对总体平均数 μ 的置信度 $P = 1 - \alpha$ 的区间估计,L 是样本平均数 $\bar{x}$ 对总体平均数 μ 的置信度 $P = 1 - \alpha$ 的点估计。当 $\alpha = 0.05$ 时,$u_a = 1.960$;当 $\alpha = 0.01$ 时,$u_a = 2.576$。

参数的区间估计也可用于假设检验,因为置信区间是在一定置信度 $P = 1 - \alpha$ 下包含总体参数的范围,故对参数所做的零假设如果落在该区间内,就可以接受 H_0;反之,则说明零假设与真实情况有本质上的不同,应否定 H_0,接受 H_A。

需要指出的是,区间估计与显著水平 α 的大小联系在一起。α 越小,则相应的置信区间越大,也就是说用样本平均数对总体平均数估计的可靠程度越高,但这时估计的精确度就降低了。在实际应用中,应合理确定显著水平 α,不能认为 α 取值越小越好。

4.4.2　一个总体平均数 μ 的估计

当总体方差 σ^2 已知,或总体方差 σ^2 未知但为大样本时,置信度为 $P = 1 - \alpha$ 的总体平均数 μ 的区间估计和点估计分别为

$$[\bar{x} - u_a\sigma_{\bar{x}}, \bar{x} + u_a\sigma_{\bar{x}}], \quad \bar{x} \pm u_a\sigma_{\bar{x}} \tag{4-44}$$

当总体方差未知且样本为小样本时,由样本方差 s^2 来估计总体方差 σ^2,置信度为 $P = 1 - \alpha$ 的总体平均数 μ 的区间估计和点估计分别为

$$[\bar{x} - t_a s_{\bar{x}}, \bar{x} + t_a s_{\bar{x}}], \quad \bar{x} \pm t_a s_{\bar{x}} \tag{4-45}$$

上式中,t_a 为 t 分布中置信度为 $P = 1 - \alpha$ 时的临界值,自由度 $df = n - 1$。

【例 4.15】　随机抽测 5 年生的杂交杨树 25 株,得平均树高 9.36 m,样本标准差 1.36 m。以 95% 的置信度计算这批杨树高度的置信区间。

本例中,总体方差 σ^2 未知,且为小样本,用 s^2 估计 σ^2,查附录 C,当 $df = 25 - 1 = 24$ 时,$t_{0.05}$

$=2.064$。可计算得 $s_{\bar{x}}=1.872$，于是杨树高度的区间估计为

$$L_1 = \bar{x} - t_a s_{\bar{x}} = (9.36 - 2.064 \times 1.872) \text{ m} = 5.496 \text{ m}$$
$$L_2 = \bar{x} + t_a s_{\bar{x}} = (9.36 + 2.064 \times 1.872) \text{ m} = 13.224 \text{ m}$$

即杨树高度有 95% 的可能在 $5.496 \sim 13.224$ m。

4.4.3　两个总体平均数差数的估计

当两个总体方差 σ_1^2 和 σ_2^2 为已知，或总体方差 σ_1^2 和 σ_2^2 未知但为大样本时，在置信度 $P=1-\alpha$ 下，两个总体平均数差数 $\mu_1-\mu_2$ 的区间估计和点估计分别为

$$\left[(\bar{x}_1 - \bar{x}_2) - u_a \sigma_{\bar{x}_1-\bar{x}_2}, (\bar{x}_1 - \bar{x}_2) + u_a \sigma_{\bar{x}_1-\bar{x}_2}\right], \quad (\bar{x}_1 - \bar{x}_2) \pm u_a \sigma_{\bar{x}_1-\bar{x}_2} \tag{4-46}$$

当样本为小样本，总体方差 σ_1^2 和 σ_2^2 未知时，用 $s_{\bar{x}_1-\bar{x}_2}$ 代替 $\sigma_{\bar{x}_1-\bar{x}_2}$，并需根据方差同质性检验结果进行 $s_{\bar{x}_1-\bar{x}_2}$ 和自由度的计算：

当方差同质时，$s_{\bar{x}_1-\bar{x}_2} = \sqrt{\dfrac{(n_1-1)s_1^2 + (n_2-1)s_2^2}{n_1-1+n_2-1}\left(\dfrac{1}{n_1}+\dfrac{1}{n_2}\right)}$，$t_a$ 的自由度为 $df=n_1+n_2-2$。

当方差不同质时，$s_{\bar{x}_1-\bar{x}_2} = \sqrt{\dfrac{s_1^2}{n_1}+\dfrac{s_2^2}{n_2}}$，$t_a$ 的自由度 df' 根据式(4-12)计算。

当两样本为成对资料时，在置信度 $P=1-\alpha$ 下，两个总体平均数差数 $\mu_1-\mu_2$ 的区间估计和点估计分别为

$$[\bar{d} - t_a s_{\bar{d}}, \bar{d} + t_a s_{\bar{d}}], \quad \bar{d} \pm t_a s_{\bar{d}} \tag{4-47}$$

t_a 的自由度为 $df=n-1$。

【例 4.16】　在例 4.11 中，两种处理方法的灰绿藜幼苗下胚轴长度数据为 $\bar{x}_1=1.08$，$s_1^2=0.00622$，$\bar{x}_2=1.72$，$s_2^2=0.03956$。在 95% 置信度下，求两种处理下灰绿藜幼苗下胚轴长度差异的区间估计。

首先计算标准误：

$$s_{\bar{x}_1-\bar{x}_2} = \sqrt{\frac{s_1^2}{n_1}+\frac{s_2^2}{n_2}} = \sqrt{\frac{0.00622^2}{10}+\frac{0.03956^2}{10}} = 0.01266$$

查附录 C，当 $df'=12$ 时，$t_{0.05}=2.179$，在 95% 置信度下，两种处理幼苗下胚轴长度差异的区间估计为

$$L_1 = (\bar{x}_1 - \bar{x}_2) - t_a s_{\bar{x}_1-\bar{x}_2} = [(1.72-1.08) - 2.179 \times 0.01266] \text{ cm} = 0.6124 \text{ cm}$$
$$L_2 = (\bar{x}_1 - \bar{x}_2) + t_a s_{\bar{x}_1-\bar{x}_2} = [(1.72-1.08) + 2.179 \times 0.01266] \text{ cm} = 0.6676 \text{ cm}$$

即两种处理幼苗下胚轴长度差异有 95% 的可能在 $0.6124 \sim 0.6676$ cm。

【例 4.17】　在例 4.12 中，对两种方法测定小胸鳖甲抗冻蛋白活性的差异进行置信度为 95% 的区间估计。

已计算得：$\bar{d}=0.004$，$s_d=0.1205$。查附录 C，$df=5-1=4$ 时，$t_{0.05}=2.776$。故 DSC 法和渗透压法所测含量差异的区间估计为

$$L_1 = \bar{d} - t_a s_{\bar{d}} = 0.004 - 2.776 \times 0.1205 = -0.2107$$
$$L_2 = \bar{d} + t_a s_{\bar{d}} = 0.004 + 2.776 \times 0.1205 = 0.3385$$

即 DSC 法和渗透压法所测含量差异有 95% 的可能处于 $-0.2107 \sim 0.3385$。

4.4.4　一个总体频率的估计

在置信度 $P=1-\alpha$ 下，对一个总体频率 p 的区间估计和点估计分别为

$$[\hat{p} - u_a\sigma_p, \hat{p} + u_a\sigma_p], \quad \hat{p} \pm u_a\sigma_p \tag{4-48}$$

当样本容量较小或者 np、nq 均小于 30，对总体频率 p 进行区间估计时，需要进行连续性校正，这时区间估计和点估计分别为

$$\left(\hat{p} - u_a\sigma_p - \frac{0.5}{n}, \hat{p} + u_a\sigma_p + \frac{0.5}{n}\right), \quad \hat{p} \pm u_a\sigma_p \pm \frac{0.5}{n} \tag{4-49}$$

σ_p 未知时，用 s_p 来估计。

【例 4.18】 在例 4.7 中，对棉花种子的总体发芽率进行置信度为 95% 的置信区间的估计。已知 $\hat{p} = 0.77$，σ_p 未知，用 s_p 来估计 σ_p。

$$s_p = \sqrt{\hat{p}\hat{q}/n} = \sqrt{0.77(1-0.77)/100} = 0.0421$$

当 $\alpha = 0.05$ 时，$u_{0.05} = 1.960$。则置信度为 95% 的总体发芽率区间估计为

$$L_1 = \hat{p} - u_a s_p = 0.77 - 1.960 \times 0.0421 = 0.6875$$
$$L_2 = \hat{p} + u_a s_p = 0.77 + 1.960 \times 0.0421 = 0.8525$$

即棉花种子的总体发芽率有 95% 的把握处于区间（68.75%，85.25%）内。

4.4.5　两个总体频率差数的估计

进行两个总体频率差数 $p_1 - p_2$ 的区间估计时，需先证明两个频率有显著差异才有意义。在置信度 $P = 1 - \alpha$ 下，两总体频率差数 $p_1 - p_2$ 的区间估计和点估计分别为

$$[(\hat{p}_1 - \hat{p}_2) - u_a\sigma_{\hat{p}_1-\hat{p}_2}, (\hat{p}_1 - \hat{p}_2) + u_a\sigma_{\hat{p}_1-\hat{p}_2}], \quad (\hat{p}_1 - \hat{p}_2) \pm u_a\sigma_{\hat{p}_1-\hat{p}_2} \tag{4-50}$$

在 H_0 假设条件下，$p_1 = p_2 = p$，且 p 未知时，用 $s_{\hat{p}_1-\hat{p}_2}$ 估计 $\sigma_{\hat{p}_1-\hat{p}_2}$，$s_{\hat{p}_1-\hat{p}_2} = \sqrt{\bar{p}\,\bar{q}\left(\frac{1}{n_1} + \frac{1}{n_2}\right)}$。

【例 4.19】 在例 4.13 中，对 RNA 干扰组和对照组棉铃虫抗药性差异进行置信度为 99% 的置信区间的估计。

已计算得 $\hat{p}_1 = 0.915$，$\hat{p}_2 = 0.710$。由于 np、nq 均大于 30，故可以用 $s_{\hat{p}_1-\hat{p}_2}$ 估计 $\sigma_{\hat{p}_1-\hat{p}_2}$，无须进行连续性校正。当 $P = 1 - \alpha = 0.99$ 时，$u_{0.01} = 2.576$。则置信度为 99% 的两组幼虫的抗药性差异的区间估计为

$$L_1 = (\hat{p}_1 - \hat{p}_2) - u_a\sigma_{\hat{p}_1-\hat{p}_2} = (0.915 - 0.710) - 2.576 \times 0.038 = 0.107$$
$$L_2 = (\hat{p}_1 - \hat{p}_2) + u_a\sigma_{\hat{p}_1-\hat{p}_2} = (0.915 - 0.710) + 2.576 \times 0.038 = 0.303$$

即 RNA 干扰组和对照组棉铃虫抗药性差异有 99% 的把握为 0.107～0.303。

习题

习题 4.1　何为假设检验？假设检验的步骤有哪些？

习题 4.2　假设检验中的两类错误有哪些？如何降低两类错误？

习题 4.3　何为双尾检验和单尾检验？如何确定其否定域？

习题 4.4　某鸡场生产一批种蛋，其孵化率为 0.78，现从该批种蛋中任选 5 枚进行孵化，试计算孵化出小鸡的各种可能情况的概率。

习题 4.5　用两种饵料喂养同一品种甲鱼，一段时间后，测得甲鱼的体重增加量（单位：g）为：A 饵料，130.5、128.9、133.8、132.0；B 饵料，147.2、149.3、150.2、151.4。试检验两种饵料间方

差的同质性。

习题 4.6　测量 100 株某品种水稻株高,得到平均株高 $\bar{x}=66.3$ cm,从以往研究中知道 $\sigma=8.3$ cm,试分析该品种水稻平均株高与常规水稻株高 65.0 cm 有无显著差异。并求该品种水稻的总体平均株高置信度为 95% 的置信区间。

习题 4.7　测得两品种水稻的蛋白质含量各 5 次,结果为:A 品种,16、20、15、17、22;B 品种,17、28、15、22、33。试比较两品种水稻的蛋白质含量有无显著差异。

第**5**章 方差分析

前面介绍过两个样本平均数差数的 t 检验,但当需要比较的样本平均数扩展为三个或更多时,如果用多次 t 检验,不仅费时费力,犯第 I 类错误的概率也会大幅提高,需要寻找一种新的更为有效的方法。英国统计学家 R.A.Fisher 于 1923 年提出了方差分析(analysis of variance,ANOVA)方法来解决两个以上样本平均数差异显著性的检验问题。

与 t 检验不同,方差分析将全部观测值作为一个整体来看待,把数据的变异总量分解为不同变异原因引起的若干部分,比如处理分量和误差分量,然后进行 F 检验,判断处理的变异是否显著地大于随机误差引起的变异,从而站在全局高度来判断试验处理是否显著有效。

方差分析实质上是关于观测值变异源的数量分析,不仅适用于单因素试验,也适用于两个或以上因素及综合性试验设计得到的试验结果,具有强大的分析各因素的主效应、交互作用以及误差效应的功能;方差分析还能与回归分析结合使用,分析初始条件对处理效应的影响,使检验的效率得到极大提高。

5.1 方差分析的原理与步骤

5.1.1 方差分析的相关术语

(1) 试验指标(index):在试验中为研究某个效应具体测定的性状或观测的项目。如葡萄或柑橘鲜果贮藏后的失重、生物个体的月增重、作物的产量等。

(2) 试验因素(factor):试验中人为设置的影响试验指标的因素。如对葡萄的涂膜处理、对患者的给药等。当考察的因素只有一个时,称为单因素试验;同时研究两个或以上的因素对试验指标的影响时,则称为两因素或多因素试验。试验因素常用大写字母 A、B、C 等表示。

(3) 试验水平(level):试验因素所处的某种特定状态或数量等级。如药物处理为 A 因素,设有 0 mg/mL、10 mg/mL、20 mg/mL 和 30 mg/mL 4 个不同浓度,每一个浓度就是一个水平,分别用 A_1、A_2、A_3、A_4 表示;时间处理为 B 因素,设有 0 h、2 h 和 4 h 3 个不同的时长,每一个时长就是一个水平,分别用 B_1、B_2、B_3 表示。

(4) 试验处理(treatment):实施在试验材料上的具体项目称为试验处理,简称处理。单因素试验的一个水平就是一个处理,两因素以上的试验中,各因素的一个水平组合就是一个处理,如上述研究药物和时间两因素试验,就会有 A_1B_1、A_1B_2、$\cdots$、A_4B_3 共 12 个处理。

(5) 试验单位(unit):试验中接受不同试验处理的独立的试验材料,也称试验载体。如一只小鼠、一个植株、一份鲜果样品等。

（6）重复（repetition）：同一试验处理实施的试验单位数。需要指出，重复是指统计学意义上的重复，即不同试验单位的重复，如 3 只动物、5 份果样、4 个小区等。同一个样品的多次重复测定属于技术重复，不是统计学意义上的重复。科学研究中，往往是试验方案的全部处理成批地重复实施，安排每个重复批次的试验单位群体称为区组。

（7）效应（effect）：对试验单位施加试验处理而引起的试验指标的改变，同一因素不同水平表现出来的单独作用称为主效应（main effect），或称简单效应（simple effect）。如因施肥而引起的作物产量增加，使用保鲜膜减少鲜果水分的散失量等。

（8）互作（interaction）：多因素试验中，两个及以上因素间相互促进或相互抑制所产生的新效应，即不能用各因素主效应解释的试验指标的改变部分，称为交互作用，简称互作。如同时给作物施肥和浇水，施肥和浇水各有其主效应，但增产量并不一定与施肥和浇水的主效应符合，相差的部分就是水肥的互作。互作可能是正效应，也可能是负效应或不明显。仅由两个因素共同作用产生的互作称为一级互作，三个因素共同作用产生的互作称为二级互作，依此类推。

5.1.2 方差分析的基本思路

通过试验获得一批数据，可以计算其总平均数，也可以计算不同处理的平均数，每一个观测值与总平均数间的差异是数据的总变异，同一处理的每一观测值与该处理平均数间的差异称为组内变异，不同处理平均数间的差异称为组间变异。直观上理解，组内变异是由随机误差引起的，而组间变异是由随机误差和处理效应共同引起的。如果不存在处理效应，则组间变异与组内变异会比较接近；如果存在处理效应，则组间变异会明显大于组内变异。

方差分析就是通过将数据的总变异分解为组间变异和组内变异，然后比较、检验组间变异相对于组内变异的悬殊程度。通常用方差 s^2 描述数据的变异性，由于两个方差之比服从 F 分布，故可用 F 检验检验组间变异和组内变异的比值是否显著。

F 检验是全局性的分析，当处理效应显著时，需在统一的误差背景（使用同一个标准误）下进行平均数的多重比较，以确定任意两个平均数间的差异显著性。

5.1.3 方差分析的数学模型

设有 k 个处理，每个处理有 n 次重复的试验，共获得 kn 个观测数据，其数据可列为表 5-1 所示的一般形式，其中 x_{ij} 为第 i 个处理、第 j 次重复的观测值。

表 5-1 方差分析数据的一般形式

处　　理	观　　测　　值						总和 T_i	平均值 $\bar{x}_i$
A_1	x_{11}	x_{12}	$\cdots$	x_{1j}	$\cdots$	x_{1n}	T_1	$\bar{x}_1$
A_2	x_{21}	x_{22}	$\cdots$	x_{2j}	$\cdots$	x_{2n}	T_2	$\bar{x}_2$
$\vdots$	$\vdots$	$\vdots$	$\vdots$	$\vdots$	$\vdots$	$\vdots$	$\vdots$	$\vdots$
A_i	x_{i1}	x_{i2}	$\cdots$	x_{ij}	$\cdots$	x_{in}	T_i	$\bar{x}_i$
$\vdots$	$\vdots$	$\vdots$	$\vdots$	$\vdots$	$\vdots$	$\vdots$	$\vdots$	$\vdots$
A_k	x_{k1}	x_{k2}	$\cdots$	x_{kj}	$\cdots$	x_{kn}	T_k	$\bar{x}_k$

k 组数据相当于从 k 个总体获得的随机样本，各有一个总体平均数 μ_i，如果用 ε_{ij} 表示观测

值的随机误差,则

$$x_{ij} = \mu_i + \varepsilon_{ij} \tag{5-1}$$

其中,$i = 1, 2, \cdots, k$;$j = 1, 2, \cdots, n$。如果令 $\mu = \dfrac{\sum \mu_i}{k}$,$\alpha_i = \mu_i - \mu$,则

$$x_{ij} = \mu + \alpha_i + \varepsilon_{ij} \tag{5-2}$$

其中,μ 表示全部观测值的总体平均数;α_i 是第 i 组的处理效应,表示对该组观测值产生的影响,显然有 $\sum \alpha_i = 0$。ε_{ij} 是随机误差,相互独立且服从正态分布 $N(0, \sigma^2)$。

对式(5-2)进行移项,得

$$x_{ij} - \mu = \alpha_i + \varepsilon_{ij} \tag{5-3}$$

可见数据的变异由处理效应和随机误差两部分组成。如果用样本统计数来表示,式(5-2)可表示为

$$x_{ij} = \bar{x} + \alpha_i + e_{ij} \tag{5-4}$$

其中,α_i 是第 i 组的处理效应,e_{ij} 是随机误差。

5.1.4　方差分析的步骤

方差分析是将总变异分解为组间变异的方差和组内变异的方差,并通过 F 检验推断处理效应是否显著的过程,而方差是通过平方和与自由度计算出来的,所以方差分析首先需要进行平方和与自由度的分解。具体步骤如下。

1.平方和的分解

为了方便表述,用 $\bar{x}.$ 表示全部观测值的平均数,$\bar{x}_i$ 表示第 i 组的平均值,T 表示全部观测值的总和,T_i 表示第 i 组的和。

全部观测值的总变异的平方和称为总平方和,记为 SS_T,即

$$SS_T = \sum_{i=1}^{k} \sum_{j=1}^{n} (x_{ij} - \bar{x}.)^2 \tag{5-5}$$

因为

$$
\begin{aligned}
\sum_{i=1}^{k} \sum_{j=1}^{n} (x_{ij} - \bar{x}.)^2 &= \sum_{i=1}^{k} \sum_{j=1}^{n} \left[(\bar{x}_i - \bar{x}.) + (x_{ij} - \bar{x}_i) \right]^2 \\
&= \sum_{i=1}^{k} \sum_{j=1}^{n} \left[(\bar{x}_i - \bar{x}.)^2 + 2(\bar{x}_i - \bar{x}.)(x_{ij} - \bar{x}_i) + (x_{ij} - \bar{x}_i)^2 \right] \\
&= \sum_{i=1}^{k} \sum_{j=1}^{n} (\bar{x}_i - \bar{x}.)^2 + 2\sum_{i=1}^{k} \sum_{j=1}^{n} (\bar{x}_i - \bar{x}.)(x_{ij} - \bar{x}_i) + \sum_{i=1}^{k} \sum_{j=1}^{n} (x_{ij} - \bar{x}_i)^2 \\
&= \sum_{i=1}^{k} \sum_{j=1}^{n} (\bar{x}_i - \bar{x}.)^2 + 2\sum_{i=1}^{k} (\bar{x}_i - \bar{x}.)\sum_{j=1}^{n} (x_{ij} - \bar{x}_i) + \sum_{i=1}^{k} \sum_{j=1}^{n} (x_{ij} - \bar{x}_i)^2
\end{aligned}
$$

且 $\sum\limits_{j=1}^{n} (x_{ij} - \bar{x}_i) = 0$,所以

$$\sum_{i=1}^{k} \sum_{j=1}^{n} (x_{ij} - \bar{x}.)^2 = \sum_{i=1}^{k} \sum_{j=1}^{n} (\bar{x}_i - \bar{x}.)^2 + \sum_{i=1}^{k} \sum_{j=1}^{n} (x_{ij} - \bar{x}_i)^2 \tag{5-6}$$

其中,$\sum\limits_{i=1}^{k} \sum\limits_{j=1}^{n} (\bar{x}_i - \bar{x}.)^2$ 为各组平均数与总平均数间的离差平方和,称为处理平方和或组间平方和,反映不同处理之间的变异,记为 SS_t。即

$$SS_t = \sum_{i=1}^{k} \sum_{j=1}^{n} (\bar{x}_i - \bar{x}.)^2 = n \sum_{i=1}^{k} (\bar{x}_i - \bar{x}.)^2 \qquad (5\text{-}7)$$

$\sum_{i=1}^{k} \sum_{j=1}^{n} (x_{ij} - \bar{x}_i)^2$ 为各组内观测值与该组的平均数间离差平方和的总和,简称误差平方和或组内平方和,反映随机误差引起的变异,记为 SS_e。即

$$SS_e = \sum_{i=1}^{k} \sum_{j=1}^{n} (x_{ij} - \bar{x}_i)^2 \qquad (5\text{-}8)$$

式(5-6)可以简写为:$SS_T = SS_t + SS_e$。由于实际计算时误差平方和是总平方和减去处理平方和后的剩余部分,所以也称剩余平方和,即误差平方和可以这样计算:

$$SS_e = SS_T - SS_t \qquad (5\text{-}9)$$

平方和也可以不计算平均数直接用原始数据计算,这时需先计算矫正数:$C = T^2/(kn)$。即

$$SS_T = \sum \sum x_{ij}^2 - C \qquad (5\text{-}10)$$

$$SS_t = \frac{1}{n} \sum T_i^2 - C \qquad (5\text{-}11)$$

2.自由度的分解

计算总平方和时,各个观测值受 $\sum_{i=1}^{k} \sum_{j=1}^{n} (x_{ij} - \bar{x}.) = 0$ 的约束,所以总自由度

$$df_T = kn - 1 \qquad (5\text{-}12)$$

计算处理平方和时,各组平均数 $\bar{x}_i$ 受 $\sum_{i=1}^{k} (\bar{x}_i - \bar{x}.) = 0$ 的约束,所以处理自由度

$$df_t = k - 1 \qquad (5\text{-}13)$$

误差平方和是各组离差平方和的总和,计算时受 k 个 $\sum_{j=1}^{n} (x_{ij} - \bar{x}_{i.}) = 0$ 的约束,故误差自由度

$$df_e = k(n - 1) \qquad (5\text{-}14)$$

总自由度是处理自由度与误差自由度之和,所以误差自由度也可以这样计算:

$$df_e = df_T - df_t$$

自由度的分解非常有用。在利用统计软件进行方差分析时,可以通过检查自由度是否正确而对统计软件分析的结果加以验证。总平方和、总自由度的可分解性,或反过来叫各分量平方和、各分量自由度的可加性,就是 R.A.Fisher 创建方差分析方法时发现的规律,是方差分析原理的核心内容,和后面的可加性假定不一样。

3.均方和 F 统计量的计算

平方和与自由度分解完成后,根据各自的平方和及自由度计算均方(就是方差,方差分析中习惯称为均方,记为 MS)。即处理均方 MS_t 和误差均方 MS_e 分别为

$$MS_t = \frac{SS_t}{df_t} \qquad (5\text{-}15)$$

$$MS_e = \frac{SS_e}{df_e} \qquad (5\text{-}16)$$

误差均方 MS_e 实质上是各组内方差按自由度算得的加权平均数,所以也称为合并方差。进行 F 检验时,F 统计量为处理均方和误差均方之比。即

$$F = \frac{MS_t}{MS_e} \tag{5-17}$$

进行两个样本方差的同质性检验时要求用大方差做分子、小方差做分母，但在方差分析中始终是用处理均方做分子、误差均方做分母。如果处理均方小于误差均方，则直接推断处理效应（平均数间的差异）不显著。

4.方差分析表

列表表示上述各计算结果，即为方差分析表。方差分析表的一般形式如表 5-2 所示。

表 5-2　方差分析表的一般形式

变异源	平方和 SS	自由度 df	均方 MS	F
处理（组间）	$SS_t = \sum (T_i^2/n) - C$	$df_t = k-1$	$MS_t = SS_t/df_t$	$F = MS_t/MS_e$
误差（组内）	$SS_e = SS_T - SS_t$	$df_e = k(n-1)$	$MS_e = SS_e/df_e$	
总变异	$SS_T = \sum \sum x_{ij}^2 - C$	$df_T = kn-1$		

方差分析表除上述已有计算结果外，有时还列出第一自由度 df_t、第二自由度 df_e 的 $F_{0.05}$ 和 $F_{0.01}$ 临界值，以便与 F 值比较。如果 $F > F_{0.05}$，在 F 值右上角标"*"；如果 $F > F_{0.01}$，在 F 值右上角标"**"；如果 $F < F_{0.05}$，则不做任何标记。

【例 5.1】　白及胶涂膜能增加水果的保鲜期。以三种涂膜方式和 CK（不涂膜）进行葡萄保鲜试验，每个处理设置 4 份重 1 kg 的果样以获取重复观测值，9 天后观测鲜果的失重量（g），结果如表 5-3 所示。试分析涂膜能否显著减少葡萄鲜果的失重；如果可以，哪种涂膜方式的保鲜效果最好？

表 5-3　不同处理方法葡萄鲜果的失重量（g）

处理 i	观　测　值				T_i	$\bar{x}_i$
CK	32.4	33.2	32.3	31.9	129.8	32.45
A_1	24.7	21.2	25.8	27.5	99.2	24.80
A_2	22.7	21.3	18.4	21.6	84.0	21.00
A_3	23.3	21.1	22.3	21.9	88.6	22.15

（1）基础数据计算。

根据原始数据计算各处理方法所得结果之和及平均数（如表 5-3 的后 2 列），并计算平方和分解需用到的其他数据：

$$T = \sum \sum x_{ij} = \sum T_i = 129.8 + 99.2 + 84.0 + 88.6 = 401.6$$

$$\sum \sum x_{ij}^2 = 32.4^2 + 33.2^2 + \cdots + 22.3^2 + 21.9^2 = 10433.42$$

$$C = T^2/(kn) = 401.6^2/(4 \times 4) = 10080.16$$

（2）平方和与自由度分解。

$$SS_T = \sum \sum x_{ij}^2 - C = 10433.42 - 10080.16 = 353.26$$

$$df_T = kn - 1 = 4 \times 4 - 1 = 15$$

$$SS_t = \frac{1}{n} \sum T_i^2 - C = \frac{129.8^2 + 99.2^2 + \cdots + 88.6^2}{4} - 10080.16 = 318.50$$

$$df_t = k - 1 = 4 - 1 = 3$$

$$SS_e = SS_T - SS_t = 353.26 - 318.50 = 34.76$$

$$df_e = k(n-1) = 4 \times (4-1) = 12$$

(3) 列方差分析表,进行 F 检验。

表 5-4 为方差分析表。经过 F 检验,$F > F_{0.01}$,否定 H_0,推断试验因素的处理效应(处理平均数间的差异)极显著。但该结论并不意味着任意两个处理方法所得结果的平均数间的差异都显著或极显著,还需进一步检验任意两个处理方法所得结果的平均数间的差异显著性。

表 5-4　葡萄鲜果失重量方差分析表

变　异　源	SS	df	MS	F	$F_{0.05}$	$F_{0.01}$
处理	318.50	3	106.167			
误差	34.76	12	2.897	36.651**	3.490	5.953
总变异	353.26	15				

5.1.5　多重比较

方差分析中对任意两个处理方法所得结果的平均数之间进行的差异显著性比较检验,称为多重比较(multiple comparison)。由于多重比较是在方差分析之后进行的检验,所以也称为事后检验(post hoc tests)。多重比较有多种方法,但都是给出一个达到(极)显著差异的最小数值作为标准,再用平均数间的差数与其比较,判断平均数间的差异显著性。常用的多重比较法有 LSD、Bonferroni、Sidak、S-N-K、Duncan、Tukey、Scheffe 与 Dunnett 等。每种方法都有其特点与局限,这里以 LSD 法为例,说明多重比较的原理和方法,然后对常用多重比较方法做检验说明。

1.最小显著差数法

1) LSD 法

LSD(least significant difference,最小显著差数法)是 R. A. Fisher 提出的,故又称为 Fisher LSD 检验法,是最早用于检验各组均数间两两差异的方法。LSD 法实质上是成组数据的 t 检验,只是使用了误差均方计算标准误,即对所有平均数的方差进行了合并。

进行成组数据 t 检验时,统计量 $t = (\bar{x}_1 - \bar{x}_2)/s_{\bar{x}_1 - \bar{x}_2}$,移项得 $\bar{x}_1 - \bar{x}_2 = t \cdot s_{\bar{x}_1 - \bar{x}_2}$。当显著水平为 α 时,如果 $\bar{x}_1 - \bar{x}_2 \geqslant t_\alpha \cdot s_{\bar{x}_1 - \bar{x}_2}$,两个样本平均数的差异显著。如果用 LSD_α 表示达到显著差异的平均数的最小差数,则

$$LSD_\alpha = t_{\alpha(df)} \cdot \sqrt{2} s_{\bar{x}} \qquad (5\text{-}18)$$

其中 $s_{\bar{x}}$ 为标准误

$$s_{\bar{x}} = \sqrt{MS_e / n} \qquad (5\text{-}19)$$

df 为误差自由度 $df_e = k(n-1)$,k 为处理数(平均数个数)。以下各式同。用任意两个平均数差数的绝对值与 LSD_α 比较,若差数的绝对值大于 LSD_α,则两者在 α 水平上差异显著,反之亦然。

当显著水平 $\alpha = 0.05$ 或 0.01 时,从附录 C 中自由度查出 $df = k(n-1)$ 的临界值 t_α,代入式

可计算 $LSD_{0.05}$ 和 $LSD_{0.01}$。利用 LSD 法进行多重比较时,可按如下步骤进行计算。

（1）计算最小显著差数 $LSD_{0.05}$ 和 $LSD_{0.01}$；

（2）按从小到大的顺序排列各组平均数,并列出平均数差数的梯形表；

（3）比较平均数差数与 $LSD_{0.05}$ 和 $LSD_{0.01}$,对 $\alpha=0.01$ 水平显著的差数标注 **,对 $\alpha=0.05$ 水平差异显著的差数标注 *（如表 5-5 左半部所示）,最后作出统计推断。

表 5-5　葡萄鲜果失重量多重比较表(LSD 法)

处理 i	$\bar{x}_i$	$\bar{x}_i - \bar{x}_{A_2}$	$\bar{x}_i - \bar{x}_{A_3}$	$\bar{x}_i - \bar{x}_{A_1}$	$\alpha=0.05$	$\alpha=0.01$
A_2	21.00				a	A
A_3	22.15	1.15			a	AB
A_1	24.80	3.80 **	2.65 *		b	B
CK	32.45	11.45 **	10.30 **	7.65 **	c	C

上例数据,$s_{\bar{x}} = \sqrt{2.897/4} = 0.851$；$df_e = 4 \times (4-1) = 12$；查附录 C 得,$t_{0.05/2} = 2.179$,$t_{0.01/2} = 3.055$；于是 $LSD_{0.05} = 2.179 \times \sqrt{2} \times 0.851 = 2.622$,$LSD_{0.05} = 3.055 \times \sqrt{2} \times 0.851 = 3.676$。

结果表明,与不涂膜的对照组 CK 比较,三种涂膜方式都能极显著地降低葡萄的失重；涂膜方式 A_1 与 A_2 之间差异极显著,A_1 与 A_3 之间差异显著,A_2 与 A_3 之间差异不显著。

科技文献中,要求使用字母标记法表示多重比较结果。以小写字母标记 0.05 水平的显著性,大写字母标记 0.01 水平的差异显著性。其步骤如下。

（1）先将各处理平均数按从小到大的顺序排成一列,在最小平均数后标记字母 a,并将该平均数依次与下方比它大的各平均数比较,凡差异不显著的均标记同一字母 a,直到某一与其差异显著的平均数标记字母 b；然后以标有字母 b 的平均数为标准,依次与上方比它小的平均数比较,凡差异不显著的一律再加标 b,直至显著为止,完成第一轮字母标记。

（2）再以标记有字母 b 的最小平均数为标准,依次与下方比它大且尚未标记字母的平均数相比,凡差异不显著的,继续标记字母 b,直至某一与其差异显著的平均数标记字母 c；然后以标有字母 c 的平均数为标准,依次与上方比它小的平均数比较,凡差异不显著的一律再加标记 c,直至显著为止,完成第二轮字母标记。

（3）如此循环,直至最大的平均数被标记并依次向上比较完毕。

对于字母标记法多重比较结果,任意两个平均数间没有相同字母的为差异显著,有相同字母的为差异不显著。本例 LSD 法多重比较结果用字母标记法表示如表 5-5 右半部所示。

虽然 LSD 法根据 t 检验确定最小显著差数,但使用了方差分析的误差均方 MS_e 和误差自由度 df_e 计算差数标准误和确定 t_α,在一定程度上提高了检验的灵敏性。但仍存在犯第 I 类错误风险增加的问题,以及与比较平均数个数无关的不足。基于此,LSD 法只用于处理与对照间的比较,不用于不同处理与对照间的比较。

2）Sidak 法和 Bonferroni 法

Sidak 法和 Bonferroni 法针对 LSD 法犯第 I 类错误风险较大的问题进行了改进,通过根据平均数个数 k,减小显著水平 α 的值来增大 t_α,从而增大差数显著性。Sidak 法的显著水平调整公式为

$$\alpha' = 1 - (1-\alpha)^{2/[k(k-1)]} \tag{5-20}$$

Bonferroni 法的显著水平调整公式为

$$\alpha'' = \alpha / [k(k-1)/2] \tag{5-21}$$

Sidak 法和 Bonferroni 法的检验尺度相差不大,Bonferroni 法略偏严格。处理数不多时,对两类错误的控制较好;但处理数较多时,检验过于严格,犯第Ⅱ类错误的风险较高。

附录 C 中列出了常用概率的临界值 t_α。对于 Sidak 法和 Bonferroni 法来说,由于调整后的 α 变化太多,只能需通过统计软件的概率函数计算其对应的临界值。

3) Scheffe 法

Scheffe 法的原理和 LSD 法一致,但通过 $k-1$ 作为 F 分布的第一自由度对临界值进行调整:

$$LSD_\alpha = \sqrt{F_{\alpha[k-1, df]}} \cdot \sqrt{2(k-1)s_{\bar{x}}} \tag{5-22}$$

上例数据,$s_{\bar{x}} = 0.851$,$df_e = 12$,$k = 4$;按 Sidak 法和 Bonferroni 法计算调整的显著水平 α,通过函数计算 α 对应的临界值及最小显著差数;$df_1 = 4$,$df_2 = 12$,查附录 E 得,$F_{0.05} = 3.490$,$F_{0.01} = 5.953$,根据式(5-22)计算 Scheffe 法的最小显著差数,结果列于表 5-6。比较处理平均值的差值与 LSD_α 制作比较多重比较表,结果如表 5-7 所示。

表 5-6　最小显著差数法检验的 LSD_α 值

α	Sidak 法			Bonferroni 法			Scheffe 法	
	α'	t_α	LSD_α	α''	t_α	LSD_α	F_α	LSD_α
0.05	0.00851	3.141	3.780	0.00833	3.153	3.794	3.490	3.894
0.01	0.00167	4.029	4.848	0.00167	4.031	4.851	5.953	5.086

表 5-7　葡萄鲜果失重量多重比较表(最小显著差数法)

处理 i	$\bar{x}_i$	Bonferroni 法和 Sidak 法		Scheffe 法	
		$\alpha = 0.05$	$\alpha = 0.01$	$\alpha = 0.05$	$\alpha = 0.01$
A_2	21.00	a	A	a	A
A_3	22.15	ab	A	a	A
A_1	24.80	b	A	a	A
CK	32.45	c	B	b	B

根据 Bonferroni 法和 Sidak 法多重比较结果,与不涂膜的对照组 CK 比较,三种涂膜方式都能极显著地降低葡萄的失重;而涂膜方式 A_1 与 A_2 之间差异显著,A_1、A_2 与 A_3 之间差异不显著。根据 Scheffe 法多重比较结果,与不涂膜的对照组 CK 比较,三种涂膜方式都能极显著地降低葡萄的失重;三种涂膜方式之间差异不显著。

2.最小显著极差法

针对 LSD 法统一使用一个差数标准的问题,统计学家提出了最小显著极差法(least significant ranges,LSR 法),根据平均数个数 k 和秩次距(平均数间的顺序距离)m 不同,采用不同的最小显著极差标准进行比较,随着平均数个数 k 和秩次距 m 增加,最小显著极差也相应增加。常用的最小显著极差法有 Tukey 法、S-N-K 法和 Duncan 法等,Tukey 法根据 k 调整最小显著极差,S-N-K 法和 Duncan 法则根据秩次距调整最小显著极差,Tukey's-b 法同时根据 k 和秩次距调整最小显著极差。

1) Tukey 法

Tukey 法、S-N-K 法和 Duncan 法基于学生化极差分布计算最小显著极差(LSR_α)。学生化极差分布是极差的抽样分布,它是一种连续型概率分布,用于在样本量较小且总体标准差未知的情况下估计正态分布总体的极差。学生化极差分布类似 F 分布,有两个自由度,$df_1=2$ 时为 t 分布。一般用 q_a 表示学生化极差分布的临界值。

Tukey 法以 $df_1=k$,$df_2=df$ 计算 q_a 临界值,最小显著极差为

$$LSR_a = q_{a(k,df)} \cdot s_{\bar{x}} \tag{5-23}$$

2) S-N-K 法

S-N-K 法全称 Newman-Keuls 或 Student-Newman-Keuls 法,又称复极差检验法或 q 检验法。最小显著极差的计算与 Tukey 法相同,只是将第一自由度换成秩次距 m,即计算 q_a 临界值时 $df_1=m$,$df_2=df$:

$$LSR_a = q_{a(m,df)} \cdot s_{\bar{x}} \tag{5-24}$$

3) Tukey's-b 法

Tukey's-b 法是对 Tukey 法和 S-N-K 法的综合,取两种方法 q_a 临界值的各 1/2 合成 q_a 临界值:

$$LSR_a = \frac{q_{a(m,df)} + q_{a(k,df)}}{2} \cdot s_{\bar{x}} \tag{5-25}$$

4) Duncan 法

Duncan 法又称新复极差检验法,是对 S-N-K 法的改进,根据秩次距 m 对 q_a 临界值的显著水平 α 进行调整,是最常用的多重比较方法。

$$LSR_a = SSR_{a(m,df)} \cdot s_{\bar{x}} \tag{5-26}$$

其中 $SSR_a = q_{[1-(1-a)^{m-1}]}$。最小显著极差法最小显著极差的计算用到的学生化极差分布临界值 q_a,可通过相关资料查阅或使用统计软件的概率函数计算。

上例数据,根据 $df_e=12$,$k=4$,$m=2,3,4$ 查附录 F 和附录 G 可得 SSR_a 及 q_a,再根据 $s_{\bar{x}}=0.851$ 可计算各种检验方法的 LSR_a(Tukey 法的 LSR_a 为 Tukey's-b 法的最大 LSR_a),结果列于表 5-8。比较处理平均值的差值的 LSR_a 制作比较多重比较表,如表 5-9 所示。

表 5-8 最小显著差数法检验的 LSR_a 值

显著水平 α	秩次距 m	Duncan 法		S-N-K 法		Tukey's-b 法	
		SSR_a	LSR_a	q_a	LSR_a	q_a	LSR_a
	2	3.081	2.622	3.081	2.622	3.640	3.098
0.05	3	3.225	2.745	3.773	3.211	3.986	3.392
	4	3.312	2.819	4.199	3.573	4.199	3.573
	2	4.320	3.676	4.320	3.676	4.911	4.179
0.01	3	4.504	3.833	5.046	4.294	5.274	4.488
	4	4.622	3.934	5.502	4.682	5.502	4.682

表 5-9 葡萄鲜果失重量多重比较表(最小显著极差法)

处理 i	x_i	S-N-K 法和 Duncan 法		Tukey's-b 法和 Tukey 法	
		$\alpha=0.05$	$\alpha=0.01$	$\alpha=0.05$	$\alpha=0.01$
A_2	21.00	a	A	a	A
A_3	22.15	a	A	ab	A

续表

处理 i	x_i	S-N-K 法和 Duncan 法		Tukey's-b 法和 Tukey 法	
		$\alpha=0.05$	$\alpha=0.01$	$\alpha=0.05$	$\alpha=0.01$
A_1	24.80	b	A	b	A
CK	32.45	c	B	c	B

根据 Duncan 法和 S-N-K 法多重比较结果,与不涂膜的对照组 CK 比较,三种涂膜方式都能极显著地降低葡萄的失重;而涂膜方式 A_1 与 A_2、A_3 之间差异显著,A_2 与 A_3 之间差异不显著。根据 Tukey's-b 法及 Tukey's-b 法多重比较结果,与不涂膜的对照组 CK 比较,三种涂膜方式都能极显著地降低葡萄的失重;而涂膜方式 A_1 与 A_2 之间差异显著,A_1、A_2 与 A_3 之间差异不显著。

各种多重比较方法都有优缺点,有的偏宽松(犯第 I 类错误的风险较高),有的偏严格(犯第 II 类错误的风险较高),方法的选择与通常误判损失有关。大田试验多使用 Duncan 法,医学上多使用更严格的 S-N-K 法或 Tukey's-b 法;处理数不多时,Bonferroni 法和 Sidak 法也是很好的选择,要求非常严格时可以使用 Scheffe 法;处理组分别与对照组比较时,使用 LSD 法。

一般的软件还提供方差不等数据的多重比较方法,实质都是两个样本的 t 检验,由于方差不等,不能合并误差方差且需进行自由度调整。最常用的是 Games-Howell 法和 Tamhane's T2 法,Games-Howell 法与方差相等的 S-N-K 法类似,Tamhane's T2 法与方差相等的 Sidak 法类似。

多重比较是单个样本平均数间的差异显著性比较。有时需要进行平均数间的分组比较,这时合并不同处理的数据,按成组数据的 t 检验进行假设检验,在方差分析中称为对比分析。例如试验设计两种中药(C_1、C_2)、两种西药(M_1、M_2)和对照(CK)共 5 个处理,可以合并所有药物治疗(C_1、C_2、M_1、M_2)的数据与对照(CK)进行治疗与不治疗的效果比较,也可以分别合并两种中药(C_1、C_2)和两种西药(M_1、M_2)的数据进行中药治疗与西药治疗的效果比较,还可以逐一比较不同处理(指不同处理方法所得结果)的效果,但这时由于直接进行 t 检验,结果可能与多重比较的结果不一致。

5.1.6　检验效能分析

和假设检验一样,方差分析如果 F 检验结果多个样本平均数间无显著差异,也需要进行检验效能分析,以确定分析结果的可靠度。检验效能为

$$E = 1 - F'(F_\alpha, \lambda) \tag{5-27}$$

其中:F' 为非中心 F 分布累积函数;F_α 为 $df_1 = k-1$,$df_2 = \sum n_i - k$ 的 F 分布显著水平为 α 的右侧分位数,$\lambda = \sum_{i=1}^{k} n_i(\bar{x}_i - \bar{x}.)^2 \Big/ \Big[\sum_{i=1}^{k}(n_i-1)s_i^2 \Big/ \sum_{i=1}^{k}(n_i-1) \Big]$,$k$ 为处理数,n_i 为第 i 组的观测次数。

样本容量估计是寻找一个非中心参数为 λ',$df_1 = k-1$、$df_2 = \sum n_i - k$ 的非中心 F 分布,使检验效能 $E \geqslant 0.9$。这一过程需使用非中心 F 分布的逆函数,且由于 df_2 与 n_i 有关需要逐步迭代。非中心分布的逆函数非常难描述,统计软件通常采用逐步增加样本容量并按比例

分配给不同的处理,直到 $E \geqslant 0.9$ 为止的方法完成样本容量估计。实际应用时,常用 n_i/E 进行样本容量估计。

5.2 单因素方差分析

试验中只考虑一个因素对试验指标影响的试验为单因素试验(one factor experiment),其方差分析比较简单,目的在于判断试验因素各水平的效应。在设计试验时,通常要求组内重复次数相等,以便对试验误差进行统计控制并方便数据的统计分析。但有些情况下可能发生数据丢失,这时组内重复次数就不相同了,单因素方差分析分为组内重复次数相等和组内重复次数不等两种情况。组内重复次数相等的数据的方差分析方法与前面介绍的方法步骤完全一致,不再赘述。这里介绍组内重复次数不等的数据的方差分析方法。

与组内重复次数相等的数据的方差分析相比,组内重复次数不等的数据的方差分析只是平方和及自由度的计算略有差别,具体说明如下。

设有 k 个处理,每个处理的重复次数为 n_i,则总观测次数为 $\sum n_i$。与 k 个处理,重复次数均为 n 的数据相比,平方和、自由度的计算有以下变化(其中 $C = T^2/\sum n_i$):

$$\left. \begin{aligned} SS_T &= \sum \sum x_{ij}^2 - C \\ SS_t &= \sum \frac{T_i^2}{n_i} - C \\ SS_e &= SS_T - SS_t \end{aligned} \right\} \tag{5-28}$$

处理平方和 SS_t 计算公式的证明和式(5-6)的证明类似。

$$\left. \begin{aligned} df_T &= \sum n_i - 1 \\ df_t &= k - 1 \\ df_e &= \sum n_i - k \end{aligned} \right\} \tag{5-29}$$

均方、F 值的计算与重复次数相等的数据的方差分析完全一致。方差分析表如表 5-10 所示。

表 5-10　组内重复次数不等时的方差分析表

变异源	平方和 SS	自由度 df	均方 MS	F
处理	$SS_t = \sum (T_i^2/n_i) - C$	$df_t = k-1$	$MS_t = SS_t/df_t$	$F = MS_t/MS_e$
误差	$SS_e = SS_T - SS_t$	$df_e = \sum n_i - k$	$MS_e = SS_e/df_e$	
总变异	$SS_T = \sum \sum x_{ij}^2 - C$	$df_T = \sum n_i - 1$		

多重比较计算标准误时,以平均观测次数 n_0 代替 n 进行计算,其计算式为

$$n_0 = \frac{\left(\sum n_i \right)^2 - \sum n_i^2}{(k-1) \sum n_i} \tag{5-30}$$

【例 5.2】　某工厂采用燃油锅炉为车间供暖。为减少 SO_2 排放,采用三种改进($A_1 \sim A_3$)

和常规(CK)共 4 种燃烧方式,测得烟道 SO_2 排放浓度如表 5-11 所示。试分析不同方案的 SO_2 排放浓度有无显著差异。

表 5-11 不同方案的 SO_2 排放浓度(mg/m^3)

方　案	观　测　值						n_i	T_i	$\sum x_{ij}^2$
CK	134	102	115	108	101	110	6	670	75550
A_1	105	92	109	87	96		5	489	48155
A_2	95	88	104	93	102	94	6	576	55474
A_3	102	92	96	90			4	380	36184
$\sum$							21	2115	215363

(1)数据整理:

$$k=4, \quad \sum n_i = 21, \quad C = T^2 / \sum n_i = 2115^2/21 = 213010.71$$

(2)平方和与自由度分解:

$$SS_T = \sum\sum x_{ij}^2 - C = 215363 - 213010.71 = 2352.29, \quad df_T = \sum n_i - 1 = 20$$

$$SS_t = \sum \frac{T_i^2}{n_i} - C = (\frac{670^2}{6} + \frac{489^2}{5} + \frac{576^2}{6} + \frac{380^2}{4}) - 213010.71 = 1026.16, \quad df_t = k-1 = 3$$

$$SS_e = SS_T - SS_t = 2352.29 - 1026.16 = 1326.13, \quad df_e = \sum n_i - k = 21 - 4 = 17$$

(3)列方差分析表:计算 MS_t、MS_e 及 F 值,将计算结果填入方差分析表(表 5-12)。

表 5-12 不同燃烧方式的 SO_2 排放浓度(mg/m^3)方差分析表

变　异　源	df	SS	MS	F	$F_{0.05}$
处理	3	1026.16	342.05	4.38*	3.197
误差	17	1326.13	78.01		
总和	20	2352.29			

结果表明,$F > F_{0.05}$,$P < 0.05$,即不同燃烧方式的 SO_2 排放浓度存在显著差异。

多重比较时,平均观测次数

$$n_0 = \frac{(\sum n_i)^2 - \sum n_i^2}{(k-1)\sum n_i} = \frac{21^2 - (6^2 + 5^2 + 6^2 + 4^2)}{(4-1) \times 21} = 5.21$$

5.3 多因素方差分析

如果同时研究两个及以上因素对观测指标的影响,由于两个因素的作用可能相互独立,也可能相互影响,所以在多因素试验中需要考察因素的主效应和交互作用。例如,在熬制果树消毒剂的两因素试验中,选用好配方再加好工艺对提高有效硫的转化率超过单纯使用好配方和好工艺所能达到的效果之和,称两因素相互促进,即有正的交互作用;如果同时采用某配方和某工艺没能使有效硫的转化率超过单纯使用该配方和该工艺所能达到的效果之和,则称为两因素相互抑制,即有负的交互作用。不论互作是正还是负,其作用越大,表现出来的互作效应平方和就越大。所以两因素方差分析要同时检验因素的主效应和交互作用的显著性,在分析方法和步骤上较单因素方差分析复杂,需分别计算出总平方和、各因素主效应平方和、互作效应平方和、随机误差平方和以及各自相应的自由度,再按期望均方计算 F 统计量,若差异显著,仍需进行多重比较。多因素方差分析分为有重复观测值的方差分析和无重复观测值的方差分析两种情况。以下以两因素为例说明多因素方差分析的原理和过程。

5.3.1　无重复观测值的两因素方差分析

从严格意义上讲,两因素试验都应当设置重复观测值,以便检验交互作用是否真实存在,对试验误差有更准确的估计,从而提高检验效率。但根据专业知识或先前的试验已经证实两个因素间不存在交互作用时,试验可以不设置重复。

1.数学模型

对于 A、B 两个因素的无重复试验,设 A 因素有 a 个水平,B 因素有 b 个水平,共有 ab 个水平组合,每个水平组合只有一个观测值,全部观测值共有 ab 个,其数据的一般形式如表 5-13 所示。

表 5-13　两因素无重复观测值的数据形式

A 因素	B 因素						总和 $T_{i\cdot}$	平均值 $\bar{x}_{i\cdot}$
	B_1	B_2	$\cdots$	B_j	$\cdots$	B_b		
A_1	x_{11}	x_{12}	$\cdots$	x_{1j}	$\cdots$	x_{1b}	$T_{1\cdot}$	$\bar{x}_{1\cdot}$
A_2	x_{21}	x_{22}	$\cdots$	x_{2j}	$\cdots$	x_{2b}	$T_{2\cdot}$	$\bar{x}_{2\cdot}$
$\vdots$	$\vdots$	$\vdots$	$\vdots$	$\vdots$	$\vdots$	$\vdots$	$\vdots$	$\vdots$
A_i	x_{i1}	x_{i2}	$\cdots$	x_{ij}		x_{ib}	$T_{i\cdot}$	$\bar{x}_{i\cdot}$
$\vdots$	$\vdots$	$\vdots$	$\vdots$	$\vdots$	$\vdots$	$\vdots$	$\vdots$	$\vdots$
A_a	x_{a1}	x_{a2}	$\cdots$	x_{aj}	$\cdots$	x_{ab}	$T_{a\cdot}$	$\bar{x}_{k\cdot}$
总和 $T_{\cdot j}$	$T_{\cdot 1}$	$T_{\cdot 2}$	$\cdots$	$T_{\cdot j}$	$\cdots$	$T_{\cdot b}$	T	
平均值 $\bar{x}_{\cdot j}$	$\bar{x}_{\cdot 1}$	$\bar{x}_{\cdot 2}$	$\cdots$	$\bar{x}_{\cdot j}$	$\cdots$	$\bar{x}_{\cdot b}$		$\bar{x}_{\cdot\cdot}$

两因素无重复观测值数据的线性模型为

$$x_{ij} = \mu + \alpha_i + \beta_j + \varepsilon_{ij} \tag{5-31}$$

其中:$i=1,2,\cdots,a$,$j=1,2,\cdots,b$;μ 为总平均数;α_i 为 A_i 的效应;β_j 为 B_j 的效应;ε_{ij} 为随机误差,相互独立且都服从 $N(0,\sigma^2)$。

如果 $\mu_{i\cdot}$、$\mu_{\cdot j}$ 分别为 A_i、B_j 各个水平的总体平均数,则 $\alpha_i = \mu_{i\cdot} - \mu$,$\beta_j = \mu_{\cdot j} - \mu$,且 $\sum\limits_{i=1}^{a} \alpha_i = 0$,$\sum\limits_{j=1}^{b} \beta_j = 0$。

2.平方和的分解

将 B 因素的 b 个水平作为 A 因素的 b 次重复,同时将 A 因素的 a 个水平作为 B 因素的 a 次重复,参照单因素平方和分解的方法,可以计算 A 因素的平方和 SS_A 和 B 因素的平方和

SS_B，并根据 $SS_T = SS_A + SS_B + SS_e$ 计算误差平方和 SS_e（矫正数 $C = T^2/ab$）。

$$SS_T = \sum_{i=1}^{a} \sum_{j=1}^{b} x_{ij}^2 - C$$

$$SS_A = \frac{1}{b} \sum_{i=1}^{a} T_{i.}^2 - C$$

$$SS_B = \frac{1}{a} \sum_{j=1}^{b} T_{.j}^2 - C$$

$$SS_e = SS_T - SS_A - SS_B$$

(5-32)

3.自由度的分解

各项自由度分解仍然受到离均差和等于 0 的限制。所以有

$$df_T = ab - 1$$
$$df_A = a - 1$$
$$df_B = b - 1$$
$$df_e = (a-1)(b-1)$$

(5-33)

4.均方和 F 统计量计算

各项均方分别为平方和与相应自由度之比，A、B 因素的 F 统计量为相应的均方与误差均方之比。即

$$MS_A = SS_A/df_A$$
$$MS_B = SS_B/df_B$$
$$MS_e = SS_e/df_e$$

(5-34)

$$F_A = MS_A/MS_e$$
$$F_B = MS_B/MS_e$$

(5-35)

5.方差分析表

方差分析表如表 5-14 所示。

表 5-14　两因素无重复观测值的方差分析表

变异源	平方和 SS	自由度 df	均方 MS	F
因素 A	$SS_A = \sum T_{i.}^2/b - C$	$df_A = a-1$	$MS_A = SS_A/df_A$	$F_A = MS_A/MS_e$
因素 B	$SS_B = \sum T_{.j}^2/a - C$	$df_A = b-1$	$MS_B = SS_B/df_B$	$F_B = MS_B/MS_e$
误差	$SS_e = SS_T - SS_A - SS_B$	$df_e = (a-1)(b-1)$	$MS_e = SS_e/df_e$	
总变异	$SS_T = \sum \sum x_{ij}^2 - C$	$df_T = ab-1$		

【例 5.3】　葡萄涂膜保鲜试验。将不同成熟度（6 个水平）的葡萄按 3 种涂膜方式和不涂膜(CK)进行试验，取不同成熟度的葡萄按每种涂膜方式各 1 份 1 kg 的果样，5 天后计算失重量，结果如表 5-15 所示。试分析不同涂膜方式和不同成熟度葡萄的失重量有无显著差异。

表 5-15 不同成熟度的葡萄失重量(g)

处　　理	B_1	B_2	B_3	B_4	B_5	B_6	$T_{i.}$
CK	20.7	22.8	23.0	21.7	61.2	69.5	218.9
A_1	6.2	3.1	16.6	12.8	56.8	49.6	145.1
A_2	8.3	5.2	12.8	8.9	46.9	57.4	139.5
A_3	6.2	4.2	11.5	14.0	42.9	44.1	122.9
$T_{.j}$	41.4	35.3	63.9	57.4	207.8	220.6	$T=626.4$

$a=4, b=6$,根据公式可计算出

$$C = T^2/(ab) = 626.4^2/24 = 16349.04$$

(1) 平方和与自由度分解。

分别按式(5-32)和式(5-33)计算各项平方和与自由度:

$$SS_T = 10351.620, \quad SS_A = 906.940, \quad SS_B = 9196.765, \quad SS_e = 247.915$$
$$df_T = 4 \times 6 - 1 = 23, \quad df_A = 4 - 1 = 3, \quad df_B = 6 - 1 = 5, \quad df_e = 3 \times 5 = 15$$

(2) 均方、F 统计量计算及方差分析表。

根据各项平方和、自由度计算均方,各因素均方、误差均方计算 F 值。将计算结果填入方差分析表(表 5-16)。

表 5-16 不同成熟度葡萄失重量(g)的方差分析表

变　异　源	df	SS	MS	F	$F_{0.05}$	$F_{0.01}$
A 因素	3	906.940	302.313	18.291**	3.29	5.42
B 因素	5	9196.765	1839.353	111.289**	2.90	4.56
误差	15	247.915	16.528			
总变异	23	10351.620				

结果表明,涂膜处理和果实成熟度对葡萄鲜果的失重都有极显著影响,需进行多重比较(略)。

5.3.2　有重复观测值的两因素方差分析

前述无重复观测值的两因素方差分析只能研究两个试验指标的主效应,不能考察因素间的交互作用,只有在确定因素间不存在交互作用时才能进行无重复观测值的试验和分析。为准确估计因素的主效应、交互作用和随机误差,每个水平组合都应设置重复。下面以交叉组合的两因素数据为例。

1.数学模型

设 A、B 两因素分别有 a、b 个水平,共有 ab 个水平组合,每个水平组合有 n 次重复,则共有 abn 个观测值。数据一般形式如表 5-17 所示。

表 5-17 两因素有重复观测值的交叉组合数据形式

A 因素	B 因素				总和 $T_i.$	平均值 $\bar{x}_i.$
	B_1	B_2	$\cdots$	B_b		
A_1	x_{111}	x_{121}	$\cdots$	x_{1b1}	$T_1.$	$\bar{x}_1.$
	x_{112}	x_{122}	$\cdots$	x_{1b2}		
	$\vdots$	$\vdots$	$\vdots$	$\vdots$		
	x_{11n}	x_{12n}	$\cdots$	x_{1bn}		
A_2	x_{211}	x_{221}	$\cdots$	x_{2b1}	$T_2.$	$\bar{x}_2.$
	x_{212}	x_{222}	$\cdots$	x_{2b2}		
	$\vdots$	$\vdots$	$\vdots$	$\vdots$		
	x_{21n}	x_{22n}	$\cdots$	x_{2bn}		
$\vdots$	$\vdots$	$\vdots$	$\vdots$	$\vdots$	$\vdots$	$\vdots$
A_a	x_{a11}	x_{a21}	$\cdots$	x_{ab1}	$T_a.$	$\bar{x}_a.$
	x_{a12}	x_{a22}	$\cdots$	x_{ab2}		
	$\vdots$	$\vdots$	$\vdots$	$\vdots$		
	x_{a1n}	x_{a2n}	$\cdots$	x_{abn}		
总和 $T._i.$	$T._1$	$T._2$	$\cdots$	$T._b$	T	
平均值 $\bar{x}._j$	$\bar{x}._1$	$\bar{x}._2$	$\cdots$	$\bar{x}._b$		$\bar{x}..$

线性模型为

$$x_{ijk} = \mu + \alpha_i + \beta_j + (\alpha\beta)_{ij} + \varepsilon_{ijk} \qquad (5\text{-}36)$$

其中：$i = 1, 2, \cdots, a, j = 1, 2, \cdots, b, k = 1, 2, \cdots, n$；$\mu$ 为总平均数；α_i 为 A_i 的效应；β_j 为 B_j 的效应；$(\alpha\beta)_{ij}$ 为 A_i 与 B_j 的互作效应；ε_{ijk} 为随机误差,相互独立且都服从 $N(0, \sigma^2)$。

如果 $\mu_i., \mu._j, \mu_{ij}$ 为 A_i、B_j、A_iB_j 各个水平的总体平均数,则

$$\alpha_i = \mu_i. - \mu, \quad \beta_j = \mu._j - \mu, \quad (\alpha\beta)_{ij} = \mu_{ij} - \mu_i. - \mu._j + \mu$$

且 $$\sum_{i=1}^{a} \alpha_i = \sum_{j=1}^{b} \beta_j = 0, \quad \sum_{k=1}^{n}(\alpha\beta)_{ij} = \sum_{i=1}^{a}(\alpha\beta)_{ij} = \sum_{j=1}^{b}(\alpha\beta)_{ij} = \sum_{i=1}^{a}\sum_{j=1}^{b}(\alpha\beta)_{ij} = 0$$

2.平方和与自由度的分解、均方计算

与无重复观测值的两因素数据相比,有重复观测值的两因素数据的平方和与自由度的分解多出两因素的互作效应项,即总平方和分解为 A 因素所引起的平方和 SS_A, B 因素所引起的平方和 SS_B, A 和 B 交互作用所引起的平方和 SS_{AB} 及误差平方和 SS_e。因为

$$\sum_{i=1}^{a}\sum_{j=1}^{b}\sum_{k=1}^{n}(x_{ijk} - \bar{x}..)^2 = \sum_{i=1}^{a}\sum_{j=1}^{b}\sum_{k=1}^{n}\big[(\bar{x}_i. - \bar{x}..) + (\bar{x}._j - \bar{x}..)$$
$$+ (\bar{x}_{ij} - \bar{x}_i. - \bar{x}._j + \bar{x}..) + (x_{ijk} - \bar{x}_{ij})\big]^2$$
$$= bn\sum_{i=1}^{a}(\bar{x}_i. - \bar{x}..)^2 + an\sum_{j=1}^{b}(\bar{x}._j - \bar{x}..)^2$$
$$+ n\sum_{i=1}^{a}\sum_{j=1}^{b}(\bar{x}_{ij} - \bar{x}_i. - \bar{x}._j + \bar{x}..)^2 + \sum_{i=1}^{a}\sum_{j=1}^{b}\sum_{k=1}^{n}(x_{ijk} - \bar{x}_{ij})^2$$

所以各项平方和的简易计算公式为（矫正数 $C = T^2/(abn)$）

$$
\begin{aligned}
SS_T &= \sum_{i=1}^{a}\sum_{j=1}^{b}\sum_{k=1}^{n} x_{ijk}^2 - C \\[2mm]
SS_A &= \frac{1}{bn}\sum_{i=1}^{a} T_{i.}^2 - C \\[2mm]
SS_B &= \frac{1}{an}\sum_{j=1}^{a} T_{.j}^2 - C \\[2mm]
SS_{AB} &= \frac{1}{n}\sum_{i=1}^{a}\sum_{j=1}^{b}\left(\sum_{k=1}^{n} x_{ijk}\right)^2 - SS_A - SS_B - C \\[2mm]
SS_e &= SS_T - SS_A - SS_B - SS_{AB}
\end{aligned}
\quad (5\text{-}37)
$$

根据各项平方和的限制，对应的自由度分别为

$$
\begin{aligned}
df_T &= abn - 1 \\
df_A &= a - 1 \\
df_B &= b - 1 \\
df_{AB} &= (a-1)(b-1) \\
df_e &= ab(n-1)
\end{aligned}
\quad (5\text{-}38)
$$

各项的均方为平方和与相应自由度的比值。

3.F 统计量计算

试验因素分为可控因素和不可控因素两类，如果因素是人为可控的，如温度、时间、浓度等，称为固定因素（fixed factor），其效应为固定效应（fixed effect）；如果因素是不可控的，如土壤、气候等，称为随机因素（random factor），产生的是各水平之间的变异性，效应是随机效应（random effect）。方差分析模型根据因素类型的不同分类，所有因素均为固定因素的为固定效应模型，所有因素均为随机因素的为随机效应模型，既有固定因素又有随机因素的为混合效应模型。

不同模型中均方的数学期望不同，而方差分析计算 F 统计量时要求分子的数学期望只比分母的数学期望多出其效应项（固定因素）或方差项（随机因素），所以 F 统计量的计算不总是以误差均方为分母，而是要根据各均方的数学期望确定。

单因素和无重复观测值的两因素数据因不涉及互作问题，效应均方均只比误差均方多出一个效应项或方差项，计算时均以误差均方为分母。有重复观测值的两因素数据不同模型各项均方的数学期望和 F 统计量计算如表 5-18 所示。

表 5-18　两因素不同模型的期望均方与 F 统计量计算

变异源	固定效应模型		随机效应模型		混合效应模型（A 随机、B 固定）	
	期望均方	F	期望均方	F	期望均方	F
A	$\sigma^2 + bn\eta_\alpha^2$	MS_A/MS_e	$\sigma^2 + bn\sigma_\alpha^2 + n\sigma_{\alpha\beta}^2$	MS_A/MS_{AB}	$\sigma^2 + bn\sigma_\alpha^2$	MS_A/MS_e
B	$\sigma^2 + an\eta_\beta^2$	MS_A/MS_e	$\sigma^2 + an\sigma_\beta^2 + n\sigma_{\alpha\beta}^2$	MS_B/MS_{AB}	$\sigma^2 + an\eta_\beta^2 + n\sigma_{\alpha\beta}^2$	MS_B/MS_{AB}
$A \times B$	$\sigma^2 + n\eta_{\alpha\beta}^2$	MS_{AB}/MS_e	$\sigma^2 + n\sigma_{\alpha\beta}^2$	MS_{AB}/MS_e	$\sigma^2 + n\sigma_{\alpha\beta}^2$	MS_{AB}/MS_e
误差	σ^2		σ^2		σ^2	

4.方差分析表

根据因素类型选择合适的模型计算 F 统计量,制作方差分析表(表 5-19)。

表 5-19　有重复观测值的两因素数据方差分析表

变异源	平方和	自由度	均方	F
A	$SS_A = \dfrac{1}{bn}\sum\limits_{i=1}^{a} T_{i.}^2 - C$	$df_A = a-1$	$MS_A = SS_A/df_A$	
B	$SS_B = \dfrac{1}{an}\sum\limits_{j=1}^{a} T_{.j}^2 - C$	$df_B = b-1$	$MS_B = SS_B/df_B$	依模型而异
$A \times B$	$SS_{AB} = \dfrac{1}{n}\sum\limits_{i=1}^{a}\sum\limits_{j=1}^{b}(\sum\limits_{k=1}^{n} x_{ijk})^2 - SS_A - SS_B - C$	$df_{AB} = (a-1)(b-1)$	$MS_{AB} = SS_{AB}/df_{AB}$	
误差	$SS_e = SS_T - SS_A - SS_B - SS_{AB}$	$df_e = ab(n-1)$	$MS_e = SS_e/df_e$	
总变异	$SS_T = \sum\limits_{i=1}^{a}\sum\limits_{j=1}^{b}\sum\limits_{k=1}^{n} x_{ijk}^2 - C$	$df_T = abn-1$		

【例 5.4】　为了研究饲料中钙磷含量对鱼苗生长的影响。将钙(A)、磷(B)在饲料中的含量各分 4 个水平进行交叉分组试验。选用品种、日龄相同,初始体重基本一致的鱼苗 48 尾,随机分成 16 组,每组 3 尾,用能量、蛋白质含量相同的饲料在不同钙磷用量搭配下各喂一组,经 1 个月试验,鱼苗增重结果(g)列于表 5-20,试分析钙磷对鱼苗生长的影响。

表 5-20　不同钙磷用量对鱼苗生长的影响试验结果

	$A_1(1.0)$	T_{ij}	$A_2(0.8)$	T_{ij}	$A_3(0.6)$	T_{ij}	$A_4(0.4)$	T_{ij}	$T_{.j}$
$B_1(0.8)$	22.0 26.5 24.4	72.9	23.5 25.8 27.0	76.3	30.5 26.8 25.5	82.8	34.5 31.4 29.3	95.2	327.2
$B_2(0.6)$	30.0 27.5 26.0	83.5	33.2 28.5 30.1	91.8	36.5 34.0 33.5	104.0	29.0 27.5 28.0	84.5	363.8
$B_3(0.4)$	32.4 26.5 27.0	85.9	38.0 35.5 33.0	106.5	28.0 30.5 24.6	83.1	27.5 26.3 28.5	82.3	357.8
$B_4(0.2)$	30.5 27.0 25.1	82.6	26.5 24.0 25.0	75.5	20.5 22.5 19.5	62.5	18.5 20.0 19.0	57.5	278.1
$T_{i.}$	324.9		350.1		332.4		319.5		1326.9

(1)基础数据计算:$a=4$,$b=4$,$n=3$,$abn=48$。A、B 均为固定因素,计算 A、B 各水平及各处理组合的和,如表 5-20 所示。

$$\sum\sum\sum x_{ijl}^2 = 22.0^2 + 26.5^2 + \cdots + 20.0^2 + 19.0^2 = 37662.81$$

$$C = T^2/abn = 1326.9^2/(4 \times 4 \times 3) = 36680.492$$

(2)平方和、自由度分解:

$$SS_T = \sum\sum\sum x_{ijl}^2 - C = 37662.8100 - 36680.4919 = 982.3181$$

$$df_T = abn - 1 = 4 \times 4 \times 3 - 1 = 47$$

$$SS_A = \frac{\sum T_{i.}^2}{bn} - C = \frac{324.9^2 + 350.1^2 + 332.4^2 + 319.5^2}{4 \times 3} - 36680.4919 = 44.5106$$

$$df_A = a - 1 = 4 - 1 = 3$$

$$SS_B = \frac{\sum T_{.i}^2}{an} - C = \frac{327.2^2 + 363.8^2 + 357.8^2 + 278.1^2}{4 \times 3} - 36680.4919 = 383.7356$$

$$df_B = b - 1 = 4 - 1 = 3$$

$$SS_{AB} = \frac{\sum T_{ij}^2}{n} - C - SS_A - SS_B = \frac{72.9^2 + 83.5^2 + \cdots + 57.5^2}{3} - C - SS_A - SS_B$$

$$= 37515.3967 - 36680.4919 - 44.5106 - 383.7356 = 406.6586$$

$$df_{AB} = (a-1)(b-1) = (4-1)(4-1) = 9$$

$$SS_e = SS_T - (SS_A + SS_B + SS_{AB}) = 982.3181 - 834.9048 = 147.4133$$

$$df_e = ab(n-1) = 4 \times 4 \times (3-1) = 32$$

（3）列出方差分析表（表 5-21），进行 F 检验。

表 5-21　不同钙磷用量对鱼苗生长的影响试验方差分析表

变异来源	SS	df	MS	F	$F_{0.05}$	$F_{0.01}$	P
钙（A）	44.5106	3	14.8367	3.221[*]	2.901	4.459	0.036
磷（B）	383.7356	3	127.9119	27.767[**]	2.901	4.459	0.000
互作（AB）	406.6586	9	45.1843	9.808[**]	2.189	3.021	0.000
误差	147.4133	32	4.6067				
总变异	982.3181	47					

结果表明，钙、磷及其互作对鱼苗的生长均有显著或极显著影响。需对钙、磷各水平及钙磷组合的平均数进行多重比较。

这里介绍的是两因素析因设计（交叉组合设计）的方差分析方法，试验提供的信息最为完整，变异可以分解为各因素的主效应和所有互作效应，但试验次数较多。针对不同的研究目的，多因素（含两因素）试验还有多种设计形式，可以减少试验次数，控制试验成本。不同试验设计数据的统计分析方法略有差异，常用试验设计及其统计分析方法在第 7 章介绍。

5.3.3　三因素方差分析方法

与从单因素到两因素类似，平方和与自由度的分解方法可以从两因素类推到三因素，再到四因素，依此类推。两因素试验没有重复观测值时，不能考虑两因素的互作效应，多因素试验没有重复观测值时，不能考虑全部因素的互作。以三因素试验的方差分析为例，简要说明平方和与自由度的分解，以及均方的数学期望和 F 统计量的计算方法。

1.线性模型

设有 A、B、C 三个因素，且分别有 a、b、c 个水平，每个因素水平组合有 n 次重复观测值，则对任意一个观测值 x_{ijkl}，其线性模型为

$$x_{ijkl} = \mu + \alpha_i + \beta_j + \gamma_k + (\alpha\beta)_{ij} + (\alpha\gamma)_{ik} + (\beta\gamma)_{jk} + (\alpha\beta\gamma)_{ijk} + \varepsilon_{ijkl} \tag{5-39}$$

其中：$i = 1, 2, \cdots, a$，$j = 1, 2, \cdots, b$，$k = 1, 2, \cdots, c$，$l = 1, 2, \cdots, n$；$(\alpha\beta)_{ij}$、$(\alpha\gamma)_{ik}$、$(\beta\gamma)_{jk}$、$(\alpha\beta\gamma)_{ijk}$

分别为交互作用 $A\times B$、$A\times C$、$B\times C$、$A\times B\times C$ 的互作效应；ε_{ijkl} 为试验误差，独立变量且服从 $N(0,\sigma^2)$；$\sum \alpha_i = \sum \beta_j = \sum \gamma_k = 0$，$\sum (\alpha\beta)_{ij} = \sum (\alpha\gamma)_{ik} = \sum (\beta\gamma)_{jk} = \sum (\alpha\beta\gamma)_{ijk} = 0$。

2.平方和的分解

在三因素方差分析中，总平方和 SS_T 总共需分解为 8 个分量，包括 3 个主效应的平方和，3 个两因素一级互作效应的平方和，1 个三因素二级互作效应的平方和，以及误差平方和 SS_e，即

$$SS_T = SS_A + SS_B + SS_C + SS_{AB} + SS_{AC} + SS_{BC} + SS_{ABC} + SS_e \tag{5-40}$$

实际应用时，先计算总平方和 SS_T，矫正数 $C = T^2/(abcn)$，即

$$SS_T = \sum_{i=1}^{a}\sum_{j=1}^{b}\sum_{k=1}^{c}\sum_{l=1}^{n}(x_{ijkl} - \bar{x}...)^2 = \sum_{i=1}^{a}\sum_{j=1}^{b}\sum_{k=1}^{c}\sum_{l=1}^{n}x_{ijkl}^2 - C \tag{5-41}$$

并计算所有处理效应的平方和 SS_t，即

$$SS_t = \sum_{i=1}^{a}\sum_{j=1}^{b}\sum_{k=1}^{c}\sum_{l=1}^{n}(\bar{x}_{ijk} - \bar{x}...)^2 = \sum_{i=1}^{a}\sum_{j=1}^{b}\sum_{k=1}^{c}(\sum_{l=1}^{n}x_{ijkl})^2/n - C \tag{5-42}$$

再按两因素方差分析的平方和分解方法计算主效应的平方和 SS_A、SS_B、SS_C，两因素一级互作效应的平方和 SS_{AB}、SS_{AC}、SS_{BC}。

然后计算三因素二级互作效应的平方和 SS_{ABC}，即

$$SS_{ABC} = SS_t - (SS_A + SS_B + SS_C + SS_{AB} + SS_{AC} + SS_{BC}) \tag{5-43}$$

最后计算误差平方和 SS_e，即

$$SS_e = SS_T - SS_t$$

3.自由度的分解和均方计算

受离均差之和为 0 的限制，各因素主效应及一级互作的自由度与两因素方差分析时的自由度相同，总自由度、二级互作的自由度及误差自由度为

$$\left.\begin{array}{l} df_T = abcn - 1 \\ df_{ABC} = (a-1)(b-1)(c-1) \\ df_e = abc(n-1) \end{array}\right\} \tag{5-44}$$

根据平方和与自由度计算出各项均方后，根据模型计算 F 统计量。

多因素试验在实际应用中往往会因为完全组合试验规模太大而倾向于采用正交试验或其他多因素试验设计方式，每种试验设计都具有相应的方差分析方法，非交叉组合资料的方差分析在试验设计部分介绍。

4.期望均方的演算与 F 统计量计算

F 统计量计算时要求分子的数学期望只比分母的数学期望多出其效应项或方差项，所以 F 统计量的计算是由均方的数学期望确定的。这里以三因素方差分析的混合效应模型为例，简要介绍表解法计算期望均方的过程。其具体步骤如下。

(1)制作表头：模型中变异的每个分量占一行，每个下标占一列。在三因素试验中，总变异共有 8 个分量和 4 个下标。

(2)找出行下标中有与列下标相同字母的位置，固定因素填"0"，随机因素填"1"；行下标与列下标不同位置填因素水平数。假定 A 因素为固定因素，B 因素和 C 因素为随机因素。

(3)去除含有行下标的列，含有相同下标的行的方差与所有列的积累加，即得该分量的期望均方；固定效应为 η^2，随机方差为 σ^2。结果如表 5-22 所示。

表 5-22　三因素混合效应模型(A 固定,B 随机、C 随机)的期望均方演化和 F 统计量

因素类型 因素水平 列下标		固定 a i	随机 b j	随机 c k	随机 n l	期　望　均　方	F 统计量
变异源	α_i	0	b	c	n	$\sigma^2 + bcn\eta_\alpha^2 + cn\sigma_{\alpha\beta}^2 + bn\sigma_{\alpha\gamma}^2 + n\sigma_{\alpha\beta\gamma}^2$	
	β_j	a	1	c	n	$\sigma^2 + acn\sigma_\beta^2 + an\sigma_{\beta\gamma}^2$	MS_B/MS_{BC}
	γ_k	a	b	1	n	$\sigma^2 + abn\sigma_\gamma^2 + an\sigma_{\beta\gamma}^2$	MS_C/MS_{BC}
	$\alpha\beta_{ij}$	0	1	c	n	$\sigma^2 + cn\sigma_{\alpha\beta}^2 + n\sigma_{\alpha\beta\gamma}^2$	MS_{AB}/MS_{ABC}
	$\alpha\gamma_{ik}$	0	b	1	n	$\sigma^2 + bn\sigma_{\alpha\gamma}^2 + n\sigma_{\alpha\beta\gamma}^2$	MS_{AC}/MS_{ABC}
	$\beta\gamma_{jk}$	a	1	1	n	$\sigma^2 + an\sigma_{\beta\gamma}^2$	MS_{BC}/MS_e
	$\alpha\beta\gamma_{ijk}$	0	1	1	n	$\sigma^2 + n\sigma_{\alpha\beta\gamma}^2$	MS_{ABC}/MS_e
	ε_{ijkl}	1	1	1	1	σ^2	

5.4　方差分析的基本假定与缺失数据估计

5.4.1　方差分析的基本假定及检验

1.方差分析的基本假定

根据方差分析数据的数学模型,进行方差分析的数据应满足效应可加性、误差正态性和方差同质性三个基本假定,这是进行方差分析的基本前提。如果数据不满足方差分析的这些基本假定,就会出现错误的结果。

方差分析的数学模型中,处理效应和误差效应的可加性已由式(5-6)给出。而在方差分析的基本假定中,效应可加性指处理效应和重复效应可加,才能将总变异准确分解为各种原因引起的变异,并确定各变异的方差相对于误差方差的比值,对试验结果作出正确的 F 检验。

误差正态性指试验误差是服从正态分布 $N(0,\sigma^2)$ 且独立的随机变量。方差分析只能估计随机误差,要求每个观测值均围绕其平均数呈正态分布。顺序排列或系统取样的资料不能进行方差分析,但有些非正态分布的资料不符合正态性假定也不能直接进行方差分析。

方差的同质性指各处理的方差应同质,要求试验处理不影响随机误差的方差。方差分析将各处理的变异(组内变异)合并得到一个共同的误差方差并用于检验各处理效应的显著性及平均数间的多重比较,必然要求所有处理具有一个共同的方差。大多数试验处理得到的数据形式能够满足方差同质性的要求,但有些试验处理会导致误差方差增大,如杀虫剂、除草剂、肥料等试验。

进行方差分析前应该对数据进行检验,以保证数据满足方差分析的基本假定。数据的非正态分布、效应不可加和方差不同质常连带出现,通常情况下满足误差正态性和效应可加性的数据,也能满足方差同质性。误差正态性检验可用前述正态分布的适合性检验方法进行检验。

2.效应可加性检验

某因素效应可加时,会在其他因素的各个水平上表现一致,可据此进行效应的可加性检

验。例如,有 2 个处理和 2 个重复的随机化完全区组设计试验,观察得到处理 A 的结果为 190 和 125,处理 B 的结果为 170 和 105。若数据完全没有误差引起的波动,即总变异中没有误差引起的变异分量,则处理的效应均为 20,重复效应均为 65,即数据为线性变化形式,所以效应是可加的。也就是说,处理效应和重复效应可加的前提是原数据有线性变化规律。

3.方差同质性检验

前面介绍了两个样本方差同质性检验的 F 检验,为避免增加犯第 I 类错误的概率,与多个样本平均数的不宜用多次 t 检验一样,多个样本方差的同质性检验也不宜用多次 F 检验。多个方差的同质性检验常用 Bartlett 检验、F_{max} 检验和对数方差分析的方法,这里介绍 Bartlett 检验法。

零假设 $H_0: \sigma_1^2 = \sigma_2^2 = \cdots = \sigma_k^2$($k$ 个样本的方差同质)。

备择假设 $H_A: \sigma_i^2 \neq \sigma_j^2$($i \leqslant k, j \leqslant k$,样本的方差不完全同质)。

检验统计量

$$\chi^2 = \{\ln s_e^2 \sum_{i=1}^k (n_i - 1) - \sum_{i=1}^k [(n_i - 1)\ln s_i^2]\}/C \tag{5-45}$$

服从 $df = k-1$ 的 χ^2 分布。其中,k 为样本数,$s_e^2 = \sum_{i=1}^k s_i^2(n_i-1) / \sum_{i=1}^k (n_i-1)$ 为合并方差,s_i^2

为样本 i 的方差,$C = 1 + \dfrac{1}{3(k-1)}\left[\sum_{i=1}^k \dfrac{1}{n_i-1} - \dfrac{1}{\sum_{i=1}^k (n_i-1)}\right]$ 为矫正数。

【**例 5.5**】 已知 3 个样本的方差分别为 8.00、4.67 和 4.00,样本容量分别为 9、6 和 5,请检验方差是否同质。

$$k = 3; \quad n_1 = 9, \quad n_2 = 6, \quad n_3 = 5$$

$$C = 1 + \frac{1}{3(k-1)}\left[\sum_{i=1}^k \frac{1}{n_i-1} - \frac{1}{\sum_{i=1}^k (n_i-1)}\right] = 1 + \frac{1}{3(3-1)}\left(\frac{1}{8} + \frac{1}{5} + \frac{1}{4} - \frac{1}{17}\right) = 1.086$$

$$s_e^2 = \sum_{i=1}^k s_i^2(n_i-1) \bigg/ \sum_{i=1}^k (n_i-1) = 103.35/17 = 6.079$$

$$\sum_{i=1}^k [(n_i-1)\lg s_i^2] = (9-1)\ln 8 + (6-1)\ln 4.67 + (5-1)\ln 4 = 29.887$$

$$\chi^2 = (17 \times \ln 6.079 - 12.980)/1.086 = 0.733$$

$\chi_{0.05}^2 = 5.992, \chi^2 = 0.733 < 5.992$。即认为 3 个样本的方差同质,表明 3 个样本所属的总体方差相等。

5.4.2 方差分析的数据转换

生物学研究中有时会遇到样本所来自的总体与方差分析基本假定抵触的数据,有的不能进行方差分析,有的经过适当的转换后可以进行方差分析。这里简要介绍常用的数据转换方法。

1.对数转换

生物学研究中经常出现具有倍性效应的数据,有按一定比例变化的规律,效应本身不可加,这样的数据进行对数转换后可满足可加性。对数转换是通过对原数据取对数,使效应由相乘性变为相加性。转换时如果原数据包括 0,可将所有数据加 1 后进行转换。

表 5-23 的数据,在 2 个重复中效应分别为 75 和 60,在 2 个处理中效应分别为 40 和 25,不满足可加性要求。但进行对数转换后(括号中的数据),重复间和处理间的效应变为一致,从而满足可加性要求。

表 5-23　具有倍性效应的数据及其对数转换

处　　理	I	II	重复效应($I-II$)
A	200(2.30103)	125(2.09691)	75(0.20412)
B	160(2.20412)	100(2.0000)	60(0.20412)
处理效应($A-B$)	40(0.09691)	25(0.09691)	

2.反正弦转换

服从二项分布的资料,如种子发芽率、发病率等,其方差与平均数间存在函数关系,平均数接近极端值时方差较小,而平均数处于中间数值时方差较大,从而不满足正态性假定。对于这样的数据,可取数据的反正弦值并将其转换为角度值(数值较小时可先开平方再进行转换),使极端值的方差增大,并消除方差与平均数的函数关系,使其满足正态性假定。当数据中存在较多极端值时,方差分析前要对数据进行反正弦转换。

表 5-24 为不同采收期采集桂花种子的发芽率及其反正弦转换结果,由于数据偏小,所以转换前先对数据进行开平方处理,然后求其反正弦值并转换为角度。应当注意的是,对转换后的角度值进行方差分析时,F 检验差异显著,则平均数的多重比较应使用转换后的角度值平均数。只是在解释分析最终结果时,才有必要还原为原来的发芽率百分数。

表 5-24　不同采收期桂花种子的发芽率及反正弦转换结果

采　收　期	发　芽　率			发芽率反正弦值		
A_1	0.00	0.00	0.00	0.00	0.00	0.00
A_2	0.09	0.07	0.09	17.46	15.34	17.46
A_3	0.13	0.15	0.12	21.13	22.79	20.27
A_4	0.44	0.42	0.45	41.55	40.40	42.13

3.平方根转换

有的生物学观测数据呈泊松分布而不是正态分布,如草原群落单位面积的昆虫数量,这时方差和平均数呈比例关系从而方差不同质,可通过将数据开平方来减小方差差异而满足方差同质性要求。

对数转换、反正弦转换和平方根转换是常用的三种数据转换方法。对于一般非连续性的数据,在方差分析前最好先检查各组间平均数与相应组内均方是否存在相关性和各组均方间的变异情况。如果存在相关性或者变异较大,则应考虑数据转换。有时确定适当的转换方法并不容易,可先选取几个平均数大、中、小不同的处理进行试验,找出能使组间平均数与组内均方相关性最小的转换方法进行转换。当各组观测值的标准差与其平均数的平方成比例时,也可进行倒数转换。

5.4.3　缺失数据的估计

方差分析的数据一般是事先设计好的,但意外事件可能导致部分数据丢失。对于单因素资料,可按组内重复次数不等的数据进行方差分析;对于多因素资料,则须对缺失数据进行估计后才能进行方差分析。估计缺失数据的原则是补上缺失数据后误差平方和最小,保证 F 检验具有最高的灵敏度。

以表 5-15 的数据为例,如果 A_2B_3、A_4B_5 两个处理的观测值缺失(表 5-25),可对其进行估计。

表 5-25　不同成熟度巨峰葡萄鲜果涂膜后失重(g)结果

处　　理	B_1	B_2	B_3	B_4	B_5	B_6
A_1	20.7	22.8	23.0	21.7	61.2	69.5
A_2	6.2	3.1	x	12.8	56.8	49.6
A_3	8.3	5.2	12.8	8.9	46.9	57.4
A_4	6.2	4.2	11.5	14.0	y	44.1

根据剩余法,误差平方和

$$SS_e = SS_T - SS_A - SS_B = \sum\sum x_{ij}^2 - \frac{1}{b}\sum_{i=1}^a x_{i.}^2 - \frac{1}{a}\sum_{j=1}^b x_{.j}^2 + \frac{T^2}{ab}$$

$$= (20.7^2 + 22.8^2 + \cdots + x^2 + \cdots + y^2 \cdots + 44.1^2)$$

$$- \frac{219^2 + (128.5+x)^2 + 139.4^2 + (80.1+y)^2}{6}$$

$$- \frac{41.5^2 + 35.3^2 + (47.4+x)^2 + 57.4^2 + (164.9+y)^2 + 220.6^2}{4} + \frac{(567+x+y)^2}{24}$$

为使 SS_e 最小,根据最小二乘法,令 $\dfrac{\partial SS_e}{\partial x} = 0, \dfrac{\partial SS_e}{\partial y} = 0$,得方程组

$$\begin{cases} 2x - (128.5+x)/3 - (47.4+x)/2 + (567+x+y)/12 = 0 \\ 2y - (80.1+y)/3 - (164.9+y)/2 + (567+x+y)/12 = 0 \end{cases}$$

解方程组得: $x = 12.2, y = 48.7$ 。

将估计的缺失数据补上后,可进行方差分析。但须注意,估计缺失数据只是为了不影响方差分析的进行,不能提供所缺失的实际观测值的任何信息;由于进行估计时使 SS_e 值最小,所以总自由度和误差自由度都相应减小,计算时须将其扣除。如果只缺失一个观测值,通过对 SS_e 求微分用一个方程就可算出。

习题

习题 5.1　方差分析数据的一般形式中,平方和、自由度的总量怎样分解为两个分量? 误差均方的实质是什么?

习题 5.2　两个以上处理平均数的两两比较为什么不能用 t 检验?

习题 5.3　结合方差分析的原理和基本假定简述平方和分量的可加性。

习题 5.4　为什么有些数据必须先进行数据转换才能进行方差分析?

习题 5.5 在洞庭湖区背瘤丽蚌肌肉营养成分分析的过程中,分别就其外套膜、闭壳肌、斧足三种器官进行水分含量(%)的测定,各获得 6 个水分含量的观测值如下。试进行方差分析。

器 官	水分含量(%)的观测值					
外套膜	86.6	86.6	86.0	85.9	87.2	87.0
闭壳肌	85.9	85.7	84.9	86.1	86.0	85.0
斧足	81.4	82.4	81.4	82.6	80.7	80.8

习题 5.6 在设施葡萄园抽样观察品种为红地球的 6 株葡萄,获得每个单株上冬季修剪选留下来的结果母枝上着生的结果枝数量,结果如下:①1、1、1、1、3;②3、3、1、2、1、3;③1、1、3、1、2、1、2;④1、3、1、3、1、1;⑤1、3、2、3、1、1;⑥0、0、0、0、0。请分析该品种单株之间的结果枝数差异是否显著。

习题 5.7 使用不同浓度 GA3 处理桂花种子,观测了对 6 批成熟度不同的桂花种子的发芽率(%)的影响,结果如下。试对其进行反正弦转换,然后按无重复观测值的两因素数据形式进行方差分析。

GA3 浓度	Ⅰ	Ⅱ	Ⅲ	Ⅳ	Ⅴ	Ⅵ
0 mg/L	11.0	13.3	11.0	9.0	43.7	42.0
10 mg/L	10.0	13.7	11.7	10.3	43.3	43.7
50 mg/L	17.7	17.0	21.0	12.7	47.0	50.3
100 mg/L	21.0	22.3	24.0	23.0	52.0	54.0

习题 5.8 有一个由不同提取物种类及浓度组合成的 9 种茶叶提取液(A、B、C、D、E、F、G、H、I 共 9 个处理,J 为对照)抑制发芽效果的试验,重复 3 次,培养萝卜种子 30 h 后,每份 50 粒种子的萌发数的观测值整理如下,将该观察结果进行对数转换后再完成包括多重比较在内的方差分析全过程。

重复	A	B	C	D	E	F	G	H	I	J
Ⅰ	3	27	36	2	18	30	10	25	45	48
Ⅱ	6	24	38	2	16	24	7	28	44	50
Ⅲ	3	18	34	3	20	27	10	29	43	47

习题 5.9 推广棕彩棉(A_1)的施肥试验,对照品种为湘杂 2 号(A_2),氮肥按每 667 m^2 施 0 kg(B_1)、10 kg(B_2)、20 kg(B_3)、30 kg(B_4)设计数量水平,得到 2000—2004 年籽棉产量(kg)的重复观察结果视年份为 5 个重复,整理出部分数据如下,试按两因素固定效应模型完成方差分析。

年 份	A_1				A_2			
	B_1	B_2	B_3	B_4	B_1	B_2	B_3	B_4
2000 年	126.9	162.7	197.7	149.1	212.7	248.4	323.3	345.2
2001 年	131.5	157.9	192.1	158.6	187.0	237.4	323.5	342.5
2002 年	131.5	158.2	184.3	157.3	191.6	253	309.2	332.8
2003 年	134.4	168.4	190.9	142.6	218.6	264.9	283.9	302.6
2004 年	133.2	169.7	191.8	143.1	224.5	288.7	293.1	307.7

第 **6** 章

非参数检验

前面所涉及的平均数假设检验或方差分析,是推断两个或多个平均数间的差异显著性的主要方法,是对总体参数的检验,因此称为"参数检验"。参数检验要求总体服从正态分布,但在很多情况下,样本并非都来自正态总体,或者其分布难以确定,或不满足参数检验的条件,如观测值明显偏离正态分布、方差不同质等,这时可采用非参数检验(non-parametric test)对数据进行统计分析。

非参数检验是一类与总体分布无关的检验方法,在总体方差未知或知道甚少的情况下,利用样本数据对总体分布进行推断,推断过程中不涉及相关总体分布的参数,因而得名。非参数检验的假定条件比较宽松,具有计算简便、易于掌握等优点,适用于不满足参数检验的各类数据的分析研究。但非参数检验不能充分利用样本内的数据信息,检验效率较低,所以在可能的情况下应尽量使用参数检验。

非参数检验主要包括 χ^2 检验与秩和检验两类检验方法。χ^2 检验主要针对计次数据,根据观测数和理论数的关系,推断数据是否符合某种理论分布或假设分布;秩和检验则是通过比较样本数据的大小顺序,推断两个或多个总体分布是否相同。

6.1 χ^2 检验

χ^2 检验(chi-square test)又称为卡方检验,是 1900 年由英国著名数理统计学家 Karl Pearson 推导出来的,该方法是处理分类变量或离散型数据的一类重要方法。分类变量或离散型数据是生物学和医学领域常见的数据类型。例如有些问题只能划分为不同性质的类别,各类别没有量的联系,如性别分为男女;有些变量虽有量的关系,但因研究的需要也常将其按一定的标准分为不同的类别,如肝癌患者的甲胎蛋白 AFP 指标可记录为具体的数值,但也可以定性表示,以 20 ng/mL 作为临界值,大于该值记录为阳性,反之为阴性;同理,评估动物模型对某药物的反应性时,也可根据动物生理指标的变化程度分为有效和无效。χ^2 检验是处理上述分类变量资料的重要方法之一,在生物学研究领域中应用非常广泛。

6.1.1 χ^2 检验的基本原理

1. χ^2 检验的步骤

χ^2 检验主要是分析分类资料的观测数(O)与根据某理论分布或者之前已经建立的公认频数分布所期望的理论数(E)之间的差异显著性;也可进一步推广用于比较两个或者多个观测

数的分布,比较这些差别是否是由抽样误差造成的。

与参数检验一样,χ^2 检验也需要构建统计量来度量观测数与理论数的差异。利用观测数与理论数差值的平方和 $\sum (O-E)^2$ 无疑能够体现这种差异,但它没有考虑理论数不同时对结果的影响。为消除理论数不同的影响,对每一项差值平方均以其理论数为标准进行标准化处理,然后求和,可得到检验统计量。该统计量近似服从 χ^2 分布,因此也定义为 χ^2,即

$$\chi^2 = \sum \frac{(O-E)^2}{E} \tag{6-1}$$

检验时零假设为 $H_0:O=E$,备择假设为 $H_A:O\neq E$。显著水平为 $\alpha=0.05$ 或 $\alpha=0.01$。计算出 χ^2 统计量并与相应自由度及显著水平的 χ^2 临界值进行比较,确定接受还是否定 H_0,并作出观测数与理论数是否具有显著差异的推断。

临界值通常用概率 0.05 或 0.01 对应的 χ^2 值,即检验的显著水平为 $\alpha=0.05$ 或 $\alpha=0.01$;推断时按右尾检验进行,$\chi^2 > \chi^2_\alpha (P<\alpha)$ 时否定 H_0,接受 H_A;反之,$\chi^2 < \chi^2_\alpha (P>\alpha)$ 时接受 H_0,否定 H_A。

2.χ^2 检验注意事项

χ^2 检验应注意如下几点。

(1) 次数资料的 χ^2 检验是基于近似 χ^2 分布建立的,要求样本是随机抽样获得的,系统抽样的数据不能进行 χ^2 检验。

(2) χ^2 检验是对次数资料的检验,对连续型数据进行检验时,需将其进行分组计数后才能进行。

(3) χ^2 检验要求样本容量大于 40,否则需要用 Fisher 精确概率法进行检验。

(4) χ^2 检验一般要求理论数不小于 5。当理论数小于 5 时,其数量不能超过数据总数的 20%,否则对数据进行归并处理。

(5) 当自由度 $df=1$ 时,χ^2 需要进行连续性校正:

$$\chi^2_c = \sum \frac{(|O-E|-0.5)^2}{E} \tag{6-2}$$

(6) 当频率或者构成比的总体分布已知时,宜用参数检验方法进行检验,总体分布未知时,用 χ^2 检验。

(7) χ^2 检验容易犯第 II 类错误,在接受 H_0 时,应注意其检验效能。

χ^2 检验有两种类型:独立性检验和适合性检验。独立性检验用于分析两个或多个因素之间是否有关联,适合性检验用于分析观测数分布是否符合某种理论分布。

6.1.2　独立性检验

独立性检验(independence test)用于分析两个或多个因素之间是否有关联。例如,研究注射疫苗与流感发生两个因素是否相关,可以通过比较流感发生频数在注射组与不注射组的分布,推断两个因素的相关性。但需注意,当试验结果以有序的分组变量表示时,例如,药物疗效分为无效、有效、显效、控制,反应程度分为 I、II、III、IV 级等,即资料为有序的等级数据时,不能用独立性检验法进行检验。独立性检验的数据通常以列联表的形式给出。

1.普通列联表

设 A、B 是一个随机试验中的两个事件,其中事件 A 可能出现 r 类结果,事件 B 可能出现 c 类结果,两个因子相互作用形成 rc 个数据,用 O_{ij} 表示事件 A 出现第 i 类结果,同时事件 B 出现第 j 类结果的次数。以事件 A 为行、事件 B 为列制表,得列联表的一般形式如表 6-1 所示。数据共有 r 行 c 列,称为 $r \times c$ 列联表。

表 6-1　列联表的一般格式

(i)	(j)						合　计
	1	2	$\cdots$	j	$\cdots$	c	
1	O_{11}	O_{12}	$\cdots$	$\cdots$	$\cdots$	O_{1c}	R_1
2	O_{21}	O_{22}	$\cdots$	$\cdots$	$\cdots$	O_{2c}	R_2
$\cdots$	$\cdots$	$\cdots$	$\cdots$	$\cdots$	$\cdots$	$\cdots$	$\cdots$
i	$\cdots$	$\cdots$	$\cdots$	O_{ij}	$\cdots$	$\cdots$	R_i
$\cdots$	$\cdots$	$\cdots$	$\cdots$	$\cdots$	$\cdots$	$\cdots$	$\cdots$
r	O_{r1}	O_{r2}	$\cdots$	$\cdots$	$\cdots$	O_{rc}	R_r
合　计	C_1	C_2	$\cdots$	C_j	$\cdots$	C_c	n

基于事件 A 和事件 B 相互独立的假设,可以计算出各组的理论数:

$$E_{ij} = \frac{R_i C_i}{n} \quad (i=1,2,\cdots,r; \ j=1,2,\cdots,c) \tag{6-3}$$

进行假设检验时,χ^2 统计量为

$$\chi^2 = \sum_{i=1}^{r} \sum_{j=1}^{c} \frac{(O_{ij} - E_{ij})^2}{E_{ij}} \tag{6-4}$$

自由度 $df = (r-1)(c-1)$。2×2 列联表由于自由度 $df = (r-1)(c-1) = 1$,所以统计量 χ^2 需进行连续性校正。即

$$\chi_c^2 = \sum_{i=1}^{2} \sum_{j=1}^{2} \frac{(|O_{ij} - E_{ij}| - 0.5)^2}{E_{ij}} \tag{6-5}$$

2×2 列联表又称为四格表,习惯用 a、b、c、d 表示观测数据(表 6-2)。这时式(6-5)等价于

$$\chi_c^2 = \frac{n(|ad-bc|-0.5n)^2}{(a+b)(c+d)(a+c)(b+d)} \tag{6-6}$$

表 6-2　2×2 列联表(四格表)的习惯写法

a	b	$a+b$
c	d	$c+d$
$a+c$	$b+d$	n

【例 6.1】　研究某暴露因素与某疾病发生的关系,研究者对 120 人进行了调查,其中患病人数为 54,非患病人数为 66,患者中 37 人有暴露史,非患者中 13 人有暴露史。试分析该暴露因素是否与该病的发生相关。

将结果列成 2×2 列联表,并根据式(6-3)计算各理论数,见表 6-3。

(1) 零假设 H_0:该暴露因素与患该病无关(暴露组与非暴露组患病率相同)。备择假设 H_A:该暴露因素与患该病相关(暴露组与非暴露组患病率不同)。

（2）确定显著水平：$\alpha = 0.05$。

表 6-3　某暴露因素与某疾病发生的关系

	患　病	非 患 病	合　　计
暴露	37(22.5)	13(27.5)	50
非暴露	17(31.5)	53(38.5)	70
合计	54	66	120

（3）检验计算：

$$\chi_c^2 = \frac{(\mid 37 - 22.5 \mid - 0.5)^2}{22.5} + \frac{(\mid 13 - 27.5 \mid - 0.5)^2}{27.5}$$
$$+ \frac{(\mid 17 - 31.5 \mid - 0.5)^2}{31.5} + \frac{(\mid 53 - 38.5 \mid - 0.5)^2}{38.5} = 27.152$$

自由度 $df = 1$，查附录 D 得，$\chi_{0.05}^2 = 3.842$，$\chi^2 > \chi_{0.05}^2$，$P < 0.05$。

（4）推断：否定 H_0，接受 H_A。即认为暴露组与非暴露组患病率不同，患该病与该暴露因素有关。

【例 6.2】　为探讨自身免疫性肝炎（AIH）的发病机制，对 rs SNP 与 AIH 发病之间的关系进行研究，检测结果如表 6-4 所示。试分析 rs SNP 与 AIH 的发病是否相关。

表 6-4　rs SNP 与 AIH 发病的 2×3 列联表

组别	rs SNP			合　　计
	AA	AG	GG	
AIH	10(3.33)	26(19.54)	41(54.13)	77
对照	13(19.67)	109(115.46)	333(319.87)	455
合计	23	135	374	532

根据式（6-3）计算各理论数，见表 6-4。有 1 个理论数小于 5，不超过 20%，可正常进行 χ^2 检验。

（1）零假设 H_0：rs SNP 与 AIH 的发病无关（AIH 患者和对照的 rs SNP 分布相同）。备择假设 H_A：rs SNP 与 AIH 的发病相关（AIH 患者和对照的 rs SNP 分布不全相同）。

（2）确定显著水平：$\alpha = 0.05$。

（3）检验计算：

$$\chi^2 = \frac{(10 - 3.33)^2}{3.33} + \frac{(26 - 19.54)^2}{19.54} + \frac{(41 - 54.13)^2}{54.13} + \frac{(13 - 19.67)^2}{19.67}$$
$$+ \frac{(109 - 115.46)^2}{115.46} + \frac{(333 - 319.87)^2}{319.87} = 21.853$$

自由度 $df = (2-1)(3-1) = 2$，查附录 D 得，$\chi_{0.05}^2 = 5.992$，$\chi^2 > \chi_{0.05}^2$，$P < 0.05$。

（4）推断：否定 H_0，接受 H_A。即认为 AIH 患者和健康对照的 rs SNP 分布不全相同，rs SNP 与 AIH 的发病相关。

2.配对列联表

配对设计的数据，进行列联表检验时，采用 McNemar-Bowker 检验法进行检验。检验统计量

$$\chi^2 = \sum_{i=1}^{k-1} \sum_{j=i+1}^{k} \frac{(O_{ij} - O_{ji})^2}{O_{ij} + O_{ji}} \tag{6-7}$$

自由度 $df = k(k-1)/2$。2×2 列联表需要进行连续性校正

$$\chi_c^2 = \frac{(\mid b - c \mid - 0.5)^2}{b + c} \tag{6-8}$$

进行检验效能分析时,对表 6-1 形式的列联表,设 $p_t = (b+c)/N$,$p_d = (b-c)/N$,则右尾检验效能为

$$E = 1 - \Phi\left[\frac{p_d \sqrt{n} + u_\alpha \sqrt{p_t}}{\sqrt{p_t - p_d^2}} \right] \tag{6-9}$$

左尾检验效能为

$$E = \Phi\left[\frac{p_d \sqrt{n} - u_\alpha \sqrt{p_t}}{\sqrt{p_t - p_d^2}} \right] \tag{6-10}$$

双尾检验效能为

$$E = 1 - \Phi\left[\frac{p_d \sqrt{n} + u_{\alpha/2} \sqrt{p_t}}{\sqrt{p_t - p_d^2}} \right] + \Phi\left[\frac{p_d \sqrt{n} - u_{\alpha/2} \sqrt{p_t}}{\sqrt{p_t - p_d^2}} \right] \tag{6-11}$$

单尾检验的样本容量估计为

$$n = \left(\frac{u_\alpha \sqrt{p_t} + u_\beta \sqrt{p_t - p_d^2}}{p_d} \right)^2 \tag{6-12}$$

双尾检验时,将 u_α 替换为 $u_{\alpha/2}$。

【例 6.3】 用 A、B 两种方法检查已确诊的某疾病患者 140 名,A 法检出 91 人,B 法检出 77 人,同时检出 56 人(表 6-5)。问两种方法的检测结果有无显著差异?

表 6-5 两种方法检出结果

A 法	B 法		合　　计
	+	−	
+	56	35	91
−	21	28	49
合计	77	63	140

(1)零假设 H_0:两种检测方法的检出率相同。备择假设 H_A:两种检测方法的检出率不同。

(2)确定显著水平:$\alpha = 0.05$。

(3)检验计算:

$$\chi^2 = \frac{(\mid 35 - 21 \mid - 0.5)^2}{35 + 21} = \frac{(14 - 0.5)^2}{56} = 2.761$$

自由度 $df = 1$,查附录 D 得,$\chi_{0.05}^2 = 3.842$,$\chi^2 < \chi_{0.05}^2$,$P > 0.05$。

(4)推断:接受 H_0,否定 H_A,即认为两种检测方法的检出率无显著差异。

(5)检验效能:$T = 140$,$p_t = 0.4$,$p_d = 0.1$。

$$E = 1 - \Phi\left[\frac{p_d \sqrt{T} + u_{\alpha/2} \sqrt{p_t}}{\sqrt{p_t - p_d^2}} \right] + \Phi\left[\frac{p_d \sqrt{T} - u_{\alpha/2} \sqrt{p_t}}{\sqrt{p_t - p_d^2}} \right]$$

$$= 1 - \Phi\left[\frac{0.10 \sqrt{140} + 1.960 \sqrt{0.40}}{\sqrt{0.40 - 0.10^2}} \right] + \Phi\left[\frac{0.10 \sqrt{140} - 1.960 \sqrt{0.40}}{\sqrt{0.40 - 0.10^2}} \right] = 0.4641$$

检验效能为 0.4641,不能达到 0.85 的要求。

(6) 样本容量估计为

$$T = \left(\frac{u_{\alpha/2} \sqrt{p_t} + u_\beta \sqrt{p_t - p_d^2}}{p_d} \right)^2 = \left(\frac{1.960 \sqrt{0.40} + 1.282 \sqrt{0.40 - 0.10^2}}{0.1} \right)^2 \approx 416$$

估计样本容量为 416,即要确认两种检测方法的检出率相同,至少要检测 416 名患者。

【例 6.4】　对 150 名冠心病患者用两种方法检查室壁收缩运动的情况,检测结果见表 6-6。问两种方法的检测结果有无显著差异?

表 6-6　两种方法检测结果

A 法	B 法			合　　计
	正常	减弱	异常	
正常	60	3	2	65
减弱	2	40	3	45
异常	8	13	19	40
合计	70	56	24	150

(1) 零假设 H_0:两种检测方法的检出率相同。备择假设 H_A:两种检测方法的检出率不同。

(2) 确定显著水平:$\alpha = 0.05$。

(3) 检验计算:

$$\chi^2 = \sum_{i=1}^{k-1} \sum_{j=i+1}^{k} \frac{(O_{ij} - O_{ji})^2}{O_{ij} + O_{ji}} = \frac{(3-2)^2}{3+2} + \frac{(2-8)^2}{2+8} + \frac{(3-13)^2}{3+13} = 10.05$$

自由度 $df = 3$,查附录 D 得,$\chi^2_{0.05} = 7.815$,$\chi^2 > \chi^2_{0.05}$,$P < 0.05$。

(4) 推断:否定 H_0,接受 H_A,即认为两种检测方法的检测结果存在显著差异。

3.小样本数据的精确检验

样本容量较小时可使用 Fisher 精确概率法进行检验。该方法由 F.A.Fisher 于 1934 年提出,不属于 χ^2 检验的范畴,但对 χ^2 检验有补充作用。精确概率法的 2×2 列联表的数据表示方法如表 6-2 所示。精确概率法的基本思路是:在周边合计($a+b$、$c+d$、$a+c$、$b+d$)不变的条件下,用公式计算表内数据的各种组合的概率。组合的个数为周边合计中最小值加 1。假设 $a+b$ 最小,则组合如表 6-7 所示。

表 6-7　精确概率法计算概率的组合

组合(i)	a_i	b_i	c_i	d_i	$a_i d_i - b_i c_i$
1	0	$a+b$	$a+c$	$d-a$	$-(a+b)(a+c)$
2	1	$a+b-1$	$a+c-1$	$d-a+1$	$(d-a+1)-(a+b-1)(a+c-1)$
⋮	⋮	⋮	⋮	⋮	⋮
$a+1$	a	b	c	d	$ad-bc$
⋮	⋮	⋮	⋮	⋮	⋮
$a+b$	$a+b-1$	1	$c-b+1$	$b+d-1$	$(a+b-1)(b+d-1)-(c-b+1)$
$a+b+1$	$a+b$	0	$c-b$	$b+d$	$(a+b)(c+d)$

每一组合概率的计算方法为

$$P_i = \frac{(a_i + b_i)!(a_i + c_i)!(c_i + d_i)!(b_i + d_i)!}{a!b!c!d!n!}$$ (6-13)

检验时计算出各组合对应概率 P_i，将实际频数分布的概率与比该情况更极端的频数分布（$|a_i d_i - b_i c_i| \geqslant |ad - bc|$）的概率累加（累积概率 $P = \sum P_i$），如果所得概率 P 大于显著水平（如 $\alpha = 0.05$），则认为该观测数分布为大概率事件，接受零假设；否则，否定零假设，接受备择假设。

概率累加的方法与进行双尾检验还是单尾检验有关。进行双尾检验时，进行两侧的概率累加，进行单尾检验时，只进行一侧的概率累加（$ad - bc > 0$ 时，累加 $a_i d_i - b_i c_i \geqslant ad - bc$ 一侧；$ad - bc < 0$ 时，累加 $a_i d_i - b_i c_i \leqslant ad - bc$ 一侧）。

表 6-8　53BP2 基因与小鼠肿瘤易感性的关系

	肿瘤	无瘤	合计
野生型	3	16	19
杂合型	9	10	19
合计	12	26	38

【例 6.5】　为研究 53BP2 基因对肿瘤易感性的影响，建立了该基因的基因敲除小鼠，其等位基因杂合型（$-/+$）和野生型（$+/+$）小鼠在接受 γ 射线照射之后的肿瘤发生情况记录见表 6-8。问：该基因是否影响小鼠对肿瘤的易感性？

计算各种组合的概率，见表 6-9。进行双尾检验，$ad - bc = -114$。

表 6-9　精确概率法各种组合的概率计算

i	a	b	c	d	$ad - bc$	P_i
1	0	19	12	7	-228	0.0000
2	1	18	11	8	-190	0.0005
3	2	17	10	9	-152	0.0058
4	3	16	9	10	-114	0.0331
5	4	15	8	11	-76	0.1082
6	5	14	7	12	-38	0.2164
7	6	13	6	13	0	0.2719
8	7	12	5	14	38	0.2164
9	8	11	4	15	76	0.1082
10	9	10	3	16	114	0.0331
11	10	9	2	17	152	0.0058
12	11	8	1	18	190	0.0005
13	12	7	0	19	228	0.0000
合计					0	1.0000

（1）零假设 H_0：该基因与小鼠对肿瘤的易感性无关。备择假设 H_A：该基因与小鼠对肿瘤的易感性相关。

（2）确定显著水平：$\alpha = 0.05$。

（3）计算概率：

$$P = (P_1 + P_2 + P_3 + P_4) + (P_{10} + P_{11} + P_{12} + P_{13}) = 0.0778$$

（4）推断：$P > \alpha$，接受 H_0，即认为该基因的不同基因型小鼠肿瘤发生率相同，该基因与小鼠对肿瘤的易感性无关。

6.1.3　适合性检验

适合性检验(test of goodness of fit)是 χ^2 检验应用的另一种类型,检验实际的观测数与通过某一理论模型计算所得理论数是否相符,相当于 $1 \times c$ 列联表的 χ^2 检验,也称为单因素离散型数据的 χ^2 检验。

对参数的假设检验总是假定对照总体的分布属于某个确定的类型(如正态分布),从而对研究总体的未知参数(如平均数、方差)进行假设检验。因此,知道一个总体的概率分布十分重要。有时可以根据对事物本质的分析,利用概率论的知识给予回答。但是在多数情况下,只能从样本数据中发现规律,判断总体的分布,这就是所谓的拟合问题。

如研究人员获得了 100 个试验数据,在对该组数据进行参数检验之前,首先需要判断该组数据是否符合正态分布,这就可以通过 χ^2 适合性检验来实现。有时候需要将观测数分布与某一公认的理论数分布进行比较,如已知小鼠雄性和雌性出生性别的频数分布比为 1∶1,研究者想检验某一种系小鼠的出生性别是否符合该理论数分布,这也是 χ^2 适合性检验的一个例子。χ^2 适合性检验的统计量与独立性检验的 χ^2 相同,也是通过比较观测数与理论数的差异大小作出推断。下面以正态分布和二项分布的适合性检验为例来说明适合性检验的过程。

1.正态分布的适合性检验

在对连续型变量进行 χ^2 适合性检验时,首先要将全部观测值划分为 k 类,整理成频数表,然后根据正态分布计算各组的理论数,最后比较观测数与理论数之间的差异。若差异显著,说明观测数不符合该理论分布;反之,则认为符合该理论分布。

理论数的计算步骤如下:

(1) 编制频数分布表:χ^2 检验要求各组理论数不小于 5,不满足要求时需对相邻的组进行合并;

(2) 计算各组的理论数:对各组上下限进行标准化处理,计算各组段的正态分布概率,然后根据概率和观测总次数计算理论数。

自由度 $df = k-1-r$,其中,k 为数据分组数,r 为利用样本估计的总体参数的个数。当总体参数 μ 和 σ 均已知时,$r=0$;当总体参数 μ 和 σ 均未知时,$r=2$。

【例 6.6】某农业技术推广站为了考察某种大麦穗长的分布情况,随机抽取 100 个麦穗,测得长度(cm)及频数如表 6-10 所示,穗长均值为 6.02 cm,标准差为 0.613 cm。检验麦穗长度是否服从正态分布。

表 6-10　大麦穗长频数分布

分组	3.95~ 4.25	4.25~ 4.55	4.55~ 4.85	4.85~ 5.15	5.15~ 5.45	5.45~ 5.75	5.75~ 6.05	6.05~ 6.35	6.35~ 6.65	6.65~ 6.95	6.95~	合计
频数	1	1	2	4	10	14	17	23	13	10	5	100

原始数据已整理成频数分布表(表 6-11)。由于 χ^2 检验要求理论数不小于 5,所以需对前 4 组观测数进行合并。

对各组限 x_i 进行标准化处理,得标准限值 u_i。由于 μ 与 σ 未知,所以可用样本均数(6.02)

与标准差(0.613)代替。

查附录 A 得各标准限值 u_i 对应的正态分布的累积概率 $\Phi(u_i)$，根据累积概率 $\Phi(u_i)$ 计算各组的概率 P_i，然后计算各组的理论数(表 6-11，χ^2 各分量已列入表中)。

表 6-11 正态分布理论数的计算

分 组	观测数(O_i)	限值(x_i)	标准限值(u_i)	累积概率 $\Phi(u_i)$	组段概率(P_i)	理论数(E_i)	χ^2
～5.15	8	$-\infty$		0.0000			
5.15～5.45	10	5.15	-1.4192	0.0779	0.0779	7.79	0.0056
5.45～5.75	14	5.45	-0.9299	0.1762	0.0983	9.83	0.0029
5.75～6.05	17	5.75	-0.4405	0.3298	0.1536	15.36	0.1201
6.05～6.35	23	6.05	0.0489	0.5195	0.1897	18.97	0.2048
6.35～6.65	13	6.35	0.5383	0.7048	0.1853	18.53	1.0777
6.65～6.95	10	6.65	1.0277	0.8480	0.1432	14.32	0.1205
6.95～	5	6.95	1.5171	0.9354	0.0874	8.74	0.1810
		$+\infty$		1.0000	0.0646	6.46	0.3307

(1) 零假设 H_0：麦穗长度服从正态分布。备择假设 H_A：麦穗长度不服从正态分布。

(2) 确定显著水平：$\alpha = 0.05$。

(3) 检验计算：

$$\chi^2 = \sum \frac{(O-E)^2}{E} = 2.0433$$

总体参数未知，自由度 $df = k - 1 - r = 8 - 1 - 2 = 5$。查附录 D 得，$\chi^2_{0.05} = 11.071$，$P > 0.05$。

(4) 推断：接受 H_0，即认为该种麦穗长度服从正态分布。

2.二项分布的适合性检验

遗传学上，经常需要回答某一遗传性状是否受一对等位基因的控制，该性状在后代的分离比例是否符合自由组合规律等问题。一些遗传学试验的结果为两种互斥的情况之一，例如孟德尔试验中豌豆子叶的颜色为黄色或绿色，新生婴儿为男孩或女孩，而根据遗传学的规律，出现不同表型的概率是确定的。这些都符合二项分布的特点。下面就以遗传学上的例子来具体说明二项分布的适合性检验的步骤。

二项分布适合性检验的理论数通过理论分布的比例进行计算。由于分布的比例是确定的，不存在参数的估计，所以自由度 $df = k - 1$。需要注意，当自由度 $df = 1$ 时，计算统计量时需要进行连续性校正。

【例 6.7】 检验鲤鱼体色是否符合基因的分离规律。纯合青灰色鲤鱼和红色鲤鱼杂交后，F_1 代仅表现为青灰色，F_1 代自交所得 F_2 代中，青灰色鲤鱼 1503 条，红色鲤鱼 99 条。试分析鲤鱼的体色是否符合基因的分离规律。

(1) 零假设 H_0：鲤鱼 F_2 代体色分离符合 $3:1$ 的分离比。备择假设 H_A：鲤鱼 F_2 代体色分离不符合 $3:1$ 的分离比。

(2) 确定显著水平：$\alpha = 0.01$。

(3) 检验计算：

$$n = 1503 + 99 = 1602, E_1 = 1602 \times 3/4 = 1201.5, E_2 = 1602 \times 1/4 = 400.5$$

$$\chi_c^2 = \frac{(\mid 1503 - 1201.5 \mid - 0.5)^2}{1201.5} + \frac{(\mid 99 - 400.5 \mid - 0.5)^2}{400.5} = 301.63$$

自由度 $df = k - 1 = 2 - 1 = 1$，查附录 D 得，$\chi_{0.01}^2 = 6.635, \chi^2 > \chi_{0.01}^2, P < 0.01$。

（4）推断：否定 H_0，接受 H_A，即认为鲤鱼的体色非常不符合基因的分离规律。

【例 6.8】 在孟德尔杂交试验中，纯合的黄圆豌豆（Y_R_）和绿皱豌豆（yyrr）杂交后，F_1 代仅表现为黄圆（YyRr），F_1 代自交所得 F_2 代各种表型的数目如表 6-12 所示，试分析黄绿和圆皱表型是否符合基因的独立分配定律。

表 6-12　试验数据及统计量计算表

表　型	黄圆（Y_R_）	黄皱（Y_rr）	绿圆（yyR_）	绿皱（yyrr）	合　　计
O_i	315	101	108	32	556
P_i	9/16	3/16	3/16	1/16	1
E_i	312.75	104.25	104.25	34.75	556
χ^2	0.016	0.101	0.135	0.218	0.470

F_1 代仅有黄圆一种表型，说明黄圆为显性性状，绿皱为隐性性状。根据基因的独立分配定律，F_2 代出现的 4 种不同表型的比例为：$Y\_R\_ : Y\_rr : yyR\_ : yyrr = 9:3:3:1$。

（1）零假设 H_0：黄圆和绿皱豌豆杂交 F_2 代的表型符合基因的独立分配定律（9：3：3：1）。备择假设 H_A：黄圆和绿皱豌豆杂交 F_2 代的表型不符合基因的独立分配定律（9：3：3：1）。

（2）确定显著水平：$\alpha = 0.05$。

（3）检验计算：

$$\chi^2 = \sum \frac{(O_i - E_i)^2}{E_i} = 0.016 + 0.101 + 0.135 + 0.218 = 0.470$$

自由度 $df = k - 1 = 4 - 1 = 3$，查附录 D 得，$\chi_{0.05}^2 = 7.815, \chi^2 < \chi_{0.05}^2, P > 0.05$。

（4）推断：接受 H_0，即认为黄圆和绿皱豌豆杂交试验的表型符合基因的独立分配定律。

6.2　秩和检验

将数据按从小到大的顺序排列起来，数据的顺序编号称为数据的秩次（rank）。秩和检验（rank-sum test）是用秩次的大小代替数据的具体数值进行比较的非参数检验方法。具体做法如下：先将数据从小到大，或等级变量资料从弱到强转换成秩次，再求出秩次之和以及相应的检验统计量，与临界值比较后确定 P 值，然后与 α 比较进行推断。不满足 t 检验、方差分析条件的数量性状资料或等级资料，可用秩和检验进行检验。

6.2.1　成对数据的秩和检验

检验基本思路如下：设有两个对称分布的连续总体，从两个总体中随机抽取观察值，组成 n 对观测值时，每对观测值之差记为 $d_i（d_i = x_i - y_i）$，如果两个总体的分布相同，则 $P(d_i > 0) = P(d_i < 0)$。

其基本步骤如下。

(1) 提出假设。零假设 H_0:差值 d 的总体中位数等于0。备择假设 H_A:差值 d 的总体中位数不等于0。

(2) 求差值:求出配对数据的差值 d_i,并标上正负号。

(3) 编定秩次:将差值按绝对值从小到大的顺序排列。每个差值对应的序号即为其秩次,在秩次前标上与原差值相同的符号;如果有多个差值的绝对值相等,需要求平均秩次;如果差值为0,则忽略不计。

(4) 求秩和及确定统计量 T:分别计算正秩次及负秩次的和,并统计正、负差值的总个数 n。分别以 T_+、T_- 表示正、负秩和,以秩和绝对值较小者为检验统计量 T,即

$$T = \min\{T_+, T_-\} \tag{6-14}$$

(5) 统计推断:T 与临界值 T_a 比较,如果 $T > T_a$,则 $P > \alpha$,表明两处理在 α 水平上差异不显著;反之,则差异显著。临界值 T_a 可用下列公式计算:

$$T_{0.05} = (n^2 - 7n + 10)/5 \tag{6-15}$$
$$T_{0.01} = 11n^2/60 - 2n + 5 \tag{6-16}$$

【例 6.9】 研究维生素 E 含量与肝脏中维生素 A 含量的关系,随机选择9窝大白鼠,每窝选择性别相同、体重相近的2只大白鼠配成对子,再将每对中2只大白鼠随机分配到正常饲料组和维生素 E 缺乏饲料组。经过一段时间后测定大白鼠肝中维生素 A 的含量(IU/g),结果见表 6-13。试检验两种饲料中不同维生素 E 含量对大白鼠肝中维生素 A 含量的影响是否有差异。

表 6-13 不同饲料鼠肝维生素 A 含量(IU/g)资料

鼠 对 别	1	2	3	4	5	6	7	8	9
正常饲料组	3550	2000	3100	3000	3950	3800	3750	3450	3050
维生素 E 缺乏组	2450	2400	3100	1800	3200	3250	2700	2700	1750
差值 d_i	1100	−400	0	1200	750	550	1050	750	1300
秩次	+6	−1		+7	+3.5	+2	+5	+3.5	+8

(1) 提出假设。零假设 H_0:两组大白鼠肝中维生素 A 含量差值 d 总体中位数等于0。备择假设 H_A:两组大白鼠肝中维生素 A 含量差值 d 总体中位数不等于0。

(2) 求差值:求配对数据的差值 d,并标上正负号(列于表 6-13 中)。

(3) 编定秩次:舍去 $d=0$ 的对子,有效差值 $n=8$。为每对有效差值标秩次和正负号。其中差值绝对值为750的有两个,相应的秩次分别为3和4,平均秩次为 $(3+4)/2=3.5$。

(4) 求秩和及统计量 T:

$$T_+ = 2+3.5+3.5+5+6+7+8 = 35, \quad T_- = 1, T = \min\{T_+, T_-\} = 1$$

(5) 推断:由 $n=8$,根据式(6-15)式(6-16)可计算得,$T_{0.05} = 3.6$,$T_{0.01} = 0.7$,$T_{0.01} < T < T_{0.05}$,$0.01 < P < 0.05$,说明饲料中维生素 E 含量对动物肝中维生素 A 含量有显著影响。

6.2.2 成组数据的秩和检验

非配对资料的秩和检验是对计量资料或等级资料的两个样本所属总体分布进行检验。这种检验比配对资料的秩和检验应用更为普遍。非配对资料秩和检验的方法包括 Wilcoxon 秩

和检验和 Mann-Whitney U 检验。两者检验过程相似,结果等价,只是使用的统计量有所不同,因此合称 Wilcoxon-Mann-Whitney 检验,目前统计软件以 Mann-Whitney U 检验为主。

Wilcoxon-Mann-Whitney 秩和检验的基本思想如下:设有两个连续分布的总体,其概率累积函数分别为 F_x 和 F_y。建立的假设:H_0 为 $F_y(u) = F_x(u)$。如果 H_0 成立,两个样本中的任何观察值取秩为 $1 \sim N$(总样本容量)的概率相等。因此,每个观察值所对应的秩的理论值(平均秩)都为 $(N+1)/2$,样本中 n_1 个观察值对应的秩和 T 的理论值为 $\mu_T = n_1(N+1)/2$;T 统计量的抽样分布以 $n_1(N+1)/2$ 为中心,呈对称性分布;当 n_1、n_2 都较大时,T 统计量服从平均值为 $n_1(N+1)/2$,方差为 $n_1 n_2(N+1)/12$ 的正态分布。如果 H_0 不成立,T 统计量偏离 $n_1(N+1)/2$,呈偏态分布。

如果成组计量资料不能满足参数检验(t 检验)的条件,可应用 Wilcoxon-Mann-Whitney 检验进行分析,该检验是可替代 t 检验的非参数检验,统计检验效能强大,有时甚至高于 t 检验。该检验的基本步骤如下。

(1) 提出假设。零假设 H_0:两样本所在总体的中位数相等。备择假设 H_A:两样本所在总体的中位数不相等。

(2) 编秩次:设两样本的含量为 n_1 和 n_2;先将两样本数据混合,从小到大编秩次,最小值的秩次为"1",最大值的秩次为"$n_1 + n_2$";遇到相同数值,取平均秩次。

(3) 求秩和及统计量 U。分别统计两样本各自的秩和 T_1 和 T_2;按下式计算样本 U 值:

$$U_i = T_i - n_i(n_i + 1)/2 \tag{6-17}$$

并以其中较小的值作为 U 检验的统计量,即

$$U = \min\{U_1, U_2\} \tag{6-18}$$

(4) 统计推断:如果 $n \leqslant 20$,可根据 n_1、n_2 查 Mann-Whitney U 检验用临界值表(附录 H),得临界值 U_a。U 与临界值 U_a 比较,如果 $U > U_a$,则 $P > \alpha$,表明两组数据在 α 水平上差异不显著;反之则差异显著。当 $n_1 > 20$ 或 $n_2 > 20$ 时,超出附录 H 范围,可用正态近似法进行 u 检验。统计量 u 的计算公式为

$$u = \frac{T - n_x(N+1)/2}{\sqrt{n_1 n_2(N+1)/12}} \tag{6-19}$$

其中:T 为 T_1 和 T_2 中的较小者;n_1、n_2 分别为两样本容量,n_x 为 T 对应组的样本容量。如果多个观察值同秩,则需要对 u 值进行校正:

$$u_c = \frac{T - n_x(n_1 + n_2 + 1)/2}{\sqrt{[n_1 n_2/(n_1 + n_2 + 1)/12] - [n_1 n_2 \sum(t_j^3 - t_j)]/12(n_1 + n_2)(n_1 + n_2 - 1)]}} \tag{6-20}$$

其中,$t_j(j=1,2,\cdots)$ 表示某个同秩的个数。计算 u 或 u_c 值后,可根据 $\alpha = 0.05$(或 $\alpha = 0.01$)时的临界值 1.960(或 2.576)(或单侧时的 1.645、2.326)进行统计推断。

【例 6.10】　比较两种不同能量水平饲料对 $5 \sim 6$ 周龄肉仔鸡增重(g)的影响,资料如表 6-14 所示。两种不同能量水平的饲料对肉仔鸡增重的影响有无差异?

表 6-14　两种不同能量水平饲料肉仔鸡增重(g)及秩和检验

饲料	肉仔鸡增重/g						秩和检验
高能量	603	585	598	620	617	650	$n_1 = 6$
秩次	12	8.5	11	14	13	15	$T_1 = 73.5$

续表

饲料				肉仔鸡增重/g						秩和检验
低能量	489	457	512	567	512	585	591	531	467	$n_2 = 9$
秩次	3	1	4	7	5	8.5	10	6	2	$T_2 = 46.5$

（1）提出假设。零假设 H_0:高能量饲料与低能量饲料组增重的总体中位数相等。备择假设 H_A:高能量饲料与低能量饲料组增重的总体中位数不相等。

（2）编秩次:$n_1 = 6$,$n_2 = 9$。将两组数据混合从小到大排列编秩次。低能量组有两个"512",其秩次分别为 4 和 5,可不求平均秩次;在高、低两组有一对数据为"585",需求平均秩次(8+9)/2=8.5。

（3）求秩和及统计量 U:两样本秩和 T_1 和 T_2 分别为 73.5 和 46.5,根据式(6-17)有

$$U_1 = T_1 - n_1(n_1 + 1)/2 = 73.5 - 6 \times (6+1)/2 = 52.5$$
$$U_2 = T_2 - n_2(n_2 + 1)/2 = 46.5 - 9 \times (9+1)/2 = 1.5$$
$$U = \min\{U_1, U_2\} = 1.5$$

（4）统计推断:根据 $n_1 = 6$、$n_2 = 9$,查附录 H,$U_{0.05} = 10$ 和 $U_{0.01} = 5$。因 $U < U_{0.01}$,$P < 0.01$,故否定 H_0,表明两种饲料组增重总体的中位数不相等,差异极显著。

如果进行 u 检验,$T = \min\{T_1, T_2\} = 46.5$,根据式(6-20)计算得 $u_c = -3.011$,由于 $|u| > u_{0.01}$,所以 $P < 0.01$,与查表法结果一致。

对于等级资料的数据,其检验方法与成组数据一致,只是由于同一等级的数据的秩次相同,所以计算秩和时,均采用次数与平均秩次的乘积计算。检验结果与 χ^2 检验结果相同。

6.2.3　多组数据的秩和检验

单因素资料不完全满足方差分析的基本假定时,可进行数据转换后再进行方差分析,但有时数据转换后仍不满足方差分析的基本假定,就只能进行秩和检验了。多组资料秩和检验的主要方法为 Kruskal-Wallis 检验,也称 Kruskal-Wallis 秩和方差分析或 H 检验。Kruskal-Wallis 不要求总体呈正态分布,但要求各总体方差相等,为连续总体,各组效应相互独立,所有样本来自随机抽样,利用秩和来推断样本所在总体分布是否相同。

Kruskal-Wallis 秩和检验的基本思想如下:在 H_0 成立的前提下,k 个样本中的任何观察值取秩为 $1 \sim N$ 的概率相等。因此,每个样本平均秩的期望值均为 $\bar{R} = (N+1)/2$,检验统计量 $H = 12 \sum (\bar{R}_i - \bar{R}_j)^2 / [N(N+1)]$ 反映实际获得的 k 个独立样本的平均秩与期望值的偏离程度。样本平均秩与 $\bar{R}$ 相差越大,则 H 越大,P 越小;反之,则 H 越大,P 越小。当 H_0 成立时,随着样本容量的增大,H 近似服从自由度为 $k-1$ 的 χ^2 分布。当 k 及样本容量较小时,可直接计算统计量 H 的概率分布,构造适于实际应用的 H 临界值表,以确定 P 值。当 k 及样本容量较大时,可利用 χ^2 分布进行检验。

Kruskal-Wallis 秩和检验的基本步骤如下。

（1）提出假设。零假设 H_0:各样本的总体分布相同。备择假设 H_A:各样本的总体分布不完全相同。

（2）编秩次、求秩和:将各样本数据混合,从小到大编秩次。遇观察值相同者,求平均秩次。将各样本观察值对应的秩次分别累加,求出各样本的秩和。

（3）确定检验统计量 H:其计算公式为

$$H = \frac{12}{N(N+1)} \sum_{j=1}^{k} \frac{R_j^2}{n_j} - 3(N+1) \tag{6-21}$$

其中:R_j 为第 j 个样本的秩和;n_j 为第 j 个样本容量;N 为样本总数,$N = \sum n_i$。如多个观察值同秩,则按下式求校正的 H_c。

$$H_c = \frac{1}{s^2} \left[\sum_{j=1}^{k} \frac{R_j^2}{n_j} - \frac{N(N+1)^2}{4} \right] \tag{6-22}$$

其中,s^2 为所有观察值秩转换后形成的秩变量的方差,与观察值的方差相同,即

$$s^2 = \frac{1}{N-1} \left(\sum_{j=1}^{k} \sum_{i=1}^{n_j} R_{ij}^2 - \frac{N(N+1)^2}{4} \right)$$

R_{ij} 为第 j 个样本第 i 个观察值的秩次。或

$$H_c = H \Big/ \left[1 - \frac{\sum (t_j^3 - t)}{N^3 - N} \right] \tag{6-23}$$

其中,$t_j(j=1,2,\cdots)$ 表示某个同秩的个数。

（4）统计推断:当 $k \leqslant 3$ 且 $n_i \leqslant 5$ 时,可直接查 Kruskal-Wallis 秩和检验临界值表(附录 I),H 与临界值 H_a 比较,如果 $H < U_a$,则 $P > \alpha$,表明各样本总体分布在 α 水平上差异不显著,反之则差异显著。当样本数 $k > 3$ 或 $n_i > 5$ 时,H 近似地服从 $df = k-1$ 的 χ^2 分布,可进行 χ^2 检验。

1.计量资料的秩和检验

【例 6.11】 将 50 只小鼠随机分为 5 组,每组 10 只,饲喂不同饲料。一定时间后,测定小鼠肝中铁含量(μg/g),结果见表 6-15。试检验各组小鼠肝中铁含量的差别有无统计学意义。

表 6-15　五种饲料对小鼠肝中铁含量(μg/g)的影响

饲料组	1	(R_1)	2	(R_2)	3	(R_3)	4	(R_4)	5	(R_5)
	2.23	30	5.59	44	4.50	39	1.35	15.5	1.40	18
	1.14	11	0.96	5.5	3.92	38	1.06	9	1.51	19
肝	2.63	33	6.96	48	10.33	50	0.74	3	2.49	31
中	1.00	7	1.23	13	8.23	49	0.96	5.5	1.74	25
铁	1.35	15.5	1.61	22	2.07	28	1.16	12	1.59	21
含	2.01	27	2.94	34	4.90	41	2.08	29	1.36	17
量	1.64	23	1.96	26	6.84	47	0.69	2	3.00	35
/(μg/g)	1.13	10	3.68	36	6.42	46	0.68	1	4.81	40
	1.01	8	1.54	20	3.72	37	0.84	4	5.21	43
	1.70	24	2.59	32	6.00	45	1.34	14	5.12	42
合计		188.5		280.5		420		95		291

（1）零假设 H_0:各组小鼠肝中铁含量总体分布相同。备择假设 H_A:各组小鼠肝中铁含量总体分布不完全相同。

（2）编秩次、求秩和:将各样本数据混合,从小到大编秩次。有 2 个 0.96,平均秩次为 $(5+6)/2=5.5$。有 2 个 1.35,平均秩次为 $(15+16)/2=15.5$。各样本的秩和见表 6-15 中"合

计"项。

（3）计算检验统计量 H：

$$s^2 = \frac{1}{N-1}\left(\sum_{j=1}^{k}\sum_{i=1}^{n_j}R_{ij}^2 - \frac{N(N+1)^2}{4}\right)$$

$$= \frac{1}{50-1}\left(30^2 + 11^2 + \cdots + 42^2 - \frac{50(50+1)^2}{4}\right)$$

$$= 212.48$$

或
$$s^2 = \frac{\sum(x-\bar{x})^2}{N-1} = \frac{(2.23^2 + 1.14^2 + \cdots + 5.21^2 + 5.12^2) - 140.96}{50-1} = 212.48$$

$$H_c = \frac{1}{s^2}\left(\sum_{j=1}^{k}\frac{R_j^2}{n_j} - \frac{N(N+1)^2}{4}\right)$$

$$= \frac{1}{212.48} \times \left(\frac{188.5^2 + 280.5^2 + \cdots + 291^2}{10} - \frac{50 \times (50+1)^2}{4}\right) = 27.86$$

（4）推断：$df = 5-1 = 4$，查附录 D 得 $\chi_{0.01}^2 = 13.277$，$H_c > \chi_{0.01}^2$，$P < 0.01$，即认为各组小鼠肝中铁含量有极显著差异。

2.等级资料的秩和检验

【例 6.12】对某种疾病进行针刺治疗，治疗方法包括一穴、二穴、三穴三种，治疗效果分为控制、显效、有效、无效 4 级，结果见表 6-16。试检验三种针刺治疗方式疗效有无明显差异。

表 6-16　三种针刺治疗方式的治疗效果及秩和检验

等级	一穴	二穴	三穴	合计	秩次范围	平均秩次	（R_1）	（R_2）	（R_3）
控制	21	30	10	61	1～61	31.0	651.0	930.0	310.0
显效	18	10	22	50	62～111	86.5	1557.0	865.0	1903.0
有效	15	8	11	34	112～145	128.5	1927.5	1028.0	1413.5
无效	5	2	8	15	146～160	153.0	765.0	306.0	1224.0
合计	59	50	51	160			4900.5	3129.0	4850.5

（1）零假设 H_0：三种针刺方法疗效相同。备择假设 H_A：三种针刺方法疗效不完全相同。

（2）编秩次、求秩和：结果见表 6-16，因同一组所包含的秩次属同一等级，所以均以平均秩次代表，平均秩次为各等级组秩次下限、上限的平均值；各组秩和 R_1、R_2、R_3 列于表 6-16 右侧。

（3）计算统计量：

$$H = \frac{12}{N(N+1)}\sum\frac{R_i^2}{n_i} - 3(N+1)$$

$$= \frac{12}{160 \times (160+1)} \times \left(\frac{4900.5^2}{59} + \frac{3129.0^2}{50} + \frac{4850.5^2}{51}\right) - 3 \times (160+1) = 12.7293$$

因为各等级组均以平均秩次为代表，相同秩次较多，所以对 H 进行校正：

$$H_c = H\left/\left[1 - \frac{\sum(t_j^3 - t_j)}{N^3 - N}\right]\right. = 12.7293\left/\left[1 - \frac{(61^3-61)+(50^3-50)+\cdots+(15^3-15)}{160^3-160}\right]\right.$$

$$= 14.0860$$

（4）推断：$df = 3-1 = 2$，查附录 D，得 $\chi_{0.01}^2 = 9.210$，$H_c > \chi_{0.01}^2$，$P < 0.01$，表明三种针刺疗法疗效差异极显著。

习题

习题 6.1　非参数检验与参数检验有何区别？各有什么优缺点？

习题 6.2　次数资料 χ^2 检验需满足哪些条件？检验中如何计算自由度 df？

习题 6.3　用两种方法检查已确诊的血铬阳性患者 300 人。用 FIA-化学发光法检出阳性 168 人，用电热原子吸收法检出阳性 144 人，两种方法同时检出阳性 90 人。问：两种方法的检出结果有无差异？

习题 6.4　用某化学物质诱发肿瘤试验，试验组的 15 只白鼠中有 4 只发生癌变，对照组的 15 只白鼠均未发生癌变。问：两组白鼠的癌变率有无差别？

习题 6.5　已知某品种成年公黄牛胸围中位数为 140 cm，现随机抽测 10 头该品种成年公黄牛，测得一组胸围（cm）：128.1、144.4、150.3、146.2、140.6、139.7、134.1、124.3、147.9、143.0。问：该地成年公黄牛胸围与该品种胸围中位数是否有显著差异？

习题 6.6　测定噪声刺激前后某动物心率（次/分）的变化，结果如下。问：噪声刺激对动物心率有无显著影响？

编　号	1	2	3	4	5	6	7	8	9	10	11	12	13	14	15
刺激前心率	61	70	68	73	85	81	65	62	72	84	76	60	80	79	71
刺激后心率	75	79	85	77	84	87	88	76	74	81	85	78	88	80	84

习题 6.7　研究不同药物对某病的治疗效果。疗效的评价分为显效、有效和无效，数据如下。试对其进行非参数检验。

治疗方法	显　　效	有　　效	无　　效	合　　计
新药疗法	32	10	12	54
旧药疗法	12	14	38	64

习题 6.8　用 4 种药物治疗猪气喘病，试验数据如下。试比较各药物的疗效是否存在差异。

疗　　效	中药 1 组	中药 2 组	中西药组	西药组
治愈	15	12	18	200
显效	10	10	15	101
好转	8	18	9	45
无效	5	11	3	4
合计	38	51	45	350

第**7**章   试验设计及其统计分析

试验设计（experimental design）是应用统计学的一个分支，是由 R.A.Fisher 于 19 世纪 20 年代应农业科学的需要而创立和发展起来的。科学试验的结论来源于科学的试验设计。试验设计的科学性、正确性与否直接关系到试验结果的可信度、代表性和准确性。因此试验设计必须遵循一定的原则，按照一定的方法，采用严格的控制条件进行，以保证试验结果的正确性和可重复性。

7.1   试验设计的基本原理

7.1.1   试验设计的基本要素

试验设计包括试验处理、受试对象和处理效应三个基本组成部分。

1.试验处理

进行试验设计时，首先要考虑的是处理设计，包括试验因素的设计，各因素的水平数及各水平的数量状态。

2.受试对象

受试对象是处理的载体，实际上就是根据研究目的确定的观测对象。在进行试验设计时，需对受试对象作出具体要求并保证其同质性。不以生物个体为试验单位时，还需考虑试验单位的大小。

3.处理效应

处理效应是处理作用于受试对象的反应，是研究结果的最终体现。试验设计前，要先设计需要通过试验分析哪些处理效应及考虑哪些因素间的互作等，这直接影响试验设计的方法和结果。

7.1.2   试验误差及其控制

1.试验误差的概念

同一处理的不同观测值间的差异称为误差或变异，观测值间存在的误差可分为两种情况：一种是完全偶然性的，找不出确切原因的，称为偶然性误差（spontaneous error）或随机误差（random error）；另一种是有原因的，称为偏差（bias）或系统误差（systematic error）。系统误差使数据偏离其理论真值，偶然误差使数据分散。因此，系统误差影响数据的准确性，即观测值与其理论真值间的符合程度,而偶然误差影响数据的精确性,即观测值间的符合程度。

2.试验误差的来源

试验中由于非处理因素的干扰和影响,使观测值与真值间产生偏离而形成试验误差。试验误差主要来源于试验材料、测试方法、仪器设备及试剂、试验环境条件、试验操作等。

(1)试验材料固有的差异。在田间试验中供试材料常是生物体,它们在遗传和生长发育上往往存在着差异,如试验用的材料基因型不一致,种子生活力的差别,秧苗素质的差异等,均能造成试验结果的偏差。

(2)试验时操作和管理技术的不一致所引起的差异。系统误差是一种有原因的偏差,因而在试验过程中要防止这种偏差的出现。导致系统偏差的原因可能不止一个,方向也不一定相同,这有赖于经验的积累,请教同行专家也是十分重要的。

田间试验中,试验过程的各个管理环节稍有不慎均会增加试验误差。例如,播种前整地、施肥的不一致性及播种时播种深浅的不一致性;在作物生长发育过程中田间管理包括中耕、除草、灌溉、施肥、防病、治虫及使用除草剂、生长调节剂等完成时间及操作标准的不一致性;收获脱粒时操作质量的不一致性以及观测测定时间、人员、仪器等的不一致性。

(3)试验时外界条件的差异。例如,土壤条件差异是田间试验最主要、最经常的误差,其他还有病虫害侵袭、人畜践踏、风雨影响等。

试验中涉及的因素越多,试验的环节越多,时间越长,误差发生的可能性便越大。随机误差不可能避免,但可以减少,主要依赖于控制试验过程,尤其是控制那些随机波动性大的因素。不同专业领域有其各自的主要随机波动因素,这同样须有经验的积累。系统误差是可以通过试验条件及试验过程的仔细操作而控制的,一些主要的系统偏差较易控制,而有些细微偏差则较难控制。一般研究工作在分析数据时把误差中的一些主要偏差排除以后,剩下都归结为随机误差,因而估计出来的随机误差有可能比实际的要大。

试验误差与试验中发生的错误是两个完全不同的概念,在试验过程中,错误是决不允许发生的。试验中应采取一切措施,减少各种误差来源,降低误差,保证试验的准确性和精确性。

3.试验误差的控制

控制试验误差必须针对试验材料、操作管理、试验条件等的一致性逐项落实。为防止系统偏差,试验应严格遵循"唯一差异"原则,尽量排除其他非处理因素的干扰。常用的控制措施有以下几点。

(1)选择同质一致的试验材料。严格要求试验材料的基因型同质一致,生长发育的一致性,则可按大小、壮弱分档,然后将同一规格的试验材料安排在同一区组(block)(即相对一致的小环境)的各处理组。

(2)改进操作和管理技术,使之标准化。原则是除了操作要仔细,一丝不苟,把各种操作尽可能做到完全一样外,一切管理、观测测量和数据收集都应以区组为单位进行,减少可能发生的差异。

(3)控制引起差异的主要外部因素。土壤差异是最主要的也是较难控制的因素。通过选择肥力均匀的试验地、采用适当的小区技术、应用良好的试验设计和相应的统计分析可以较好地控制土壤差异。事实上,控制和消除试验干扰的主要方法是严格遵循试验设计的三大基本原则,尽量减少误差。

7.1.3 试验设计的基本原则

试验处理必须在基本一致的条件下进行,尽量控制或消除各种干扰的影响,严格遵循试验设计的三大基本原则。

1.重复

重复(replication)是指试验中同一处理设置的试验单位数。重复的主要作用是估计试验误差,试验误差是客观存在的,只能通过同一处理的重复间的差异来计算;重复的另一重要作用是降低试验误差,提高试验精度,更准确地估计处理效应。

2.随机

随机(random)是指试验中的某一处理或处理组合安排的试验单位不按主观意见,而是随机安排。随机的作用:一是降低或消除系统误差,因为随机可以使一些客观因子的影响得到平衡;二是保证对随机误差的无偏估计,因为随机安排与重复相结合,能提供无偏的试验误差估计值。但应当注意,随机不等于随意性,随机也不能克服不良的试验技术所造成的误差。

3.局部控制

局部控制(local control)是将整个试验环境分成若干个相对一致的小环境,再在小环境内设置整套处理方法,比如田间分范围、分地段地控制土壤差异等非处理因素,动物试验根据体重、性别、年龄等控制个体差异,使非处理因素对各试验单位的影响尽可能一致,从而降低试验误差。

在试验设计的三个基本原则中,重复和局部控制是为了降低试验误差,重复和随机化可以保证对误差的无偏估计。

7.2 检验主效应的试验设计

7.2.1 成组设计与配对设计

单因素两水平试验设计一般可分为两种情况,一是成组设计或非配对设计,二是配对设计。通过两个水平的样本平均数的差异显著性检验,比较两个水平间是否存在显著差异。

1.成组设计

成组设计是将试验单位完全随机地分成两个组,然后对两组随机施加一个处理。两组试验单位相互独立,所得的 2 个样本也相互独立,其含量不一定相等。试验结果采用成组数据的 t 检验进行统计分析。

2.配对设计

成组设计要求试验单位尽可能一致。如果试验单位变异太大,如试验动物的年龄、体重等相差较大,采用上述方法就有可能使处理效应受到系统误差的影响而降低试验的准确性与精确性。为了控制这种影响,可以利用局部控制的原则,即采用配对设计法。一般情况下,配对设计的精确性高于成组设计。

配对设计是指根据配对的要求将试验单位两两配对,然后将配成对的两个试验单位随机地分配到两个处理组中。配对的要求是:配对的两个试验单位初始条件尽量一致,不同配对间初始条件允许有差异,每个配对就是试验处理的一个重复。配对方式有两种,即自身配对与同源配对。

自身配对:指同一试验单位在两个不同时间上分别接受前后两次处理,对其前后两次的观测值进行比较;或同一试验单位的不同部位的观测值或不同方法的观测值进行自身对照比较。如观测某种病畜治疗前后临床检查结果的变化;观测用两种不同方法对畜产品中毒物或药物残留量的测定结果变化等。

同源配对:指将来源相同、性质相同的两个个体配成一对,如将品种、窝别、性别、年龄、体重相同的两个试验动物配成一对,然后对配对的两个个体随机地实施不同处理。

在配对设计中,各个配对间存在系统误差,配对的两个试验单位条件基本一致。试验结果采用配对数据的 t 检验进行统计分析。

7.2.2　完全随机设计

1.设计方法

完全随机设计(completely random design)是根据试验处理数将全部试验单位随机地分成若干组,然后再按组实施不同处理的方法。这种设计是成组法的扩展形式,处理数 $k \geqslant 3$,试验只考察一个因素,每个试验单位具有相同机会接受任何一种处理。这种设计应用了重复和随机化两个原则,使试验结果受非处理因素的影响基本一致,能真实反映出处理效应。其随机性包括试验单位随机分组、各组随机接受试验处理、各试验处理顺序随机安排。随机分组可用抽签法或随机数法,抽签法较为简单方便,随机数法更为客观。

2.试验结果的统计分析

完全随机设计的试验数据统计分析,根据试验因素的数量,采用单因素或多因素方差分析法进行统计分析。

3.主要特点

完全随机设计方法简单,较好地体现了重复和随机化两个原则,处理数与重复数都不受限制,适用于试验条件、环境、试验材料差异较小的试验,统计分析简单。但由于未应用局部控制原则,非试验因素的影响被归入试验误差,在处理数较多时,试验误差增大,试验的精确性会降低;在试验条件、环境、试验材料差异较大时,不宜采用此种设计方法。

7.2.3　随机区组设计

随机区组设计(randomized block design)是根据局部控制原则,如将性别、体重、年龄、长势、环境条件等基本相同的试验单位归为一个区组,每一区组内的试验单位数等于处理数,并将各区组的试验单位随机分配给各处理。

1.设计方法

随机区组设计时,不同区组间的试验单位允许存在差异,同一区组内的试验单位则要尽可能一致,且对区组内的试验单位要进行随机分配。通常不考虑区组和试验因素间的交互作用,这时每种处理在一个区组内只出现一次。

随机区组设计中的试验单位可以是动物个体、植物个体,也可以是田间小区。此外,还可根据不同试验场、不同房间、不同池塘、不同地块等划分区组。随机区组设计主要是对区组内试验单位随机进行试验处理的安排。

2.试验结果的统计分析

随机区组设计的试验结果采用方差分析法进行统计分析。分析时将区组也看成一个因素,不考虑区组与试验因素间的互作。单因素随机区组设计的试验结果采用无重复观测值的两因素方差分析法进行分析,数学模型为

$$x_{ijk} = \mu + \alpha_i + \beta_j + \varepsilon_{ijk} \tag{7-1}$$

其中:x_{ijk} 为处理水平 i 区组 j 的第 k 个观测值;α_i 为处理效应;β_j 为区组效应;ε_{ijk} 为误差。平方和与自由度的分解为

$$\left.\begin{array}{ll} SS_T = \sum x^2 - C, & df_T = ab - 1 \\[2mm] SS_t = \sum T_i^2/a - C, & df_t = a - 1 \\[2mm] SS_R = \sum T_j^2/b - C, & df_R = b - 1 \\[2mm] SS_e = SS_T - SS_t - SS_R, & df_e = (a-1)(b-1) \end{array}\right\} \tag{7-2}$$

其中:T 为总变异,t 为处理变异,R 为区组变异,e 为误差;a 为试验处理数,b 为区组数;T_i 为处理 i 的观测值之和,T_j 为区组 j 的观测值之和;$C = T^2/(ab)$,T 为所有观测值的总和。

多因素随机区组试验实质上是在其他试验设计的基础上,增加了区组因素,统计分析时不考虑各因素与区组的互作。

3.主要特点

随机区组设计与分析方法简单易行,并同时体现了试验设计的三个原则;在统计分析时,能将区组间的变异从试验误差中分离出来,有效地降低了试验误差,因而提高了试验的精确性;把条件一致的试验单位分在同一区组,再将同一区组的试验单位随机分配给不同的处理,加大了处理间的可比性。但是,当处理数目很多时,各区组内的试验单位数目也很多,就很难保证各区组内试验单位的初始条件一致,因而随机区组设计的处理数不宜太多。

【例 7.1】 研究者将 24 名贫血患儿按年龄及贫血程度分成 8 个区组,每区组中 3 名儿童随机选择一种治疗方法,治疗后血红蛋白含量的改变量(g/L)如表 7-1 所示。试进行统计分析。

表 7-1 不同方法治疗贫血后血红蛋白含量变化

治疗方法（处理）	贫血程度（区组）							
	1	2	3	4	5	6	7	8
A	16	15	19	13	11	10	5	−2
B	18	16	27	13	14	8	3	−2
C	18	20	35	23	17	12	8	3

根据式(7-2)进行变异项的平方和、自由度分解,制作方差分析表,如表 7-2 所示。

结果表明,不同区组儿童的治疗效果有极显著差异($F = 29.524$,$P < 0.001$);控制区组效应后,不同治疗方法的治疗效果也有极显著差异($F = 11.839$,$P = 0.001$)。可以分别对区组和处理进行多重比较(略)。

表 7-2 不同方法治疗贫血后血红蛋白含量变化方差分析表

变 异 来 源	SS	df	MS	F	P
处理	167.583	2	83.792	11.839**	0.001
区组	1462.667	7	208.952	29.524**	0.000
误差	99.083	14	7.077		
总变异	1729.333	23			

7.2.4 平衡不完全区组设计

在随机区组设计中,每个区组包含全部处理,这种区组称为完全区组。如果一个区组只包含部分处理,则称为不完全区组,在生态学及农林田间试验中,由于受地形、土壤等客观条件的限制,一个区组内无法容纳全部的试验处理时,只能容纳其中的一部分处理,即一个区组只包含一部分的处理,这时候就需要采用不完全区组设计。

1.设计方法

平衡不完全区组设计(balanced incomplete block design),简称 BIB 设计,是不完全区组设计方法中使用较多的一种。进行 BIB 设计时:①先根据试验处理数 a、重复数 n 及每个区组的小区数 k 计算试验的区组数 b,以及两个处理相遇的概率 $n(k-1)/(a-1)$;②根据每一区组的小区数将处理组合排入区组,保证任意两个处理在一个小区相遇的概率相等;③对各区组内处理做随机排列;④对区组进行随机排列。

2.试验结果的统计分析

和随机区组设计一样,平衡不完全区组设计资料的统计分析也采用无重复观测值的两因素方差分析模型,但需要对处理平方和进行校正,去除区组的影响。数学模型为

$$x_{ijk} = \mu + \alpha_i + \beta_j + \varepsilon_{ijk} \tag{7-3}$$

其中:x_{ijk} 为处理水平 i 区组 j 的第 k 个观测值;α_i 为处理效应;β_j 为区组效应;ε_{ijk} 为误差。平方和与自由度的分解为

$$\left. \begin{array}{ll} SS_T = \sum x^2 - C, & df_T = an - 1 \\ SS_{tc} = \sum Q_i^2/\lambda ka, & df_t = a - 1 \\ SS_R = \sum T_j^2/k - C, & df_R = b - 1 \\ SS_e = SS_T - SS_{tc} - SS_R, & df_e = (a-1)(b-1) \end{array} \right\} \tag{7-4}$$

其中:T 为总变异,tc 为校正的处理变异,R 为区组变异,e 为误差;a 为试验处理数,n 为重复数,b 为区组数,k 为每个区组的处理数,$na = bk$;T_i 为处理 i 的观测值之和,T_j 为区组 j 的观测值之和;$C = T^2/(na)$,T 为所有观测值的总和。$Q_i = kT_i - V_i$,V_i 为含处理 i 的区组的观测值之和。进行多重比较时,也需要对处理平均数进行调整。调整后的处理平均数 $\bar{x}_i'$ 为

$$\bar{x}_i' = \frac{Q_i}{\lambda a} + \frac{T}{na} \tag{7-5}$$

标准误为

$$s_{\bar{x}'} = \sqrt{MS_e \times \frac{k}{\lambda a}} \tag{7-6}$$

3.主要特点

（1）经济性：全部试验水平可以不安排在同一个区组内进行，对区组的要求较低，经济地解决了试验成本。

（2）平衡性：每个试验处理的重复数相同；每个区组包含的处理数相同；任意两个处理对在试验中相遇的次数相同。

（3）灵活性：可以根据每个区组的小区数灵活、分散地进行试验。

（4）计算的严密性：有严格的数学方法有效地消除系统误差，故试验精度高。

【例 7.2】 为研究顾客对食品风味的喜好，选择 15 位顾客，分别品尝 6 种产品中的 4 种并打分（百分制），按 BIB 设计，试验结果如表 7-3 所示，试进行统计分析。

表 7-3　顾客对产品的评分表

产品	1	2	3	4	5	6	7	8	9	10	11	12	13	14	15	T_i	V_i	Q_i	$\bar{x}'_i$
A	52	48		42	36		54	62		51	39		63	55		502	2289	−281	50.91
B	55		65	48	58		60		39	59		69	74		73	600	2314	86	61.11
C	69		91	65		79	90	92			74	78		74	83	795	2499	681	77.63
D	83	87			69	85		94	71	84		78		78	92	821	2415	869	82.86
E		56	67	43		56		63	47	51	61		59		68	571	2381	−97	56.02
F		22	35		7	25	21		11		25	22	32	34		234	2194	−1258	23.77

$a=6, n=10, b=15, k=4, \lambda=6$。基础数据计算如表 7-3 所示。根据式（7-4）进行变异项的平方和、自由度分解，制作方差分析表如表 7-4 所示。

表 7-4　顾客对产品评分的方差分析表

变 异 来 源	SS	df	MS	F	P
处理	20119.806	5	4023.961	153.594 **	0.000
区组	6458.433	14	461.317	17.608 **	0.000
误差	1047.944	40	26.199		
总变异	27626.183	59			

结果表明，不同区组（顾客）对产品风味的评价有极显著差异（$F=17.608, P<0.001$），说明顾客对产品风味的喜好各不相同；在控制区组效应之后，不同产品风味的得分也有极显著差异（$F=153.594, P<0.001$）。

7.2.5　拉丁方设计

拉丁方设计也是随机区组设计，是对随机区组设计的一种改进。它在行的方向和列的方向都可以看成区组，因此能实现双向误差的控制。在一般的试验设计中，拉丁方常被看作双区组设计，用于提高发现处理效应差别的效率。

1.设计方法

拉丁方是指用字母排成一个阶方阵，使得每一行、每一列中每个字母都恰好各出现一次。拉丁方设计（Latin square design）就是利用拉丁方安排试验的试验设计，是一种二维设计，用于有三个因素而且每个因素的水平数都相同的研究。如果试验水平数为 k，则共安排 k^2 个试验。

2.试验结果的统计分析

拉丁方设计资料的统计分析采用无重复观测值的三因素方差分析模型。没有"重复拉丁方"时,只能分析各因素的主效应。由于各因素水平相同,只考虑主效应,数学模型为

$$x_{ijkl} = \mu + \alpha_i + \beta_j + \gamma_k + \varepsilon_{ijkl} \tag{7-7}$$

其中:x_{ijkl} 为 A 因素 i 水平 B 因素 j 水平 C 因素 k 水平的第 l 个观测值;α_i、β_j、γ_k 为各因素的处理效应;ε_{ijkl} 为误差。平方和与自由度的分解为

$$
\left.
\begin{aligned}
SS_T &= \sum x^2 - C, & df_T &= a^2 - 1 \\
SS_A &= \sum T_i^2/a - C, & df_A &= a - 1 \\
SS_B &= \sum T_j^2/a - C, & df_B &= a - 1 \\
SS_C &= \sum T_k^2/a - C, & df_C &= a - 1 \\
SS_e &= SS_T - SS_A - SS_B - SS_C, & df_e &= (a-1)(a-2)
\end{aligned}
\right\} \tag{7-8}
$$

其中:T 为总变异,A、B、C 为各因素的变异,e 为误差;a 为因素水平数;T_i 为 A 因素 i 水平的观测值之和,T_j 为 B 因素 j 水平的观测值之和,T_k 为 C 因素 k 水平的观测值之和;$C = T^2/a^2$,T 为所有观测值的总和。

3.主要特点

(1)经济性:经济性是拉丁方的主要优点。通过 k^2 个试验完成三因素各 k 个水平的试验,非常节省试验单位数。如果要从试验中获取更多信息时,需要安排"重复拉丁方"试验,"重复"不是复制同样的拉丁方,而是采用同样大小而处理排列不同的拉丁方。

(2)匀称性:匀称性是拉丁方的另一个优点。虽然拉丁方只用一个二维的正方格子表示,但所研究的三个因素各处理在拉丁方中是匀称分布的。

4.拉丁方设计的变形

1)不完全拉丁方设计

如果试验的某一因素与其他因素的水平数不同,这时拉丁方就不再是方阵而是一个矩阵,这时的拉丁方设计为不完全拉丁方设计(incomplete Latin square design)。不完全拉丁方设计资料的统计分析参考平衡不完全区组设计进行平方和分解,试验处理的平方和需要校正,重复数、自由度参照公式据实计算。

2)正交拉丁方设计

如果在拉丁方字母(数字)上再叠加一个希腊字母,并且限定每个拉丁字母与希腊字母只相遇一次,此时拉丁方为正交拉丁方。正交拉丁方设计(crossed Latin square design)即利用正交拉丁方安排试验的试验设计。正交拉丁方也是一个二维设计,但可供研究四个因素,但要求每因素的水平数相同,是拉丁方设计的扩展,并依次可推广到更多因素的拉丁方设计。

【例 7.3】 为研究温度对蛋鸡产蛋量的影响,将 5 个鸡舍的温度设为 A、B、C、D、E,由于鸡群和产蛋期的不同对产蛋量有较大的影响,把鸡群和产蛋期也分为 5 类,采用拉丁方设计,结果如表 7-5 所示,试进行统计分析。

各因素不同水平观测值的和计算如表 7-5 所示。根据式(7-8)对各因素的变异进行平方和、自由度分解,制作方差分析表,如表 7-6 所示。

表 7-5　温度对母鸡产蛋量影响试验结果

产蛋期	鸡群					T_j
	一	二	三	四	五	
Ⅰ	D(23)	E(21)	A(24)	B(21)	C(19)	108
Ⅱ	A(22)	C(20)	E(20)	D(21)	B(22)	105
Ⅲ	E(20)	A(25)	B(26)	C(22)	D(23)	116
Ⅳ	B(25)	D(22)	C(25)	E(21)	A(23)	116
Ⅴ	C(19)	B(20)	D(24)	A(22)	E(19)	104
T_k	109	108	119	107	106	549
温度 T_i	116	114	105	113	101	

表 7-6　温度对母鸡产蛋量影响方差分析表

变异来源	SS	df	MS	F	P
温度	33.360	4	8.340	5.535**	0.009
产蛋期	27.360	4	6.840	4.540*	0.018
鸡群	22.160	4	5.540	3.677*	0.035
误差	18.080	12	1.507		
总变异	100.960	24			

结果表明,不同温度的产蛋量有极显著差异($F=5.535,P=0.009$),不同产蛋期($F=29.524,P=0.018$)、不同鸡群($F=3.677,P=0.035$)的产蛋量有显著差异。

【例 7.4】 假设表 7-5 第 1 行数据缺失(试验数据如表 7-7 所示)。试作方差分析。

表 7-7　不同温度对母鸡产蛋量影响试验结果

产蛋期	鸡群					T_j
	一	二	三	四	五	
Ⅱ	A(22)	C(20)	E(20)	D(21)	B(22)	105
Ⅲ	E(20)	A(25)	B(26)	C(22)	D(23)	116
Ⅳ	B(25)	D(22)	C(25)	E(21)	A(23)	116
Ⅴ	C(19)	B(20)	D(24)	A(22)	E(19)	104
T_k	86	87	95	86	87	441
温度 T_i	92	93	86	90	80	

此时各因素不同水平观测值的和计算如表 7-7 所示。根据式(7-8)进行变异项的平方和、自由度分解,制作方差分析表,如表 7-8 所示。

表 7-8　不同温度对母鸡产蛋量影响方差分析表

变异来源	SS	df	MS	F	P
温度	34.233	4	8.558	7.232**	0.009
产蛋期	26.550	3	8.850	7.479*	0.010

续表

变异来源	SS	df	MS	F	P
鸡群	14.700	4	3.675	3.106	0.081
误差	9.467	8	1.183		
总变异	84.950	19			

结果分析(略)。

<h2>7.3　检验主效应和互作的试验设计</h2>

7.3.1　析因设计

析因设计(factorial design)是同时研究多因素主效应和互作的有效试验设计方法。将所研究的因素按全部因素的所有水平的一切组合逐次进行试验,称为析因试验,也称全因子试验设计。

1.设计方法

析因设计是两个或多个因素的各水平交叉分组试验,能同时研究多个因素的主效应及其交互作用。处理数是各因素水平数的乘积,总试验次数是处理数与重复次数的乘积。

2.试验结果的统计分析

析因设计资料的统计分析采用多因素方差分析模型。

3.主要特点

(1)析因设计的优点是所获得的信息量很多,可以准确地估计各试验因素主效应的大小,还可估计因素之间各级交互作用效应的大小。析因设计比一次一因子试验的效率更高。

(2)析因设计的缺点是试验次数比较多,耗费的人力、物力和时间也较多。因此当试验因素较多时,为节省财力物力通常使用正交设计或均匀设计。

7.3.2　正交设计

单因素试验通常采用完全随机设计或随机区组设计;两因素试验通常采用析因设计;多因素试验不考虑因素间的互作时,可以采用拉丁方设计或正交拉丁方设计;需要考虑因素间的互作时,析因设计因试验规模太大,往往因试验条件的限制而难以实施,这就需要在试验设计上想办法,寻求一种既经济合理又易于实施试验的设计方法。正交设计就是安排多因素多水平试验、寻求最优水平组合的一种高效率的试验设计方法。

正交设计(orthogonal design)是利用正交表来安排与分析多因素试验的一种设计方法。它从试验的全部水平组合中,挑选部分有代表性的水平组合进行试验,通过对这部分试验结果的分析了解全面试验的情况,找出最优的水平组合。

1.正交表

1)正交表的结构

正交设计安排试验和分析试验结果都要使用正交表,用 $L_n(k^m)$ 表示,形如表 7-9 所示。

如 $L_8(2^7)$,其中"L"代表正交表,因此正交表可简称 L 表。L 右下角的数字"n"表示有 n 行,用这张正交表安排试验包含 n 个处理(水平组合);括号内的底数"k"表示因素的水平数,指数"m"表示有 m 列,用这张正交表最多可以安排 m 个因素(含互作)。

表 7-9 $L_8(2^7)$ 正交表

试验号	列号						
	1	2	3	4	5	6	7
1	1	1	1	1	1	1	1
2	1	1	1	2	2	2	2
3	1	2	2	1	1	2	2
4	1	2	2	2	2	1	1
5	2	1	2	1	2	1	2
6	2	1	2	2	1	2	1
7	2	2	1	1	2	2	1
8	2	2	1	2	1	1	2

常用的 2 水平正交表有 $L_4(2^3)$、$L_{16}(2^{15})$;3 水平正交表有 $L_9(3^4)$、$L_{27}(3^{13})$ 等。

2) 正交表的特性

(1) 任何一列中,不同数字(因素水平)出现的次数相等。例如 $L_8(2^7)$ 中不同数字只有 1 和 2,各在每一列中出现 4 次;$L_9(3^4)$ 中不同数字有 1、2 和 3,各在每一列中出现 3 次。

(2) 任何两列中,同一行所组成的数字对出现的次数相等。例如,$L_8(2^7)$ 中 (1,1)、(1,2)、(2,1)、(2,2) 各出现两次,$L_9(3^4)$ 中 (1,1)、(1,2)、(1,3)、(2,1)、(2,2)、(2,3)、(3,1)、(3,2)、(3,3) 各出现 1 次。即每个因素的一个水平与另一因素的各个水平互碰次数相等,表明任意两列各个数字之间的搭配是均匀的。

根据以上两个特性,用正交表安排的试验具有均衡分散和整齐可比的特点。所谓均衡分散,是指用正交表挑选出来的各因素水平组合在全部水平组合中的分布是均匀的。整齐可比是指每个因素的各水平间具有可比性,因为正交表中每一因素的任一水平下都均衡地包含着其他因素的各个水平,当比较某因素不同水平时,其他因素的效应都彼此抵消。

3) 正交表的类别

正交表分为相同水平正交表和混合水平正交表两类。相同水平正交表指表中所有因素水平均相同的正交表,如 $L_4(2^3)$、$L_8(2^7)$、$L_{12}(2^{11})$ 等为 2 水平正交表;$L_9(3^4)$、$L_{27}(3^{13})$ 等为 3 水平正交表。混合水平正交表指因素的水平不完全一样的正交表,如 $L_8(4 \times 2^4)$,该表可以安排一个 4 水平因素和 4 个 2 水平因素。

2.用正交表安排试验

1) 表头设计

所谓表头设计,就是把试验因素和要考察的交互作用分别安排在正交表适当的列上。表头设计的原则是:①不让主效应间、主效应与互作间有混杂现象。正交表一般都有交互列,试验因素少于列数时,尽量不要在交互列上安排试验因素,以防混杂。②考察交互作用时,需查交互作用表,把交互作用安排在合适的列上。$L_8(2^7)$ 表头设计如表 7-10 所示。

表 7-10　$L_8(2^7)$ 表头设计

列　号	1	2	3	4	5	6	7
因素	A	B	$A\times B$	C	$A\times C$	$B\times C$	空

2）列出试验方案

根据设计好的表头，将正交表各列（不包括交互作用列）的数字换为各因素的水平，记为试验的正交设计方案。

3.试验结果的统计分析

正交设计资料的统计分析采用多因素方差分析模型。根据设计选择主效应和互作项。注意平方和分解中的各因素、互作的重复数计算，各因素、互作的自由度分解。

【例 7.5】　硫酸法提取鲤鱼抗菌精蛋白试验。在不同浓度的硫酸溶液[A,5.0、7.5、10.0、12.5(%)]、不同温度[B,0、10、20、30(℃)]和时间[C,1、2、3、4(h)]下提取，每个因素设置 4 水平。①试进行正交试验方案设计。②按设计方案开展试验，试验结果如表 7-11 所示。试进行统计分析。

表 7-11　硫酸法提取鲤鱼抗菌精蛋白试验正交试验方案及结果

试　验　号	1 A	2 B	3 C	4 空列	5 空列	试验结果
1	1(5.0)	1(0)	1(1)	1	1	56.57
2	1(5.0)	2(10)	2(2)	2	2	58.87
3	1(5.0)	3(20)	3(3)	3	3	53.68
4	1(5.0)	4(30)	4(4)	4	4	50.45
5	2(7.5)	1(0)	2(2)	3	4	55.26
6	2(7.5)	2(10)	1(1)	4	3	52.21
7	2(7.5)	3(20)	4(4)	1	2	49.35
8	2(7.5)	4(30)	3(3)	2	1	52.12
9	3(10.0)	1(0)	3(3)	4	2	68.68
10	3(10.0)	2(10)	4(4)	3	1	64.13
11	3(10.0)	3(20)	1(1)	2	4	65.76
12	3(10.0)	4(30)	2(2)	1	3	63.67
13	4(12.5)	1(0)	4(4)	2	3	60.12
14	4(12.5)	2(10)	3(3)	1	4	65.32
15	4(12.5)	3(20)	2(2)	4	1	64.54
16	4(12.5)	4(30)	1(1)	3	2	55.73

1）试验设计

（1）选择正交表：3 因素 4 水平试验，应选用 $L_n(4^m)$ 正交表，如果不需考察交互作用，$m>$ 3 即可，可以选用 $L_{16}(4^5)$；如果要考察交互作用，则 $m>6$，需选用 $L_{64}(4^{21})$ 正交表。考虑到 3 个因素间不存在互作，故选用 $L_{16}(4^5)$ 正交表。

（2）表头设计：由于 $L_{16}(4^5)$ 正交表"任意二列的交互作用出现在另外三列"，试验因素可随机安排在各列上。将硫酸浓度(A)、提取温度(B)和时间(C)依次安排在第 1、2、3 列上,第 4、5 列为空列,见表 7-12。

(3) 列试验方案:把正交表中第 1 列的各数字换为因素 A(硫酸浓度)的实际值,第 2 列的各数字换为因素 B(提取温度)的实际值,第 3 列的各数字换为因素 C(提取时间)的实际值,即为正交试验方案(如表 7-12 所示)。

表 7-12 硫酸法提取鲤鱼抗菌精蛋白正交试验结果方差分析表

变异来源	SS	df	MS	F	P
硫酸浓度 A	442.699	3	147.566	44.747**	0.000
提取温度 B	57.929	3	19.310	5.855*	0.032
提取时间 C	54.015	3	18.005	5.460*	0.038
误差	19.787	6	3.298		
总变异	574.429	15			

2) 方差分析

按三因素只考察主效应的方差分析模型分解平方和和自由度,制作方差分析表,如表 7-12 所示。

根据表 7-12,A 因素不同水平间有极显著差异($F=44.747$,$P<0.001$),B、C 因素同水平间有显著差异($F=5.855$,$P=0.032$ 和 $F=5.460$,$P=0.038$)。

为选择最优因素组合,对各因素进行多重比较,多重比较表如表 7-13 所示。

表 7-13 硫酸法提取鲤鱼抗菌精蛋白正交试验多重比较表

A/(%)	$\bar{x}_i$	$\alpha=0.05$	$\alpha=0.01$	B/℃	$\bar{x}_i$	$\alpha=0.05$	$\alpha=0.01$	C/h	$\bar{x}_i$	$\alpha=0.05$	$\alpha=0.01$
10.0	65.56	a	A	0	60.16	a	A	2	60.58	a	A
12.5	61.43	b	A	10	60.13	a	A	3	59.95	a	A
5.0	54.89	c	B	20	58.33	ab	A	1	57.57	ab	A
7.5	52.24	c	B	30	55.49	b	A	4	56.01	b	A

根据多重比较结果,A 因素最好的水平 A_3;B 因素水平 B_1、B_2 差异不显著,可根据环境温度选择;C 因素水平 C_2、C_3 差异不显著,但 C_2 较省时,选择 C_2。因素的最优水平组合为 $A_3B_1C_2$ 或 $A_3B_2C_2$。

7.3.3 均匀设计

正交设计的试验点具有均匀分散、整齐可比的特点,为了保证整齐可比性,对任意两个因素而言,需要进行全面试验,每个因素的水平需要有重复。对于因素水平数太多的多因素试验,为保证整齐可比性,试验次数也非常多;若不考虑整齐可比性,只考虑均匀性,就可以大大减少试验次数,这是均匀设计的出发点。对于因素水平数很多且试验费用昂贵或实际情况要求尽量少做试验的场合,均匀设计是十分有效的试验设计方法。由于均匀设计有整齐可比性,所以试验结果的处理不能采用方差分析法,而是采用回归分析法。

均匀设计诞生于 1978 年,中国导弹试验部门提出一个试验设计问题,有 5 个因素,每个因素要考虑 10 个以上的水平,但试验总次数不能超过 50 次,优选法和正交设计都显然不适用。

中科院数学所的方开泰和王元经过几个月的研究,提出了均匀设计,每个因子有 31 个水平,只安排了 31 次试验圆满完成试验设计。

1.均匀设计表

与正交设计相似,均匀设计也是通过一套精心设计的表格来安排试验的,这种表称为均匀设计表。均匀设计表是根据数论方法在多重数值积分中的应用原理构造的,用 $U_n(k^m)$ 表示,可简称 U 表,其组成和结构与正交表类似。m 为表的列数,是可以安排的试验因素数,k 表示因素的水平数,n 表示表的行数,即可以安排的试验数。如表 7-14 为 $U_6(6^4)$ 均匀设计表,最多可安排 4 个因素,每个因素 6 水平的试验,试验总次数为 6 次(图 7-1)。

表 7-14　$U_6(6^4)$ 均匀设计表

试验号	列号			
	1	2	3	4
1	1	2	3	6
2	2	4	6	5
3	3	6	2	4
4	4	1	5	3
5	5	3	1	2
6	6	5	4	1

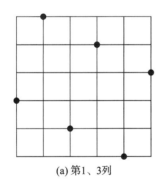 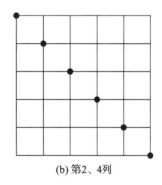

(a) 第1、3列　　　　　　　　(b) 第2、4列

图 7-1　均匀设计的不均匀性

2.试验结果的统计分析

均匀设计资料的统计分析采用多元回归分析法。回归方程的一般形式为

$$y = \alpha + \sum_{i=1}^{m} b_i x_i + \sum_{i=1}^{m}\sum_{j=1}^{m} b_{ij} x_i x_j + \sum_{i=1}^{m}\sum_{j=1}^{m}\sum_{k=1}^{m} b_{ijk} x_i x_j x_k + \cdots \tag{7-9}$$

如果只考虑各因素的主效应,最少试验次数为 $m+1$,回归方程为 $y = \alpha + \sum_{i=1}^{m} b_i x_i$;如果要考虑主效应及两因素间的互作,最少试验次数为 $m(m+1)+1$,回归方程为 $y = \alpha + \sum_{i=1}^{m} b_i x_i + \sum_{i=1}^{m}\sum_{j=1}^{m} b_{ij} x_i x_j$;如果要考虑主效应、两因素间、三因素间的互作,最少试验次数为 $m(m+1)(m+1)+1$,回归方程为 $y = \alpha + \sum_{i=1}^{m} b_i x_i + \sum_{i=1}^{m}\sum_{j=1}^{m} b_{ij} x_i x_j + \sum_{i=1}^{m}\sum_{j=1}^{m}\sum_{k=1}^{m} b_{ijk} x_i x_j x_k$;依此类推。

多元回归方程建立和检验,及逐步回归的有关知识参见第 10 章。

3.主要特点

(1) 经济性:每个因素的每个水平只做一次试验。

(2) 均匀性:任意两个因素的试验点画在平面格子点上,每行每列恰好有一个试验点。

(3) 均匀表任意两列之间不一定是平等的。这一点与正交表很不相同,因此,每个均匀设计表都需附加一个使用表,用来说明设计时如何根据因素数选列来安排因素,如表 7-15 为 $U_6(6^4)$ 均匀设计的使用表,说明不同试验因素数时使用的列号,如两因素时,使用第 1 列和第 3 列。使用表的最后一列 D 为均匀度的偏差,D 值越小,说明均匀度越好。

表 7-15 $U_6(6^4)$ 均匀设计使用表

因 素 数	列 号				D
2	1	3			0.1875
3	1	2	3		0.2656
4	1	2	3	4	0.2990

(4) 均匀表的试验次数与因素的水平数相等。当水平数增加时,试验次数也随之等量增加,这与正交设计按平方关系增加不同。

(5) 水平数为奇数的均匀表与水平数为偶数的均匀表之间,具有确定的关系。将奇数去掉最后一行,就得到水平数比原表少 1 的偶数表。

(6) 与正交表不同,均匀设计表中各列的因素水平不能任意改变次序。

(7) 与正交表类似,也有混合水平的均匀设计表,用于安排因素水平不相同的均匀试验。

4.均匀设计方法

均匀设计与正交设计类似,但比正交试验设计更为简单,包括:①确定试验因素;②确定因素水平;③根据试验次数、要考察的因素主效应及互作数量选择合适的均匀设计表,试验次数至少要比需考虑的主效应和互作数多 1;④表头设计,确定各因素所在的列。

【例 7.6】 为研究重金属污染的危害,用 6 种金属镉(Cd)、铜(Cu)、锌(Zn)、镍(Ni)、铬(Cr)、铅(Pb),分别取 17 个水平(0.01,0.05,0.1,0.2,0.4,0.8,1,2,4,5,8,10,12,14,16,18,20($\times 10^{-6}$ g/g))进行试验,以小鼠身上某种细胞的死亡率为观测指标。选用 $U_{17}(17^{16})$ 表安排试验,试验方案和结果如表 7-16 所示。试进行统计分析。

(1) 根据试验结果,建立各元素与细胞死亡率的线性回归方程,结果为

$$y = 23.679 + 0.18Cd + 1.154Cu - 0.297Zn + 0.545Ni - 0.052Cr + 0.042Pb$$

经检验 $F = 4.190,P = 0.023$,回归关系显著。依次剔除不显著的自变量 Pb、Cr、Zn、Ni 后,最优回归方程为

$$y = 25.499 + 1.493Cd + 1.140Cu$$

经检验 $F = 13.950,P < 0.001$,回归关系极显著。根据最优回归方程,Cd、Cu 和小鼠细胞死亡率间偏回归系数的显著性概率分别为 0.002 和 0.014,分别达到极显著和显著水平;其他元素(试验浓度)与小鼠细胞死亡率的回归关系不显著。

(2) 根据重金属危害的一般特征,即低剂量效应更为明显,可建立对数回归方程,结果为

$$y = 34.959 + 5.416\ln Cd + 4.980\ln Cu + 0.291\ln Zn$$
$$+ 1.532\ln Ni + 0.188\ln Cr + 2.037\ln Pb$$

表 7-16　重金属危害均匀设计及试验结果

No	Cd	Cu	Zn	Ni	Cr	Pb	细胞死亡率(y)/(％)
1	0.01	0.20	0.80	5.00	14.00	16.00	17.90
2	0.05	2.00	10.00	0.10	8.00	12.00	22.50
3	0.10	10.00	0.01	12.00	2.00	8.00	32.40
4	0.20	18.00	1.00	0.80	0.40	4.00	39.30
5	0.40	0.10	12.00	18.00	0.05	1.00	32.20
6	0.80	1.00	0.05	4.00	18.00	0.40	31.00
7	1.00	8.00	2.00	0.05	12.00	0.10	40.00
8	2.00	16.00	14.00	10.00	5.00	0.01	42.70
9	4.00	0.05	0.10	0.40	1.00	18.00	24.80
10	5.00	0.80	4.00	16.00	0.20	14.00	50.60
11	8.00	5.00	16.00	2.00	0.01	10.00	60.20
12	10.00	14.00	0.20	0.01	16.00	5.00	68.70
13	12.00	0.01	5.00	8.00	10.00	2.00	32.40
14	14.00	0.40	18.00	0.20	4.00	0.80	29.70
15	16.00	4.00	0.40	14.00	0.80	0.20	68.00
16	18.00	12.00	8.00	1.00	0.10	0.05	55.70
17	20.00	20.00	20.00	20.00	20.00	20.00	79.10

经检验 $F=9.865$，$P=0.001$，对数回归关系极显著。依次剔除不显著的自变量 $\ln Cr$、$\ln Zn$、$\ln Ni$、$\ln Pb$ 后，最优对数回归方程为：

$$y = 37.382 + 4.994\ln Cd + 4.233\ln Cu$$

经检验 $F=22.678$，$P<0.001$，对数回归关系极显著。根据最优对数回归方程，也只有 Cd、Cu 和小鼠细胞死亡率间的偏回归系数达到极显著水平，显著性概率分别为 0.000 和 0.001。

根据统计分析结果，在试验设置的各浓度，元素 Cd 和 Cu 对小鼠细胞死亡率的影响极显著，其他元素与小鼠细胞死亡率的回归关系不显著。

从回归方程来看，对数回归方程较线性回归方程更优越，主要表现为回归方程和偏回归系数的显著性更高。

7.4　特殊试验设计

7.4.1　裂区设计

裂区设计(split-plot design)是安排多因素试验的另一种方法，裂区设计对因素的安排有主次之分，适于安排对不同因素试验精度要求不一的试验。

裂区设计时，先按第一因素的处理数划分主区，在主区里随机安排主处理，主处理在主区内可以按完全随机、随机区组或拉丁方等方式排列，然后将主区划分为副区(裂区)，在裂区里随机排列第二因素的处理(副处理)，副区又可以划分为小区，在小区里安排第三因素的处理，依此类推。越是低层次的小区,试验误差越小,精度越高。以下以二裂式裂区为例说明裂区设计的方法和统计分析。

1.设计方法

二裂式裂区只有两个层次,划分为主区和副区,适于两因素试验设计。由于副区的试验误差比主区的小,所以将试验精度要求较高的因素作为副处理,将试验精度要求相对较低的因素安排为主处理。

2.试验结果的统计分析

裂区设计的试验结果采用方差分析法进行统计分析。由于对副处理来说主区就是一个区组,从试验的所有处理组合来说,主区又是一个不完全区组,所以方差分析时涉及区组及两个试验因素,比较复杂。方差分析时,主区与副区分开进行,变异的分解,主区分解为区组、主处理和主区误差三部分,副区分解为副处理、两因素互作和副区误差 3 项。数学模型为

$$x_{ijkl} = \mu + \alpha_i + \gamma_k + \varepsilon_{ijkl(M)} + \beta_j + \alpha\beta_{ij} + \varepsilon_{ijkl(S)} \tag{7-10}$$

其中:x_{ijkl} 为 A 因素 i 水平 B 因素 j 水平区组 k 的第 l 个观测值;α_i、β_j 为因素的处理效应;$\alpha\beta_{ij}$ 为因素间的互作;γ_k 为区组效应;$\varepsilon_{ijkl(A)}$ 为主区误差,$\varepsilon_{ijkl(B)}$ 为副区误差。平方和与自由度的分解为

主区:

$$\left.\begin{aligned}
SS_T &= \sum x^2 - C, & df_T &= abn - 1 \\
SS_A &= \sum T_i^2/(bn) - C, & df_A &= a - 1 \\
SS_R &= \sum T_k^2/(ab) - C, & df_R &= n - 1 \\
SS_{e(M)} &= \sum T_l^2/b - C - SS_A - SS_R, & df_{e(M)} &= (a-1)(n-1)
\end{aligned}\right\} \tag{7-11}$$

副区:

$$\left.\begin{aligned}
SS_B &= \sum T_j^2/(an) - C, & df_B &= b - 1 \\
SS_{AB} &= \sum T_m^2/n - C - SS_A - SS_B, & df_{AB} &= (a-1)(b-1) \\
SS_{e(S)} &= SS_T - SS_S - SS_{e(A)}, & df_{e(S)} &= a(b-1)(n-1)
\end{aligned}\right\} \tag{7-12}$$

其中:下标 T 为总变异,下标 A 为主处理变异,下标 B 为副处理变异,下标 R 为区组变异,下标 $e(M)$ 为主区误差,下标 $e(S)$ 为副区误差;a 为 A 因素的水平数,b 为 B 因素的水平数,n 为重复数;T_i 为 A 因素 i 水平的观测值之和,T_j 为 B 因素 j 水平的观测值之和,T_k 为区组 k 的观测值之和,T_l 为主区 l 的观测值之和,T_m 为副处理 m 的观测值之和;$C = T^2/(abn)$,T 为所有观测值的总和。由于主区和副区是分别分解的,计算统计量 F 时,也分别用对应的误差项作为分母,即

$$\left.\begin{aligned}
F_A &= MS_A/MS_{e(M)} & F_R &= MS_R/MS_{e(M)} \\
F_B &= MS_B/MS_{e(S)} & F_{AB} &= MS_{AB}/MS_{e(S)}
\end{aligned}\right\} \tag{7-13}$$

3.主要特点

(1) 在野外试验时,主区面积大,数量少,副区面积小,数量多。

(2) 副处理的试验精度较主处理的试验精度高。

【**例 7.7**】 中耕次数和施肥量对小麦产量影响的试验,中耕次数(A)为主处理分 3 个水平,施肥量(B)为副处理分 4 个水平,重复 3 次,计产面积 33 m²,裂区设计,产量(kg)如表 7-17

所示。试进行统计分析。

表 7-17　中耕次数和施肥量对小麦产量影响裂区试验结果

A_1				A_2				A_3			
B_1	B_2	B_3	B_4	B_1	B_2	B_3	B_4	B_1	B_2	B_3	B_4
29	37	18	17	28	31	13	13	30	31	15	16
28	32	14	16	29	28	13	12	27	28	14	15
32	31	17	15	25	29	10	12	26	31	11	13

根据式(7-8)进行各变异项的平方和、自由度分解,并计算统计量 F,制作方差分析表如表 7-18 所示。

表 7-18　中耕次数和施肥量对小麦产量影响裂区试验方差分析表

变 异 来 源	SS	df	MS	F	P
中耕次数(A)	80.167	2	40.083	17.491*	0.011
区组	32.667	2	16.333	7.127*	0.048
误差(A)	9.167	4	2.292		
施肥量(B)	2179.667	3	726.556	283.278**	0.000
$A \times B$	7.167	6	1.194	0.466	0.825
误差(B)	46.167	18	2.565		
总变异	2355	35			

结果表明,区组间小麦产量有显著差异($F=7.127, P=0.048$)。去除区组影响后,施肥量对小麦产量有极显著影响($F=283.278, P<0.001$),中耕次数对小麦产量有显著影响($F=17.491, P=0.011$)。需分别进行多重比较(略)。

7.4.2　重复测量设计

裂区设计中的裂区通常是指空间上的裂区,如果对试验指标进行连续测量时,时间也可以作为裂区因素。重复测量设计实际上就是时间裂区设计。进行试验结果的统计分析时,将试验因素作为主区,时间因素作为副区。方差分析的数学模型为

$$x_{ijk} = \mu + \alpha_i + \varepsilon_{ijk(M)} + \beta_j + \alpha\beta_{ij} + \varepsilon_{ijk(S)} \tag{7-14}$$

其中:x_{ijk} 为因素 i 水平时段 j 的第 k 个观测值;α_i 为处理效应;β_j 为时间效应;$\alpha\beta_{ij}$ 为因素与时间之间的互作;$\varepsilon_{ijk(M)}$ 为处理误差;$\varepsilon_{ijk(S)}$ 为时间误差。平方和与自由度的分解为

$$\left.\begin{aligned}
SS_T &= \sum x^2 - C, & df_T &= abn - 1 \\
SS_A &= \sum T_i^2/(bn) - C, & df_A &= a - 1 \\
SS_{e(M)} &= \sum T_i^2/b - C - SS_A, & df_{e(M)} &= a(n-1) \\
SS_B &= \sum T_j^2/(an) - C, & df_B &= b - 1 \\
SS_{AB} &= \sum T_{ij}^2/n - C - SS_A - SS_B, & df_{AB} &= (a-1)(b-1) \\
SS_{e(S)} &= SS_T - SS_A - SS_B - SS_{AB} - SS_{e(M)}, & df_{e(S)} &= a(b-1)(n-1)
\end{aligned}\right\} \tag{7-15}$$

其中:下标 T 为总变异,下标 A 为处理变异,下标 B 为时间变异,下标 $e(M)$ 为处理误差,下标 $e(S)$ 为时间误差;a 为因素的水平数,b 为重复观测次数,n 为重复数;T_i 为因素 i 水平的观测值之和,T_j 为第 j 次观测值之和,T_{ij} 为因素水平 i 第 j 次观测值之和,T_l 为主区 l 的观测值之和;$C=T^2/(abn)$,T 为所有观测值的总和。与普通裂区设计类似,计算处理的统计量 F 时,以处理误差的均方为分母,计算时间和互作的统计量 F 时,以时间误差的均方为分母,即

$$\left.\begin{array}{l} F_A = MS_A/MS_{e(M)} \\ F_B = MS_B/MS_{e(S)} \\ F_{AB} = MS_{AB}/MS_{e(S)} \end{array}\right\} \tag{7-16}$$

【例 7.8】 研究某植物的生长特征,选择 3 个品种的幼苗各 4 株,出苗一周后开始测量其每周的生长量(mm),连续测量 4 周,结果如表 7-19 所示。试进行统计分析。

表 7-19 植物生长量试验结果

时　期	品种											
	A				B				C			
t_1	13	10	13	4	5	8	14	12	13	9	14	8
t_2	14	11	19	12	13	18	19	24	24	22	22	18
t_3	17	15	18	14	21	25	26	29	28	22	28	27
t_4	20	14	22	16	24	27	26	29	32	24	28	29

根据式(7-15)进行各变异项的平方和、自由度分解,并根据式(7-16)计算统计量 F,制作方差分析表如表 7-20 所示。

表 7-20 植物生长量方差分析表

变异来源	SS	df	MS	F	P
品种	458.000	2	229.000	6.847*	0.016
误差(品种)	301.000	9	33.444		
时期	1405.500	3	468.500	127.773**	0.000
时期×品种	155.500	6	25.917	7.068**	0.000
误差(时期)	99.000	27	3.667		
总变异	2419.000	47			

结果表明,不同品种的生长量有显著差异($F=6.847,P=0.016$),不同时期的生长量有极显著差异($F=127.773,P<0.001$),时期和品种间的互作也达到极显著水平:不同产蛋期 $F=7.068,P<0.001$。

7.4.3 嵌套设计

嵌套设计(nested design)也称为系统分组设计或巢式设计,是把试验空间逐级向低层次划分的试验设计方法。与裂区设计相似,先按一级因素设计试验,然后在一级因素的下面设计二级因素,依此类推;但与裂区设计不同,嵌套设计的次级因素的不同水平被安排在上级因素的不同水平上,因素的不同水平没有交叉,而裂区设计的各级因素的不同水平是相互交叉的。以二级嵌套设计为例说明嵌套设计的方法和统计分析。

1.设计方法

二级嵌套设计只有两个因素,二级因素的不同水平安排在一级因素的不同水平下。

2.试验结果的统计分析

二级嵌套设计的试验结果采用方差分析法进行统计分析。数学模型为

$$x_{ijk} = \mu + \alpha_i + \beta_{j(i)} + \varepsilon_{ijk} \tag{7-17}$$

其中:x_{ijk} 为 A 因素 i 水平 B 因素 j 水平的第 k 个观测值;α_i、$\beta_{j(i)}$ 为因素的处理效应;ε_{ijk} 为误差。平方和与自由度的分解为

$$\left. \begin{array}{ll} SS_T = \sum x^2 - C, & df_T = abn - 1 \\ SS_A = \sum T_i^2/(bn) - C, & df_A = a - 1 \\ SS_{B(A)} = \sum T_k^2/(ab) - \sum T_i^2/(bn), & df_{B(A)} = a(b-1) \\ SS_e = SS_T - SS_A - SS_{B(A)}, & df_e = ab(n-1) \end{array} \right\} \tag{7-18}$$

其中:下标 T 为总变异,下标 A、$B(A)$ 为处理变异,下标 e 为误差;a 为 A 因素的水平数,b 为 B 因素的水平数,n 为重复数;T_i 为 A 因素 i 水平的观测值之和,T_j 为 B 因素 j 水平的观测值之和;$C = T^2/(abn)$,T 为所有观测值的总和。受嵌套关系的影响,计算 A 因素的统计量 F 时,以 B 因素的均方为分母,即

$$F_A = MS_A/MS_{B(A)} \tag{7-19}$$

【例 7.9】　在温室内以 4 种培养液培养某种植物,每种 3 盆,每盆 4 株,1 个月后测定其株高生长量(mm),所得结果如表 7-21 所示。试进行统计分析。

表 7-21　不同培养液下植物生长量(mm)

培养液	A			B			C			D		
盆号	A1	A2	A3	B1	B2	B3	C1	C2	C3	D1	D2	D3
生长量	50	35	50	50	52	55	80	82	82	82	70	60
	55	35	40	52	60	54	85	84	84	80	60	60
	40	30	30	54	50	60	65	80	86	70	65	65
	35	42	35	40	50	50	90	90	90	75	64	80

根据式(7-18)进行各变异项的平方和、自由度分解,并根据式(7-19)计算一级因素的统计量 F,制作方差分析表如表 7-22 所示。

表 7-22　不同培养液下植物生长的方差分析表

变 异 来 源	SS	df	MS	F	P
培养液	13050.063	3	4350.021	52.515	0.000
盆号(培养液)	662.667	8	82.833	1.836	0.102
误差	1623.750	36	45.104		
总变异	15336.479	47			

结果表明,不同培养液的植物生长量有显著差异($F = 52.515$,$P < 0.001$),不同花盆的植物生长量差异不显著($F = 1.836$,$P = 0.102$)。

7.4.4　交叉设计

交叉设计(cross over design)是将研究样本随机分组,各组分别先后接受两种或多种处理方式,只是顺序不同,即在前一种处理效应完全消失后,给予下一种处理;对两组接受两种或多种处理的不同效应进行比较。交叉设计在药物试验中最为常用。

1.设计方法

交叉设计试验分为三个阶段。①准备阶段:不接受任何处理之前的自然状态,随后进入试验。②清洗阶段:洗脱期,指受试对象不接受任何处理,确认前一处理作用消失,受试对象又回到自然状态,以保证后一时期的处理不受前一时期处理的影响。③蓄积效应/延滞效应:外来化合物一次性进入机体之后,可经代谢或以原型排出体外,但当化合物与机体发生亚慢性接触,将反复进入机体,而且当进入的速度或总量超过代谢转化与排出的速度或总量时,化合物就有可能在机体内逐渐增加并储留,这种现象称为化合物的蓄积作用。在交叉设计中则表现为每个阶段的用药对下一阶段的延滞作用。

2.试验结果的统计分析

交叉设计的试验结果采用单因素方差分析法进行统计分析。数学模型为

$$x_{ijk} = \mu + \alpha_i + \beta_j + \gamma_{k(m)} + \zeta_l + \zeta_m + \varepsilon_{ijk} \tag{7-20}$$

其中:x_{ijk} 为处理水平 i 时期 j 受试者 k 的观测值;α_i 为处理效应;β_j 为时期效应;$\gamma_{k(m)}$ 为受试者效应;ζ_l 为延滞效应;ζ_m 为顺序效应;ε_{ijk} 为误差。变异项包括处理、时期、顺序、受试者和延滞效应。平方和与自由度的分解为

$$
\begin{aligned}
&SS_T = \sum x^2 - C, & &df_T = abn - 1 \\
&SS_t = \sum T_i^2/(bn) - C, & &df_t = a - 1 \\
&SS_p = \sum T_j^2/(an) - C, & &df_p = b - 1 \\
&SS_d = \sum T_l^2/(bn) - C, & &df_d = a - 1 \\
&SS_o = \sum T_m^2/(bn) - C, & &df_o = a - 1 \\
&SS_{s(o)} = \sum T_k^2/b - \sum T_m^2/(bn), & &df_{s(o)} = a(n-1) \\
&SS_e = SS_T - SS_t - SS_p - SS_d - SS_o - SS_{s(o)}, & &df_e = (an-1)(b-1) - 2(a-1)
\end{aligned}
$$

$$\tag{7-21}$$

其中:下标 T 为总变异,下标 t 为处理变异,下标 p 为时期变异,下标 d 为延滞变异,下标 o 为顺序变异,下标 $s(o)$ 为受试者变异,下标 e 为误差;a 为试验处理数,b 为试验时期数,n 为重复数;T_i 为处理 i 的观测值之和,T_j 为时段 j 的观测值之和,T_k 为受试者 k 的观测值之和,T_l 为延滞 l 的观测值之和,T_m 为顺序 m 的观测值之和;$C = T^2/(abn)$,T 为所有观测值的总和。受嵌套关系的影响,计算"顺序"的统计量 F 时,以"受试者"的均方为分母,即

$$F_o = MS_o/MS_{s(o)} \tag{7-22}$$

3.主要特点

(1) 交叉设计可以消除个体及时期的差异对试验结果的影响,进一步突出处理效应,提高试验的精确性。

(2) 交叉设计可以分析多种效应,除处理效应外,还包括时期、顺序、受试者和延滞效应。

（3）同一批受试者分时期进行试验，可节省试验材料。

4.注意事项

（1）试验因素、时期和受试者间不存在互作。如果存在互作，则互作并入误差项，使误差值增大，会降低试验的精确性。

（2）试验不应该存在残效。如果存在残效，则线性模型不能成立，不宜采用交叉设计。

（3）一般做两阶段交叉试验，为提高结论的可靠性，也可做多阶段交叉试验。

【例 7.10】　为研究新配方饲料对奶牛产奶量的影响，设置对照饲料 A_1 和新饲料配方 A_2 两个处理，选择条件相近的奶牛 10 头，随机分为 B_1、B_2 两组，每组 5 头，预试期 1 周。试验分为 C_1、C_2 两期，每期两周，按 2×2 交叉设计进行试验。试验结果列于表 7-23。试检验新饲料配方对提高产奶量有无效果。

表 7-23　饲料配方对产奶量的影响交叉试验结果

时　期	$A_1 - A_2$					$A_2 - A_1$				
	B_{11}	B_{12}	B_{13}	B_{14}	B_{15}	B_{21}	B_{22}	B_{23}	B_{24}	B_{25}
C_1	13.8	16.2	13.5	12.8	12.5	14.3	20.2	18.6	17.5	14.0
C_2	15.5	18.4	16.0	15.8	14.5	13.5	15.4	14.3	15.2	13.0

$a = 2, b = 2, n = 5$。根据式（7-21）进行各变异（$b = 2$ 时不考虑延滞效应）平方和、自由度分解，并根据式（7-22）计算"顺序"的统计量 F，制作方差分析表如表 7-24 所示。

表 7-24　饲料配方对产奶量的影响方差分析表

变异来源	SS	df	MS	F	P
饲料	30.258	1	30.258	33.159**	0.000
时期	0.162	1	0.162	0.178	0.685
顺序	2.450	1	2.450	0.454	0.519
奶牛（顺序）	43.180	8	5.397	5.915*	0.011
误差	7.300	8	0.913		
总变异	83.350	19			

结果表明，两种饲料对奶牛产奶量的影响极显著（$F = 33.159, P < 0.001$），饲料 A_2（16.48±0.66）极显著优于饲料 A_1（14.02±0.39）；不同奶牛的产奶量有显著差异（$F = 5.915, P = 0.011$）；时期与顺序之间无显著差异。

【例 7.11】　分析 4 种不同剂量的气溶胶制剂对人血液抗生素水平的影响。采取 4 阶段交叉设计，清洗期为 3 天。将受试者随机分为 4 种用药顺序组，以处理后 6 小时 AUC 值作为观测指标，数据见表 7-25。试进行统计分析。

$a = 4, b = 4, n = 3$。根据式（7-21）进行各变异平方和、自由度分解，并计算"顺序"的统计量 F，制作方差分析表如表 7-26 所示。

结果表明，不同剂量气溶胶制剂对人血液抗生素水平影响差异极显著（$F = 11.537, P < 0.001$），时期、顺序、延滞效应和受试者间无显著差异。

表 7-25 气溶胶制剂对人血液抗生素水平影响试验结果

顺 序	受 试 者	时期			
		I	II	III	IV
A-B-D-C	102	2.31	3.99	11.75	4.78
	106	3.95	2.07	7.00	4.20
	109	4.40	6.40	9.76	6.12
B-C-A-D	104	6.81	8.38	1.26	10.56
	105	9.05	6.85	4.79	4.86
	111	7.02	5.70	3.14	7.65
C-D-B-A	101	6.00	4.79	2.35	3.81
	108	5.25	10.42	5.68	4.48
	112	2.60	6.97	3.60	7.54
D-A-C-B	103	8.15	3.58	8.79	4.94
	107	12.73	5.31	4.67	5.84
	110	6.46	2.42	4.58	1.37

表 7-26 气溶胶制剂对人血液抗生素水平影响方差分析表

变异来源	SS	df	MS	F	P
气溶胶	134.453	3	44.818	11.537**	0.000
时期	3.993	3	1.331	0.343	0.795
顺序	7.111	3	2.370	0.389	0.764
延滞	30.936	3	10.312	2.654	0.069
受试者(顺序)	48.693	8	6.087	1.567	0.182
误差	104.890	27	3.885		
总变异	330.077	47			

7.5 抽样设计

在科学研究和生产实践中，需要对所研究的总体进行全面了解，但由于人力、物力和时间的限制，不可能对总体的每个个体都进行观测，而只能抽取其中的一部分个体加以研究，并由样本的结果对总体的情况作出估计和推断，这就是抽样(sampling)。

抽样调查(sampling survey)是指从研究总体中，采用一定的方法抽取一个样本，用样本的结果来估计、推断其所属总体的情况。

7.5.1 抽样的基本原则

为使抽取的样本能够满足统计分析的需要，达到对总体的情况作出估计和推断的目的，抽样必须遵循以下原则。

1.随机性

抽样调查要求样本必须是随机抽取的,以克服主观影响,同时要求样本必须具有代表性,使其能够代表总体的一般情况。

2.代表性

抽样调查的过程也是一种试验,需要在抽样前制定科学完善的计划,以保证样本对要抽检的总体最具代表性,且成本小。

3.合适的样本容量

样本容量的大小与抽样调查结果的准确性和精确性密切相关,并直接决定了调查工作量。样本容量太小时数据的误差比较大,准确性和精确性较低,样本容量太大时,耗费人力、物力和时间,因此抽样需要确定合适的样本容量。

7.5.2　抽样方法和样本容量

抽样方法(sampling method)正确与否直接影响着由样本推断总体的效果。许多产品技术标准中都明确规定了抽样调查使用的方法。基本抽样方法有顺序抽样、典型抽样、随机抽样三类,其中以随机抽样符合统计方法中估计随机误差并由误差进行统计推断的原理。

1.抽样的基本方法

1)顺序抽样

顺序抽样也称等距抽样、机械抽样或系统抽样,按照某种既定的顺序抽取一定数量的抽样单位组成样本。例如,按总体各单元编号中逢 1 或逢 5 或一定数量间隔依次抽取;按田间行次每隔一定行数抽取一个抽样单位,等等。对角线式、棋盘式、分行式、平行线式、"Z"字形式等抽样方法都属顺序抽样,顺序抽样在操作上方便易行。

农作物田间测产的抽样调查,通常采用实收产量的抽样调查或产量因素的抽样调查两种方法,视测产的时间及要求决定。如小麦成熟前的测产,在面积不大的田块上常采用棋盘式五点抽样,每样点 1 m^2(抽样单位为 1 m^2 的测框),计数样点中有效穗数,并从中连续数取 20~50 个穗的每穗粒数,根据品种常年千粒重及土地利用系数估计单位面积产量。

2)典型抽样

典型抽样也称代表性抽样。按调查研究目的从总体内有意识地选取一定数量有代表性的抽样单位,至少要求所选取的单位能在几个地段上进行调查。在样本容量较小时效果相对较好,但可能因调查人员的主观片面性而产生偏差。

3)随机抽样

随机抽样也称等概率抽样。在抽样时,总体内各单位有同等被抽取的机会。随机抽样可以采用抽签法、随机数字法等。还有一系列衍生的随机抽样法,如分层随机抽样法、整群随机抽样法、巢式随机抽样法等;复杂的随机抽样需预先确定总体不同部分被抽取的概率。

在一个抽样调查计划中可以综合地应用以上三种方法。例如,从总体内先用典型抽样法选取典型田块或典型单位群,然后再从中进行随机抽样或顺序抽样。

2.常用抽样方法

1)简单随机抽样法

简单随机抽样,每个抽样单位具有相同概率被抽入样本,具体抽取方法依调查对象而定。

简单随机抽样通常只计算平均数作为总体的估计值。

2) 分层随机抽样法

当所调查的总体有明显的系统差异,能够区分出不同的层次或段落时,可以采用分层抽样法,即从各个层次或段落分别进行随机抽样或顺序抽样。这里介绍分层随机抽样法(stratified random sampling)。

(1) 划分区层:将所调查的总体按变异情况分为相对同质的若干部分,称为区层,各区层大小可以相等,也可以不等。区层数依总体的异质情况决定,同一区层的同质程度越高,抽样调查结果的准确性和精确性越好。

(2) 随机抽样:从每一区层按所定样本容量进行随机抽样。各区层所抽单位数可以相同,也可以不同。区层大小不同时,可以按区层在总体中的比例确定抽样单位数;也可根据各区层的大小、变异程度以及抽取一个单位的费用综合权衡,确定抽样误差小、费用低的配置方案。

(3) 根据所定抽样计划获得数据后,分别计算各区层样本的平均数(或百分数)及标准差。根据各区层的平均数和标准差,采用加权法计算总平均数和总标准误。

3) 整群抽样法

当调查总体可以区分为多个包含若干抽样单位的群时,可采用随机抽取整群的方法即整群随机抽样法,被抽取的整群中各抽样单位都进行调查,按群计算平均数及标准差,并估计其置信区间。整群抽样的"群"相当于扩大了的抽样单位。如果将顺序抽样的五点棋盘式、三点对角线式等看作一个群,而在群间进行随机抽样,则可以克服顺序抽样缺乏合理的误差估计值不能计算置信区间的不足。当然要记住"群"与"点"是不同级别的抽样单位,此处"点"不随机,而"群"随机。

4) 分级随机抽样法

分级随机抽样法也称为嵌套式随机抽样法(nested random sampling),最简单的是二级随机抽样。例如要了解一个县的棉花结铃数,可以随机抽取几个乡(镇),乡(镇)内随机抽取若干户进行调查,这时,乡(镇)为初级抽样单位,户为次级抽样单位。

3.样本容量的确定

抽样时样本容量是一个非常重要的因素,它与抽样调查结果的准确性、精确性以及人力物力消耗(费用)有密切关系。估计样本容量时,大样本会造成不必要的浪费,同时也可能引入更多混杂因素,影响研究结果;样本容量偏少又会使检验效能偏低,导致本来存在的差异未能检验出来。因此,在决定样本容量时一定要有科学依据。

1) 简单抽样

简单抽样确定样本容量时,首先要对调查对象的标准差作出估计,并提出精度和置信度要求,然后据此确定样本容量。

因为 $t = (\bar{x} - \mu)\sqrt{n}/s, n = [ts/(\bar{x} - \mu)]^2$。当要求的精度为 $d = \bar{x} - \mu$,样本标准差为 s 时,由于置信度 $P = 95\%$ 时 $t \approx 2.0$,所以需调查的样本容量为

$$n = 4s^2/d^2 \tag{7-23}$$

2) 分层抽样

若各区层比例为 $p_i = N_i/N$,则当总样本容量为 N 时,各区层样本容量可按比例 $p_i N$ 进行分配。总样本容量为 N 的计算方法与简单抽样相同,其中 $s^2 = \sum p_i s_i^2$。

习题

习题 7.1 试比较完全随机设计、随机区组设计、平衡不完全区组设计结果分析的异同点。

习题 7.2 试分析析因设计、正交设计、拉丁方设计的优缺点。

习题 7.3 试比较裂区设计、嵌套设计、交叉设计的异同点。

习题 7.4 试比较简单随机抽样、分层抽样、整群抽样的特点,说明其应用的场景。

习题 7.5 下表为小麦栽培试验的产量结果(kg),随机区组设计,计产面积为 $10\ m^2$。试作统计分析。如果试验为完全随机设计,结果又如何?

处 理	区组			
	I	II	III	IV
A	6.2	6.6	6.9	6.1
B	5.8	6.7	6.0	6.3
C	7.2	6.6	6.8	7.0
D	5.6	5.8	5.4	6.0
E	6.9	7.2	7.0	7.4
F	7.5	7.8	7.3	7.6

习题 7.6 有一玉米裂区试验,主区因素 A,分深耕(A_1)、浅耕(A_2)两个水平,副区因素 B,分多肥(B_1)、少肥(B_2)两个水平,重复 3 次,小区计产面积 $100\ m^2$,其田间排列和产量如下图所示,试作统计分析。

A_1	A_2
B_1 90	B_1 75
B_2 63	B_2 29

区组 I

A_2	A_1
B_2 38	B_1 64
B_1 57	B_2 46

区组 II

A_2	A_1
B_2 21	B_2 40
B_1 62	B_1 32

区组 III

习题 7.7 有一大豆试验,A 因素为品种,有 4 个水平,B 因素为播期,有 3 个水平,随机区组设计,重复 3 次,小区计产面积为 $25\ m^2$,其田间排列和产量(kg)如下图,试作统计分析。

区组 I	A_1B_1 12	A_2B_2 13	A_3B_3 14	A_4B_2 15	A_2B_1 13	A_4B_3 16	A_3B_2 14	A_1B_3 13	A_4B_1 16	A_1B_2 12	A_3B_1 14	A_2B_3 14
区组 II	A_4B_2 16	A_1B_3 14	A_2B_1 14	A_3B_3 15	A_1B_2 12	A_2B_3 13	A_4B_1 16	A_3B_2 13	A_2B_2 13	A_3B_1 15	A_1B_1 13	A_4B_3 17
区组 III	A_2B_3 13	A_3B_1 15	A_1B_2 11	A_2B_1 14	A_4B_3 17	A_3B_2 14	A_2B_2 12	A_4B_1 15	A_3B_3 15	A_1B_3 13	A_4B_2 15	A_1B_1 13

习题 7.8 用正交试验方法探讨某种保健饮料的研制。以有效成分含量(%)为试验指标,选用 A、B、C 三个因素,用 $L_9(3^4)$ 安排试验,试验方案及结果如下表,试作统计分析。

试 验 号	1	2	3	4	试 验 结 果
	A	B	空列	C	
1	1	1	1	1	0.13
2	1	2	2	2	0.15
3	1	3	3	3	0.11
4	2	1	2	3	0.13
5	2	2	3	1	0.10
6	2	3	1	2	0.08
7	3	1	3	2	0.15
8	3	2	1	3	0.17
9	3	3	2	1	0.12

第 **8** 章 ── 一元回归与相关分析

前面各章讨论的问题都只涉及一个变量,即在一定的试验处理下,试验指标的观察值的变化。由于客观事物在发展过程中是相互联系、相互影响的,因而在科研实践中常常需要研究两个或两个以上变量之间的关系。例如,蛋白质含量与吸光度、种子内脂肪含量等。为了分析引起事物发生变化的原因,或者通过一个变量的变化来预测另一个变量的变化,经常需要研究变量间的关系。

8.1 回归和相关的基本概念

在自然界中,变量间的关系可分为两大类。①确定性关系,又称函数关系,可以用精确的数学公式来表示。例如,正方形的面积与边长的关系、一定速度下车辆行驶的距离与时间的关系。②非确定性关系,一个变量发生变化,另一个变量也跟着发生变化,但变量间不存在完全的函数关系。例如身高与体重之间存在身高越高体重越重的关系,但又不完全对应,无法用确定的函数关系来表达。统计学上把这种变量间的相互关系称为协变关系(covariant relation),具有协变关系的变量称为协变量(covariate)。统计学上,常用回归(regression)和相关(correlation)的方法来研究协变量之间的关系,探讨它们之间的变化规律。

变量间的协变关系分为两类:一类是因果关系,即一个变量的变化受另一个或几个变量的影响,例如酶活性的变化受底物浓度、反应时间、温度等多个变量的影响;另一类是平行关系,即变量间相互影响或共同受到其他因素的影响,例如身高与体重的关系等。

如果变量之间是因果关系,统计学上一般采用回归分析(regression analysis)方法进行研究。表示原因的变量称为自变量(independent variable),用 x 表示。自变量是固定的(试验时事先确定的),没有随机误差。表示结果的变量称为因变量或依变量(dependent variable),用 y 表示。y 是随着 x 的变化而变化的,具有随机误差。如施肥量与作物产量的关系,施肥量是事先确定的,为自变量 x;作物产量是随施肥量变化而变化的,为因变量 y,同样的施肥量下作物产量不完全一样,所以具有随机误差。通过回归分析,可以找出因变量 y 随自变量 x 变化的规律,并通过 x 预测 y 的取值范围。

在回归分析中,如果自变量 x 的每一个值 x_i,因变量 y 均有一个分布与其对应,则称因变量 y 对自变量 x 存在回归关系。根据自变量的数量,回归分析分为一元回归分析和多元回归分析,研究因变量与一个自变量的关系的回归分析称为一元回归(one factor regression)分析,研究因变量与多个自变量的关系的回归分析称为多元回归(multiple regression)分析。根据回归的数学模型,回归分析分为线性回归(linear regression)分析和非线性回归(nonlinear regression)分析两类。回归分析的目的在于揭示出呈因果关系的相关变量间的联系形式,通过建立回归方程,然后利用回归方程由自变量来预测或控制因变量。

如果变量之间是平行关系,统计学上采用相关分析(correlation analysis)的方法进行研究。在相关分析中,两个变量 x 和 y,无自变量与因变量的区分,都具有随机误差,都是随机变量。如果对于一个变量的每一个取值,另一个变量都有一个分布与其对应,则称这两个变量之间存在相关关系。研究两个变量间的直线关系的分析称为直线相关(linear correlation)分析或简单相关(simple correlation)分析,研究多个变量与一个变量间线性关系的分析称为复相关(multiple correlation)分析,研究其他变量保持不变时两个变量间线性相关的分析称为偏相关(partial correlation)分析。相关分析研究变量间相关的性质和程度,不能用一个变量的变化去预测其他变量的变化或依靠其他变量的变化来预测一个变量的变化。本章介绍两个变量间回归和相关关系的研究方法。

8.2 一元回归

8.2.1 直线回归

两个具有因果关系的协变量如果呈直线关系,可以用直线回归模型来分析两个变量之间的关系。直线回归(linear regression)是回归分析中最简单的类型,建立直线回归方程并经检验证明两个变量间存在直线回归关系时,可以用自变量的变化来预测因变量的变化。

1.回归方程的建立

1) 数学模型

设自变量为 x,因变量为 y,两个变量的 n 对观测值为 $(x_1,y_1),(x_2,y_2),\cdots,(x_n,y_n)$。可以用直线函数关系来描述变量 x、y 之间的关系:

$$Y = \alpha + \beta x + \varepsilon \tag{8-1}$$

其中 α、β 为待定系数,随机误差为 $\varepsilon \sim N(0,\sigma^2)$。设 $(x_1,Y_1),(x_2,Y_2),\cdots,(x_n,Y_n)$ 是取自总体 (x,Y) 的一组样本,而 $(x_1,y_1),(x_2,y_2),\cdots,(x_n,y_n)$ 是该样本的一组观察值,$x_1,x_2,\cdots,x_n$ 是随机取定的不完全相同的数值,而 $y_1,y_2,\cdots,y_n$ 为随机变量 Y 在试验后取得的具体数值,则有

$$y_i = \alpha + \beta x_i + \varepsilon_i \tag{8-2}$$

其中 $i = 1,2,\cdots,n$,$\varepsilon_1,\varepsilon_2,\cdots,\varepsilon_n$ 相互独立。该模型可理解为对于自变量 x 的每一个特定的取值 x_i,都有一个服从正态分布的 Y_i 取值范围与之对应,这个正态分布的期望是 $\alpha+\beta x_i$,方差是 σ^2。$Y \sim N(\alpha+\beta x,\sigma^2)$,$E(Y)=\alpha+\beta x$,回归分析就是根据样本观察值求解 α 和 β 的估计值 a 和 b。对于给定的 x,有

$$\hat{y} = a + bx \tag{8-3}$$

作为 $E(Y)=\alpha+\beta x$ 的估计,式(8-3)称为 y 关于 x 的直线回归方程,其图像称为回归直线,a 称为回归截距(regression intercept),b 称为回归系数(regression coefficient)。

2) 参数 α、β 的估计

在样本观察值 $(x_1,y_1),(x_2,y_2),\cdots,(x_n,y_n)$ 中,对每个 x_i,都可由直线回归方程式(8-3)确定一个回归估计值,即

$$\hat{y}_i = a + bx_i \tag{8-4}$$

这个回归估计值 $\hat{y}_i$ 与实际观察值 y_i 之差

$$y_i - \hat{y}_i = y_i - (a + bx_i)$$

表示 y_i 与回归直线 $\hat{y} = a + bx$ 的偏离度。

为使建立的回归直线 $\hat{y} = a + bx$ 尽可能地靠近各对观测值的点 $(x_i, y_i)(i = 1, 2, \cdots, n)$，需使离回归平方和（或称剩余平方和）$Q = \sum\limits_{i=1}^{n}(y_i - \hat{y}_i)^2 = \sum(\hat{y} - a - bx_i)^2$ 最小。

根据最小二乘法，要使 Q 最小，需求 Q 关于 a、b 的偏导数，并令其为零，即

$$\begin{cases} \dfrac{\partial Q}{\partial a} = -2\sum\limits_{i=1}^{n}(y_i - a - bx_i) = 0 \\ \dfrac{\partial Q}{\partial b} = -2\sum\limits_{i=1}^{n}(y_i - a - bx_i)x_i = 0 \end{cases}$$

整理得方程组

$$\begin{cases} na + \left(\sum\limits_{i=1}^{n}x_i\right)b = \sum\limits_{i=1}^{n}y_i \\ \left(\sum\limits_{i=1}^{n}x_i\right)a + \left(\sum\limits_{i=1}^{n}x_i^2\right)b = \sum\limits_{i=1}^{n}x_iy_i \end{cases} \tag{8-5}$$

解方程组得

$$\begin{cases} a = \bar{y} - b\bar{x} \\ b = \dfrac{\sum(x - \bar{x})(y - \bar{y})}{\sum(x - \bar{x})^2} = \dfrac{SP_{xy}}{SS_x} \end{cases} \tag{8-6}$$

a 和 b 为 α 和 β 的最小二乘估计。在式(8-6)中，分子 $\sum(x - \bar{x})(y - \bar{y})$ 为 x 的离均差与 y 的离均差的乘积和，简称乘积和（sum of products），记作 SP_{xy}；分母 $\sum(x - \bar{x})^2$ 为 x 的离均差平方和，简称平方和（sum of squares），记作 SS_x。

a 为回归截距，是回归直线与 y 轴交点的纵坐标，总体回归截距 α 的无偏估计值；b 称为回归系数，是回归直线的斜率，总体回归系数 β 的无偏估计值。回归直线具有以下性质：

①离回归的和等于零，即 $\sum\limits_{i=1}^{n}(y_i - \hat{y}_i) = 0$；

②离回归平方和最小，即 $\sum\limits_{i=1}^{n}(y_i - \hat{y}_i)^2$ 最小；

③回归直线通过散点图的几何重心 $(\bar{x}, \bar{y})$。

【例 8.1】　采用考马斯亮蓝法测定某蛋白质含量，在作标准曲线时，测得小牛血清白蛋白（BSA）浓度（mg/mL）与吸光度的数据，如表 8-1 所示。试建立吸光度与 BSA 间的直线回归方程。

表 8-1　BSA 浓度与吸光度的关系

BSA 浓度 x/(mg/mL)	0.0	0.2	0.4	0.6	0.8	1.0	1.2
吸光度 y	0.000	0.208	0.375	0.501	0.679	0.842	1.064

进行回归或相关分析前，为观察变量间关系的大致情况，一般先作散点图。将表 8-1 中的

数值在以 BSA 浓度(x)为横坐标,吸光度(y)为纵坐标的直角坐标系中作散点图(图 8-1)。可以看出,两者直线关系明显,没有极端值。

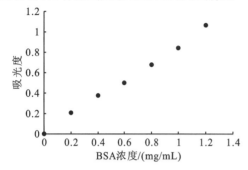

图 8-1　BSA 浓度与吸光度的关系

已知 $n=7$,根据观测值可计算出

$$\bar{x} = \sum x/n = 4.2/7 = 0.6$$

$$\bar{y} = \sum y/n = 3.669/7 = 0.5241$$

$$SS_x = \sum x^2 - \left(\sum x\right)^2/n$$
$$= 3.64 - 4.2^2/7 = 1.12$$

$$SP_{xy} = \sum xy - \left(\sum x\right)\left(\sum y\right)/n$$
$$= 3.1542 - 4.2 \times 3.669/7$$
$$= 0.9528$$

$$SS_y = \sum y^2 - \left(\sum y\right)^2/n$$
$$= 2.7370 - 3.669^2/7$$
$$= 0.8139$$

于是可计算回归系数 b 和回归截距 a,分别为

$$b = SP_{xy}/SS_x = 0.9528/1.12 = 0.8507$$
$$a = \bar{y} - b\bar{x} = 0.5241 - 0.8507 \times 0.6 = 0.0137$$

即直线回归方程为 $\hat{y} = 0.0137 + 0.8507x$。其含义为 BSA 浓度每增加 1 mg/mL,吸光度增加 0.8507。

2.回归的假设检验

即使 x 和 y 变量间不存在直线关系,由 n 对观测值(x_i, y_i)也可以根据上面介绍的方法求得一个回归方程 $\hat{y} = a + bx$,所以回归方程建立后,需要进行假设检验来判断变量 y 与 x 之间是否确实存在直线关系。检验回归方程是否成立即检验假设 $H_0 : \beta = 0$ 是否成立,可采用 F 检验和 t 检验两种方法。

1)回归方程的 F 检验

(1)平方和与自由度的分解。

回归数据的总变异($y_i - \bar{y}$)由随机误差($y_i - \hat{y}_i$)和回归效应($\hat{y}_i - \bar{y}$)两部分组成,如图 8-2 所示。

总平方和 SS_y 可以分解为回归平方和 SS_R 及离回归平方和(误差平方和)SS_e。各项的定义为

$$\left. \begin{array}{l} SS_y = \sum (y_i - \bar{y})^2 \\ SS_R = \sum (\hat{y}_i - \bar{y})^2 \\ SS_e = \sum (y_i - \hat{y}_i)^2 \end{array} \right\} \qquad (8\text{-}7)$$

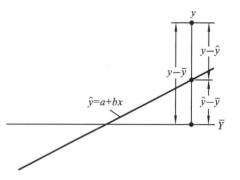

图 8-2　回归分析中变异源的分解

不难证明

$$SS_y = SS_R + SS_e \qquad (8\text{-}8)$$

其中

$$SS_R = \sum (\hat{y}_i - \bar{y})^2$$

$$= \sum \left[(a+bx_i) - (a+b\bar{x}) \right]^2 = b^2 \sum (x_i - \bar{x})^2$$

$$= b^2 SS_x = b \frac{SP_{xy}}{SS_x} SS_x = bSP_{xy} = \frac{SP_{xy}^2}{SS_x}$$

$b^2 SS_x$ 直接反映出 y 受 x 的线性影响而产生的变异,而 bSP_{xy} 的算法则可推广到多元线性回归分析。

SS_y 是因变量 y 的离均差平方和,所以自由度 $df_y = n-1$; SS_R 反映由 x 引起的 y 的变异,所以自由度 $df_r = 1$; SS_e 反映除 x 对 y 的线性影响以外的其他因素引起的 y 的变异,自由度为 $df_e = df_y - df_R = n-2$。即

$$\left. \begin{aligned} df_y &= n-1 \\ df_R &= 1 \\ df_e &= n-2 \end{aligned} \right\} \tag{8-9}$$

平方和与相应自由度的比为相应的均方,即

$$\left. \begin{aligned} MS_R &= \frac{SS_R}{df_R} = SS_R \\ MS_e &= \frac{SS_e}{df_e} = \frac{SS_e}{n-2} \end{aligned} \right\} \tag{8-10}$$

(2) F 检验。

零假设 $H_0 : \beta = 0$,备择假设 $H_A : \beta \neq 0$。统计量

$$F = \frac{MS_R}{MS_e} = \frac{SS_R}{SS_e / (n-2)} = (n-2) \frac{SS_R}{SS_e} \tag{8-11}$$

自由度 $df_1 = df_R = 1, df_2 = df_e = n-2$。当 $F > F_a$ 时,$P < \alpha$,否定 H_0,表明回归关系显著;当 $F \leqslant F_a$ 时,$P > \alpha$,接受 H_0,此时回归关系不显著。

和方差分析的 F 检验一样,回归方程的显著性 F 检验也总是使用回归均方做分子,离回归均方做分母。

【例 8.2】 检验例 8.1 回归方程是否显著($\alpha = 0.01$)。

已知 $n = 7$, $SS_y = 0.8139$, $SP_{xy} = 0.9528$, $SS_x = 1.12$,于是有

$$SS_R = bSP_{xy} = \frac{SP_{xy}^2}{SS_x} = \frac{0.90783}{1.12} = 0.81056$$

$$SS_e = SS_y - SS_R = 0.8139 - 0.81056 = 0.00334$$

$$df_y = n-1 = 7-1 = 6, \quad df_R = 1, \quad df_e = 7-2 = 5$$

$$MS_R = SS_R = 0.81056, \quad MS_e = SS_e / df_e = 0.00334 / 5 = 0.00067$$

$$F = MS_R / MS_e = 0.81056 / 0.00067 = 1209.689$$

表 8-2 为方差分析表。因为 $F = 1209.689 > F_{0.01} = 16.258, P < 0.01$,表明蛋白质浓度与吸光度之间存在着极显著的直线关系。回归方程 $\hat{y} = 0.0137 + 0.8507x$ 具有统计学上极显著的意义,是有效的。

表 8-2 BSA 浓度与吸光度回归关系的方差分析表

变 异 源	SS	df	MS	F	$F_{0.01}$
回归	0.81056	1	0.81056	1209.689	16.258
剩余	0.00334	5	0.00067		
总变异	0.81391	6			

2) 回归系数的 t 检验

对直线关系的检验也可通过对回归系数 b 进行 t 检验完成。在数学模型式(8-1)条件下，可以证明回归系数 b 的期望和方差分别为 $E(b) = \mu_b = \beta_1$，$D(b) = \sigma_b^2 = \sigma^2/SS_x$。如果 σ^2 未知，则用离回归均方代替，求得 σ_b^2 的估计值 s_b^2，即

$$s_b^2 = MS_e/SS_x \tag{8-12}$$

由式(8-12)可知，样本回归系数的变异度不仅取决于误差方差的大小，也取决于自变量 x 的变异程度。自变量 x 的变异越大(取值越分散)，回归系数的变异就越小，由回归方程所估计出的值就越精确。

于是，回归系数标准误

$$s_b = \sqrt{s_b^2} = \sqrt{\frac{MS_e}{SS_x}} \tag{8-13}$$

对回归系数 t 检验的假设为 $H_0 : \beta = 0$，$H_A : \beta \neq 0$。检验统计量 t 的计算公式为

$$t = \frac{b - \beta}{s_b} = \frac{b}{s_b} \tag{8-14}$$

统计量 t 服从 $df = n-2$ 的 t 分布。t 与 t_a 比较，判断回归的显著性。对于上例的数据：

$$s_b = \sqrt{MS_e/SS_x} = \sqrt{0.00067/1.12} = 0.0245$$

$$t = b/s_b = 0.8507/0.0245 = 34.781$$

$df = n-2 = 7-2 = 5$，查表得 $t_{0.01} = 4.032$，因 $t = 34.781 > t_{0.01}$，$P < 0.01$。

否定 H_0，接受 H_A，回归系数 $b = 0.8507$ 极显著，表明 BSA 浓度与吸光度间存在极显著的直线关系，可用所建立的直线回归方程进行蛋白质浓度的测算。

对直线回归而言，t 检验和 F 检验是等价的，事实上 $F = t^2$。

有时也对回归截距 a 的显著性进行检验。回归截距的大小对回归的显著性没有影响，检验的目的是看回归直线是否通过原点，仍使用 t 检验进行检验。检验时，零假设为 $\alpha = 0$(回归直线通过原点)，回归截距标准误

$$s_a = \sqrt{MS_e\left(\frac{1}{n} + \frac{\overline{x}^2}{SS_x}\right)} \tag{8-15}$$

统计量

$$t = \frac{a - \alpha}{s_a} = \frac{a}{s_a} \tag{8-16}$$

8.2.2 曲线回归

两个变量之间常呈非直线关系，非直线关系的两个变量需要用曲线回归模型来进行分析，曲线回归(curvilinear regression)有多种曲线类型。选择曲线类型时，需根据散点图观察变量间的协同变化趋势，同时考虑变化过程的专业解释。进行曲线回归分析时，通常采用线性化方法将曲线方程线性化，建立线性方程并进行显著性检验，然后还原成曲线回归方程。

1.常用曲线回归模型及其特征

常用曲线回归模型的特征及线性化方法如表 8-3 所示。

表 8-3　常用曲线回归模型的特征

曲 线 模 型	线 性 化 方 法	曲 线 特 征	曲 线 图 像
逆函数模型 $y = a + bx^{-1}$	令 $x' = x^{-1}$，得直线回归方程 $y = a + bx'$	初期变化剧烈，随 x 增大变化趋缓，后期变化不明显	
指数函数模型 $y = e^{a+bx}$	两边同时取对数得，原方程变为 $\ln y = a + bx$，令 $y' = \ln y$，得直线回归方程 $y' = a + bx$	初期变化较缓，随 x 增大变化加剧	
对数函数模型 $y = a + b\ln x$	令 $x' = \ln x$，得直线回归方程 $y = a + bx'$	初期变化剧烈，随 x 增大变化趋缓，后期变化较倒数曲线明显	
幂函数模型 $y = ax^b$	两边同时取对数得，原方程变为 $\ln y = \ln a + b\ln x$，令 $y' = \ln y$，$a' = \ln a$，$x' = \ln x$，得直线回归方程 $y' = a' + bx'$	$b > 1$ 和 $b < 0$ 时类似指数曲线，$0 < b < 1$ 时类似对数曲线	
二次函数模型 $y = a + b_1 x + b_2 x^2$	令 $x^2 = x_2$，得线性回归方程 $y = a + b_1 x + b_2 x_2$，按多元线性回归求解（具体见第 10 章）	初期时增加（减少），经过极值点减少（增加）	

续表

曲 线 模 型	线 性 化 方 法	曲 线 特 征	曲 线 图 像
三次函数模型 $y = a + b_1 x + b_2 x^2 + b_3 x^3$	令 $x^2 = x_2, x^3 = x_3$, 得线性回归方程:$y = a + b_1 x + b_2 x_2 + b_3 x_3$, 按多元线性回归求解(具体见第 10 章)	存在两个极值拐点,经过第二极值点后回复初始趋势,但曲率改变	

【例 8.3】 为了研究 CO_2 对变黄期烟叶叶绿素降解的影响,在 30 倍 CO_2 浓度下测定不同烘烤时间下叶绿素含量(占干重的百分比),其结果列于表 8-4。试研究烘烤时间与叶绿素含量间的关系。

表 8-4 烘烤时间与叶绿素含量关系

烘烤时间(h,x)	叶绿素含量(%,y)	$x' = x^{-1}$	$x'' = \ln x$	$y'' = \ln y$
12	0.17430	0.08333	2.48491	-1.74698
15	0.11080	0.06667	2.70805	-2.20003
19	0.06340	0.05263	2.94444	-2.75829
25	0.05310	0.04000	3.21888	-2.93558
32	0.04155	0.03125	3.46574	-3.18086
35	0.04080	0.02857	3.55535	-3.19907
38	0.04020	0.02632	3.63759	-3.21389
41	0.03998	0.02439	3.71357	-3.21938
46	0.03762	0.02174	3.82864	-3.28022
49	0.03538	0.02041	3.89182	-3.34161
58	0.03533	0.01724	4.06044	-3.34302

根据散点图(图 8-3)显示烘烤时间与叶绿素含量的基本关系,初始阶段叶绿素含量随烘烤时间增加极速下降,然后下降变得比较缓慢,据此可考虑逆函数、对数函数和幂函数 3 类曲线回归模型(直线化所需值列于表 8-4 右半部)。

(1)用逆函数拟合。

令 $x' = x^{-1}$。计算得 $SS_{x'} = 0.0046, SS_y = 0.0189, SP_{x'y} = 0.0088, \bar{x}' = 0.0375, \bar{y} = 0.0611$,于是:

$$b = SP_{x'y}/SS_x = 0.0088/0.0046 = 1.9323$$

$$a = \bar{y} - b\bar{x}' = 0.0611 - 1.9323 \times 0.0375 = -0.0133$$

逆函数回归方程为 $y = -0.0133 + 1.9323 x^{-1}$。由于

$$F = (n-2)\frac{SS_R}{SS_e} = (n-2)\frac{bSP_{x'y}}{SS_y - bSP_{x'y}}$$

$$= (11-2) \times \frac{1.9323 \times 0.0088}{0.0189 - 1.9323 \times 0.0088} = 80.284$$

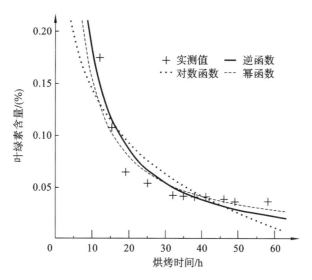

图 8-3　烘烤时间与叶绿素含量关系

$df_1 = 1, df_2 = 9$，查附录 E，$F_{0.01} = 10.561, F > F_{0.01}, P < 0.01$。曲线回归关系极显著。

（2）用对数函数拟合。

令 $x'' = \ln x$。计算得 $SS_{x''} = 2.6005, SS_y = 0.0189, SP_{x''y} = -0.1933, \bar{x}'' = 3.4099, \bar{y} = 0.0611$，于是：

$$b = SP_{x''y}/SS_{x''} = -0.1933/2.6005 = -0.0743$$
$$a = \bar{y} - b\bar{x}'' = 0.0611 + 0.0743 \times 3.4099 = 0.3147$$

对数回归方程为 $y = 0.3147 - 0.0743\ln x$。由于

$$F = (n-2)\frac{SS_R}{SS_e} = (n-2)\frac{bSP_{x''y}}{SS_y - bSP_{x''y}}$$

$$= (11-2) \times \frac{-0.0743 \times (-0.1933)}{0.0189 + 0.0743 \times (-0.1933)} = 28.540$$

$F_{0.01} = 10.561, F > F_{0.01}, P < 0.01$。曲线回归关系极显著。

（3）用幂函数拟合。

令 $x'' = \ln x, y'' = \ln y, a'' = \ln a$。计算得 $SS_{x''} = 2.6005, SS_{y''} = 2.7210, SP_{x''y''} = -2.5048, \bar{x}'' = 3.4099, \bar{y}'' = -2.9472$，于是：

$$b = SP_{x''y''}/SS_{x''} = -2.5048/2.6005 = -0.9632$$
$$a'' = \bar{y}'' - b\bar{x}'' = -2.9472 + 0.9632 \times 3.4099 = 0.3373$$

$a = e^{a''} = e^{0.3373} = 1.4012$，幂函数回归方程为 $y = 1.4012x^{-0.9632}$。由于

$$F = (n-2)\frac{SS_R}{SS_e} = (n-2)\frac{bSP_{x''y''}}{SS_y - bSP_{x''y''}}$$

$$= (11-2) \times \frac{-0.9632 \times (-2.5048)}{2.7210 + 0.9632 \times (-2.5048)} = 70.432$$

$F_{0.01} = 10.561, F > F_{0.01}, P < 0.01$。曲线回归关系极显著。

根据曲线拟合结果，逆函数、对数函数和幂函数回归方程都达到极显著水平，三类曲线都能较好地拟合烘烤时间和叶绿素含量的关系，相对而言，逆函数和幂函数的拟合效果更好（F值更大，显著性更高）。

2.Logistic 曲线

Logistic 曲线略呈"S"形,又称为 S 曲线,曲线模型为

$$y = \frac{K}{1 + a\mathrm{e}^{-bx}} \tag{8-17}$$

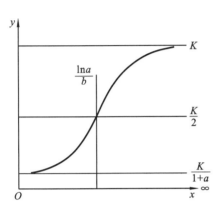

图 8-4　Logistic 曲线图像

其中:e 是自然对数的底;K 是 y 的极限值;b 为增长速度。当 x=0 时,y=K/(1+a) 为起始大小,当 x→∞ 时,y=K。其特点为增长速度在开始阶段随时间的增加而递增,经过 $x = \ln a/b$,$y = K/2$ 拐点后,增长速度逐渐减缓,并逼近极限值 K(图 8-4)。Logistic 曲线在生态学中用于描述生物种群在有限空间中的增长过程,在动物饲养、植物栽培、资源环境领域也得到广泛应用。

拟合 Logistic 模型时,通常采用三点法计算 K 值。假设 x_1、x_2、x_3 等间距(通常为时间),对应的 y 值分别为 y_1、y_2、y_3,则

$$K = \frac{y_2^2(y_1 + y_3) - 2y_1y_2y_3}{y_2^2 - y_1y_3} \tag{8-18}$$

求出 K 后,方程两边同时乘以 $\frac{1 + a\mathrm{e}^{-bx}}{y}$,并移项得 $\frac{K-y}{y} = a\mathrm{e}^{-bx}$,两边同时取对数,得 $\ln\frac{K-y}{y} = \ln a - bx$。令 $y' = \ln\frac{K-y}{y}$,$a' = \ln a$,$b' = -b$,则原方程化为直线方程:$y' = a' + bx'$。

【例 8.4】　表 8-5 是测定某种肉鸡在良好的生长条件下生长过程的质量数据。试拟合 Logistic 曲线方程。

表 8-5　肉鸡生长过程的资料

周次 x	质量 y/kg	$(K-y)/y$	$y' = \ln[(K-y)/y]$
2	0.30	8.4233	2.1310
4	0.86	2.2872	0.8273
6	1.73	0.6341	0.4555
8	2.20	0.2850	1.2553
10	2.47	0.1445	1.9345
12	2.67	0.0588	−2.8336
14	2.80	0.0096	−4.6415

(1) 求 K。取 $x_1 = 2$、$x_2 = 8$ 和 $x_3 = 14$ 时的数据计算:

$$K = \frac{2.20^2 \times (0.30 + 2.80) - 2 \times 0.30 \times 2.20 \times 2.80}{2.20^2 - 0.30 \times 2.80} \mathrm{kg} = 2.827 \mathrm{kg}$$

(2) 将 y 转换为 y'。计算出 $(K-y)/y$ 和 $y' = \ln[(K-y)/y]$,列于表 8-5 右半部。

(3) 计算基础数据:$SS_x = 112$,$SS_{y'} = 30.8067$,$SP_{xy'} = -58.2363$,$\bar{x} = 8$,$\bar{y}' = -1.1660$。

(4) 求 a 和 b,建立 Logistic 方程。计算 b' 和 a',并转换成 b 和 a。

$$b' = \frac{SP_{xy'}}{SS_r} = \frac{-58.2636}{112} = -0.5200$$

$$a' = \bar{y}' - b'x = -1.1660 - (-0.5200 \times 8) = 2.9938$$

$$a = e^{a'} = 2.71828^{2.9938} = 19.9606$$

$$b = -b' = 0.5200$$

所以 Logistic 曲线方程为

$$y = \frac{2.827}{1 + 19.9606e^{-0.5200x}}$$

（5）显著性检验：

$$F = (n-2)\frac{SS_R}{SS_e} = (n-2)\frac{b'SP_{xy'}}{SS_{y'} - b'SP_{xy'}}$$

$$= (7-2) \times \frac{-0.5200 \times (-58.2363)}{30.8067 + 0.5200 \times (-58.2363)} = 359.297$$

$df_1 = 1, df_2 = 5$，查附录 E，$F_{0.01} = 16.258$，$F > F_{0.01}$，$P < 0.01$。曲线回归关系极显著。即此种肉鸡生长符合 Logistic 增长曲线（图 8-5）。

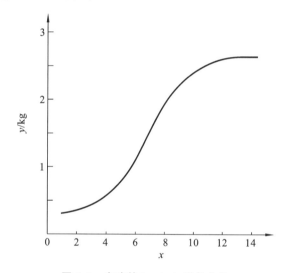

图 8-5　肉鸡的 Logistic 增长曲线

由回归方程还可判断，$\hat{y} = K/2 = 1.4135$，$x = \ln a/b = 5.76$，是曲线的拐点，生长速率从越来越快开始变为越来越慢，这是此种肉鸡生长的关键时期。

8.2.3　回归方程的评价和应用

1.回归方程的评价

通过对回归方程的假设检验，如果显著（或极显著），说明 x、y 两变量间存在一定的直线关系，但不能明确指出两者直线关系的密切程度。为说明变量间回归关系的密切程度，可从拟合度和偏离度两个方面对回归方程进行评价。

1）回归方程的拟合度

建立回归方程的过程称为拟合。如果资料中各散点的分布紧密围绕于所建立的回归直线附近，说明两变量之间的直线关系紧密，所建立的回归方程的拟合度好；反之，拟合度差。统计学上使用决定系数来评价回归方程拟合度的好坏。决定系数定义为回归平方和占(因变量)总平方和的比例,理解为回归关系引起的变异,计算公式为

$$r^2 = \frac{\sum (\hat{y} - \bar{y})^2}{\sum (y - \bar{y})^2} = \frac{SS_R}{SS_y} = \frac{SP_{xy}^2}{SS_x SS_y} = \frac{SP_{xy}}{SS_x} \cdot \frac{SP_{xy}}{SS_y} = b_{yx} b_{xy} \tag{8-19}$$

$0 \leqslant r^2 \leqslant 1$,即决定系数的取值范围为$[0,1]$。

上例数据,决定系数 $r^2 = SS_R/SS_y = 0.8106/0.8139 = 0.9960$,表示吸光度的总变异中,BSA 浓度对吸光度的线性影响占 99.60%。

2)回归方程的偏离度

离回归均方 MS_e 是回归模型中 σ^2 的估计值。离回归均方的算术根称为离回归标准误,记为 s_{yx},即

$$s_{yx} = \sqrt{\frac{\sum (y - \hat{y})^2}{n - 2}} = \sqrt{MS_e} \tag{8-20}$$

离回归标准误 s_{yx} 表示回归估测值 $\hat{y}$ 与实际观测值 y 偏差的程度。统计学上使用离回归标准误来度量回归方程的偏离度。上例数据,$s_{yx} = \sqrt{MS_e} = \sqrt{0.00067} = 0.0259$。

2.回归方程的应用

1)预测

建立回归方程的目的是研究因变量随自变量变化的过程,并预测自变量不同取值时因变量的变化。预测时只需将自变量的取值代入回归方程,就可计算出因变量的取值。如上例,当 BSA 浓度为 0.7 mg/mL 时,吸光度为 0.6092。

2)控制

质量标准要求产品的某项质量指标 y 在一定范围内取值,否则产品被视为不合格。为保证因变量 y 在区间 (y_1, y_2) 内取值,需要对自变量 x 的取值进行控制。由因变量 y 反推自变量 x 的取值范围的问题,称为控制问题。

控制是预测的反问题,即以 $P = 1 - \alpha$ 的置信度求出区间 (x_1, x_2),当 x 在 (x_1, x_2) 内取值时,观察值 y 落在 (y_1, y_2) 内。

$$\begin{cases} y_1 = \hat{y}_0 - s_y t_\alpha = a + b x_1 - s_y t_\alpha \\ y_2 = \hat{y}_0 + s_y t_\alpha = a + b x_2 + s_y t_\alpha \end{cases} \tag{8-21}$$

实际应用中常用单个观察值的预测区间 $\hat{y}_0 \pm t_\alpha s_y$ 进行反向求解,解出 x_1、x_2 来,即为 $P = 1 - \alpha$ 置信度控制区间的自变量 x 取值的上下限。

3)校正

生物机能指标(如呼吸强度)的测定通常要求在一定的条件下(如 20 ℃)进行。因为在不同条件下这类指标会发生较大变化,而野外调查或田间试验时又很难保证在标准条件下进行测定。为解决这类问题,可测定同一试验材料在不同条件下(如不同的温度)的指标变化,建立回归方程,弄清试验指标与试验条件的关系,通过回归关系对测定结果进行校正。

8.3 一元相关

研究两个随机变量 x 和 y 相关分析的基本任务是利用观测数据 (x_i, y_i),计算出表示 x

和 y 两个变量间线性相关程度和性质的统计量——相关系数,并对其进行显著性检验。

8.3.1　直线相关

1.相关系数的计算

乘积和 SP_{xy} 可以表示变量 x 和 y 的相互关系和密切程度,但其数值的大小不仅受变量 x 和 y 的变异程度的影响,还受度量单位以及样本容量的影响,不同资料的乘积和无可比性。消除这些影响后可以进行不同资料之间的相关性比较,因此定义相关系数

$$\rho = \frac{1}{N} \sum \left(\frac{x-\mu_x}{\sigma_x} \cdot \frac{y-\mu_y}{\sigma_x} \right) = \frac{\sum (x-\mu_x)(y-\mu_y)}{\sqrt{(x-\mu_x)^2 \cdot (x-\mu_y)^2}} \tag{8-22}$$

对于样本数据,相关系数

$$r = \frac{\sum (x_i - \bar{x})(y_i - \bar{y})}{\sqrt{\sum (x_i - \bar{x})^2 \cdot \sum (y_i - \bar{y})^2}} = \frac{SP_{xy}}{\sqrt{SS_x \cdot SS_y}} \tag{8-23}$$

r 的取值范围为 $[-1,1]$。r 数值的大小表示两个变量相关的程度,$r = \pm 1$ 时两个变量完全相关(呈函数关系),$r = 0$ 时两个变量完全无关或零相关;r 的正与负表示两个变量相关的性质,r 为正值表示正相关,x 增大时 y 也增大,r 为负值表示负相关,x 增大时 y 减小。

从式(8-23)可以看出,在相关系数的计算中,两个变量是平等的,这是相关与回归的主要区别。

在直线回归分析中用于评价回归方程的决定系数 r^2 是统计学上用来度量变量间相关程度的另一个统计量。式(8-23)说明,决定系数就是相关系数的平方。

决定系数取值范围为 $0 \leqslant r^2 \leqslant 1$,它只能表示两变量相关的程度,不能表示相关性质。

【例 8.5】　测定某品种大豆籽粒内的脂肪含量(%)和蛋白质含量(%)的关系,样本容量 $n = 42$,结果列于表 8-6。试计算脂肪含量与蛋白质含量间的相关系数。

表 8-6　某品种大豆籽粒脂肪含量(%) x 和蛋白质含量(%) y

x	y	x	y	x	y	x	y	x	y	x	y
15.4	44.0	19.4	42.0	21.9	37.2	17.8	40.7	20.4	39.1	24.2	37.6
17.5	38.2	20.4	37.4	23.8	36.6	19.1	39.8	21.8	39.4	17.4	42.2
18.9	41.8	21.6	35.9	17.0	42.8	20.4	40.0	23.4	33.2	18.9	39.9
20.0	38.9	22.9	36.0	18.6	42.1	21.5	37.8	16.8	43.1	20.8	37.1
21.0	38.4	16.1	42.1	19.7	37.9	22.9	34.7	18.4	40.9	22.3	38.6
22.8	38.1	18.1	40.0	20.7	36.2	15.9	42.6	19.7	38.9	24.6	34.8
15.8	44.6	19.6	40.2	22.0	36.7	17.9	39.8	20.7	35.8	19.9	39.8

乘积和:

$$SP_{xy} = \sum xy - \left(\sum x \right) \left(\sum y \right) / n = -224.6967$$

平方和:

$$SS_x = \sum x^2 - \left(\sum x \right)^2 / n = 237.8048, SS_y = \sum y^2 - \left(\sum y \right)^2 / n = 292.6583$$

$$r = \frac{SP_{xy}}{\sqrt{SS_x \cdot SS_y}} = \frac{-224.6967}{\sqrt{237.8048 \times 292.6583}} = -0.8517$$

大豆籽粒内脂肪含量和蛋白质含量的相关系数为 -0.8517。

2. 相关系数的检验

相关系数 r 值的大小受样本数量的影响很大，其显著性需进行统计检验来证明，不能从数值进行直观判断。

相关系数 r 是总体相关系数 ρ 的估计值，对 r 的检验是检验其是否来自 $\rho \neq 0$ 的总体。零假设 H_0：$\rho = 0$，备择假设 H_A：$\rho \neq 0$；可采用 F 检验、t 检验或查表进行检验。

1）F 检验

将 y 变量的平方和剖分为相关平方和与非相关平方和，即

$$\mathrm{SS}_y = \sum (y - \bar{y})^2 = r^2 \sum (y - \bar{y})^2 + (1 - r^2) \sum (y - \bar{y})^2 \tag{8-24}$$

其中，$r^2 \sum (y - \bar{y})^2$ 为相关平方和，$(1 - r^2) \sum (y - \bar{y})^2$ 为非相关平方和。

y 的自由度也可以进行相应分解：相关平方和的自由度为 1，非相关平方和的自由度为 $n - 2$。于是统计量

$$F = \frac{r^2 \sum (y - \bar{y})^2 / 1}{(1 - r^2) \sum (y - \bar{y})^2 / (n - 2)} = \frac{(n-2)r^2}{1 - r^2} \tag{8-25}$$

F 统计量服从 $df_1 = 1$、$df_2 = n - 2$ 的 F 分布。通过比较 F 与 F_a 的大小作出统计推断。

2）t 检验

相关系数的标准误为 $s_r = \sqrt{(1 - r^2)/(n-2)}$，检验统计量

$$t = \frac{r}{s_r} \tag{8-26}$$

服从自由度 $df = n - 2$ 的 t 分布。通过比较 t 与 t_a 的大小作出统计推断。显然，t 与 F 有如下关系：$t^2 = F$。即 F 检验与 t 检验结果一致。

3）查表

根据上述 F 检验和 t 检验，检验统计量的计算只与自由度和 r 本身有关。为便于应用，可将不同自由度时的相关系数临界值求出并制表供查询，以便简化相关系数检验过程。

查表时，自由度 $df = n - 2$，变量个数 $M = 2$，用 $|r|$ 与 r_a 比较推断相关系数的显著性。上例，$df = n - 2 = 40$，查附录 I，$r_{0.05} = 0.3044$，$r_{0.01} = 0.3932$。$|r| = 0.8517$，$P < 0.01$，表明该品种大豆籽粒内脂肪含量与蛋白质含量呈极显著负相关。

3. 检验效能和样本容量估计

检验样本所在总体相关系数 ρ 与已知总体相关系数 ρ_0 间的差异显著性。样本所在总体相关系数 ρ 未知，用样本相关系数 r 估计。右尾检验的检验效能为

$$E = \Phi[(\lambda - u_a)/\sqrt{\nu}] \tag{8-27}$$

式中：Φ 为正态分布的累积函数；$\nu = \dfrac{n-3}{n-1} \times \left[1 + \dfrac{4 - r^2}{2(n-1)} + \dfrac{22 - 6r^2 - 3r^4}{6(n-1)^2}\right]$（n 较大时，$\nu \approx$

1）；$\lambda = \dfrac{\sqrt{n-3}}{2}\left\{\left(\ln\dfrac{1+r}{1-r} - \ln\dfrac{1+\rho_0}{1-\rho_0}\right) + \dfrac{r}{n-1}\left[1 + \dfrac{5+r^2}{4(n-1)} + \dfrac{11 + 2r^2 + 3r^4}{8(n-1)^2}\right] - \dfrac{\rho_0}{n-1}\right\}$

$\left[\text{n 较大时}，\lambda \approx \dfrac{\sqrt{n-3}}{2} \times \left(\ln\dfrac{1+r}{1-r} - \ln\dfrac{1+\rho_0}{1-\rho_0}\right)\right]$；$u_a$ 为正态分布显著水平为 α 的分位数（下同）。左尾检验的检验效能：

$$E = 1 - \Phi\left[(\lambda + u_a)/\sqrt{\nu}\right] \tag{8-28}$$

双尾检验的检验效能：

$$E = 1 - \Phi\left[(\lambda + u_{a/2})/\sqrt{\nu}\right] + \Phi\left[(\lambda - u_{a/2})/\sqrt{\nu}\right] \tag{8-29}$$

单尾检验的样本容量估计：

$$n = \left[(u_a + u_\beta)/\left(\ln\frac{1+r/2}{1-r/2} - \ln\frac{1+\rho_0/2}{1-\rho_0/2}\right)\right]^2 + 3 \tag{8-30}$$

双尾检验时，用 $u_{a/2}$ 替换 u_a 即可。由于分母省略了 λ 的后半部分，故估计结果偏大。

回归系数的检验效能和样本容量估算与相关系数的计算结果相同。

【例 8.6】　研究血液中血红蛋白与铜含量的关系。测定 30 个样品，计算得血红蛋白和铜的相关系数为 0.319，经检验相关关系不显著。(1)求检验效能；(2)若要检验效能达到 90%，需要检测多少样品？

(1) 检验效能：

$$\lambda = \frac{\sqrt{30-3}}{2} \times \left\{\ln\frac{1+0.319}{1-0.319} + \frac{0.319}{30-1}\right.$$
$$\left. \times \left[1 + \frac{5+0.319^2}{4(30-1)} + \frac{11 + 2\times0.319^2 + 3\times0.319^4}{8(30-1)^2}\right]\right\} = 1.747$$

$$\nu = \frac{30-3}{30-1} \times \left[1 + \frac{4-0.319^2}{2(30-1)} + \frac{22 - 6\times0.319^2 - 3\times0.319^4}{6(30-1)^2}\right] = 0.998$$

$$E = 1 - \Phi\left[(1.747+1.960)/\sqrt{0.998}\right] + \Phi\left[(1.747-1.960)/\sqrt{0.998}\right] = 0.416$$

即检验效能 $E = 0.416$，未达到一般要求的 0.85 以上。

(2) 样本容量估计：

$$n = \left[(1.960+1.282)/\left(\ln\frac{1+0.319/2}{1-0.319/2}\right)\right]^2 + 3 \approx 105$$

即要检验效能达到 90%，至少需要检测 105 个样品。

8.3.2　秩相关分析

相关与回归分析法只适用于正态分布资料，对于非正态分布资料，需要使用新的分析方法。秩相关分析也称为等级相关分析，是分析成对等级随机变量 x、y 间是否相关的统计分析方法，可用来分析等级尺度和秩次度量的两个变量间的相关性。一般是先按 x、y 两变量的大小次序，分别由小到大编秩次，再看两个变量的等级间是否相关，用秩相关系数(coefficient of rank correlation)表示等级相关的性质及其相关程度。常用的秩相关分析法包括 Spearman 秩相关、Kendall 秩相关等。这里以 Spearman 秩相关分析为例，说明秩相关分析的基本步骤。

1.秩相关系数的计算

已知相关系数计算公式为

$$r = \frac{SP_{xy}}{\sqrt{S_{xx}S_{yy}}} = \frac{\sum xy - (\sum x)(\sum y)/n}{\sqrt{\left[\sum x^2 - (\sum x)^2/n\right]\left[\sum y^2 - (\sum y)^2/n\right]}}$$

由于等级尺度和秩次度量的数据是自然数列，x 和 y 的取值都是 $1, 2, \cdots, n$，只是排列顺序不同。因此

$$\sum x = \sum y = 1 + 2 + \cdots + n = n(n-1)/2$$

$$\sum x^2 = \sum y^2 = 1^2 + 2^2 + \cdots + n^2 = n(n+1)(2n+1)/6$$

如果定义 $d = x - y$，则

$$\sum d^2 = \sum x^2 + \sum y^2 - 2\sum xy$$

$$\sum xy = (\sum x^2 + \sum y^2 - \sum d^2) = n(n+1)(2n+1)/6 - \sum d^2/2$$

将上述各值代入相关系数计算公式，得

$$r_s = 1 - \frac{6\sum d^2}{n(n^2-1)} \tag{8-31}$$

其中：r_s 为 Spearman 秩相关系数；n 为变量的对子数；d 为秩次之差。

当相同秩次较多时，应采用下面校正的 Spearman 等级相关系数 r'_s 计算公式：

$$r'_s = \frac{(n^3-3)/6 - (t_x + t_y) - \sum d^2}{\sqrt{[(n^3-n)/6 - 2t_x][(n^3-n)/6 - 2t_y]}} \tag{8-32}$$

其中：t_x、t_y 的计算公式相同，均为 $\sum(t_i^3 - t_i)/12$。在计算 t_x 时，t_i 为 x 变量相同秩次数；在计算 t_y 时，t_i 为 y 变量相同秩次数。

2. 秩相关系数的检验

(1) 零假设 $H_0: \rho_s = 0$。备择假设 $H_A: \rho_s \neq 0$。

(2) 统计推断：当 $n \leqslant 15$ 时，根据 n 查 Spearman 秩相关系数检验临界值表(附录 K)，得临界值 $r_{s,\alpha}$。如果 $|r_s| < r_{s,\alpha}$，则 $P > \alpha$，表明两变量 x、y 在 α 水平等级相关不显著；反之，则两变量 x、y 在 α 水平等级相关显著。当 $n > 15$ 时，根据 $df = n - 2$ 用简单相关系数查 r_α 进行统计推断。

【例 8.7】 现有 10 只雌鼠月龄与所产仔鼠平均初生重(g)的资料如表 8-7 所示。请计算 Spearman 相关系数，并进行显著性检验。

表 8-7 10 只雌鼠月龄与所产仔鼠平均初生重(g)

序 号	1	2	3	4	5	6	7	8	9	10
雌鼠月龄	12	7	4	9	7	2	9	5	8	4
秩次	10	5.5	2.5	8.5	5.5	1	8.5	4	7	2.5
仔鼠初生重	19	13	8	8	13	14	12	10	12	11
秩次	10	7.5	1.5	1.5	7.5	9	5.5	3	5.5	4
d	0	−2	1	7	−2	−8	3	1	1.5	−1.5
d^2	0	4	1	49	4	64	9	1	2.25	2.25

将数据分别按雌鼠月龄与仔鼠平均初生重从小到大排列秩次，并计算差值 d 及 d^2，如表 8-7 所示。由于相同的秩次较多，需用校正公式计算等级相关系数。

对于 x，有

$$t_x = \sum \frac{(t_i^3 - t_i)}{12} = \frac{2^3 - 2}{12} + \frac{2^3 - 2}{12} + \frac{2^3 - 2}{12} = 1.5$$

对于 y，有

$$t_y = \sum \frac{(t_i^3 - t_i)}{12} = \frac{2^3 - 2}{12} + \frac{2^3 - 2}{12} + \frac{2^3 - 2}{12} = 1.5$$

于是

$$r'_s = \frac{\dfrac{n^3-3}{6}-(t_x+t_y)-\sum d^2}{\sqrt{\left(\dfrac{n^3-n}{6}-2t_x\right)\left(\dfrac{n^3-n}{6}-2t_y\right)}} = \frac{\dfrac{10^3-3}{6}-(1.5+1.5)-136.5}{\sqrt{\left(\dfrac{10^3-10}{6}-3\right)\left(\dfrac{10^3-10}{6}-3\right)}} = 0.1646$$

$n=10$，查附录 K，得 $r_{s,0.05}=0.648$，因为 $|r'_s|<r_{s,0.05}$，$P>0.05$，表明雌鼠月龄与仔鼠平均初生重间相关关系不显著。

3.检验效能和样本容量估计

检验样本所在总体秩相关系数 ρ_s 与已知总体秩相关系数 ρ_0 间的差异显著性。样本所在总体秩相关系数 ρ_s 未知，用样本秩相关系数 r_s 估计。右尾检验的检验效能：

$$E = \Phi(\lambda/\sqrt{\nu} - u_\alpha) \tag{8-33}$$

式中：Φ 为正态分布的累积函数；$\nu = \dfrac{1+r_s^2/2}{n-3}$；$\lambda = \dfrac{1}{2}\left(\ln\dfrac{1+r_s}{1-r_s} - \ln\dfrac{1+\rho_0}{1-\rho_0}\right)$；$u_\alpha$ 为正态分布显著水平为 α 的分位数（下同）。左尾检验的检验效能为

$$E = 1 - \Phi(\lambda/\sqrt{\nu} + u_\alpha) \tag{8-34}$$

双尾检验的检验效能为

$$E = 1 - \Phi(\lambda/\sqrt{\nu} + u_{\alpha/2}) + \Phi(\lambda/\sqrt{\nu} - u_{\alpha/2}) \tag{8-35}$$

秩相关系数样本容量估计与相关系数的计算方法类似。

$$n = \left[(u_\alpha+u_\beta)\bigg/\left(\ln\dfrac{1+r_s/2}{1-r_s/2} - \ln\dfrac{1+\rho_0/2}{1-\rho_0/2}\right)\right]^2 + 3 \tag{8-36}$$

双尾检验时，用 $u_{\alpha/2}$ 替换 u_α 即可。

【**例 8.8**】 例 8.7 的数据。$n=10$，计算得雌鼠月龄与仔鼠平均初生重间的秩相关系数为 0.1646。(1)求检验效能；(2)若要检验效能达到 90%，需要测量多少只仔鼠？

(1) 检验效能：

$$\lambda = \frac{1}{2}\times\ln\frac{1+0.1646}{1-0.1646} = 0.1661, \quad \nu = \frac{1+0.1646^2/2}{10-3} = 0.1448$$

$$E = 1 - \Phi[0.1661/\sqrt{0.1448}+1.960] + \Phi[0.1661/\sqrt{0.1448}-1.960] = 0.0721$$

即检验效能 $E=0.0721$，远未达到一般要求的 0.85 以上。

(2) 样本容量估计：

$$n = \left[(1.960+1.282)\bigg/\left(\ln\frac{1+0.1661/2}{1-0.1661/2}\right)\right]^2 + 3 \approx 389$$

即要检验效能达到 90%，至少需要测量 389 只仔鼠。

8.3.3　应用回归和相关分析需注意的问题

应用回归和相关分析研究变量间的关系时，需要注意以下问题。

(1) 变量间的协变关系要有相关学科的专业知识作为指导。如果不以一定的客观事实、科学依据为前提，把风马牛不相及的数据随意凑到一起进行分析，会发生根本性的错误。

(2) 试验时严格控制研究对象(x 和 y)以外的有关因素。在试验中必须严格控制被研究的两个变量以外的其他相关变量，使其尽可能稳定一致。否则可能导致出现完全错误的结果。

(3) 要正确判断直线相关和回归分析的结果。回归系数或相关系数不显著不一定意味着

两个变量间没有关系,回归系数或相关系数显著也不一定具有实践上的预测意义。换句话说,不要将回归系数或相关系数的显著性与回归或相关关系的强弱混为一谈。

(4)在实际应用中要考虑到回归方程、相关系数的适用范围和应用条件。进行研究时样本容量 n 要尽可能大些,以提高回归和相关分析结果的可靠性。

(5)利用回归方程进行预测时,预测自变量的取值范围一般应在用于建立回归方程的自变量取值范围内,除非能够证明否则不能外延。

(6)回归分析有明确的自变量和因变量。自变量是有确切取值的变量,回归方程也不能逆转使用,不能由因变量估计自变量的取值。

习题

习题 8.1 什么是回归分析?直线回归方程和回归截距、回归系数的统计意义是什么?

习题 8.2 什么是相关分析?相关系数和决定系数的意义是什么?如何计算?

习题 8.3 采用比色法测定某葡萄酒中总酚的含量,得到如下数据:

酚浓度 x/(g/L)	0	0.05	0.10	0.15	0.25	0.30	0.50
吸光度 y	0	0.095	0.179	0.270	0.365	0.520	0.880

试求 y 对 x 的线性回归方程、相关系数 r,对回归方程进行显著性检验,并预测 $x=0.3$ 时的总酚浓度。

习题 8.4 在进行乳酸菌发酵试验时,为了测得乳酸菌生长曲线,得到如下数据:

培养时间 x/h	0	6	12	18	24	30	36
活菌数 y/(10^7/mL)	4.07	6.03	13.49	31.62	87.10	141.25	199.53

试求 y 对 x 的回归方程,并进行显著性检验。

习题 8.5 用已知浓度的免疫球蛋白 A(IgA, μg/mL)做火箭电泳,测得火箭高度(cm)如下表所示。试采用恰当的回归方程描述火箭高度 y 与 IgA 浓度 x 之间的关系,并求出相应的统计量来反映二者之间关系的密切程度。

IgA 浓度 x/(μg/mL)	0.2	0.4	0.6	0.8	1.0	1.4	1.6
火箭高度 y/cm	7.6	12.3	15.7	18.2	18.7	22.6	23.8

习题 8.6 棉花红铃虫的产卵数与温度有关。试根据下表中数据,分析棉花红铃虫产卵数与温度的关系。

温度/℃	21	23	25	27	29	32	35
产卵数	7	11	21	24	66	145	325

习题 8.7 分别用最佳线性无偏预测(BLUP)法和相对育种值(RBV)法评定 12 头种公牛的种用价值,评定结果排序如下表。试分析两种评定方法结果的相关性。

序 号	1	2	3	4	5	6	7	8	9	10	11	12
BLUP 法	9	8	5	4	10	11	3	6	12	2	1	7
RBV 法	9	8	4	5	10	11	6	3	12	2	1	7

第9章 协方差分析

方差分析中,要求除试验因素外的其他条件保持在相同水平上才能对试验结果的差异显著性进行比较,然而有些非试验因素很难或不可能人为控制,此时如果使用方差分析法推断处理其差异显著性,往往会导致错误的结果。为解决试验条件不同对试验结果的影响,统计学上将回归分析与方差分析结合起来,通过回归关系排除试验条件对试验结果的影响,称为协方差分析(analysis of covariance,ANCOVA)。由于校正后的结果是应用统计方法将试验条件控制一致而得到的,故协方差分析的实质是一种统计控制(statistical control)。

9.1 协方差分析的基本原理

1.协方差分析的基本思想

协方差分析是把方差分析与回归分析结合起来的一种统计分析方法,用于比较一个变量 y 在一个因素或几个因素不同水平上的差异,但这个变量在受试验因素影响的同时,还受到另一个变量 x 的影响,而且变量 x 的取值难以人为控制,不能作为方差分析中的一个因素来处理。此时如果 x 与 y 之间可以建立回归关系,则可用协方差分析的方法排除 x 对 y 的影响,然后进行方差分析对各因素水平的影响作出统计推断。在协方差分析中,y 为因变量(dependent variable),x 为协变量(covariate)。

协方差分析的核心思想是通过对因变量 y 的值进行调整,消除协变量 x 的影响,从而能对试验因素不同水平的影响进行统计检验。为此,首先需判断协变量 x 对因变量 y 是否存在影响,如果影响显著,则需去除其影响后对试验结果进行检验;如果影响不显著,则直接对试验结果进行检验。

统计学上研究两个变量间是否存在影响的方法为回归分析,所以进行协方差分析时首先对数据进行回归分析,如果回归关系显著,说明变量 x 对变量 y 的影响显著,需对试验结果进行校正后进行方差分析;如果回归关系不显著,说明变量 x 对变量 y 的影响不显著,可直接对试验结果进行方差分析。

2.协方差分析的数学模型

假设试验有 k 个处理,观测指标 y 为因变量,x 为协变量,每个处理设置 n 次重复,每组内均有 n 对观测值 x、y,则该资料为具有 kn 对观测值的双变量资料,其数据一般模式如表 9-1 所示。

在协方差分析中,因变量的每个观察值可用以下线性数学模型表示:

$$y_{ij} = \mu + \alpha_i + \beta(x_{ij} - \bar{x}) + \varepsilon_{ij} \tag{9-1}$$

表 9-1　协方差分析数据的一般形式

处理 1		处理 2		⋯	处理 i		⋯	处理 k	
x	y	x	y	⋯	x	y	⋯	x	y
x_{11}	y_{11}	x_{21}	y_{21}	⋯	x_{i1}	y_{i1}	⋯	x_{k1}	y_{k1}
x_{12}	y_{12}	x_{22}	y_{22}	⋯	x_{i2}	y_{i2}	⋯	x_{k2}	y_{k2}
⋮	⋮	⋮	⋮		⋮	⋮		⋮	⋮
x_{1j}	y_{1j}	x_{2j}	y_{2j}	⋯	x_{ij}	y_{ij}	⋯	x_{kj}	y_{kj}
⋮	⋮	⋮	⋮		⋮	⋮		⋮	⋮
x_{1n}	y_{1n}	x_{2n}	y_{2n}	⋯	x_{in}	y_{in}	⋯	x_{kn}	y_{kn}
$T_{x_1.}$	$T_{y_1.}$	$T_{x_2.}$	$T_{y_2.}$	⋯	$T_{x_i.}$	$T_{y_i.}$	⋯	$T_{x_k.}$	$T_{y_k.}$
$\bar{x}_1.$	$\bar{y}_1.$	$\bar{x}_2.$	$\bar{y}_2.$	⋯	$\bar{x}_i.$	$\bar{y}_i.$	⋯	$\bar{x}_k.$	$\bar{y}_k.$

其中：$i=1,2,\cdots k$；$j=1,2,\cdots,n$；y_{ij} 为试验因素第 i 水平的第 j 次观察值；x_{ij} 为试验因素第 i 水平的第 j 次观察的协变量取值；$\bar{x}$ 为 x_{ij} 的总平均数；μ 为 y_{ij} 的总平均数；α_i 为第 i 水平的效应；β 是 y 对 x 的线性回归系数；ε_{ij} 为随机误差。且满足以下基本假定：①ε_{ij} 独立，且服从正态分布 $N(0,\sigma^2)$；②$\beta\neq0$，即 y 与 x 存在线性关系，且各水平回归系数相等，即协变量的影响不随水平的变化而改变；③处理效应之和为 0，即 $\sum \alpha_i = 0$。试验因素为固定因素；如果为随机因素，则是处理效应的方差为 0。

3.协方差分析的基本假定

（1）x 是固定的变量，因而处理效应 α_i 属于固定模型。

（2）ε_{ij} 独立（与 α_i 无关），且服从正态分布 $N(0,\sigma^2)$。即各处理的离回归方差无显著差异（同质）。

（3）各处理的 (x,y) 总体是线性的，且具有共同的回归系数 $\beta\neq0$，因而各处理总体的回归是一组平行的直线。对样本而言，各误差项的回归系数本身显著，但各回归系数 b_i 之间无显著差异。

4.协方差分析的步骤

1）平方和、乘积和与自由度的分解

根据式（9-1），因变量 y 的总变异包括处理效应、协变量 x 的影响和随机误差三部分，根据直线回归和方差的计算方法，需要对不同变异源的平方和、乘积和与自由度进行分解，计算均方并进行统计检验。

平方和与自由度的分解与方差分析部分相同。参照平方和分解的方法，可将乘积和也分解为总变异乘积和 SP_T、处理间乘积和 SP_t 及误差乘积和 SP_e 三部分，即

$$\left.\begin{aligned} SP_T &= \sum\sum(x-\bar{x})(y-\bar{y}) = \sum\sum xy - T_x T_y/(kn) \\ SP_t &= n\sum(\bar{x}_i.-\bar{x})(\bar{y}_i.-\bar{y}) = \sum(T_{x_i.}T_{y_i.})/n - T_x T_y/(kn) \\ SP_e &= \sum\sum(x-\bar{x}_i.)(y-\bar{y}_i.) = \sum\sum xy - \sum(T_{x_i.}T_{y_i.})/n \end{aligned}\right\} \qquad (9\text{-}2)$$

2）回归系数的计算及回归显著性检验

根据式（9-2）的数学模型，处理间的差异是由于处理效应 α_i 不同引起的，而误差则包括协变量 x 的影响和随机误差两部分，所以回归系数的计算在组内进行，于是有

$$b^* = SP_e/SS_{e_x} \tag{9-3}$$

回归关系的显著性可用 F 检验或 t 检验进行检验。这时误差项回归自由度 $df_{e_U}=1$，其回归平方和为

$$U_e = SS_{e_y} - b^* SP_e = SP_e^2/SS_{e_x} \tag{9-4}$$

误差项离回归平方和为

$$Q_e = SS_{e_y} - U_{e_y} = SS_{e_y} - SP_e^2/SS_{e_x} \tag{9-5}$$

离回归自由度为

$$df_{e_Q} = df_e - df_{e_U} = k(n-1)-1 \tag{9-6}$$

用 F 检验检验时，$df_1 = df_{e_U} = 1$，　$df_2 = df_{e_Q} = k(n-1)-1$，统计量

$$F = [k(n-1)-1]U_e/Q_e \tag{9-7}$$

3）矫正平均数的差异显著性检验

如果回归关系不显著，直接对试验结果进行方差分析；如果回归关系显著，则用回归系数对 y 进行校正，消除 x 的影响后，对校正后的数据进行方差分析。

要检验校正后的 y 值差异的显著性，在进行平方和的计算时，并不需要将各校正的 y 值求出后重新计算，统计学上已证明，校正后的总平方和、误差平方和及自由度等于相应变异项的离回归平方和及自由度。于是平方和与自由度如式（9-8）和式（9-9）所示。

$$\left. \begin{aligned} SS'_T &= SS_{T_y} - SP_T^2/SS_{T_x} \\ SS'_e &= SS_{e_y} - SP_e^2/SS_{e_x} \\ SS'_t &= SS'_T - SS'_e \end{aligned} \right\} \tag{9-8}$$

$$\left. \begin{aligned} df'_T &= (nk-1)-1 = nk-2 \\ df'_t &= k-1 \\ df'_e &= k(n-1)-1 \end{aligned} \right\} \tag{9-9}$$

根据平方和、自由度分别计算处理均方和误差均方，并进行 F 检验。

4）矫正平均数的多重比较

如果 F 检验处理间差异显著，需进行多重比较。进行多重比较时，需使用校正后的平均数。校正公式为

$$\bar{y}'_i = \bar{y}_i - b^* (\bar{x}_i - \bar{x}) \tag{9-10}$$

矫正平均数的比较可以使用 t 检验、LSD 法和 Duncan 法等。用 t 检验进行比较时，统计量

$$t = (\bar{y}'_i - \bar{y}'_j)/s'_d \tag{9-11}$$

其中：s'_d 为两矫正平均数差数间的标准误，计算公式为

$$s'_d = \sqrt{MS'_e\left[\frac{2}{n} + \frac{(\bar{x}_i - \bar{x}_j)^2}{SS_{e_x}}\right]} \tag{9-12}$$

当误差自由度较大（$df_e \geq 20$）且 x 的变异较小时，可采用 LSD 法、Duncan 法等。这时两矫正平均数差数间的标准误不再根据两组样本 x 均值差计算。对于 LSD 法，有

$$s'_d = \sqrt{\frac{2MS'_e}{n}\left[1 + \frac{SS_{t_x}}{(k-1)SS_{e_x}}\right]} \tag{9-13}$$

对于 Duncan 法，有

$$s'_d = \sqrt{\frac{MS'_e}{n}\left[1 + \frac{SS_{t_x}}{(k-1)SS_{e_x}}\right]} \tag{9-14}$$

9.2 单向分组资料的协方差分析

单向分组资料是具有一个协变量的单因素方差分析资料,协方差分析方法和过程如上节所述。

【例 9.1】 为寻找哺乳仔猪的食欲增进剂,以提高其断奶重,进行了试验。试验设对照、配方 1、配方 2、配方 3 共 4 个处理,重复 12 次,选择初始条件尽量相近的哺乳仔猪 48 头,完全随机分为 4 组进行试验,结果见表 9-2。试作分析。

表 9-2 不同食欲增进剂仔猪生长初生重(kg)与 50 日龄重(kg)

处　　理	对照		配方 1		配方 2		配方 3	
	初生重	50 日龄重	初生重	50 日龄重	初生重	50 日龄重	初生重	50 日龄重
	x	y	x	y	x	y	x	y
	1.50	12.4	1.35	10.2	1.15	10.0	1.20	12.4
	1.85	12.0	1.20	9.4	1.10	10.6	1.00	9.8
	1.35	10.8	1.45	12.2	1.10	10.4	1.15	11.6
	1.45	10.0	1.20	10.3	1.05	9.2	1.10	10.6
	1.40	11.0	1.40	11.3	1.40	13.0	1.00	9.2
x,y	1.45	11.8	1.30	11.4	1.45	13.5	1.45	13.9
	1.50	12.5	1.15	12.8	1.30	13.0	1.35	12.8
	1.55	13.4	1.30	10.9	1.70	14.8	1.15	9.3
	1.40	11.2	1.35	11.6	1.40	12.3	1.10	9.6
	1.50	11.6	1.15	8.5	1.45	13.2	1.20	12.4
	1.60	12.6	1.35	12.2	1.25	12.0	1.05	11.2
	1.70	12.5	1.20	9.3	1.30	12.8	1.10	11.0
$T_{x_i \cdot}, T_{y_i \cdot}$	18.25	141.8	15.40	130.1	15.65	144.8	13.85	133.8
$x_{i \cdot}, \bar{y}_{i \cdot}$	1.5208	11.8167	1.2833	10.8417	1.3042	12.0667	1.1542	11.1500

基础数据计算:

$k=4, n=12, kn=4 \times 12=48$;各处理总和、均值计算列入表 9-2 后两行。

$$T_x = \sum T_{x_i \cdot} = 18.25 + 15.40 + 15.65 + 13.85 = 63.15$$

$$C_x = T_x^2/(kn) = 63.15^2/48 = 83.082$$

$$T_y = \sum T_{y_i \cdot} = 141.8 + 130.1 + 144.8 + 133.8 = 550.5$$

$$C_y = T_y^2/(kn) = 550.5^2/48 = 6313.547$$

$$C_{xy} = T_x T_y/(kn) = 63.15 \times 550.5/48 = 724.252$$

$$\sum \sum x^2 = 1.50^2 + 1.85^2 + \cdots + 1.10^2 = 84.833$$

$$\sum \sum y^2 = 12.4^2 + 12.0^2 + \cdots + 11.0^2 = 6410.310$$

$$\sum\sum xy = 1.50 \times 12.4 + 1.85 \times 12.0 + \cdots + 1.10 \times 11.0 = 732.500$$

（1）平方和、乘积和与自由度的计算。

①x 变量的平方和

$$SS_{T_x} = \sum\sum x^2 - C_x = 84.833 - 83.082 = 1.751$$

$$SS_{t_x} = \sum T_{x_i}^2/n - C_x = (18.25^2 + 15.40^2 + \cdots + 13.85^2)/12 - 83.082 = 0.832$$

$$SS_{e_x} = SS_{T_x} - SS_{t_x} = 1.751 - 0.832 = 0.919$$

②y 变量的平方和

$$SS_{T_y} = \sum\sum y^2 - C_y = 6410.310 - 6313.547 = 96.763$$

$$SS_{t_y} = \sum T_{y_i}^2/n - C_y = (141.8^2 + 130.1^2 + \cdots + 133.8^2)/12 - 6313.547$$
$$= 11.681$$

$$SS_{e_y} = SS_{T_y} - SS_{t_y} = 96.763 - 11.681 = 85.082$$

③x 变量与 y 变量的乘积和

$$SP_T = \sum\sum xy - C_{xy} = 732.500 - 724.252 = 8.248$$

$$SP_t = \sum T_{x_i}\cdot T_{y_i}/n - C_{xy} = (18.25 \times 141.8 + 15.40 \times 130.1$$
$$+ \cdots + 13.85 \times 133.8)/12 - 724.252 = 1.635$$

$$SP_e = SP_T - SP_t = 8.248 - 1.635 = 6.613$$

④自由度

$$df_T = kn - 1 = 48 - 1 = 47$$

$$df_t = k - 1 = 4 - 1 = 3$$

$$df_e = df_T - df_t = k(n-1) = 4 \times (12-1) = 44$$

以上结果列于表 9-3，并分别对变量 x、y 进行方差分析。

表 9-3　初生重(kg)与 50 日龄重(kg)的方差分析表

变异源	df	x			y			F_α
		SS	MS	F	SS	MS	F	
组间	3	0.832	0.277	13.289**	11.681	3.894	2.014	$F_{0.05} = 2.816$
组内(误差)	44	0.919	0.021		85.082	1.934		$F_{0.01} = 4.261$
总变异	47	1.75			96.76			

结果表明，4 种处理的供试仔猪初生重间存在极显著差异，而 50 日龄的平均重差异不显著，所以需要进行协方差分析，以消除初生重不同对试验结果的影响，减小试验误差，揭示出可能被掩盖的处理间差异的显著性。

（2）回归关系的显著性检验。

①计算误差项回归系数 b^*：

$$b^* = SP_e/SS_{e_x} = 6.613/0.919 = 7.1998$$

②回归关系的显著性检验：

误差项回归平方和与自由度

$$U_e = SP_e^2/SS_{e_x} = 6.613^2/0.919 = 47.615, \quad df_{e_U} = 1$$

误差项离回归平方和

$$Q_e = SS_{e_y} - U_{e_y} = 85.082 - 47.615 = 37.468, \quad df_{e_Q} = df_e - 1 = 43$$

列回归关系显著性检验表,如表 9-4 所示。结果表明,误差项回归关系极显著,表明哺乳仔猪 50 日龄重与初生重间存在极显著的线性回归关系,需对 y 进行校正后再进行方差分析。

表 9-4 哺乳仔猪 50 日龄重(kg)与初生重(kg)的回归关系检验表

变异源	SS	df	MS	F	$F_{0.05}$	$F_{0.01}$
误差回归	47.615	1	47.615	54.645**	4.067	7.264
误差离回归	37.468	43	0.871			
误差总和	85.082	44				

(3)矫正平均数的差异显著性检验。

校正后 y 的总平方和、误差平方和及自由度等于相应变异项的离回归平方和及自由度。于是各项平方和与自由度为

$$SS'_T = SS_{T_y} - SP_T^2/SS_{T_x} = 96.763 - 8.248^2/1.751 = 57.902$$

$$df'_T = kn - 2 = 48 - 2 = 46$$

$$SS'_e = SS_{e_y} - SP_e^2/SS_{e_x} = 85.082 - 6.613^2/0.919 = 37.468$$

$$df'_e = k(n-1) - 1 = 44 - 1 = 43$$

$$SS'_t = SS'_T - SS'_e = 57.902 - 37.468 = 20.434$$

$$df'_t = k - 1 = 4 - 1 = 3$$

列方差分析表,如表 9-5 所示。

表 9-5 哺乳仔猪 50 日龄重(kg)与初生重(kg)的协方差分析表

变异源	df	SS_x	SS_y	SP	b	校正后的变异			F_a
						df'	SS'	MS'	
组间	3	0.832	11.681	1.635					
组内	44	0.919	85.082	6.613	7.1998	43	37.468	0.871	
总变异	47	1.751	96.763	8.248		46	57.902		
校正后的组间						3	20.434	6.812	7.817**

查 F 表:$df_1 = 3, df_2 = 43$ 时,$F_{0.05} = 2.822$,$F_{0.01} = 4.273$,由于 $F = 7.817 > F_{0.01}$,$P < 0.01$,表明对于校正后的 50 日龄重不同食欲增进剂配方间存在极显著差异。需进行多重比较,进一步检验不同处理间的差异显著性。

(4)矫正平均数的多重比较。

①矫正平均数的计算。

根据回归关系计算各处理的矫正平均数,计算公式为 $\bar{y}'_i = \bar{y}_i - b^*(\bar{x}_i - \bar{x})$,其中 $\bar{x}$ 为平均初生重,$\bar{x} = T_x/(kn) = 63.15/48 = 1.3156$,计算结果如表 9-6 所示。

②LSD 法多重比较。

$df'_e = 43$,且 x 的变异较小时,可选用 LSD 法、Duncan 法进行多重比较,这里用 LSD 法。标准误

$$s'_d = \sqrt{\frac{2MS'_e}{n}\left[1 + \frac{SS_{t_x}}{(k-1)SS_{e_x}}\right]} = \sqrt{\frac{2 \times 0.871}{12}\left(1 + \frac{0.832}{11 \times 0.919}\right)} = 0.4348$$

表 9-6 各处理的校正 50 日龄平均重(kg)计算表

处理	$\bar{x}_i.$	$\bar{x}_i.-\bar{x}$	$b^*(\bar{x}_i.-\bar{x})$	实际 50 日龄平均重	校正 50 日龄平均重
对照	1.5208	0.2052	1.4775	11.8167	10.3392
配方 1	1.2833	−0.0323	−0.2325	10.8417	11.0742
配方 2	1.3042	−0.0115	−0.0825	12.0667	12.1492
配方 3	1.1542	−0.1615	−1.1625	11.1500	12.3125

$df_e'=43$ 时,$t_{0.05}=2.017$,$t_{0.01}=2.695$,于是有

$$LSD_{0.05}=2.017\times0.4348=0.8769, \quad LSD_{0.01}=2.695\times0.4348=1.1718$$

不同食欲增进剂配方与对照校正 50 日龄平均重比较结果如表 9-7 所示。

表 9-7 不同食欲增进剂配方与对照间的效果比较

添 加 剂	校正 50 日龄平均重	对照校正 50 日龄平均重	差 数
配方 1	11.0742	10.3392	0.7350
配方 2	12.1492	10.3392	1.8100 **
配方 3	12.3125	10.3392	1.9733 **

结果表明:与对照的校正 50 日龄平均重相比,食欲增进剂配方 1 的差异不显著;食欲增进剂配方 2、配方 3 的差异极显著,它们均极显著高于对照。

如果需要进一步比较不同配方间的差异显著性,可采用 Duncan 法。

9.3 两向分组资料的协方差分析

两向分组资料,是含协变量无重复观测值的两因素方差分析资料,协方差分析的步骤与单向分组资料的完全相同,只是进行平方和与自由度的分解时,处理部分需分解为两项。

若试验设有 k 个处理,每个处理设 n 个重复,则 kn 对观测值可以按两向进行分组,其数据一般模式如表 9-8 所示。

表 9-8 两向分组协方差分析数据的一般模式

类	处理 1		…	处理 i		…	处理 k		总 和		平 均	
1	x_{11}	y_{11}	…	x_{i1}	y_{i1}	…	x_{k1}	y_{k1}	$T_{x.1}$	$T_{y.1}$	$\bar{x}._1$	$\bar{y}._1$
2	x_{12}	y_{12}	…	x_{i2}	y_{i2}	…	x_{k2}	y_{k2}	$T_{x.2}$	$T_{y.2}$	$\bar{x}._2$	$\bar{y}._2$
…	…	…	…	…	…	…	…	…	…	…	…	…
j	x_{1j}	y_{1j}	…	x_{ij}	y_{ij}	…	x_{kj}	y_{kj}	$T_{x.j}$	$T_{y.i}$	$\bar{x}._i$	$\bar{y}._i$
…	…	…	…	…	…	…	…	…	…	…	…	…
n	x_{1n}	y_{1n}	…	x_{in}	y_{in}	…	x_{kn}	y_{kn}	$T_{x.n}$	$T_{y.n}$	$\bar{x}._k$	$\bar{y}._k$
总和	$T_{x_1.}$	$T_{y_1.}$	…	$T_{x_i.}$	$T_{y_i.}$	…	$T_{x_k.}$	$T_{y_k.}$	T_x	T_y		
平均	$\bar{x}_1.$	$\bar{y}_1.$	…	$\bar{x}_i.$	$\bar{y}_i.$	…	$\bar{x}_k.$	$\bar{y}_k.$			$\bar{x}$	$\bar{y}$

与两因素方差分析平方和的分解类似,总乘积和分解为三部分

$$
\left.
\begin{aligned}
SP_T &= \sum\sum(x-\bar{x})(y-\bar{y}) = \sum\sum xy - T_x T_y/(kn) \\
SP_c &= k\sum(\bar{x}_{.j}-\bar{x})(\bar{y}_{.j}-\bar{y}) = \sum(T_{x_{.j}} T_{y_{.j}})/k - T_x T_y/(kn) \\
SP_g &= n\sum(\bar{x}_{i.}-\bar{x})(\bar{y}_{i.}-\bar{y}) = \sum(T_{x_{i.}} T_{y_{i.}})/n - T_x T_y/(kn) \\
SP_e &= SP_T - SP_c - SP_g
\end{aligned}
\right\} \quad (9\text{-}15)
$$

式中:$i=1,2,\cdots,k$;$j=1,2,\cdots,n$;SP_T、SP_c、SP_g、SP_e 的自由度分别为 $nk-1$、$n-1$、$k-1$ 和 $(n-1)(k-1)$。以例 9.2 为例,介绍两向分组资料协方差分析的过程。

【例 9.2】 研究施肥期和施肥量对某杂交水稻结实率的影响,共 14 个处理,两个区组。在试验过程中发现单位面积上的颖花数对结实率有明显的回归关系,因此对颖花数(x,万/m²)和结实率(y,%)进行测定,其结果如表 9-9 所示。试进行协方差分析。

表 9-9 某杂交水稻颖花数(x)与结实率(y)部分资料

处 理	区组								
	I		II		总和		平均		校正值
	x	y	x	y	$T_{x_{i.}}$	$T_{y_{i.}}$	$\bar{x}_{i.}$	$\bar{y}_{i.}$	$\bar{y}_{i.}$
1	4.59	58	4.32	61	8.91	119	4.455	59.5	64.76
2	4.09	65	4.11	62	8.20	127	4.100	63.5	66.03
3	3.94	64	4.11	64	8.05	128	4.025	64.0	65.95
4	3.90	66	3.57	69	7.47	135	3.735	67.5	67.22
5	3.45	71	3.79	67	7.24	138	3.620	69.0	67.83
6	3.48	71	3.38	72	6.86	143	3.430	71.5	68.87
7	3.39	71	3.03	74	6.42	145	3.210	72.5	68.18
8	3.14	72	3.24	69	6.38	141	3.190	70.5	66.02
9	3.34	69	3.04	69	6.38	138	3.190	69.0	64.52
10	4.12	61	4.76	54	8.88	115	4.440	57.5	62.65
11	4.12	63	4.75	56	8.87	119	4.435	59.5	64.61
12	3.84	67	3.60	62	7.44	129	3.720	64.5	64.10
13	3.96	64	4.50	60	8.46	124	4.230	62.0	65.53
14	3.03	75	3.01	71	6.04	146	3.020	73.0	67.22
T_j	52.39	937	53.21	910					
总和 T					105.60	1847			
平均值							3.7714	65.9643	

首先对两因素资料的平方和与自由度进行分解,结果列于表 9-10。根据式(9-15)计算平方和:

$$
\begin{aligned}
SP_T &= \sum\sum xy - T_x T_y/(kn) = 4.59\times58 + 4.09\times65 + \cdots + 3.01\times71 \\
&\quad -(105.6\times1847)/28 = -73.5986
\end{aligned}
$$

$$SP_c = \sum (T_{x_{.j}} T_{y_{.j}})/k - T_x T_y/(kn) = (52.39 \times 937 + 53.21 \times 910)/14$$
$$- (105.6 \times 1847)/28 = -0.7907$$

$$SP_g = \sum (T_{x_{i.}} T_{y_{j.}})/n - T_x T_y/(kn) = (8.91 \times 119 + 8.20 \times 127$$
$$+ \cdots + 6.04 \times 146)/2 - (105.6 \times 1847)/28 = -66.3636$$

$$SP_e = SP_T - SP_c - SP_g = -73.5986 - (-0.7907) - (-66.3636) = -6.4443$$

表 9-10　杂交水稻颖花数与结实率资料的平方和与乘积和

变异来源	SS_x	SS_y	SP
总变异	7.7343	802.9643	-73.5986
区组间	0.0240	26.0357	-0.7907
处理间	6.8731	694.4643	-66.3636
误差	0.8372	82.4643	-6.4443

根据以上结果,先对 x 和 y 分别进行方差分析,结果见表 9-11。

表 9-11　杂交水稻颖花数与结实率资料的方差分析

变异来源	df	x 变量			y 变量			$F_{0.05}$	$F_{0.01}$
		SS	s^2	F	SS	s^2	F		
区组间	1	0.0240	0.0240	0.3727	26.0357	26.0357	4.1044	4.67	9.07
处理间	13	6.8731	0.5287	8.2096**	694.4643	53.4203	8.4214**	2.57	3.90
误差	13	0.8372	0.0644		82.4643	6.3434			

表 9-11 表明,不同区组的颖花数(x)和结实率(y)均无显著差异,但不同施肥处理的 x 和 y 的差异均为极显著。在单因素资料的协方差分析中:如果 y 和 x 无关,上述推断是正确的;如果 y 和 x 有关,则不一定正确。因此,首先应明确 y 和 x 有无线性关系。

由表 9-11 的误差项可得线性回归的 U 和 Q:

$$U_e = SP_e^2/SS_{e_x} = (-6.4443)^2/0.8372 = 49.6046$$
$$Q_e = SS_{e_y} - U_{e_y} = 82.4643 - 49.6046 = 32.8597$$

对线性回归进行 F 检验(表 9-12),$F = 18.1151$,达到极显著水平。因此应对 y 值进行校正,并对矫正平均数进行显著性检验,才能明确不同区域或处理对结实率的效应。

表 9-12　杂交水稻颖花数与结实率资料误差项线性回归的显著性检验

变异来源	df	SS	s^2	F
线性回归	1	49.6046	49.6046	8.2096**
离回归	12	32.8597	2.7383	
总变异	13	82.4643		

表 9-9 的资料分为区组和处理两项,因此,检验矫正平均数的差异显著性需要逐项进行。检验处理的矫正平均数 $\bar{y}'_t$ 的差异显著时,需将处理间和误差项的 df、SS 和 SP 相加以代替总 df、SS 和 SP;检验区组的矫正平均数 $\bar{y}'_t$ 的差异显著时,需将区组间和误差项的 df、SS 和 SP 相加以代替总 df、SS 和 SP(这里的"处理间+误差项"和"区组间+误差项"相当于总变异)。因此,可以分别对两项矫正平均数的差异进行显著性检验。区组只是局部控制的一种手段,在

结果分析上只需剔除其影响,而不必对其效应进行研究,因此这里仅对处理的矫正平均数 $\bar{y}_i'$ 之间的差异显著性进行检验,结果列于表 9-13。

表 9-13　杂交水稻颖花数与结实率资料处理间矫正平均数的显著性检验

变 异 来 源	df	SS_x	SS_y	SP	b^*	校正值(离回归)变异的分析				
						df	Q	s^2	F	$F_{0.05}$
处理＋误差	26	7.7103	776.9286	−72.8079		25	89.4080			
处理	13	6.8731	694.4643	−66.3636						
误差	13	0.8372	82.4643	−6.4443	−7.6974	12	32.8597	2.7383		
矫正平均数的差异						13	56.5483	4.3499	1.5885	2.66

由表 9-12 可知,误差项线性回归达到极显著水平,所以可用表 9-13 中误差项回归系数 b^* 对各处理的 $\bar{y}_i$ 进行校正。$b^* = -7.6974$ 表示颖花数每增加 1 万/m²,结实率 y 下降7.6974%。将 $b^* = -7.6974$ 代入式(9-10),得

$$\bar{y}_i' = \bar{y}_i + 7.6974(\bar{x}_i - 3.7714)$$

上式可将各处理的结实率都校正到颖花数为 3.7714 万/m² 个的结实率,由此可计算各处理矫正平均数:

处理 1:$\bar{y}_1' = 59.5 + 7.6974 \times (4.455 - 3.7714) = 64.76$

处理 2:$\bar{y}_2' = 63.5 + 7.6974 \times (4.100 - 3.7714) = 66.03$

……

计算出的 $\bar{y}_i'$ 列于表 9-9 末列。它们已和单位面积上颖花数的多少无关,故在比较时更为真实。

但是,在未计算出 $\bar{y}_i'$ 之前,我们已由表 9-13 可知,其 F 未达到显著水平。这说明各处理矫正平均数 $\bar{y}_i'$ 之间无显著差异,因而不需要再对各矫正平均数间进行多重比较(如果 $\bar{y}_i'$ 间的 F 检验是显著的,则需要进行矫正平均数间的多重比较)。

综上所述,本试验的基本结论是:不同施肥量及施肥期,对该品种水稻单位面积上的颖花数和结实率都有极显著影响。但是,颖花数和结实率有极显著的线性回归关系,将各处理每平方米的颖花数都校正到同一水平,则不同的结实率无显著差异。因此,在本例中,不同施肥量及施肥期,对该品种水稻的结实率只有间接效应,而无显著的直接效应,即不同施肥量和施肥期造成了单位面积上颖花数的差异,进而造成结实率的差异。

9.4　协方差分析的作用

1.协变量与试验因素的区别

如果把协方差分析资料中的协变量看作多因素方差分析资料中的一个因素,则两类资料有相似之处,但两类资料有本质的不同。在方差分析中,各因素的水平是人为控制的,即使是随机因素也是人为选定的;而在协方差分析中,协变量不能人为控制。

例如,当考虑动物窝别对增重的影响时,一般可以把窝别当作随机因素,将不同窝看作不同水平,进行随机区组设计,同一窝的几只动物分别接受另一因素不同水平的处理,数据做方

差分析。

又如，如果考虑试验开始前动物初始体重的影响，以初始体重为一个因素，不同初始体重作为不同水平，进行随机区组设计，初始体重相同的动物为一组，分别接受另一因素不同水平的处理，数据做方差分析也无问题。

但是，如果可供试验的动物很少，初始体重又有明显差异，无法选到足够相同或相近体重的动物，就只好对不同初始体重的动物进行不同饲料配方的处理，此时应当认为初始体重 x 与增重 y 有回归关系，采用协方差分析的方法排除初始体重的影响，然后再来比较其他因素（如饲料种类、数量）对增重的影响。

消除初始体重影响的另一种方法是对最终体重与初始体重的差值即 $y-x$ 进行统计分析，但这种方法与协方差分析的生物学意义是不同的。对差值进行分析是假设初始体重对以后的体重增量没有任何影响，而协方差分析则是假设最终体重中包含初始体重的影响，这种影响的大小与初始体重成正比，即协方差分析是假设初始体重在以后的生长过程中也发挥作用，而对差值进行方差分析是假设初始体重以后不再发挥作用。

协方差分析过程包含对协变量影响是否存在及其大小等一系列统计检验与估计，它显然比对差值进行分析等方法有更广泛的适用范围，因此除非有明显证据说明对差值进行分析的生物学假设是正确的，一般情况下还是应采用协方差分析的方法。

这两种生物学假设显然不同，对于一种统计方法，不仅要注意它与其他方法在算法上的不同，更要注意算法背后的生物学假设有什么不同，这种深层次的理解有助于工作中选取正确的统计方法。

2.协方差分析的作用

协方差分析有三个方面的作用：一是对试验进行统计控制；二是对协方差组分进行估计（分析不同变异源的相关关系）；三是对缺失数据进行估计。

1) 对试验进行统计控制

为了提高试验的精确性和准确性，对处理以外的一切条件都需要采取有效措施严加控制，使它们在各处理间尽量一致，这称为试验控制（experimental control）。但在有些情况下，难以实现试验控制，需要辅助统计控制，经过统计学上的校正，使试验误差减小，对试验处理效应的估计更为准确。如果 y 的变异主要由 x 的不同造成（处理没有显著效应），则校正后的 y' 间将没有显著差异（但原 y 间的差异可能是显著的）。如果 y 的变异除去 x 不同的影响外，尚存在不同处理的显著效应，则可期望各 y' 间将有显著差异（但原 y 间差异可能是不显著的）。此外，校正后的 y' 和原 y 的大小次序也常不一致。因此，处理平均数的回归校正和矫正平均数的显著性检验，能够提高试验的准确性和精确性，从而更真实地反映试验处理的效应。

2) 估计协方差组分

将相关系数公式 $r = \dfrac{\sum(x-\bar{x})(y-\bar{y})}{\sqrt{\sum(x-\bar{x})^2 \sum(y-\bar{y})^2}}$ 右边分子、分母同除以自由度（$n-1$），得

$$r = \frac{\dfrac{\sum(x-\bar{x})(y-\bar{y})}{n-1}}{\sqrt{\dfrac{\sum(x-\bar{x})^2}{n-1}\dfrac{\sum(y-\bar{y})^2}{n-1}}} \tag{9-16}$$

其中，$\dfrac{\sum (x-\bar{x})^2}{n-1}$、$\dfrac{\sum (y-\bar{y})^2}{n-1}$ 分别为 x、y 的均方 MS_x、MS_y。类似地，将

$\dfrac{\sum (x-\bar{x})(y-\bar{y})}{n-1}$ 称为均积，记为 MP_{xy}，即

$$MP_{xy} = \frac{\sum (x-\bar{x})(y-\bar{y})}{n-1} = \frac{\sum xy - \dfrac{(\sum x)(\sum y)}{n}}{n-1} \tag{9-17}$$

于是相关系数 r 可表示为

$$r = \frac{MP_{xy}}{\sqrt{MS_x \cdot MS_y}} \tag{9-18}$$

均方 MS_x、MS_y 对应的参数为总体方差 σ_x^2、σ_y^2，均积对应的参数称为总体协方差（covariance），记为 COV_{xy} 或 σ_{xy}。统计学上可证明，均积 MP_{xy} 是协方差 COV_{xy} 的无偏估计量。均积与均方具有相似的形式，也有相似的性质。在方差分析中，一个变量的总平方和与自由度可按变异源进行剖分，从而求得相应的均方。统计学已证明：两个变量的总乘积和与自由度也可按变异源进行分解而获得相应的均积。这种把两个变量的总乘积和与自由度按变异源进行剖分并获得相应均积的方法也称为协方差分析。

在随机模型的方差分析中，根据均方 MS 和期望均方的关系，可以得到不同变异源的方差组分的估计值。同样，在随机模型的协方差分析中，根据均积 MP 和期望均积的关系，可得到不同变异源的协方差组分的估计值。有了这些估计值，就可进行相应的总体相关分析。

3）对缺失数据进行估计

利用方差分析对缺失数据进行估计，需以误差平方和最小为基础，会出现处理平方和向上偏倚的结果。如果利用协方差分析对缺失数据进行估计，即可保证误差平方和最小，又可避免处理平方和的偏倚。

习题

习题 9.1　什么是协方差分析？协方差分析的主要作用是什么？

习题 9.2　对试验进行统计控制的协方差分析的步骤有哪些？

习题 9.3　为使小麦变矮，增强抗倒伏力，喷洒了三种药物。x 为喷药前株高（cm），y 为喷药后株高（cm）。先进行单因素方差分析，再进行协方差分析，并对结果加以比较。

药物1	x	29	31	33	33	37	40
	y	112	106	115	117	120	117
药物2	x	40	41	43	46	48	49
	y	112	106	110	117	121	114
药物3	x	33	34	37	37	41	42
	y	107	112	117	109	120	116

习题 9.4 为比较三头公牛后代产奶量,收集以下数据:y 为头胎产奶量(kg/a),x 为产奶期间的平均体重(kg)。请进行统计检验。

A	x	364	368	397	317	348	407	319
	y	4370	4720	5310	3340	4360	5560	3360
B	x	344	330	336	352	267	315	
	y	2990	3820	4200	4490	3740	3920	
C	x	377	325	324	347	324		
	y	4700	5010	4160	3870	5510		

习题 9.5 一饲养试验,重复 9 次,共有 27 头猪参与试验,两个月增重(kg)资料如下。由于各个处理供试猪间初始体重差异较大,试对资料进行协方差分析。

2 号添加剂	初始体重 x	30.5	24.5	23.0	20.5	21.0	28.5	22.5	18.5	21.5
	增重 y	35.5	25.0	21.5	20.5	25.5	31.5	22.5	20.5	24.5
1 号添加剂	初始体重 x	27.5	21.5	20.0	22.5	24.5	26.0	18.5	28.5	20.5
	增重 y	29.5	19.5	18.5	24.5	27.5	28.5	19.0	31.5	18.5
对照组	初始体重 x	28.5	22.5	32.0	19.0	16.5	35.0	22.5	15.5	17.0
	增重 y	26.5	18.5	28.5	18.0	16.0	30.5	20.5	16.0	16.0

第**10**章 多元回归与相关分析

多元统计分析是在经典统计分析的基础上发展起来的统计学分支,是分析和处理多个变量之间关系的统计分析方法,主要包括回归与相关、聚类与判别和数据简化等。本章介绍多个变量的回归与相关分析方法。由于多元统计分析的数据大多需用矩阵的形式表示,并涉及矩阵的变换和运算,下文先简要回顾矩阵代数的基础知识。

10.1 矩阵知识回顾

10.1.1 矩阵的定义

1.矩阵

如果对 n 个个体的 p 个指标进行测量,则可得到 $p \times p$ 个数据,以个体为行、指标为列,可把 $n \times p$ 个数据排成一个 n 行 p 列的矩形数据列表。如果用 a_{ij} 表示第 i 行第 j 列的数据($i=1,2,\cdots,n; j=1,2,\cdots,p$),则数据列表为

$$\begin{pmatrix} a_{11} & a_{12} & \cdots & a_{1n} \\ a_{21} & a_{22} & \cdots & a_{2n} \\ \cdots & \cdots & \ddots & \cdots \\ a_{m1} & a_{m2} & \cdots & a_{mn} \end{pmatrix} \tag{10-1}$$

数学上把形如式(10-1)的 n 行 p 列数据列表称为 $n \times p$ 矩阵(matrix),其中 a_{ij} 称为矩阵的第 i 行 j 列的元素,并规定了其运算方法。

一般用加粗的斜体大写字母表示矩阵,如 A, B, C 等;要说明矩阵的行列规模,则在大写字母右边添加下标说明,如 $A_{n \times p}$ 表示 $n \times p$ 矩阵 A;要同时说明矩阵的规模和元素,则用加括号的矩阵元素加下标说明,如 $(a_{ij})_{n \times p}$ 表示元素为 a_{ij} 的 $n \times p$ 矩阵。

2.特殊矩阵

1) 向量和方阵

只有 1 行或 1 列的矩阵习惯上称为向量(vector),向量分为行向量和列向量;行数和列数相等的矩阵称为方阵(square matrix),称 $A_{n \times n}$ 为 n 阶方阵 A。

2) 对称矩阵、反对称矩阵、零矩阵

以主对角线为对称轴,两侧对称的元素相等的矩阵称为对称矩阵(symmetric matrix);主对角线上的元素全为零,主对角线两侧对称的元素互为相反数的矩阵称为反对称矩

(antisymmetric matrix);所有元素全为 0 的矩阵称为零矩阵(zero matrix),记为 $0n \times p$,不会混淆时简记为 **0**。

3)三角矩阵

矩阵从左上到右下的对角线称为主对角线。主对角线下方(或上方)的元素全为 0 的矩阵称为三角矩阵(triangular matrix),分为上三角矩阵和下三角矩阵。

4)对角矩阵、数量矩阵和单位矩阵

除主对角线外其他位置的元素全为 0 的矩阵称为对角矩阵(diagonal matrix),对角矩阵 **A** 记为 diag(**A**);主对角线上的元素全相等的对角矩阵称为数量矩阵(scalar matrix);主对角线上的元素全为 1 的对角矩阵称为单位矩阵(unit matrix),用 **E** 表示,单位矩阵具有数字"1"的性质。

10.1.2 矩阵的基本运算

1.矩阵相等

两个具有相同行数和列数的矩阵称为同型矩阵(homomorphic matrix);两个同型矩阵对应位置上的元素相等时称为两个矩阵相等。例如,$A = (a_{ij})_{n \times p}$,$B = (b_{ij})_{s \times t}$,当且仅当 $s = n$,$t = p$,$a_{ij} = b_{ij}$ 时,$A = B$。

2.矩阵的和(差)

矩阵的和(差)定义为两个同型矩阵对应位置上的元素相加(减)得到的新矩阵:$A \pm B = (a_{ij} \pm b_{ij})$。

3.矩阵的数乘

矩阵的数乘定义为数值与矩阵的每个元素相乘所得的新矩阵:$kA = k(a_{ij})_{n \times p} = (ka_{ij})_{n \times p}$。

4.矩阵的乘积

矩阵的乘积定义为前一矩阵第 i 行与后一矩阵第 j 列对应元素的乘积之和组成新矩阵第 i 行第 j 列的元素。前面的矩阵称为左乘矩阵,后面的矩阵称为右乘矩阵。如果 $A \times B = C$,$A = (a_{ij})_{n \times s}$,$B = (b_{ij})_{s \times p}$,$C = (c_{ij})_{n \times p}$,则 $c_{ij} = a_{i1}b_{1j} + a_{i2}b_{2j} + \cdots + a_{is}b_{sj} = \sum_{k=1}^{s} a_{ik}b_{kj}$。需要注意:左乘矩阵的列数与右乘矩阵的行数相同;矩阵乘法不满足交换律,$AB \neq BA$。

5.矩阵的转置

矩阵的转置指互换矩阵行与列的位置,转置后的矩阵称为原矩阵的转置矩阵(transposed matrix),A 的转置矩阵记为 A',$A_{n \times p}$ 的转置矩阵为 $A'_{p \times n}$。

6.矩阵的初等变换

矩阵的初等变换(elementary transformation)指以下三种变换:①对换矩阵的某两行(列)元素;②用一个非零数 k 乘以矩阵的某一行(列)的元素;③矩阵的某行(列)元素的 k 倍,加到另一行(列)的对应元素。对行进行的初等变换称为初等行变换,对列进行的初等变换称为初等列变换。

初等变换是矩阵运算的重要方法,可以通过初等变换求逆矩阵、矩阵的特征根和特征向量等。

10.1.3 矩阵相关概念

1.线性无关

如果一组向量$\{x_1, x_2, \cdots, x_p\}$中的任何一个都不能表示成其他向量的线性组合,称该组向量线性无关(linear independence)或线性独立。

2.正交矩阵

如果两个向量的内积为0,称两个向量正交;满足$X'X = E$的矩阵X称为正交矩阵(orthogonal matrix)。

3.逆矩阵

对于n阶方阵A,如果存在一个同阶方阵B,使得$AB = BA = E$,则称矩阵A可逆,矩阵B为矩阵A的逆矩阵(inverse matrix)。A的逆矩阵记为A^{-1}。

4.矩阵的秩

矩阵中线性独立的行(列)向量个数称为矩阵的秩(rank)。矩阵A的秩记为$\text{rank}(A)$,列秩与行秩相等。如果方阵的秩与阶数相同,称矩阵满秩。

5.矩阵的特征根和特征向量

对于n阶方阵A,如果存在数λ和非零向量γ,使$AX = \lambda X (X \neq 0)$,则称$\lambda$是矩阵$A$的特征根(characteristic root,又称特征值),X是矩阵A属于特征根λ的特征向量(characteristic vector)。线性无关的特征根和特征向量在统计学中有重要意义。

10.2 多元线性回归

多元线性回归(multiple linear regression)是具有一个因变量和多个(两个或以上)自变量的线性回归,是直线回归的扩展,其模型和计算过程与直线回归类似,只是在计算上更为复杂。

10.2.1 回归方程建立

设y是一个可观测的随机变量,受到m个非随机因素$x_1, x_2, \cdots, x_m$和随机因素ε的影响,如果y与$x_1, x_2, \cdots, x_m$间存在线性关系,则

$$Y_i = \alpha + \beta_1 x_1 + \beta_2 x_2 + \cdots + \beta_m x_m + \varepsilon_i \tag{10-2}$$

式中:α为截距;$\beta_j (j = 1, 2, \cdots, m)$为其他因素固定不变时,因素$x_j$变动一个单位时$y$变动的单位数,称为因素$x_j$对$y$的偏回归系数(partial regression coefficient);ε_i为随机误差,服从$N(0, \sigma_y^2)$的正态分布,其中σ_y^2为离回归方差,其平方根σ_y为离回归标准差,又称回归估计标准误。

用个体数据表示时,多元线性回归模型为

$$\hat{y} = a + b_1 x_1 + b_2 x_2 + \cdots + b_m x_m \tag{10-3}$$

建立回归方程的过程,是求一组偏回归系数$b_1, b_2, \cdots, b_m$,使离回归平方和$Q = \sum(y - \hat{y})^2 = \sum[(y - \bar{y}) - b_1(x_1 - \bar{x}_1) - b_2(x_2 - \bar{x}_2) - \cdots - b_m(x_m - \bar{x}_m)]^2$最小的过程。

令$Y = y - \bar{y}, X_1 = x_1 - \bar{x}_1, X_2 = x_2 - \bar{x}_2, \cdots, X_m = x_m - \bar{x}_m$,则

$$Q = \sum(Y - b_1 X_1 - b_2 X_2 - \cdots - b_m X_m)^2$$

根据最小二乘法的原理,要使 Q 有最小值,需 $b_1, b_2, \cdots, b_m$ 的偏微分方程的值为 0,即

$$\begin{cases} \partial Q/\partial b_1 = -2\sum(Y - b_1 X_1 - b_2 X_2 - \cdots - b_m X_m)X_1 = 0 \\ \partial Q/\partial b_2 = -2\sum(Y - b_1 X_1 - b_2 X_2 - \cdots - b_m X_m)X_2 = 0 \\ \qquad\vdots \qquad\quad \vdots \qquad\quad \vdots \qquad\quad \vdots \qquad\quad \vdots \qquad\qquad \vdots \\ \partial Q/\partial b_m = -2\sum(Y - b_1 X_1 - b_2 X_2 - \cdots - b_m X_m)X_m = 0 \end{cases}$$

经整理,并将平方和 $\sum X_i^2$ 记为 SS_i,乘积和 $\sum X_i X_j$ 记为 SP_{ij},$\sum X_i Y$ 记为 SP_{iy},得正规方程组

$$\begin{cases} b_1 SS_1 + b_2 SP_{12} + \cdots + b_m SP_{1m} = SP_{1y} \\ b_1 SP_{21} + b_2 SS_2 + \cdots + b_m SP_{2m} = SP_{2y} \\ \quad\vdots \qquad\quad \vdots \qquad\qquad \vdots \qquad\quad \vdots \\ b_1 SP_{m1} + b_2 SP_{m2} + \cdots + b_m SS_m = SP_{my} \end{cases} \tag{10-4}$$

用矩阵形式表示为

$$\begin{pmatrix} SS_1 & SP_{12} & \cdots & SP_{1m} \\ SP_{21} & SS_2 & \cdots & SP_{2m} \\ \vdots & \vdots & \ddots & \vdots \\ SP_{m1} & SP_{m2} & \cdots & SS_{mm} \end{pmatrix} \times \begin{pmatrix} b_1 \\ b_2 \\ \vdots \\ b_m \end{pmatrix} = \begin{pmatrix} SP_{1y} \\ SP_{2y} \\ \vdots \\ SP_{my} \end{pmatrix} \tag{10-5}$$

如果将系数矩阵记为 $\boldsymbol{A}$,偏相关系数矩阵记为 $\boldsymbol{b}$,常数矩阵记为 $\boldsymbol{K}$,上式可写作:$\boldsymbol{Ab} = \boldsymbol{K}$。如果系数矩阵 $\boldsymbol{A}$ 的逆矩阵为 $\boldsymbol{A}^{-1}$,则 $\boldsymbol{b} = \boldsymbol{A}^{-1}\boldsymbol{K}$。如果 $\boldsymbol{A}^{-1} = (c_{ij})_{m \times m}$,则

$$\begin{pmatrix} b_1 \\ b_2 \\ \vdots \\ b_m \end{pmatrix} = \begin{pmatrix} c_{11} & c_{12} & \cdots & c_{1m} \\ c_{21} & c_{22} & \cdots & c_{2m} \\ \vdots & \vdots & \ddots & \vdots \\ c_{m1} & c_{m2} & \cdots & c_{mn} \end{pmatrix} \times \begin{pmatrix} SP_{1y} \\ SP_{2y} \\ \vdots \\ SP_{my} \end{pmatrix} \tag{10-6}$$

然后可通过截距

$$a = \bar{y} - b_1 \bar{x}_1 - b_2 \bar{x}_2 - \cdots - b_m \bar{x}_m \tag{10-7}$$

建立因变量 y 与自变量 $x_1, x_2, \cdots, x_m$ 的 m 元线性回归方程。

【例 10.1】　云南省主要城市气象站监测的年均温度和主要环境要素数据如表 10-1 所示。试建立年均温度与环境要素间关系的线性回归方程。

表 10-1　云南省主要城市气象站点年均温度

站　　点	海拔 (x_1,m)	经度 (x_2,°)	纬度 (x_3,°)	年均温度 (y,℃)	站　　点	海拔 (x_1,m)	经度 (x_2,°)	纬度 (x_3,°)	年均温度 (y,℃)
香格里拉	3276.1	99.70	27.83	5.4	楚雄	1772.0	101.55	25.04	15.6
昭通	1949.5	103.71	27.34	11.6	玉溪	1636.8	102.54	24.36	16.2
丽江	2393.2	100.24	26.88	11.7	临沧	1502.4	100.08	23.88	17.2
曲靖	1898.7	103.82	25.61	14.5	思茅	1302.1	100.97	22.78	17.8
昆明	1891.2	102.68	25.02	14.7	文山	1271.6	104.24	23.37	17.8
大理	1990.5	100.22	25.60	15.0	蒙自	1300.7	103.40	23.37	18.6
怒江	1804.9	98.85	25.86	15.1	德宏	913.8	98.59	24.44	19.5
保山	1653.5	99.16	25.13	15.5	景洪	552.7	100.79	22.01	21.9

根据表 10-1 的数据,进行基础数据计算:

$$\bar{x}_1 = 1694.356 \qquad \bar{x}_2 = 101.284 \qquad \bar{x}_3 = 24.908 \qquad \bar{y} = 15.506$$

$$SS_1 = 5683876.899 \qquad SS_2 = 53.346 \qquad SS_3 = 39.533 \qquad SS_y = 214.249$$

$$SP_{12} = -1433.669 \qquad SP_{13} = 13090.384 \qquad SP_{23} = -6.231$$

$$SP_{1y} = -34062.926 \qquad SP_{2y} = 5.915 \qquad SP_{3y} = -83.746$$

可建立三元正规方程组:

$$\begin{pmatrix} 5683876.899 & -1433.669 & 13090.384 \\ -1433.669 & 53.346 & -6.231 \\ 13090.384 & -6.231 & 39.533 \end{pmatrix} \times \begin{pmatrix} b_1 \\ b_2 \\ b_3 \end{pmatrix} = \begin{pmatrix} -34062.926 \\ 5.915 \\ -83.746 \end{pmatrix}$$

得到系数矩阵的逆矩阵,并代入得

$$\begin{pmatrix} b_1 \\ b_2 \\ b_3 \end{pmatrix} = \begin{pmatrix} 0.000001 & -0.000009 & -0.000248 \\ -0.000009 & 0.019205 & 0.005995 \\ -0.000248 & 0.005995 & 0.108431 \end{pmatrix} \times \begin{pmatrix} -34062.926 \\ 5.915 \\ -83.746 \end{pmatrix}$$

于是 $b_1 = -0.0047$, $b_2 = -0.0832$, $b_3 = -0.5903$;代入式(10-7),计算得 $a = 46.5195$。

于是三元线性回归方程为

$$y = 46.5195 - 0.0047x_1 - 0.0832x_2 - 0.5903x_3$$

10.2.2 回归方程和偏回归系数检验

和直线回归一样,建立的多元线性回归方程仍然需要进行显著性检验,达到显著水平的线性回归方程才有意义。

1.回归方程的检验

与直线回归类似,因变量 y 的总平方和(SS_y)分解为回归平方和 U_y 和离回归平方和 Q_y 两部分。回归平方和 U_y 为回归关系形成的部分,其自由度为 $df_R = m$,根据定义

$$U_y = b_1 SP_{1y} + b_2 SP_{2y} + \cdots + b_m SP_{my} \qquad (10-8)$$

离回归平方和 Q_y 即实际观测值 y 和线性回归方程的估计值 $\hat{y}$ 之间的差,为

$$Q_y = SS_y - U_y \qquad (10-9)$$

总自由度为 $df_T = n - 1$,除去回归自由度 $df_R = m$,离回归自由度 $df_e = (n-1) - m = n - m - 1$。

与直线回归的检验类似,假设 $H_0 : \beta_1 = \beta_2 = \cdots = \beta_m = 0$,$H_A : \beta_1, \beta_2, \cdots, \beta_m$ 不全为零。用 F 检验进行检验:

$$F = \frac{U_y / m}{Q_y / (n - m - 1)} \qquad (10-10)$$

服从 $df_1 = m$,$df_2 = n - m - 1$ 的 F 分布。根据计算的 F 值计算对应的概率推断回归关系的显著性。

2.偏回归系数的检验

根据假设 $H_A : \beta_1, \beta_2, \cdots, \beta_m$ 不全为零,并不是说 β_i 均不为零,所以需逐个对 β_i 进行检验,只有所有自变量的偏回归系数都达到显著水平时,回归方程才是最优回归方程。

偏回归系数 β_i 的显著性检验假设为 $H_0 : \beta_i = 0$,$H_A : \beta_i \neq 0$。具体可以采用 t 检验或 F 检验进行检验。

1）t 检验

偏回归系数 b_i 的标准误为 s_{b_i}：

$$s_{b_i} = s_y \sqrt{c_{ii}} \tag{10-11}$$

式中：s_y 为因变量 y 的标准误，即 $s_y = \sqrt{Q_y/(n-m-1)}$；c_{ii} 为建立线性回归方程时系数矩阵 $\boldsymbol{A}$ 的逆矩阵 $\boldsymbol{A}^{-1}$ 主对角线上对应自变量 x_i 的元素。

由于 $b_i - \beta_i/s_{b_i}$ 符合 $df = n-m-1$ 的 t 分布，所以在假设 H_0 为 $\beta_i = 0$ 时，根据

$$t = b_i/s_{b_i} \tag{10-12}$$

可检验 b_i 来自 $\beta_i = 0$ 的总体的概率。

2）F 检验

多元线性回归中，U_y 总是随着 m 的增加而增大，增加自变量 x_i 后增加的平方和 U_i，称为 y 在 x_i 上的偏回归平方和。计算公式为

$$U_i = b_i^2/c_{ii} \tag{10-13}$$

由于增加变量 x_i 后增加的自由度为 1，所以由

$$F = \frac{U_i}{Q_y/(n-m-1)} \tag{10-14}$$

也可检验 b_i 来自 $\beta_i = 0$ 的总体的概率。实际上 t 检验与 F 检验结果一致：

$$F = \frac{U_i}{Q_y/(n-m-1)} = \frac{b_i^2/c_{ii}}{s_y^2} = \left(\frac{b_i}{s_y \sqrt{c_{ii}}}\right)^2 = \left(\frac{b_i}{s_{b_i}}\right)^2 = t^2$$

对于偏回归系数的检验，t 检验和 F 检验的结果是完全一致的，选用其中之一即可。

【例 10.2】　检验例 10.1 建立的线性回归方程和偏回归系数的显著性。

根据例 10.1 的计算结果，计算 F 值及其对应的概率如表 10-2 所示。

表 10-2　线性回归关系的方差分析

变异来源	SS	df	MS	F	$F_{0.05}$	$F_{0.01}$	P
回归	207.4851	3	69.1617	122.6948	3.490	5.953	<0.001
离回归	6.7643	12	0.5637				
总变异	214.2494	15					

根据方差分析表，由于 $F = 122.6948$，对应概率 $P < 0.001$，所以拒绝 H_0，接受 H_A。推断为云南气候站点的年均温度与海拔、经度和纬度建立的线性回归方程达到极显著水平。

分别用 t 检验和 F 检验对偏回归系数进行检验：

首先计算 $s_y = \sqrt{Q_y/(n-m-1)} = \sqrt{6.7643/12} = 0.7508$，顺次计算其他统计量，结果整理如表 10-3 所示。

表 10-3　线性回归方程的偏回归系数检验

自变量	b_i	c_{ii}	$s_{b_i} = s_y \sqrt{c_{ii}}$	$t = b_i/s_{b_i}$	$U_i = b_i^2/c_{ii}$	$F = U_i/s_{b_i}^2$	P
海拔 x_1	−0.0047	0.0000	0.0006	−7.1806	29.0643	51.5608	<0.001
经度 x_2	−0.0832	0.0192	0.1040	−0.7993	0.3601	0.6389	0.4396
纬度 x_3	−0.5903	0.1084	0.2472	−2.3878	3.2140	5.7017	0.0343

根据表 10-3，海拔（x_1）的偏回归系数 b_1 达到极显著水平（$P < 0.001$），经度（x_2）的偏回归系数 b_2 未达到显著水平（$P = 0.4396, P > 0.05$），纬度（x_{13}）的偏回归系数 b_3 达到显著水平（$P = 0.0343, P < 0.05$）。

10.2.3　逐步回归

在建立的线性回归方程中，只要有一个因素的偏回归系数达到显著水平，根据回归平方的计算原理，线性回归方程总能达到显著水平。所以与直线回归不同，在多元线性回归中，偏回归系数的显著性与线性回归方程的显著性不同。上例中，年均温度与海拔、经度、纬度的线性回归方程达到极显著水平，但偏回归系数中经度未达到显著水平。

由于线性回归方程中含有不显著的因素时线性回归方程也可能显著，为使方程能正确表达变量间的关系，需要剔除线性回归方程中不显著的自变量，保证在线性回归方程中的自变量的偏回归系数均达到显著水平，这时的线性回归方程称为最优线性回归方程（optimal linear regression equation）。

建立最优线性回归方程采用逐步回归（stepwise regression）方法。逐步回归分为逐步引入自变量和逐步剔除自变量两种方法。

1.逐步引入自变量的方法

①用每个自变量与因变量建立直线线性回归方程（或计算相关系数）并进行显著性检验。

②按回归系数（或相关系数）的显著性顺序依次引入自变量建立线性回归方程并进行偏回归系数检验。

③直到引入自变量后该自变量的偏回归系数不显著为止。

2.逐步剔除自变量的方法

①用所有自变量与因变量建立线性回归方程并进行显著性检验。

②回归方程检验显著时，对偏回归系数进行显著性检验。

③存在不显著的偏回归系数时从偏回归系数最不显著的自变量开始，每次剔除一个自变量。

④重新建立线性回归方程直到方程中所有自变量的偏回归系数均显著为止。

两种方法建立的最优线性回归方程可能不同。差异在于逐步引入自变量的方法使用的是单个变量回归系数（或简单相关系数），强调自变量的单独作用；逐步剔除自变量的方法使用的是偏回归系数，强调自变量的综合作用。

【例 10.3】　用表 10-1 的数据建立了年均温度与海拔（x_1）、经度（x_2）、纬度（x_3）的最优线性回归方程。

根据例 10.1 及例 10.2 的计算结果，线性回归方程为
$$y = 46.5195 - 0.0047x_1 - 0.0832x_2 - 0.5903x_3$$
经度（x_2）的偏回归系数 b_2 未达到显著水平，所以先去除经度（x_2）重新建立线性回归方程，得
$$y = 37.5153 - 0.0047x_1 - 0.5644x_3$$

对新建立的线性回归方程进行检验，$F = 188.9717$，$P < 0.001$；对偏回归系数进行检验，$t_1 = -7.3639$，$P < 0.001$，$t_2 = -2.3354$，$P = 0.0362$。由于偏回归系数 b_1、b_3 均达到显著水平，故此方程为最优线性回归方程。

根据上式，在云南，海拔升高 100 m 年均温度约降低 0.47 ℃，纬度增加 1°年均温度约降低 0.5644 ℃。

如果采用逐步引入自变量的方法，自变量海拔（x_1）、经度（x_2）、纬度（x_3）与年均温度（y）的相关系数分别为 -0.9761、0.055、-0.9100，先建立海拔（x_1）与年均温度（y）的直线线性回归

方程,然后引入纬度(x_3),最后引入经度(x_2),结果经度(x_2)的偏回归系数 b_2 达不到显著水平。

10.2.4　通径分析

由于偏回归系数带有单位,所以不能通过比较偏回归系数的大小来比较自变量对因变量相对影响的大小。为判断自变量对因变量相对影响的大小,需对偏回归系数进行标准化处理,去除单位后,用标准化的偏回归系数来进行比较。标准化后的偏回归系数称为通径系数(path coefficient),记为 p_i,表示自变量 x_i 对因变量 y 的直接影响程度。

通径系数定义为偏回归系数与变量标准差比的乘积。即

$$p_i = b_i \cdot \frac{s_i}{s_y} = b_i \sqrt{\frac{SS_i}{SS_y}} \tag{10-15}$$

令 $y' = \dfrac{y - \bar{y}}{\sqrt{SS_y}}, x'_i = \dfrac{x_i - \bar{x}_i}{\sqrt{SS_i}}$ $(i=1,2,\cdots,m)$,将式(10-15)代入式(10-3),得标准化的回归方程:

$$\hat{y}' = p_1 x'_1 + p_2 x'_2 + \cdots + p_m x'_m \tag{10-16}$$

由于标准化的回归方程为原回归方程的变形,所以标准化的回归方程与原多元线性回归方程的显著性一致;同理,通径系数为偏回归系数的变形,通径系数与偏回归系数的显著性水平一致。

【例 10.4】　计算表 10-1 中海拔(x_1)、纬度(x_3)与年均温度(y)间的通径系数。

将例 10.1 中计算的 b_1、SS_1 和 SS_y 代入式(10-15),得

$$p_1 = b_1 \sqrt{\frac{SS_1}{SS_y}} = -0.0047 \times \sqrt{\frac{5683876.899}{214.249}} = -0.7644$$

同理可计算 $p_3 = -0.2424$。标准化的最优线性回归方程为

$$y = -0.7644 x_1 - 0.2424 x_3$$

结果表明,在云南省,海拔(x_1)对年均温度(y)的影响较纬度(x_3)的影响更大。

10.2.5　多项式回归

多项式回归属于单自变量曲线回归,但由于其形式和求解方法与多元线性回归相似,放在本节说明。多项式回归的数学模型为

$$\hat{y} = a + b_1 x + b_2 x^2 + \cdots + b_m x^m \tag{10-17}$$

令 $\boldsymbol{x}_i = (1, x_i, x_i^2, \cdots, x_i^m)$ $(i=1,2,\cdots,n)$,$\boldsymbol{X} = (\boldsymbol{x}_1, \boldsymbol{x}_2, \cdots, \boldsymbol{x}_n)'$,$\boldsymbol{Y} = (y_1, y_2, \cdots, y_n)'$,$\boldsymbol{b} = (a, b_1, b_2, \cdots, b_m)'$,则

$$\boldsymbol{Xb} = \boldsymbol{Y} \tag{10-18}$$

由于 $\boldsymbol{X}$ 不可逆,两边同时乘以 $\boldsymbol{X}'$ 得,$\boldsymbol{X}'\boldsymbol{Xb} = \boldsymbol{X}'\boldsymbol{Y}$,两边在同时乘以 $\boldsymbol{X}'\boldsymbol{X}$ 的逆矩阵,则

$$\boldsymbol{b} = (\boldsymbol{X}'\boldsymbol{X})^{-1}(\boldsymbol{X}'\boldsymbol{Y}) \tag{10-19}$$

进行回归方程的显著性检验时,可以直接用原始数据计算平方和:$SS_y = \boldsymbol{Y}'\boldsymbol{Y} - (\boldsymbol{1}'\boldsymbol{Y})^2/n$,$U_y = \boldsymbol{b}'\boldsymbol{X}'\boldsymbol{Y} - (\boldsymbol{1}'\boldsymbol{Y})^2/n$,$Q_y = \boldsymbol{Y}'\boldsymbol{Y} - \boldsymbol{b}'\boldsymbol{X}'\boldsymbol{Y}$;检验偏回归系数的显著性时,$U_i = b_i^2/c_{ii}$,$c_{ii}$ 为矩阵 $(\boldsymbol{X}'\boldsymbol{X})^{-1}$ 对角线上的元素。和多元线性回归一样,当检验结果存在不显著的偏回归系数时,需逐步剔除不显著的项重新建立回归方程。

如果令 $x_1 = x$，$x_2 = x^2$，$\cdots$，$x_m = x^m$，则式(10-3)的多元线性回归方程和多项式回归方程的形式一致，多元线性回归方程也可以直接用原始数据求解。

【例 10.5】 口服某种药物后，每隔一小时测定血液中的药物浓度(mg/L)，5 个个体的平均结果如表 10-4 所示。试分析血药浓度(y)与时间(x)的关系。

表 10-4 服药后时间和血药浓度

服药后时间(x,h)	1	2	3	4	5	6	7	8	9
血药浓度(y,mg/L)	21.89	47.13	61.86	70.78	72.81	66.36	50.34	25.31	3.17

根据专业知识，药物进入体内后，通过吸收进入血液，血液中的药物浓度逐渐升高，然后随着代谢逐渐降低，所以其过程曲线为抛物线，用二次多项式来建立回归方程。

根据表 10-4 的数据，先计算各 x_i^2，得数据矩阵 $\boldsymbol{X}'$、$\boldsymbol{Y}'$

$$\boldsymbol{X}' = \begin{pmatrix} 1 & 1 & 1 & 1 & 1 & 1 & 1 & 1 & 1 \\ 1 & 2 & 3 & 4 & 5 & 6 & 7 & 8 & 9 \\ 1 & 4 & 9 & 16 & 25 & 36 & 49 & 64 & 81 \end{pmatrix}$$

$$\boldsymbol{Y}' = (21.89 \quad 47.13 \quad 61.86 \quad 70.78 \quad 72.81 \quad 66.36 \quad 50.34 \quad 25.31 \quad 3.17)$$

计算矩阵 $\boldsymbol{X}'\boldsymbol{X}$，$(\boldsymbol{X}'\boldsymbol{X})^{-1}$，$\boldsymbol{X}'\boldsymbol{Y}$

$$\boldsymbol{X}'\boldsymbol{X} = \begin{pmatrix} 9 & 45 & 285 \\ 45 & 285 & 2025 \\ 285 & 2025 & 15333 \end{pmatrix},$$

$$(\boldsymbol{X}'\boldsymbol{X})^{-1} = \begin{pmatrix} 1.61905 & -0.67857 & 0.05952 \\ -0.67857 & 0.34134 & -0.03247 \\ 0.05952 & -0.03247 & 0.00325 \end{pmatrix}, \quad \boldsymbol{X}'\boldsymbol{Y} = \begin{pmatrix} 419.65 \\ 1930.45 \\ 10452.11 \end{pmatrix}$$

于是

$$\boldsymbol{b} = (\boldsymbol{X}'\boldsymbol{X})^{-1}(\boldsymbol{X}'\boldsymbol{Y}) = \begin{pmatrix} 1.61905 & -0.67857 & 0.05952 \\ -0.67857 & 0.34134 & -0.03247 \\ 0.05952 & -0.03247 & 0.00325 \end{pmatrix} \times \begin{pmatrix} 419.65 \\ 1930.45 \\ 10452.11 \end{pmatrix} = \begin{pmatrix} -8.3655 \\ 34.8269 \\ -3.7624 \end{pmatrix}$$

即 $a = -8.3655$，$b_1 = 34.8269$，$b_2 = -3.7624$。二次多项式回归方程为

$$y = -8.3655 + 34.8269x - 3.7624x^2$$

对回归方程进行检验，$df_1 = 2$，$df_2 = 6$，$F = 481.1703$，$P < 0.001$，回归方程极显著；对偏回归系数进行检验，$df_1 = 1$，$df_2 = 6$，$F_1 = 708.1099$，$P < 0.001$，$F_2 = -868.8231$，$P < 0.001$，两个偏回归系数均极显著，表明血药浓度和服药时间存在极显著的二次曲线回归关系。

10.3 多元相关分析

多个自变量间的相关分析，可以直接计算两个变量间简单相关系数(即直线相关系数)，也可以在保持其他变量不变的情况下计算两个变量之间的偏相关系数，还可以计算一个变量与一组变量间的复相关系数，或把变量分为两组来计算典型相关系数。

10.3.1 复相关分析

复相关分析是研究多个自变量与因变量间的总相关的统计分析方法。多个自变量与因变

量间的相关系数称为复相关系数(multiple correlation coefficient),表示一组自变量与因变量间关系的总的密切程度。以大写字母 R 表示。

由于 m 个自变量对 y 的平方和为 U_y,U_y 占 y 的平方和 SS_y 的比例越大,则表明 y 和这 m 个自变量的关系越密切。所以复相关系数定义为多元线性回归平方和与总变异平方和比值的平方根,即

$$R = \sqrt{\frac{U_y}{SS_y}} \tag{10-20}$$

R 的取值范围为 $[0,1]$,且随 m 的增大而增加,其值比任何一个自变量与 y 的相关系数的绝对值都大。复相关系数的检验使用 F 检验。假设为 $H_0:\rho=0,H_A:\rho\neq0$,则基于 H_0 有

$$F = \frac{df_2 R^2}{df_1(1-R^2)} = \frac{(n-m-1)R^2}{m(1-R^2)} \tag{10-21}$$

服从 $df_1=m,df_2=n-m-1$ 的 F 分布。R 的显著性与多元线性回归方程的显著性一致。

【例 10.6】　对表 10-1 的数据中年均温度与海拔(x_1)、经度(x_2)、纬度(x_3)进行复相关分析。

根据例 10.1 的计算结果,$U_y=207.4851$,$SS_y=214.249$,有

$$R = \sqrt{U_y/SS_y} = \sqrt{207.4851/214.249} = 0.9841$$

$$F = \frac{(n-m-1)R^2}{m(1-R^2)} = \frac{12 \times 0.9841^2}{3 \times (1-0.9841^2)} = 122.6948(P < 0.001)$$

复相关系数的平方叫做决定系数,用 R^2 表示。决定系数表示的是回归平方和占 y 的总平方和的比例,即 y 的总变异中可以用自变量的变化来解释的部分。

上例 $R^2=0.9684$,表示年均温度的变化有 96.84% 可以用海拔、经度和纬度的变化来解释,或者说年均温度的变化中,96.84% 是由海拔、经度和纬度决定的。

10.3.2　偏相关分析

1.偏相关系数

在多个变量间的关系研究中,由于变量间相互影响,要正确反映两个变量间的关系,需消除其他变量的影响,这种排除其他变量影响后的两个变量之间的相关分析称为偏相关分析;在其他变量保持不变的情况下表示两个变量间相关程度的指标称为偏相关系数(partial correlation coefficient)。与之对应,未排除其他变量影响的两个变量间的相关系数称为简单相关系数(simple correlation coefficient)。

偏相关系数用带下标的 r 表示,为区分方便,偏相关系数的下标后加".",而简单相关系数不加"."。例如,r_{12} 表示 x_1 与 x_2 的简单相关系数,$r_{12.}$ 表示去除其他变量影响后 x_1 与 x_2 的偏相关系数。

2.偏相关系数的计算

计算系数时,先计算简单相关系数矩阵 $\boldsymbol{R}$,再计算其逆矩阵 $\boldsymbol{R}^{-1}$,然后使用 $\boldsymbol{R}^{-1}$ 中的元素计算偏相关系数:设 $\boldsymbol{R}=(r_{ij})$,$\boldsymbol{R}^{-1}=(s_{ij})$,则

$$r_{ij.} = -s_{ij}/\sqrt{s_{ii}s_{jj}} \tag{10-22}$$

3.偏相关系数的检验

偏相关系数的检验和简单相关系数的检验类似,用 t 检验。假设为 $H_0:\rho_{ij.}=0,H_A:\rho_{ij.}\neq$

0,则基于 H_0 有

$$t = r_{ij.} \sqrt{n-m-1} / \sqrt{1-r_{ij.}^2} \tag{10-23}$$

服从 $df = n-m-1$ 的 t 分布。

4.检验效能和样本容量估计

检验样本所在总体偏相关系数 $\rho.$ 与已知总体偏相关系数 ρ_0 间的差异显著性。样本所在总体偏相关系数 $\rho.$ 未知,用样本偏相关系数 $r.$ 估计。右尾检验的检验效能为

$$E = \Phi[(\lambda - u_\alpha)/\sqrt{\nu}] \tag{10-24}$$

式中:Φ 为正态分布的累积函数;$\nu = \dfrac{n-3}{df} \times \left[1 + \dfrac{4-r.^2}{2df} + \dfrac{22-6r.^2-3r.^4}{6df^2} \right]$($n$ 较大时,$\nu \approx$

1);$\lambda = \dfrac{\sqrt{df-2}}{2} \left\{ \left(\ln \dfrac{1+r.}{1-r.} - \ln \dfrac{1+\rho_0}{1-\rho_0} \right) + \dfrac{r.}{df} \left[1 + \dfrac{5+r.^2}{4df} + \dfrac{11+2r.^2+3r.^4}{8df^2} \right] - \dfrac{\rho_0}{df} \right\}$($n$ 较大

时,$\dfrac{r.}{df} \approx 0$);$df = n-m-1$;u_α 为正态分布显著水平为 α 的分位数(下同)。

左尾检验的检验效能:

$$E = 1 - \Phi[(\lambda + u_\alpha)/\sqrt{\nu}] \tag{10-25}$$

双尾检验的检验效能:

$$E = 1 - \Phi[(\lambda + u_{\alpha/2})/\sqrt{\nu}] + \Phi[(\lambda - u_{\alpha/2})/\sqrt{\nu}] \tag{10-26}$$

单尾检验的样本容量估计:

$$n = \left[(u_\alpha + u_\beta) / \left(\ln \dfrac{1+r./2}{1-r./2} - \ln \dfrac{1+\rho_0/2}{1-\rho_0/2} \right) \right]^2 + k + 2 \tag{10-27}$$

双尾检验时,用 $u_{\alpha/2}$ 替换 u_α 即可。由于分母省略了 λ 的后半部分,故估计结果偏大。

偏回归系数的检验效能和样本容量估算与偏相关系数的计算结果相同。

【例 10.7】 计算表 10-1 中海拔(x_1)、经度(x_2)、纬度(x_3)和年均温度(y)之间的偏相关系数并进行显著性检验。

首先计算简单相关系数矩阵 $\boldsymbol{R}$ 及其逆矩阵 $\boldsymbol{R}^{-1}$,得

$$\boldsymbol{R} = \begin{pmatrix} 1 & -0.0823 & 0.8730 & -0.9760 \\ -0.0823 & 1 & -0.1357 & 0.0553 \\ 0.8730 & -0.1357 & 1 & -0.9100 \\ -0.9760 & 0.0553 & -0.9100 & 1 \end{pmatrix},$$

$$\boldsymbol{R}^{-1} = \begin{pmatrix} 22.3515 & 0.8397 & 2.3881 & 23.9418 \\ 0.8397 & 1.0791 & 0.6098 & 1.3148 \\ 2.3881 & 0.6098 & 6.3307 & 8.0580 \\ 23.9418 & 1.3148 & 8.0580 & 31.6272 \end{pmatrix}$$

根据 $\boldsymbol{R}^{-1}$ 计算各偏相关系数,得 $r_{12.} = \dfrac{-s_{12}}{\sqrt{s_{11}s_{22}}} = \dfrac{-0.8398}{\sqrt{22.3515 \times 1.0791}} = 0.1708$,同理可得,

$r_{13.} = -0.1988$, $r_{23.} = -0.2330$, $r_{1y.} = -0.9007$, $r_{2y.} = -0.2248$, $r_{3y.} = -0.5675$。

将相关数据代入式(10-23),计算的检验统计量 t 和对应的概率 P 如表 10-5 所示。

表 10-5　偏相关系数的检验

	x_1、x_2	x_1、x_3	x_2、x_3	x_1、y	x_2、y	x_3、y
$r_{ij}.$	-0.1708	-0.1988	0.233	0.9007	0.2248	0.5675
t	-0.6005	-0.7027	0.83	7.1819	0.7992	2.3876
P	0.5594	0.4956	0.4228	<0.001	0.4396	0.0343

经检验,海拔(x_1)与年均温度(y)的偏相关系数 $r_{1y}.$ 达到极显著水平($P<0.001$),纬度(x_3)与年均温度(y)的偏相关系数 $r_{3y}.$ 达到显著水平($P=0.0343$,$P<0.05$);其他变量间的偏相关系数未达到显著水平。

10.3.3　典型相关分析

前面介绍过两个变量之间的直线相关分析,一个变量与一组变量之间的复相关分析和去除其他变量影响的两个变量之间的偏相关分析,本节介绍两组变量间相关分析的典型相关分析。

两组具有联合分布的变量 $x_1,x_2,\cdots,x_p$ 和 $y_1,y_2,\cdots,y_q$ 之间的相关关系,可以通过分别对两组中的变量进行配对求其 pq 个简单相关系数来分析,但多个值千差万别不好分析,而且不容易抓住问题的核心。实际工作中大量的实际问题(如形态指标和功能指标),需要把变量之间的联系扩展到两组随机变量之间的相互依赖关系上,典型相关分析(canonical correlation analysis)就是为了解决此类问题而提出的统计方法。

1.典型相关分析的基本思想

典型相关分析的基本思想是利用线性无关的变量组合来说明两组变量间的关系,保证变量组合间有最大的相关性。这样的变量组合最多有 $\min(p,q)$ 组,但其相关性不一定显著。典型相关分析就是找出所有可能的变量组合,并识别出相关性显著的组合。

具有显著相关性的线性组合称为典型变量(canonical variable),两者之间的相关系数称为典型相关系数(canonical correlation coefficient)。这种用典型相关系数来代表两组变量之间相关系数的方法称为典型相关分析(canonical correlation analysis)。

2.典型相关分析的数学描述

设有两组观测指标 $\boldsymbol{X}=(x_1,x_2,\cdots,x_p)$ 和 $\boldsymbol{Y}=(y_1,y_2,\cdots,y_q)$,如果有 n 个个体,则数据矩阵为

$$(\boldsymbol{XY})=\begin{bmatrix} x_{11} & x_{12} & \cdots & x_{1p} & y_{11} & y_{12} & \cdots & y_{1q} \\ x_{21} & x_{22} & \cdots & x_{2p} & y_{21} & y_{22} & \cdots & y_{2q} \\ \vdots & \vdots & \ddots & \vdots & \vdots & \vdots & \ddots & \vdots \\ x_{n1} & x_{n2} & \cdots & x_{np} & y_{n1} & y_{n2} & \cdots & y_{nq} \end{bmatrix} \tag{10-28}$$

数据矩阵的协方差矩阵记作 $\boldsymbol{S}$,写成分块矩阵形式,即

$$\boldsymbol{S}=\begin{bmatrix} \boldsymbol{S}_{xx} & \boldsymbol{S}_{xy} \\ \boldsymbol{S}_{yx} & \boldsymbol{S}_{yy} \end{bmatrix} \tag{10-29}$$

如果数据已经过标准化处理,则协方差矩阵 $\boldsymbol{S}$ 就是相关系数矩阵 $\boldsymbol{R}$。如果 $\boldsymbol{a}=(a_1,a_2,\cdots,a_p)'$,$\boldsymbol{b}=(b_1,b_2,\cdots,b_q)'$ 是非零向量,则可构建原变量的线性组合 $\boldsymbol{U}$、$\boldsymbol{V}$:

$$\begin{cases} \boldsymbol{U}=a_1 x_1+a_2 x_2+\cdots+a_p x_p=\boldsymbol{a}'\boldsymbol{X} \\ \boldsymbol{V}=b_1 y_1+b_2 y_2+\cdots+b_q y_q=\boldsymbol{b}'\boldsymbol{Y} \end{cases} \tag{10-30}$$

U、V 的均值 $\mu_U = \mu_V = 0$，方差为

$$\begin{cases} \sigma_U^2 = a'S_{xx}a \\ \sigma_V^2 = b'S_{yy}b \end{cases} \tag{10-31}$$

U、V 相关系数为

$$r_c = \frac{a'S_{xy}b}{\sqrt{a'S_{xx}a}\ \sqrt{b'S_{yy}b}} \tag{10-32}$$

为保证结果的唯一性，取 U、V 的方差 $\sigma_U^2 = \sigma_V^2 = 1$。于是

$$r_c = a'S_{xy}b \tag{10-33}$$

根据典型相关分析的基本思想，当 U、V 相关系数 r_c 取最大值时，U、V 是一对典型变量，r_c 是其典型相关系数。问题变成求 r_c 的最大值和对应向量 a、b 的问题，求解的方法有多种，在此介绍通过特征矩阵求解 r_c 和对应向量 a、b 的方法。

特征矩阵 A 和矩阵 B 为

$$\begin{cases} A = S_{xx}^{-1}S_{xy}S_{yy}^{-1}S_{yx} \\ B = S_{yy}^{-1}S_{yx}S_{xx}^{-1}S_{xy} \end{cases} \tag{10-34}$$

其中 A 为 $p \times p$ 阶矩阵；B 为 $q \times q$ 阶矩阵。可以证明，矩阵 A 和 B 具有相同的非零特征根，且 $k = \text{rank}(A) = \text{rank}(B)$。

如果矩阵 A 或矩阵 B 的第 i 个非零特征根为 $\lambda_i (i=1,2,\cdots,k$，且设 $\lambda_1 \geqslant \lambda_2 \geqslant \cdots \geqslant \lambda_k)$，矩阵 A 属于 λ_i 的特征向量为 $a_i = (a_{i1}, a_{i2}, \cdots, a_{ip})'$ 和矩阵 B 属于 λ_i 的特征向量为 $b_i = (b_{i1}, b_{i2}, \cdots, b_{iq})'$，则

$$\begin{cases} U_i = a_{i1}x_1 + a_{i2}x_2 + \cdots + a_{ip}x_p = a_i'X \\ V_i = b_{i1}y_1 + b_{i2}y_2 + \cdots + b_{iq}y_q = b_i'Y \end{cases} \tag{10-35}$$

为第 i 对典型变量，其对应的典型相关系数为特征根 λ_i 的平方根：

$$r_{ci} = \sqrt{\lambda_i} \tag{10-36}$$

3.典型相关系数的检验

典型相关系数的检验用 Wilks Λ 检验法。将 k 个典型相关系数按大小顺序排列，$r_{c1} \geqslant r_{c2} \geqslant \cdots \geqslant r_{ck}$，并依次进行检验。对第 i 个典型相关系数 r_{ci} 进行检验时，假设 $H_0 : r_{ci} = 0$，令

$$\Lambda_i = \prod_{j=i}^{k}(1 - r_{cj}^2) \tag{10-37}$$

令 $t = 1 \Big/ \sqrt{\dfrac{(p-i+1)^2(q-i+1)^2 - 4}{(p-i+1)^2 + (q-i+1)^2 - 5}}$，检验统计量为

$$F = \frac{1 - \Lambda_i^t}{\Lambda_i^t} \times \frac{df_2}{df_1} \tag{10-38}$$

其中：$df_1 = (p-i+1)(q-i+1)$；$df_2 = (n-(p+q+3)/2)/t - (p-i+1)(q-i+1)/2 + 1$。统计量近似服从第一自由度为 df_1，第二自由度为 df_2 的 F 分布。如果检验 r_{ci} 达到显著以上水平，则第 i 对典型变量 U_i、V_i 显著相关。

例 10.8 研究不同棉花品种的衣分$(x_1，\%)$，株高$(x_2，\text{cm})$，果枝数(x_3)，总铃数(x_4)，铃重$(x_5，\text{g})$，籽指$(x_6，\text{g})$，皮棉产量$(x_7，\text{g})$ 等 7 个性状指标和纤维长度$(y_1，\text{mm})$，强力$(y_2，\text{gf/tex})$麦克隆值(y_3)，整齐度$(y_4，\%)$和纺纱均匀性指数(y_5)等 5 个品质指标间的关系。选取 13 个棉花品种的各 30 个植株测定结果的平均值，如表 10-6 所示。试进行分析。

表 10-6 不同棉花品种的农艺指标和品质指标

x_1	x_2	x_3	x_4	x_5	x_6	x_7	y_1	y_2	y_3	y_4	y_5
38.4	112.3	11.6	7.6	5.2	11.2	49.8	27.6	32.3	3.8	83.1	137.2
39.6	106.5	11.2	8.7	5.9	10.8	54.8	30.8	29.8	4.2	85.1	141.1
38.7	107.5	11.3	8.5	5.5	11.1	51.2	30.2	30.6	3.9	84.3	139.8
37.5	109.8	9.2	7.6	5.2	12.3	48.5	26.8	33.1	3.7	82.3	133.5
44.6	105.5	10.2	9.8	6.5	9.9	59.6	31.6	28.7	4.6	85.9	156.2
46.2	85.6	9.5	10.6	6.8	9.5	65.8	32.3	26.7	5.9	87.2	178.1
41.3	108.6	10.8	9.2	6.4	10.1	58.7	31.3	28.9	4.5	85.6	149.8
39.5	110.3	10.7	8.5	5.8	10.8	53.6	30.5	30.2	3.9	84.5	140.5
45.2	108.3	9.5	10.3	6.7	9.6	62.3	32.3	27.8	5.6	86.1	165.5
40.3	119.3	13.2	9.2	6.3	10.5	57.3	31.2	29.5	4.4	85.5	145.2
39.8	108.7	12.1	8.8	6.1	10.6	55.2	30.9	29.6	4.2	85.2	142.5
35.2	112.5	10.3	7.6	4.9	12.4	46.5	17.5	33.2	3.5	82.1	121.5
38.7	105.6	10.8	8.2	5.2	11.2	49.8	27.6	31.2	3.8	83.2	138.7

（1）计算变量间的协方差（简单相关系数），如表 10-7 所示。

表 10-7 协方差及简单相关系数表 *

	x_1	x_2	x_3	x_4	x_5	x_6	x_7	y_1	y_2	y_3	y_4	y_5
x_1	9.3982	−13.3234	−0.9815	2.7818	1.7275	−2.4789	16.1631	8.7073	−5.3189	1.9909	4.1111	41.6278
x_2	−0.5960	53.1714	4.2685	−3.7866	−1.8180	2.8817	−21.8647	−8.3931	7.5231	−3.1687	−5.3138	−69.6486
x_3	−0.2975	0.5439	1.1585	−0.1946	−0.0369	0.0062	−0.9123	0.5331	0.1300	−0.2369	0.0477	−4.5362
x_4	0.9574	−0.5479	−0.1908	0.8982	0.5564	−0.7664	5.1046	2.5542	−1.7280	0.6214	1.3427	12.4538
x_5	0.9181	−0.4062	−0.0559	0.9565	0.3767	−0.5012	3.3147	1.8466	−1.1073	0.3770	0.8904	7.6085
x_6	−0.9329	0.4559	0.0066	−0.9330	−0.9422	0.7514	−4.5360	−2.7376	1.5769	−0.5198	−1.2408	−10.9645
x_7	0.9567	−0.5441	−0.1538	0.9773	0.9800	−0.9495	30.3733	15.8274	−10.0628	3.6242	7.9541	73.2079
y_1	0.7445	−0.3017	0.1298	0.7064	0.7886	−0.8278	0.7527	14.5556	−5.7095	1.6517	4.6544	38.9797
y_2	−0.9237	0.5493	0.0643	−0.9707	−0.9606	0.9685	−0.9721	−0.7967	3.5279	−1.1725	−2.7659	−24.1097
y_3	0.9382	−0.6278	−0.3180	0.9472	0.8875	−0.8662	0.9500	0.6254	−0.9018	0.4792	0.8975	9.3219
y_4	0.8984	−0.4882	0.0297	0.9492	0.9719	−0.9590	0.9669	0.8173	−0.9866	0.8687	2.2279	18.5018
y_5	0.9760	−0.6865	−0.3029	0.9445	0.8910	−0.9091	0.9547	0.7343	−0.9226	0.9679	0.8909	193.5794

注：* 上三角（含主对角线）为协方差值，下三角（不含主对角线）为简单相关系数。

（2）根据协方差构建并计算特征矩阵，求特征根（典型相关系数 r_c）及特征向量，如表 10-8 所示。

表 10-8　典型相关系数对应的特征向量（未标准化）

No.	r_c	x_1	x_2	x_3	x_4	x_5	x_6	x_7	y_1	y_2	y_3	y_4	y_5
1	0.9998	0.0851	0.0196	−0.0063	−0.5450	0.1638	0.3801	−0.0726	0.0414	0.3211	0.0743	−0.1207	−0.0266
2	0.9637	−0.8358	−0.0423	−0.0945	1.3101	5.0742	−2.0751	−0.6765	0.0856	−1.2563	0.3288	−0.1587	−0.1919
3	0.8911	−1.1956	0.0672	−0.9664	3.7008	−4.8206	−2.1441	0.2238	−0.1393	−2.8839	1.4787	−2.9483	−0.1249
4	0.8125	−0.2071	0.1263	0.1800	0.0869	−3.3813	2.8951	1.0125	0.0082	2.0857	4.9406	2.2787	−0.2008
5	0.4200	0.0006	0.1754	−0.9138	−1.2032	−1.0919	−1.9821	0.1388	0.5366	−0.9879	4.8511	−2.4077	−0.2277

（3）对典型相关系数 r_c 进行检验，结果如表 10-9 所示。

表 10-9　典型相关系数显著性检验结果

典型相关系数 r_c	Wilks' Λ	F	df_1	df_2	P
0.9998**	0.0000	4.3427	35.0000	6.6364	0.0284
0.9637	0.0041	1.3073	24.0000	8.1872	0.3612
0.8911	0.0576	1.0489	15.0000	8.6831	0.4908
0.8125	0.2799	0.8903	8.0000	8.0000	0.5632
0.4200	0.8236	0.3570	3.0000	5.0000	0.7871

经检验，只有 $r_{c1}=0.9998$ 达到显著水平，所以达到显著的典型变量只有第一对，即

$$\begin{cases} U_1 = 0.0851x_1 + 0.0196x_2 - 0.0063x_3 - 0.5450x_4 + 0.1638x_5 + 0.3801x_6 - 0.0726x_7 \\ V_1 = 0.0414y_1 + 0.3211y_2 + 0.0743y_3 - 0.1207y_4 - 0.0266y_5 \end{cases}$$

典型相关分析表明，尽管不同棉花品种的农艺指标和品质指标间可以求出多对典型变量，但是经过显著性检验，只有第一对典型变量的典型相关系数达到了极显著水平，其余均不显著，因此取第一对典型变量来说明两类性状之间的相关性。

如果分析前已对数据进行了标准化处理，则各典型相关系数及其显著性不变，但特征向量为标准化的特征向量（表 10-10）。

表 10-10　典型相关系数对应的特征向量（标准化）

No.	r_c	x_1	x_2	x_3	x_4	x_5	x_6	x_7	y_1	y_2	y_3	y_4	y_5
1	0.9998	0.2716	0.1484	−0.0071	−0.5377	0.1046	0.3429	−0.4166	0.1645	0.6277	0.0535	−0.1875	−0.3854
2	0.9637	−2.6668	−0.3210	−0.1058	1.2923	3.2414	−1.8722	−3.8808	0.3401	−2.4561	0.2369	−0.2466	−2.7791
3	0.8911	−3.8148	0.5098	−1.0826	3.6506	−3.0794	−1.9344	1.2837	−0.5532	−5.6379	1.0654	−4.5804	−1.8094
4	0.8125	−0.6608	0.9589	0.2016	0.0857	−2.1600	2.6120	5.8077	0.0324	4.0775	3.5597	3.5401	−2.9079
5	0.4200	0.0020	1.3312	−1.0237	−1.1869	−0.6975	−1.7882	0.7960	2.1307	−1.9314	3.4951	−3.7406	−3.2981

第一对标准化的典型变量为

$$\begin{cases} U_1^* = 0.2716zx_1 + 0.1484zx_2 - 0.0071zx_3 - 0.5377zx_4 \\ \qquad + 0.1046zx_5 + 0.3429zx_6 - 0.4166zx_7 \\ V_1^* = 0.1645zy_1 + 0.6277zy_2 + 0.0535zy_3 - 0.1875zy_4 - 0.3854zy_5 \end{cases}$$

通过典型相关分析，可以综合地反映两组变量间关系的本质，指出影响两组性状间的相互关系的主要指标，为生产和试验提供科学指导。当然也可以通过偏相关分析来分析两组变量

间的关系,但这不仅费时费力,也不利于总体上把握两组指标间的关系。

习题

习题 10.1　简述建立最优多元线性回归方程的过程。怎样比较自变量对因变量相对作用的大小?

习题 10.2　偏相关系数和简单相关系数有何异同?简述复相关系数和决定系数的意义。

习题 10.3　简述典型相关分析的基本思想。典型相关分析适合分析何种类型的数据?典型相关系数和典型变量有何意义?

习题 10.4　测定了某品种小麦单株穗数 (x_1)、每穗结实小穗数 (x_2)、百粒重 (x_3, g)、株高 (x_4, cm) 和单株籽粒产量 (y, g),结果如下表。试进行线性回归和偏相关分析。

株　号	1	2	3	4	5	6	7	8	9	10	11	12	13	14	15
x_1	10	9	10	13	1	1	8	10	10	10	10	8	6	8	9
x_2	23	20	22	21	22	23	23	24	20	21	23	21	23	21	22
x_3	3.6	3.6	3.7	3.7	3.6	3.5	3.3	3.4	3.4	3.4	3.9	3.5	3.2	3.7	3.6
x_4	113	106	111	109	110	103	100	114	104	110	104	109	114	113	105
y	15.7	14.5	17.5	22.5	15.5	16.9	8.6	17.0	13.7	13.4	20.3	10.2	7.4	11.6	12.3

习题 10.5　为研究温度对黑木耳菌丝生长的影响,在 7 种温度条件下培养黑木耳,结果如下表。试分析黑木耳菌丝长度与温度间的关系。

温度 $(x, ℃)$	10	15	20	25	30	35	40
菌丝长度 (y, cm)	1.33	1.60	3.64	5.48	6.16	4.25	0.64

习题 10.6　测定了 25 个家庭第一个男孩 (x) 和第二个男孩 (y) 的头部长 (x_1, y_1) 和头部宽 (x_2, y_2),结果如下表。试对两个男孩的头部性状进行典型相关分析。

家庭号	1	2	3	4	5	6	7	8	9	10	11	12	13	14	15	16	17	18	19	20	21	22	23	24	25
x_1	191	195	181	183	176	208	189	197	188	192	179	183	174	190	188	163	195	186	181	175	192	174	176	197	190
x_2	155	149	148	153	144	157	150	159	152	150	158	147	150	159	151	137	155	153	145	140	154	143	139	167	163
y_1	179	201	185	188	171	192	190	189	197	187	186	174	185	195	187	161	183	173	182	165	185	178	176	200	187
y_2	145	152	149	149	142	152	149	152	159	151	148	147	152	157	158	130	158	148	146	137	152	147	143	158	150

第**11**章 聚类分析与判别分析

"物以类聚，人以群分"，人们对事物进行分类随着人类社会的产生而开始，并随着社会的发展而发展。在古老的分类学中，人们主要依靠经验和专业知识来对事物进行分类，致使分类结果常带有主观性和随意性，不能很好地反映事物的内在差别。随着生产技术和科学技术的发展，数学被引入分类学中，形成了数值分类学；随着多元统计分析方法的发展，多元统计分析技术在分类学中得到应用，并从数值分类学中分离出来，形成相对独立的新分支。聚类分析和判别分析是解决事物分类的统计学方法，可将一批样品或变量按照它们在性质上的亲疏、相似程度进行分类。

11.1 聚类分析

聚类分析（cluster analysis）是通过样品（或变量）间相似程度逐步对样品（或变量）进行聚类的过程，样品（或变量）间的相似程度，可以用相似系数或距离系数来表示。聚类分析有许多种分类方法，按照分类对象不同分为样品聚类（Q 聚类）和指标聚类（R 聚类），即样品聚类是对样本进行分类处理，指标聚类是对变量进行分类处理。按聚类方法可分为系统聚类法、动态聚类、模糊聚类法等。

11.1.1 数据矩阵

1.数据变换

为了克服原始数据因量纲、数值大小造成的对聚类分析结果的影响，在聚类分析前，需对原始数据进行适当的变换处理。所谓数据变换，就是将原始数据矩阵中的每个元素，按照某种特定的运算法则，把它变为一个新值，而且数值的变化不依赖于原始数据集合中其他数据的变化的过程。数据变换的方法很多，下面介绍几种常用的方法。

1) 标准化变换

标准化变换是对数据进行中心化变换后，再除以标准差，使变换后的数据平均值为 0，标准差为 1。其计算公式为

$$x'_{ki} = (x_{ki} - \bar{x}_i)/s_i \tag{11-1}$$

其中，$s_i = \sqrt{\sum (x_{ki} - \bar{x}_i)^2/(n-1)}$，表示变量 i 的标准差。标准化变换后的数据与变量的量纲无关，且在样品改变时仍然可以保持相对稳定性，是实际应用最多的数据变换方法。

2) 中心化变换

中心化变换是将每个数据均减去该变量的平均值，使变换后的数据的平均值为 0。其计

算公式为

$$x'_{ki} = x_{ki} - \bar{x}_i \tag{11-2}$$

其中，$\bar{x}_i$ 为第 i 个变量的平均值。中心化变换不会改变样品间的相互位置，也不会改变变量间的相关性。

3）极差正规变换

极差正规变换是将数据减去该变量的最小值后，再除以该变量的极差，使变换后的数据取值在 0 和 1 之间。其计算公式为

$$x'_{ki} = (x_{ki} - \min x_{ki})/R_i \tag{11-3}$$

其中，$R_i = \max x_{ki} - \min x_{ki}$。极差正规变换后的数据也无量纲。

2.数据矩阵

设通过试验或调查，取得 n 个样品的 p 个变量共 np 个观测数据 $x_{ij}(i=1,2,\cdots,n;j=1,2,\cdots,p)$，以样本为行、变量为列，可构成以下原始数据矩阵：

$$\boldsymbol{X} = \begin{pmatrix} x_{11} & x_{12} & \cdots & x_{1p} \\ x_{21} & x_{22} & \cdots & x_{2p} \\ \vdots & \vdots & \ddots & \vdots \\ x_{n1} & x_{n2} & \cdots & x_{np} \end{pmatrix} \tag{11-4}$$

进行聚类分析时，还要建立一个相似矩阵，该矩阵是由样品间的相似系数或距离系数排列而成的，即

$$\boldsymbol{C}_{n \times n} = (c_{ij}) = \begin{pmatrix} c_{11} & c_{12} & \cdots & c_{1n} \\ c_{21} & c_{22} & \cdots & c_{2n} \\ \vdots & \vdots & \ddots & \vdots \\ c_{n1} & c_{n2} & \cdots & c_{nn} \end{pmatrix} \tag{11-5}$$

其中，c_{ij} 表示样品 i、j 间的相似系数或距离系数。由于 $c_{ij} = c_{ji}$，所以这种矩阵是对称矩阵，书写时可只列出上三角或下三角的部分；同时使最长对角线上的各个元素相等，即 $c_{11} = c_{22} = \cdots = c_{nn} = 1$（相似系数）或 0（距离系数）。

聚类分析时，根据样品间相似系数或距离系数的值对样品进行分类。若要对变量进行分类，也可以建立变量间的相似系数或距离系数矩阵，与样品间相似系数矩阵相似，只是其行列数为 $p \times p$。

在多元统计分析中，一般将样品间的 $\boldsymbol{C}_{n \times n}$ 矩阵称为 Q 矩阵（Q-matrix），而将变量间的 $\boldsymbol{C}_{p \times p}$ 矩阵称为 R 矩阵（R-matrix）。进行聚类分析时，对样品的聚类称为 Q 型聚类，对变量的聚类称为 R 型聚类。

11.1.2　相似性测量

聚类分析是根据样品间相似性将样品进行归类的过程，分类中常用来表示样品（或变量）间相似性的指标有相似系数和距离系数两种形式。目前已有大量的相似系数和距离系数被使用，常用的有以下几种。

1.相似系数

相似系数是衡量全部样品或全部变量中任意两部分相似程度的指标，主要有匹配系数、内积系数等。由于内积系数是普遍应用于数量性状的相似指标，因而下面只对内积系数进行介绍。

1) 内积系数

对于一个观测数据矩阵 $\boldsymbol{X}$,一个样本的数据可以认为是 p 维向量,同样变量的数据也可以认为是 n 维向量。两个同维向量的各个分量依次相乘再相加得到一个数值,称为两向量的内积。例如,第 i 变量和第 j 变量的数据分别是 $(x_{i1},x_{i2},\cdots,x_{ip})$ 和 $(x_{j1},x_{j2},\cdots,x_{jp})$,它们都是 p 维向量,内积为

$$Q_{ij} = \sum_{k=1}^{p} x_{ik} x_{jk} \tag{11-6}$$

其中,内积的数值可以作为反映两个向量相似程度的指标,称为相似系数。例如,3×3 矩阵

$\begin{bmatrix} 1 & 1 & 2 \\ 0 & 0 & 1 \\ 2 & 1 & 2 \end{bmatrix}$ 依据行向量按照式(12-30)可以求出:

$$Q_{12} = \sum_{k=1}^{3} x_{1k} x_{2k} = 1\times 0 + 1\times 0 + 2\times 1 = 2$$

$$Q_{13} = \sum_{k=1}^{3} x_{1k} x_{3k} = 1\times 2 + 1\times 1 + 2\times 2 = 7$$

$$Q_{23} = \sum_{k=1}^{3} x_{2k} x_{3k} = 0\times 2 + 0\times 1 + 1\times 2 = 2$$

2) 夹角余弦

模标准化后的内积是两个向量在原点处夹角 θ_{ij} 的余弦,即

$$\cos\theta_{ij} = \frac{Q_{ij}}{\sqrt{Q_{ii} Q_{jj}}} \tag{11-7}$$

如果 $x_{ik}>0$、$x_{jk}>0$,则 $Q_{ij}>0$,$0\leqslant\cos\theta_{ij}\leqslant 1$。当 $i=j$ 时,$\cos\theta_{ij}=1$;当两向量正交时,$\cos\theta_{ij}=0$。对于上面的 3×3 矩阵,可以计算得 $Q_{11}=6,Q_{22}=1,Q_{33}=9$,于是,$\cos\theta_{12}=2/\sqrt{6\times 1}$ $=0.8165,\cos\theta_{13}=7/\sqrt{6\times 9}=0.9526,\cos\theta_{23}=2/\sqrt{1\times 9}=0.6667$。

本例证实,经过模标准化的内积系数的范围为 $[0,1]$。该计算方法同样也适用于变量(指标)的相似性系数计算。

3) 相关系数

离差标准化后的内积就是相关系数,其计算公式为

$$r_{ij} = \frac{\sum_{k=1}^{p}(x_{ki}-\bar{x}_i)(x_{kj}-\bar{x}_j)}{\sqrt{\sum_{k=1}^{p}(x_{ki}-\bar{x}_i)^2 \sum_{k=1}^{p}(x_{kj}-\bar{x}_j)^2}} = \frac{SP_{ij}}{\sqrt{SS_i \cdot SS_j}} \tag{11-8}$$

$-1\leqslant r_{ij}\leqslant 1$。当 $i=j$ 时,r_{ij} 是变量 i 的自身相关系数,$r_{ij}=1$;当 $i\neq j$ 时,r_{ij} 是变量 i 和 j 的相关系数。

2.距离系数

如果把每个样品看作 p 维空间中的一个点,则可定义两个样品之间的距离为 p 维空间中两个点之间的距离。与相似系数相反,距离反映的是两个变量间的相异性。距离系数的种类很多,这里介绍几种常用的距离系数。

1) 明氏距离

样品 i 与 j 之间的明氏距离记为 $d_{ij}(q)$,其计算公式为

$$d_{ij}(q) = (\sum_{k=1}^{p} \mid x_{ij} - x_{jk} \mid^q)^{\frac{1}{q}} \tag{11-9}$$

其中，q 为某一自然数。明氏距离常用的有以下三种特殊形式：

(1) $q=1$ 时，$d_{ij}(1) = \sum \mid x_{ik} - x_{jk} \mid$ 为绝对值距离，有时也称出租车距离或曼哈顿距离；

(2) $q=2$ 时，$d_{ij}(2) = \sqrt{\sum (x_{ik} - x_{jk})^2}$ 为欧氏距离，是应用最普遍的距离系数；

(3) $q=\infty$ 时，$d_{ij}(\infty) = \max \mid x_{ik} - x_{jk} \mid$，称为切比雪夫距离。

明氏距离有两个明显的缺点：一是受变量量纲的影响明显，二是没有考虑变量之间的相关性。为去除量纲的影响，或在变量的测量值差异较大时，可先对数据进行标准化处理或变换，采用标准化后的数据计算距离；计算中假定变量相互独立，即样本变量空间为正交空间，在变量存在明显相关性时，不宜使用明氏距离作为距离系数。

2) 兰氏距离

样品 i 与 j 之间的兰氏距离记为 $d_{ij}(L)$，其计算公式为

$$d_{ij}(L) = \sum_{k=1}^{p} \frac{\mid x_{ik} - x_{jk} \mid}{x_{ik} - x_{jk}} \tag{11-10}$$

其中 $x_{ij} \geqslant 0$，兰氏距离是一个自身标准化的指标，它对较大的异常值不敏感，因此对于高度偏倚的数据很实用。兰氏距离克服了变量量纲的影响，但也没有考虑变量之间的相关性。

明氏距离和兰氏距离都假定变量之间是相互独立的，即在正交空间中讨论距离，但在实际应用中，变量之间往往存在一定的相关性，为了克服变量之间相关性的影响，可采用斜交空间距离。

3) 斜交空间距离

样品 i 与 j 之间的斜交空间距离 d_{ij} 定义为

$$d_{ij} = \frac{1}{p} \sqrt{\sum_{k=1}^{p} \sum_{l=1}^{p} (x_{ik} - x_{jk})(x_{il} - x_{jl})r_{kl}} \tag{11-11}$$

其中，r_{kl} 是数据标准化意义下样品 k 与 l 之间的相关系数。当变量互不相关时，斜交空间距离退化为欧氏距离，即 $d_{ij} = d_{ij}(2)/p$。斜交空间距离去除了变量间相关性的影响，但仍然受变量量纲的影响。

4) 马氏距离

设样本的协方差矩阵为 $\boldsymbol{S}$，其逆矩阵为 $\boldsymbol{S}^{-1}$。记为 $\boldsymbol{S} = (\sigma_{ij}^2)_{p \times p}$，其中，$i, j = 1, 2, \cdots, p$，如果 $\bar{x}_i = \frac{1}{p} \sum_{k=1}^{p} x_{ik}$，$\bar{x}_j = \frac{1}{p} \sum_{k=1}^{p} x_{jk}$，则 $\sigma_{ij} = \frac{1}{p-1} \sum_{k=1}^{p} (x_{ik} - \bar{x}_i)(x_{jk} - \bar{x}_j)$。

如果 $\boldsymbol{S}^{-1}$ 存在，则定义样品 i 与 j 之间的马氏距离 $d_{ij}(M)$ 为

$$d_{ij}(M) = \sqrt{(\boldsymbol{X}_i - \boldsymbol{X}_j)^{\mathrm{T}} \boldsymbol{S}^{-1} (\boldsymbol{X}_i - \boldsymbol{X}_j)} \tag{11-12}$$

其中，$\boldsymbol{X}_i = (x_{i1}, x_{i2}, \cdots, x_{ip})^{\mathrm{T}}$。

马氏距离解决了变量之间的相关性和变量量纲的问题，但马氏距离公式中的 $\boldsymbol{S}^{-1}$ 很难确定，因此在实际聚类分析中，马氏距离的应用也并不广泛。

11.1.3 系统聚类法

系统聚类分析(hierarchial cluster analysis)是聚类分析中应用最广的方法，它是将类由多

逐步变少,最后归为一类;凡是具有数值特征的样品和变量都可以选择适当的距离计算方法而获得满意的数值分类结果。由于聚类结果为聚类图,且类似系统图,故称为系统聚类法。

系统聚类的基本过程如下:寻找出能够度量样品或变量之间相似程度的统计数,计算样品或变量间的相似指标或距离系数,依次将相似程度最大或距离最小的两类合并为一类,合并后再重新计算类与类之间的距离;最后将关系密切的划归为一个小类,关系疏远的划归为一个大类,直到所有样品归为一类,并用聚类图表示聚类结果。

聚类分析中通常用 G 表示类,x_i 和 x_j 表示类 G 中的样品。假设类 G 中有 k 个样品,用 d_{ij} 表示 x_i 和 x_j 间的距离,用 D_{pq} 表示类 G_p 和类 G_q 之间的距离。如果 T 为预先给定的阈值,则对任意的 $x_i \in G, x_j \in G$,有 $d_{ij} \leqslant T$,则称 G 为一个类。

从前面的分析可以看出,虽然已经计算了样品之间的距离,但聚类过程中还要计算类与类之间的距离,类间距离的定义也有许多方法。下面介绍几种应用比较广泛的类间距离计算方法。

1.类间距离的计算

1) 最短距离法

G_p 与 G_q 的距离 $D_s(p,q)$ 定义为 G_p 的所有样品与 G_q 的所有样品间距离的最小值。即

$$D_s(p,q) = \min \{ d_{ij} \mid i \in G_p, j \in G_q \} \tag{11-13}$$

最短距离法简单易用,应用也比较多。但两类合并后与其他类的距离是所有距离中的最小者,缩小了新合并类与其他类的距离,易产生空间收缩,因此它的灵敏度较低。

2) 最长距离法

G_p 与 G_q 的距离 $D_\alpha(p,q)$ 定义为 G_p 的所有样品与 G_q 的所有样品间距离的最大值。即

$$D_\alpha(p,q) = \max \{ d_{ij} \mid i \in G_p, j \in G_q \} \tag{11-14}$$

最长距离法与最短距离法相反,两类合并后与其他类的距离是所有距离中的最大者,易产生空间扩张。它克服了最短距离法连接聚合的缺陷,但当数据的离散程度较大时容易产生较多的类,且受异常值的影响较大。

3) 重心法

G_p 与 G_q 的距离 $D_C(p,q)$ 定义为 G_p 的重心 $\bar{x}_p$ 和 G_q 的重心 $\bar{x}_q$ 间的距离。即

$$D_C(p,q) = d_{\bar{x}_p \bar{x}_q} \tag{11-15}$$

设 G_p 中有 l 个样品,G_q 中有 m 个样品,用 $\bar{x}_p$ 和 $\bar{x}_q$ 分别表示两个类的重心,则

$$\bar{x}_p = \frac{1}{l} \sum_{i=1}^{l} x_i, \quad \bar{x}_q = \frac{1}{m} \sum_{i=1}^{m} x_i \tag{11-16}$$

重心法较少受到异常值的影响,有较好的代表性。但每一次类的合并,都需要重新计算重心,计算很烦琐,且没有充分利用各个样品的信息,在一定程度上使用受限。

4) 类平均法

G_p 与 G_q 的距离 $D_G(p,q)$ 定义为 G_p 的所有样品和 G_q 的所有样品间距离的平均值。即

$$D_G(p,q) = \frac{1}{lm} \sum_{i \in G_p} \sum_{j \in G_q} d_{ij} \tag{11-17}$$

类平均法充分利用了全部样品的信息,较少受到异常值的影响,被认为是较好的类间距离计算方法。

5) 离差平方和法

G_p 与 G_q 的距离 $D_w^2(p,q)$ 定义为 G_p 与 G_q 合并后离差平方和的增加值。即

$$D_w^2(p,q) = | S_r - S_p - S_q |$$

其中，S_r、S_p、S_q 分别为合并后的新类、G_p、G_q 的离差平方和。设 G 中共有 n 个样品，x_i 为第 i 个样品，$\bar{x}$ 为 G 的重心，则 G 的离差平方和

$$S = \sum_{i=1}^{n} (x_i - \bar{x})^2 \qquad (11\text{-}18)$$

离差平方和法是几种方法中最具有统计特点的一种方法。它基于方差分析的思想，因而如果分类得当，同类样品之间的离差平方和较小，而类间的离差平方和较大。

类间距离的计算方法还有中间距离法、可变类平均法和可变法等，但应用较少。类间距离定义方法的不同，会使分类结果不太一致，实际问题中可尝试使用几种不同的方法进行计算，比较其分类结果，从而选择一个比较切合实际的分类方法。

6）类间距离计算的递推公式

各种类间距离计算方法的定义虽然不同，但计算原理是一样的，所以可以全部用一个递推公式表示，不同的定义使用不同的参数。递推公式为

$$D_{ir} = \alpha_p D_{kp}^2 + \alpha_q D_{kq}^2 + \beta D_{pq}^2 + \gamma | D_{ip}^2 - D_{iq}^2 | \qquad (11\text{-}19)$$

设 G_p 与 G_q 合并为新类 G_r，计算新类 G_r 与 $G_i(i \neq p, i \neq q)$ 之间的距离 D_{ir} 就用这个公式，不同的类间距离，只是系数 α_p、α_q、β、γ 的取值不同。各方法递推公式系数的取值如表 11-1 所示。递推公式使各种系统聚类方法完全统一起来，为编制系统聚类的计算程序提供了方便。

表 11-1　系统聚类递推公式系数表

距 离 定 义	α_p	α_q	β	r
最短距离法	$1/2$	$1/2$	0	$-1/2$
最长距离法	$1/2$	$1/2$	0	$1/2$
类平均法	n_p/n_r	n_q/n_r	0	0
重心法	n_p/n_r	n_q/n_r	$-\alpha_p\alpha_q$	0
离差平方和法	$(n_i+n_p)/(n_i+n_r)$	$(n_i+n_q)/(n_i+n_r)$	$-n_i/(n_i+n_r)$	0
中间距离法	$1/2$	$1/2$	$[-1/4,0]$	0
可变法	$(1-\beta)/2$	$(1-\beta)/2$	$[0,1)$	0
可变类平均法	$(1-\beta)n_p/n_r$	$(1-\beta)n_q/n_r$	$[0,1)$	0

2.系统聚类法的步骤

（1）数据变换处理。在聚类分析过程中，需要对各个原始数据进行相互比较（运算），而各个原始数据往往由于计量单位不同而影响这种比较（运算）。因此，需要对原始数据进行必要的变换处理，以消除不同量纲对数据值大小的影响。

（2）计算样品或变量间距离。聚类统计量是根据变换以后的数据计算得到的新数据，用于表明各样品或变量间的关系密切程度。常用的统计量有距离系数和相似系数两大类。根据选定的距离系数计算样品间的距离，得到样品的距离矩阵。

（3）选择类间距离。选定一种类间距离以确定类与类之间距离的计算方法。

（4）聚类。具体步骤如下：

①n 个样品各为一类，类间距离为样品间的距离 d_{ij}；

②选择类间距离最小的两类合并为一个新类，此时总类数减少 1；

③根据选定的类间距离计算方法计算新类与其他类间的距离;

④重复步骤②和③,直到所有的样品聚为一类为止;

⑤根据聚类过程画出聚类图,并确定 T 值及各样品的归类。

【例 11.1】 为了选配出高产、优质、抗病的棉花新品种,引进了 10 个亲本材料,试验采用随机区组设计,3 次重复,并进行试验,每个品种选取 30 个单株进行室内考种,分别测定 8 个农艺性状,结果(各品种 30 个单株的平均值)如表 11-2 所示。试分析这批材料间的亲缘关系。

表 11-2　10 个棉花品种的 8 个农艺性状

品种	株高	果枝数	铃重	衣分	籽指	纤维长度	比强度	麦克隆值
①	85.2	10.6	6.3	42.1	9.8	29.6	30.6	3.8
②	89.1	9.8	4.5	44.6	11.2	31.2	38.5	4.9
③	95.0	11.2	7.2	45.7	10.8	33.5	28.7	5.2
④	78.1	8.7	4.2	39.8	11.2	29.8	26.4	4.5
⑤	66.9	9.5	6.9	42.5	9.7	28.6	31.2	4.3
⑥	68.8	8.9	5.2	43.6	10.5	32.3	31.5	3.8
⑦	75.1	9.3	5.8	40.8	10.6	30.8	28.9	3.7
⑧	71.9	10.8	5.1	39.9	12.3	31.1	33.2	4.5
⑨	66.2	11.1	4.7	45.5	10.6	34.3	36.5	5.3
⑩	97.8	12.3	6.7	46.2	10.9	27.6	27.8	3.9

(1)对数据进行标准化处理或变换。变换公式为 $x'_{ij} = (x_{ij} - \bar{x}_j)/s_j$,结果如表 11-3 所示。

表 11-3　数据进行标准化处理

品种	株高	果枝数	铃重	衣分	籽指	纤维长度	比强度	麦克隆值
①	0.4955	0.3272	0.5970	−0.4020	−1.3260	−0.6110	−0.1908	−0.9912
②	0.8292	−0.3617	−1.0820	0.6341	0.5683	0.1528	1.8736	0.8568
③	1.3341	0.8439	1.4365	1.0900	0.0271	1.2507	−0.6873	1.3608
④	−0.1121	−1.3090	−1.3619	−1.3552	0.5683	−0.5155	−1.2883	0.1848
⑤	−1.0706	−0.6200	1.1566	−0.2362	−1.4613	−1.0884	−0.0340	−0.1512
⑥	−0.9080	−1.1367	−0.4291	0.2196	−0.3789	0.6778	0.0444	−0.9912
⑦	−0.3688	−0.7923	0.1306	−0.9408	0.0271	−0.0382	−0.6350	−1.1592
⑧	−0.6427	0.4995	−0.5224	−1.3137	2.0566	0.1050	0.4887	0.1848
⑨	−1.1305	0.7578	−0.8955	1.0071	−0.2435	1.6326	1.3510	1.5287
⑩	1.5738	1.7912	0.9701	1.2972	0.1624	−1.5657	−0.9224	−0.8232

(2)计算品种间的距离系数。采用欧式距离公式计算,结果如表 11-4 所示。

(3)聚类。选用离差平方和法定义类间距离进行聚类,结果如表 11-5 所示。

(4)画聚类图。根据聚类结果画出聚类图,结果如图 11-1 所示。

从聚类结果中可以看出,各品种先分为两大类,第一类为{⑥,⑦,④,⑧,①,⑤},第二类为{②,⑨,③,⑩};第一类的亲缘关系较第二类的近,其中⑥与⑦、①与⑤间的关系最近。如果要对这些品种进行分类,根据 T 值,可以分为 2～4 类。

表 11-4　距离系数矩阵

品种	①	②	③	④	⑤	⑥	⑦	⑧	⑨
②	4.041								
③	3.870	4.071							
④	3.739	4.088	5.069						
⑤	2.160	4.445	4.490	3.889					
⑥	2.858	3.486	4.444	3.081	2.832				
⑦	2.212	4.032	4.407	2.342	2.601	1.799			
⑧	4.148	3.406	4.673	3.165	4.427	3.598	3.085		
⑨	4.688	2.973	3.991	5.015	4.614	3.669	4.676	4.001	
⑩	3.166	4.858	3.740	5.229	4.393	4.913	4.325	5.001	5.748

表 11-5　聚类结果

顺序	类 A(品种)	类 B(品种)	新类(包含的品种)	距离
1	(⑥)	(⑦)	11{⑥,⑦}	0.899
2	(①)	(⑤)	12{①,⑤}	1.980
3	(②)	(⑨)	13{②,⑨}	3.466
4	11	(④)	14{⑥,⑦,④}	4.974
5	14	(⑧)	15{⑥,⑦,④,⑧}	6.834
6	(③)	(⑩)	16{③,⑩}	8.705
7	14	12	17{⑥,⑦,④,⑧,①,⑤}	11.013
8	13	16	18{②,⑨,③,⑩}	14.001
9	17	18	19{⑥,⑦,④,⑧,①,⑤,②,⑨,③,⑩}	17.546

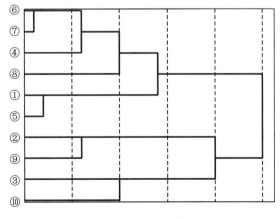

图 11-1　聚类图

11.1.4 动态聚类法

当样本容量很大时,系统聚类法的计算工作量非常大。为减少聚类的工作量,MacQueen提出了动态聚类法。动态聚类法也称为快速聚类法或 k-均值聚类法,特别适用于大样本的聚类。

与系统聚类法不同,动态聚类法是分类前就事先确定好分类的数量。基本思想是:先根据一定的准则确定各类的凝聚点(中心),计算样品与各凝聚点的距离,并将其分配到(样品与凝聚点的)距离最小的类中;再根据各类包含的样品调整凝聚点,重新计算样品与凝聚点的距离并对样品进行归类,直到获得合理的分类结果为止。

1.动态聚类的步骤

(1) 确定分类数 k,并为各类确定初始凝聚点 $x_j^{(1)}(j=1,2,\cdots,k)$。

(2) 计算样品与各凝聚点间的距离,如欧氏距离:

$$D_{(i,x_j^{(m)})}^{(m)} = \sqrt{\sum_{l=1}^{p}\left[x_{il} - x_{jl}^{(m)}\right]^2} \tag{11-20}$$

其中: $D_{(i,x_j^{(m)})}^{(m)}$ 为样品 i 与凝聚点 $x_j^{(m)}$ 间的距离; x_{il} 为样品 i 指标 l 的观测值; $x_{jl}^{(m)}$ 为凝聚点 $x_j^{(m)}$ 指标 l 的值; p 为观测变量数; m 为聚类次数, $i=1,2,\cdots,n,j=1,2,\cdots,k$。

(3) 将样品归入与凝聚点距离最小的类:

$$i \in G_j^{(m)} \mid D_{(i,x_j^{(m)})}^{(m)} = \min D_{(i,x_l^{(m)})}^{(m)}(l=1,2,\cdots,k) \tag{11-21}$$

(4) 计算同一类中样品指标平均值,建立新的凝聚点:

$$x_{jl}^{(m+1)} = \sum_{i \in G_j^{(m)}} x_{il}/n_j \tag{11-22}$$

其中: n_j 为类 $G_j^{(m)}$ 包含的样品数;其他参数同式(11-20)。

(5) 检查样品归类的合理性,必要时调整样品归类和凝聚点。

(6) 重复上述步骤(2)~(5),直到聚类结果稳定或满足算法终止标准。

2.初始凝聚点的选择

凝聚点是类的中心,各类的样品集中在其周围。初始凝聚点的选择直接决定初始分类,对分类过程有很大影响,有时也会对分类结果造成影响,所以初始凝聚点的选择比较重要。除随机指定外,选择凝聚点的方法有以下几种。

(1) 经验选择:对研究对象有一定了解时,根据经验指定各类的代表性样品作为凝聚点;同一类有多个代表性样品时,计算其重心,将其重心作为类的凝聚点。

(2) 密度选择:统计与样品一定距离内的样品数量(称为密度),选择数量最多的点为第一凝聚点;然后在已选凝聚点一定距离之外根据密度选择新的凝聚点,直到确定完 k 个凝聚点。

(3) 距离选择:确定凝聚点间的距离要求,任意指定第一凝聚点,然后检索样品,距离与已确定的凝聚点达到要求的依次确定,直到确定完 k 个凝聚点。

3.算法终止标准

第 m 次聚类后,各类中所有样品与其凝聚点的距离之和为

$$D^{(m)} = \sum_{j=1}^{k} \sqrt{\sum_{l=1}^{p}\left[x_{il} - x_{jl}^{(m)}\right]^2} \mid i \in G_j^{(m)} \tag{11-23}$$

当分类不合理时, $D^{(m)}$ 会非常大,随着分类的迭代次数增加, $D^{(m)}$ 会逐渐变小,并趋于稳

定。对于样本容量不是特别大的数据,一般会因为 $D^{(m)} - D^{(m+1)} = 0$ 而终止聚类过程;样本容量很大的数据,可以事先给定一个充分小量 ε,当

$$| D^{(m)} - D^{(m+1)} | / D^{(m+1)} \leqslant \varepsilon \tag{11-24}$$

时,认为已经得到了合理的分类,分类过程终止。

【例 11.2】　试用动态聚类法将例 11.1 的数据分为 4 类。

(1) 选择样品①～④建立初始凝聚点 $x_1^{(1)} \sim x_4^{(1)}$。

(2) 计算样品①～⑩与凝聚点 $x_1^{(1)} \sim x_4^{(1)}$ 的距离 $D^{(1)}$;并将样品归为与凝聚点 $x_1^{(1)} \sim x_4^{(1)}$ 的距离最小的类,聚类结果为 $G_1^{(1)} = \{①⑤⑥⑦⑩\}$,$G_2^{(1)} = \{②⑨\}$,$G_3^{(1)} = \{③\}$,$G_4^{(1)} = \{④⑧\}$ (表 11-6)。

表 11-6　初始凝聚点及聚类结果

凝聚点	株高	果枝数	铃重	衣分	籽指	纤维长度	比强度	麦克隆值
$x_1^{(1)}$	0.4955	0.3272	0.5970	-0.4020	-1.3260	-0.6110	-0.1908	-0.9912
$x_2^{(1)}$	0.8292	-0.3617	-1.0820	0.6341	0.5683	0.1528	1.8736	0.8568
$x_3^{(1)}$	1.3341	0.8439	1.4365	1.0900	0.0271	1.2507	-0.6873	1.3608
$x_4^{(1)}$	-0.1121	-1.3090	-1.3619	-1.3552	0.5683	-0.5155	-1.2883	0.1848

类	样品与凝聚点间的距离 $D^{(1)}$										聚类结果
	①	②	③	④	⑤	⑥	⑦	⑧	⑨	⑩	
$G_1^{(1)}$	0.0000	4.0407	3.8699	3.7386	2.1603	2.8575	2.2119	4.1483	4.6878	3.1659	$\{①⑤⑥⑦⑩\}$
$G_2^{(1)}$	4.0407	0.0000	4.0706	4.0884	4.4452	3.4858	4.0321	3.4062	2.9734	4.8578	$\{②⑨\}$
$G_3^{(1)}$	3.8699	4.0706	0.0000	5.0688	4.4903	4.4439	4.4069	4.6732	3.9911	3.7404	$\{③\}$
$G_4^{(1)}$	3.7386	4.0884	5.0688	0.0000	3.8887	3.0811	2.3422	3.1649	5.0152	5.2292	$\{④⑧\}$

(3) 根据 $G_1^{(1)} \sim G_4^{(1)}$ 中包含的样品,调整凝聚点为各类中样品指标的平均值,结果为 $x_1^{(2)} \sim x_4^{(2)}$。

(4) 计算样品①～⑩与凝聚点 $x_1^{(2)} \sim x_4^{(2)}$ 的距离 $D^{(2)}$;并将样品归为与凝聚点 $x_1^{(2)} \sim x_4^{(2)}$ 的距离最小的类(表 11-7)。

表 11-7　调整后的凝聚点及聚类结果

凝聚点	株高	果枝数	铃重	衣分	籽指	纤维长度	比强度	麦克隆值
$x_1^{(2)}$	-0.0556	-0.0861	0.4850	-0.0124	-0.5953	-0.5251	-0.3476	-0.8232
$x_2^{(2)}$	-0.1507	0.1981	-0.9888	0.8206	0.1624	0.8927	1.6123	1.1928
$x_3^{(2)}$	1.3341	0.8439	1.4365	1.0900	0.0271	1.2507	-0.6873	1.3608
$x_4^{(2)}$	-0.3774	-0.4048	-0.9422	-1.3345	1.3125	-0.2053	-0.3998	0.1848

类	样品与凝聚点间的距离 $D^{(2)}$										聚类结果
	①	②	③	④	⑤	⑥	⑦	⑧	⑨	⑩	
$G_1^{(2)}$	1.1104	3.6472	3.6528	3.1572	1.8530	2.0965	1.5506	3.5413	4.2437	3.1807	$\{①⑤⑥⑦⑩\}$
$G_2^{(2)}$	4.1160	1.4868	3.7469	4.3271	4.2794	3.2553	4.1050	3.4048	1.4866	5.1097	$\{②⑨\}$
$G_3^{(2)}$	3.8699	4.0706	0.0000	5.0688	4.4903	4.4439	4.4069	4.6732	3.9911	3.7404	$\{③\}$
$G_4^{(2)}$	3.6179	3.4139	4.6112	1.5824	3.8547	2.9524	2.2356	1.5825	4.2514	4.8657	$\{④⑧\}$

（5）检查样品归类的合理性（以样品⑩为例），从类 $G^{(2)}$ 中去除样品⑩，调整 $x_1^{(2)}$ 的凝聚点为 $x_1^{(3)}$，计算样品⑩与各类凝聚点 $x_1^{(3)} \sim x_4^{(3)}$ 的距离 $D^{(3)}$。样品⑩与凝聚点 $x_3^{(3)}$ 的距离最小，为 3.7404，将样品⑩调整到凝聚点 $x_3^{(3)}$ 所属的类 $G_3^{(3)}$（其他样品已检查，无需调整）；聚类结果为 $G_1^{(3)} = \{①⑤⑥⑦\}$、$G_2^{(3)} = \{②⑨\}$、$G_3^{(3)} = \{③⑩\}$、$G_4^{(3)} = \{④⑧\}$（表 11-8）。

表 11-8　样品归类合理性检查及归类调整

凝聚点	株高	果枝数	铃重	衣分	籽指	纤维长度	比强度	麦克隆值
$x_1^{(3)}$	−0.4630	−0.5555	0.3638	−0.3399	−0.7848	−0.2650	−0.2039	−0.8232
$x_2^{(3)}$	−0.1507	0.1981	−0.9888	0.8206	0.1624	0.8927	1.6123	1.1928
$x_3^{(3)}$	1.3341	0.8439	1.4365	1.0900	0.0271	1.2507	−0.6873	1.3608
$x_4^{(3)}$	−0.3774	−0.4048	−0.9422	−1.3345	1.3125	−0.2053	−0.3998	0.1848

类	样品与凝聚点间的距离 $D^{(3)}$										聚类结果
	①	②	③	④	⑤	⑥	⑦	⑧	⑨	⑩	
$G_1^{(3)}$	1.4823	3.7270	4.0427	2.9640	1.6213	1.6190	1.2206	3.5476	4.1730	3.9760	$\{①⑤⑥⑦\}$
$G_2^{(3)}$	4.1160	1.4868	3.7469	4.3271	4.2794	3.2553	4.1050	3.4048	1.4866	5.1097	$\{②⑨\}$
$G_3^{(3)}$	3.8699	4.0706	0.0000	5.0688	4.4903	4.4439	4.4069	4.6732	3.9911	3.7404	$\{③⑩\}$
$G_4^{(3)}$	3.6179	3.4139	4.6112	1.5824	3.8547	2.9524	2.2356	1.5825	4.2514	4.8657	$\{④⑧\}$

（6）根据聚类结果 $G_1^{(3)} \sim G_4^{(3)}$ 调整凝聚点为 $x_1^{(4)} \sim x_4^{(4)}$。

（7）计算样品①～⑩与凝聚点 $x_1^{(4)} \sim x_4^{(4)}$ 的距离 $D^{(4)}$；根据 $D^{(4)}$，聚类结果为 $G_1^{(4)} = \{①⑤⑥⑦\}$、$G_2^{(4)} = \{②⑨\}$、$G_3^{(4)} = \{③⑩\}$、$G_4^{(4)} = \{④⑧\}$（表 11-9）。聚类结果已稳定，聚类过程结束。

表 11-9　最终的凝聚点及聚类结果

凝聚点	株高	果枝数	铃重	衣分	籽指	纤维长度	比强度	麦克隆值
$x_1^{(4)}$	−0.4630	−0.5555	0.3638	−0.3399	−0.7848	−0.2650	−0.2039	−0.8232
$x_2^{(4)}$	−0.1507	0.1981	−0.9888	0.8206	0.1624	0.8927	1.6123	1.1928
$x_3^{(4)}$	1.4540	1.3176	1.2033	1.1936	0.0948	−0.1575	−0.8049	0.2688
$x_4^{(4)}$	−0.3774	−0.4048	−0.9422	−1.3345	1.3125	−0.2053	−0.3998	0.1848

类	样品与凝聚点间的距离 $D^{(4)}$										聚类结果
	①	②	③	④	⑤	⑥	⑦	⑧	⑨	⑩	
$G_1^{(4)}$	1.4823	3.7270	4.0427	2.9640	1.6213	1.6190	1.2206	3.5476	4.1730	3.9760	$\{①⑤⑥⑦\}$
$G_2^{(4)}$	4.1160	1.4868	3.7469	4.3271	4.2794	3.2553	4.1050	3.4048	1.4866	5.1097	$\{②⑨\}$
$G_3^{(4)}$	3.0004	4.0727	1.8702	4.7981	4.0290	4.2950	3.9456	4.4641	4.5811	1.8702	$\{③⑩\}$
$G_4^{(4)}$	3.6179	3.4139	4.6112	1.5824	3.8547	2.9524	2.2356	1.5825	4.2514	4.8657	$\{④⑧\}$

11.2　判别分析

判别分析是利用已知类的样品建立判别模型，确定未知类的样品所属类的分析方法。与聚类分析不同,判别分析将已知研究对象分成若干类并已取得各种类的一批已知样品的观测数据,在此基础上根据某些准则建立判别函数,然后对新样品进行归类;两者虽然不同,但也有一定的联系,判别分析决定样品所属类时,经常使用聚类分析的思想和方法。

判别分析用统计学的语言来描述,是总体分为 $G_1, G_2, \cdots, G_m$ 共 m 类,现有待分类的样品 x_0,需要建立一个准则,然后依据这个准则来判断 x_0 所属的类,并且要求这种准则在某种意义上是最优的,如错判概率最小或判别损失最小。

判别方法基于数学模型建立判别函数,根据判别函数的计算结果对新样品所属类进行判别,并保证误判的概率或损失最小。常用的判别方法有距离判别法、Fisher 判别法(典则判别法)、Bayes 判别法等,不同方法的差异在于判别的思想和判别函数的建立方法和过程不同。

设总体由 p 个变量进行描述,已知总体共有 m 类,第 i 类有 n_i 个已知样品($i=1,2,\cdots,m$),如果用 $x_{jk}^{(i)}$ 表示第 i 类第 j 个样品的第 k 个变量的观测值($i=1,2,\cdots,m; j=1,2,\cdots,n_i; k=1,2,\cdots,p$),$\bar{x}_{\cdot k}^{(i)}$ 为第 i 类变量 k 的平均值($i=1,2,\cdots,m; k=1,2,\cdots,p$),$x_{0k}$ 为待判样品 x_0 的变量 k 的观测值($k=1,2,\cdots,p$)。

11.2.1　距离判别法

距离判别法的基本思想如下:根据已知样品计算每个类的重心;根据待判样品与各类重心间的距离判断其所属类。最常用的距离是马氏距离,有时也用欧式距离。

令 $\overline{\boldsymbol{X}}^{(i)} = (\bar{x}_{\cdot 1}^{(i)}, \bar{x}_{\cdot 2}^{(i)}, \cdots, \bar{x}_{\cdot p}^{(i)})$,$\boldsymbol{X}_0 = (x_{01}, x_{02}, \cdots, x_{0p})$,协方差矩阵为 $\boldsymbol{S}$,则 x_0 到类 G_i 的马氏距离为

$$D_{(x_0, G_i)} = \sqrt{(\boldsymbol{X}_0 - \overline{\boldsymbol{X}}^{(i)})' \boldsymbol{S}^{-1} (\boldsymbol{X}_0 - \overline{\boldsymbol{X}}^{(i)})} \tag{11-25}$$

判别函数为

$$x_0 \in G_i \mid D_{(x_0, G_i)} = \min[D_{(x_0, G_j)}], \quad j = 1, 2, \cdots k \tag{11-26}$$

距离判别的特点是直观、简单,适合于自变量均为连续变量时的样品归类,且它对变量的分布无严格要求,也不要求总体协方差阵相等。

动态聚类中样品归类合理性检查实质上就是进行距离判别。

11.2.2　Fisher 判别法

Fisher 判别法又称典则判别法。基本思想是将原来在 p 维空间的自变量进行组合,投影到低维空间中去,然后在低维空间中进行分类,使组内差异尽可能小,组间差异尽可能大。

1.Fisher 判别法的数学模型

Fisher 判别式根据典则函数的值进行判别。典则判别函数的形式为

$$y = c_1 x_1 + c_2 x_2 + \cdots + c_p x_p = \boldsymbol{C}' \boldsymbol{X} \tag{11-27}$$

其中 $\boldsymbol{C} = (c_1, c_2, \cdots, c_p)'$ 为系数矩阵,$\boldsymbol{X} = (x_1, x_2, \cdots, x_p)'$。建立典则判别函数的过程就是根据已分类的样品求系数矩阵的过程。

设 $\boldsymbol{A} = \sum_{i=1}^{m} \sum_{j=1}^{n_i} (\boldsymbol{X}_j^{(i)} - \overline{\boldsymbol{X}}^{(i)})(\boldsymbol{X}_j^{(i)} - \overline{\boldsymbol{X}}^{(i)})'$ 为组内离差矩阵,$\boldsymbol{B} = \sum_{i=1}^{m} n_i (\overline{\boldsymbol{X}}^{(i)} - \overline{\boldsymbol{X}})(\overline{\boldsymbol{X}}^{(i)} - \overline{\boldsymbol{X}})'$ 为组间离差矩阵。其中 $\overline{\boldsymbol{X}}_j^{(i)}$ 为类样品 j 的数值向量,$\overline{\boldsymbol{X}}^{(i)}$ 为类 G_i 的均值向量,$\overline{\boldsymbol{X}}$ 为所有样品的均值向量。令

$$\lambda = \frac{C'BC}{C'AC} \tag{11-28}$$

则 λ 是含系数 $c_k(k=1,2,\cdots,p)$ 的表达式,分子表示组间差异,分母表示组内差异,求系数矩阵 C 的过程转换为求 λ 的极大值的问题。

根据极值存在的必要条件,令 $\partial_\lambda/\partial_{c_k}=0(k=1,2,\cdots,p)$,解方程组可以求出系数矩阵 C 和对应的 λ,且 λ 为 A、B 的广义特征值,C 为 λ 对应的特征向量。

由于 A 为正定的,所以非零特征值的个数 $s \leqslant \min(m-1,p)$,又由于 B 是非负的,所以非零特征值为正值。设 $\lambda_1 \geqslant \lambda_2 \geqslant \cdots \geqslant \lambda_s > 0$,可构建 s 个判别函数:

$$y_l = C_l'X \quad (l=1,2,\cdots,s) \tag{11-29}$$

对于每个判别函数,可以根据 λ 值计算其判别能力:

$$p_l = \lambda_l \bigg/ \sum_{i=1}^{s} \lambda_i \quad (l=1,2,\cdots,s) \tag{11-30}$$

通常情况下,如果前 s_0 个判别函数的判别能力累积达到特定的值(如85%),就可以不考虑后面的判别函数了。

进行判别时,先计算各类的重心:

$$\overline{y_l^{(i)}} = C_l'\overline{X}^{(i)} \quad (i=1,2,\cdots,k,l=1,2,\cdots,s_0) \tag{11-31}$$

再计算待判样品 x_0 的函数值和待判样品 x_0 与各类的距离。

$$y_l^{(0)} = C_l'X_0 \quad (l=1,2,\cdots,s_0) \tag{11-32}$$

$$D_{(x_0,i)} = \sqrt{\sum_{l=1}^{s_0} w_l(y_l^{(0)} - \overline{y_l^{(i)}})^2} \quad (i=1,2,\cdots,m) \tag{11-33}$$

式中,w_l 为权重,不加权时取1,加权时取 λ_l。然后根据待判样品 x_0 与各类的距离进行判别:

$$x_0 \in G_i \mid D_{(x_0,i)} = \min D_{(x_0,j)}, \quad j=1,2,\cdots,m \tag{11-34}$$

2.Fisher 判别步骤

(1) 计算变量的类平均值及总平均值。

(2) 计算组内离差矩阵 A 和组间离差矩阵 B。

(3) 求系数矩阵 C 和 λ。

(4) 计算各 λ 的判别能力并确定判别函数的个数 s_0。

(5) 计算各类的重心。

(6) 计算待判样品的函数值及其与各类重心的距离,并进行判别。

【例 11.3】 用甲、乙两种方法饲养试验动物,抽取6个样品测量其一周的体长(x_1,cm)和体重(x_2,kg)增重量,结果如表11-10所示。现有体长、体重分别为7和0.6(A)及5和0.3(B)的两只动物,试判别其饲养方法。

表 11-10　试验动物体长、体重表

项　目	甲 饲 养 法		乙 饲 养 法			
体长(x_1)	7	9	4	2	3	1
体重(x_2)	0.9	0.8	0.3	0.3	0.1	0.1
y	4.615	4.548	-1.007	-1.703	-2.881	-3.577

（1）基础数据计算：

$$\overline{\boldsymbol{X}}_j^{(i)} = \begin{pmatrix} 8 & 2.5 \\ 0.85 & 0.2 \end{pmatrix}, \quad \overline{\boldsymbol{X}}^{(i)} = \begin{pmatrix} 4.333 \\ 0.417 \end{pmatrix}$$

$$\boldsymbol{A} = \sum_{i=1}^{m} \sum_{j=1}^{n_i} (\overline{\boldsymbol{X}}_j^{(i)} - \overline{\boldsymbol{X}}^{(i)})(\overline{\boldsymbol{X}}_j^{(i)} - \overline{\boldsymbol{X}}^{(i)})' = \begin{pmatrix} 7 & 0.1 \\ 0.1 & 0.045 \end{pmatrix}$$

$$\boldsymbol{B} = \sum_{i=1}^{m} n_i (\overline{\boldsymbol{X}}^{(i)} - \overline{\boldsymbol{X}})(\overline{\boldsymbol{X}}^{(i)} - \overline{\boldsymbol{X}})' = \begin{pmatrix} 40.333 & 4.767 \\ 4.767 & 0.563 \end{pmatrix}$$

（2）求系数矩阵及 λ：

将 $\boldsymbol{A}$、$\boldsymbol{B}$ 代入式(11-28)，得：

$$\lambda = \left[(c_1 \quad c_2) \begin{pmatrix} 40.333 & 4.767 \\ 4.767 & 0.563 \end{pmatrix} \begin{pmatrix} c_1 \\ c_2 \end{pmatrix} \right] \bigg/ \left[(c_1 \quad c_2) \begin{pmatrix} 7 & 0.1 \\ 0.1 & 0.045 \end{pmatrix} \begin{pmatrix} c_1 \\ c_2 \end{pmatrix} \right]$$

令 $\partial_\lambda / \partial_{c_1} = 0, \partial_\lambda / \partial_{c_2} = 0$，解方程得：$c_1 = 0.348, c_2 = 7.631$

将 c_1、c_2 代入式(11-28)，计算得：$\lambda = 15.754$

由于只有一个判别函数，所以判别能力为 100%。

（3）求典则判别函数：

由于 $\bar{y} = c_1 \bar{x}_1 - c_2 \bar{x}_2 = 0.348 \times 4.333 + 7.631 \times 0.417 = 4.688$，于是典则判别函数为

$$y = 0.348 x_1 + 7.631 x_2 - 4.688 \tag{11-35}$$

将各样品观测值代入式(11-35)，计算的函数值如表 11-10 后一列所示。

（4）求类的重心和判别临界值：

类的重心为：　$\bar{y}^{(1)} = 0.348 \times 8 + 7.631 \times 0.85 - 4.688 = 4.583$

$$\bar{y}^{(2)} = 0.348 \times 2.5 + 7.631 \times 0.2 - 4.688 = -2.292$$

判别临界值为：

$$y^{(0)} = [n_1 \bar{y}^{(1)} + n_2 \bar{y}^{(2)}] / (n_1 + n_2) = [2 \times 4.583 - 4 \times 2.292] / (2+4) = 0$$

（5）待判样品判别归类：

$$y_{(A)} = 0.348 \times 7 + 7.631 \times 0.6 - 4.688 = 2.326,$$

$$y_{(B)} = 0.348 \times 5 + 7.631 \times 0.3 - 4.688 = -0.659$$

因为 $y_{(A)} > 0 [D_{(A,1)} < D_{(A,2)}]$，所以样品 A 为甲饲养法；因为 $y_{(B)} < 0 [D_{(B,2)} < D_{(B,1)}]$，所以样品 B 为乙饲养法。

11.2.3　Bayes 判别法

Bayes 判别法的基本思想是根据先验概率分布求出后验概率分布，并依据后验概率分布进行统计判别。其过程是在考虑先验概率的条件下，利用 Bayes 公式按照一定的准则构建一个判别函数，分别计算待判样品属于各类的概率，将待判样品判为概率最大的类。

设类 G_i 的先验概率为 q_i，总体密度函数分别是 $f_i(\boldsymbol{X})$，根据 Bayes 公式，待判样品 x_0 属于类 G_i 的条件概率（后验概率）为

$$P(G_i \mid x_0) = q_i f_i(\boldsymbol{X}_0) \bigg/ \sum_{j=1}^{k} q_j f_j(\boldsymbol{X}_0) \quad (i = 1, 2, \cdots, m) \tag{11-36}$$

若 $x_0 \in G_i$，则被误判为 $G_j (i \neq j)$ 的概率为 $1 - P(G_i \mid x_0)$。因误判而产生的损失函数为 $L(j|i)$ 时，错判的平均损失为

$$E(i \mid x_0) = \sum_{j \neq i} \left\{ L(i \mid j) q_i f_i(\boldsymbol{X}_0) \Big/ \sum_{j=1}^{k} q_j f_j(\boldsymbol{X}_0) \right\} \tag{11-37}$$

实际应用中确定损失函数比较困难,常假设各类误判的损失相等,这时 $P(G_i \mid x_0)$ 最大等价于 $E(i \mid x_0)$ 最小。此时判别函数为

$$y_i = q_i f_i(\boldsymbol{X}_0) \quad (i = 1, 2, \cdots, m) \tag{11-38}$$

如果 $G_i \sim N_p(\boldsymbol{\mu}_i, \boldsymbol{\Sigma}_i)$,则

$$y_i = q_i (2\pi)^{-\frac{p}{2}} |\boldsymbol{\Sigma}_i|^{-\frac{1}{2}} e^{-\frac{1}{2}(X-\mu_i)'\Sigma_i^{-1}(X-\mu_i)} \tag{11-39}$$

令 $z_i = \ln[(2\pi)^{-p/2} y_i]$,则

$$z^{(i)} = \ln q_i - \frac{1}{2}\ln|\boldsymbol{\Sigma}_i| - \frac{1}{2}\boldsymbol{X}'\boldsymbol{\Sigma}_i^{-1}\boldsymbol{X} + \boldsymbol{X}'\boldsymbol{\Sigma}_i^{-1}\boldsymbol{\mu}_i - \frac{1}{2}\boldsymbol{\mu}_i'\boldsymbol{\Sigma}_i^{-1}\boldsymbol{\mu}_i \tag{11-40}$$

当 $\boldsymbol{\Sigma}_1 = \boldsymbol{\Sigma}_2 = \cdots = \boldsymbol{\Sigma}_m = \boldsymbol{\Sigma}$ 时,$\frac{1}{2}\ln|\boldsymbol{\Sigma}_i|$、$\frac{1}{2}\boldsymbol{X}'\boldsymbol{\Sigma}_i^{-1}\boldsymbol{X}$ 两项与 i 无关,上式可简化为

$$z^{(i)} = \ln q_i + \boldsymbol{X}'\boldsymbol{\Sigma}_i^{-1}\boldsymbol{\mu}_i - \frac{1}{2}\boldsymbol{\mu}_i'\boldsymbol{\Sigma}_i^{-1}\boldsymbol{\mu}_i \tag{11-41}$$

如果总体参数未知,则用样品统计数估计,上式可变为

$$z^{(i)} = \ln q_i + \boldsymbol{X}'\boldsymbol{S}_i^{-1}\overline{\boldsymbol{X}}^{(i)} - \frac{1}{2}\overline{\boldsymbol{X}}^{(i)'}\boldsymbol{S}_i^{-1}\overline{\boldsymbol{X}}^{(i)} \tag{11-42}$$

令 $c_{i0} = \ln q_i - \frac{1}{2}\overline{\boldsymbol{X}}^{(i)'}\boldsymbol{S}_i^{-1}\overline{\boldsymbol{X}}^{(i)}$,$\boldsymbol{C}_i = \boldsymbol{S}_i^{-1}\overline{\boldsymbol{X}}^{(i)}$,则判别函数为

$$z^{(i)} = c_{i0} + \boldsymbol{C}_i'\boldsymbol{X} = c_{i0} + c_{i1}x_1 + c_{i2}x_2 + \cdots + c_{ip}x_p \tag{11-43}$$

判别规则为

$$x_0 \in G_i \mid z_i = \max z_j, \quad j = 1, 2, \cdots, m \tag{11-44}$$

Bayes 判别法充分利用总体的先验概率,使误判的平均损失达到最小,但它要求变量服从多元正态分布、各类的均值有显著差异,所以进行判别分析前应先进行方差分析,合并均值差异不显著的类。求解时还要假设各类的协方差矩阵同质,协方差矩阵不同质时,计算较复杂。

【例 11.4】 某地气象站预报有无春旱的观测资料如表 11-11 所示。x_1、x_2 为气象预报因子,数据包括 6 年春旱和 8 年无春旱的观测值,假设先验概率同样本频率,误判损失相同。试建立 Bayes 判别准则。

表 11-11 气象站预报有无春旱的观测资料

	春 旱						无 春 旱							
x_1	24.8	24.1	26.6	23.5	25.5	27.4	22.1	21.6	22.0	22.8	22.7	21.5	22.1	21.4
x_2	−2.0	−2.4	−3.0	−1.9	−2.1	−3.1	−0.7	−1.4	−0.8	−1.6	−1.5	−1.0	−1.2	−1.3
$z^{(1)}$	436.67	386.10	451.33	390.69	458.80	477.44	403.30	343.62	393.64	379.94	381.65	362.40	374.87	341.36
$z^{(2)}$	433.94	383.51	441.53	391.01	454.28	465.63	410.53	349.57	400.74	382.71	384.97	369.88	380.43	348.06

(1)基础数据计算:

$$\overline{\boldsymbol{X}} = \begin{pmatrix} 25.317 & 22.025 \\ -2.417 & -1.187 \end{pmatrix}, \quad \boldsymbol{S}^{-1} = \begin{pmatrix} 1.891 & 3.364 \\ 3.364 & 11.707 \end{pmatrix}, \quad \ln\boldsymbol{q} = (-0.847 \quad -0.560)'$$

(2)将基础数据代入式(11-42),计算得判别函数:

$$\begin{cases} z^{(1)} = -435.201 + 39.743x_1 + 56.876x_2 \\ z^{(2)} = -379.480 + 37.654x_1 + 60.193x_2 \end{cases} \tag{11-45}$$

进行判别时,分别将观测值代入对应的计算式,计算函数值,归入函数值(最)大的一类。本例样本的函数值见表 11-11 最后两行。

11.2.4 逐步判别法

逐步判别法不是专门的判别函数建立方法,与逐步回归分析的思路相似,根据变量与类的关系进行变量筛选,用选定的变量进行判别分析。逐步判别法常用 Wilks Lambda 统计量进行变量的显著性检验。

如果 A 为组内离差矩阵,T 为总离差矩阵,则 Wilks Lambda 统计量定义为

$$\lambda = \frac{|A|}{|T|} \tag{11-46}$$

显然,λ 越小判别效果越好。进行逐步判别时,假设当前判别函数中有 q 个变量,如果增加变量 r 后的 Wilks Lambda 统计量为 λ_+,则可以证明:

$$F_+ = \frac{n-m-q}{m-1} \cdot \frac{1-\lambda_+/\lambda}{\lambda_+/\lambda} \sim F(m-1, n-m-q) \tag{11-47}$$

其中 $n = \sum_{i=1}^{m} n_i$。如果 $F_+ > F_\alpha(m-1, n-m-q)$,说明新加入的变量判别能力显著,应该加入;反之则不应加入。如果删除变量 q 后的 Wilks Lambda 统计量为 λ_-,可以证明:

$$F_- = \frac{n-m-q+1}{m-1} \cdot \frac{1-\lambda/\lambda_-}{\lambda/\lambda_-} \sim F(m-1, n-m-q+1) \tag{11-48}$$

如果 $F_- < F_\alpha(m-1, n-m-q+1)$,则删除的变量判别能力不显著,应该删除;反之则不应删除。

重复上述过程,直到判别函数中所有的变量的判别能力都显著且不能增加新变量为止。

习题

习题 11.1 简述系统聚类法的基本思路并比较各种类间距离计算方法对聚类结果的影响。

习题 11.2 试比较 Fisher 判别法和 Bayes 判别法的异同点。

习题 11.3 试用 Fisher 判别法建立例 11.4 的数据的典则判别函数。

习题 11.4 使用 Bayes 判别法建立例 11.3 的数据的 Bayes 判别函数。

习题 11.5 用花萼长(x_1)、花萼宽(x_2)、花瓣长(x_3)和花瓣宽(x_4)4 个特征来区分山鸢尾(1)、变色鸢尾(2)和弗吉尼亚鸢尾(3),60 个样品的资料如下表所示。试用 4 个特征对数据进行聚类分析,并分别用 Fisher 判别法和 Bayes 判别法进行判别分析。

序号	种类	x_1	x_2	x_3	x_4	序号	种类	x_1	x_2	x_3	x_4	序号	种类	x_1	x_2	x_3	x_4	序号	种类	x_1	x_2	x_3	x_4
1	1	50	33	14	2	7	2	57	28	45	13	13	1	49	36	14	1	19	1	50	30	16	2
2	3	67	31	56	24	8	2	63	33	47	16	14	1	44	32	13	2	20	3	64	28	56	21
3	3	89	31	51	23	9	3	49	25	45	17	15	2	58	26	40	12	21	1	51	38	19	4
4	1	46	36	10	2	10	2	70	32	47	14	16	3	63	27	49	18	22	1	49	30	14	2
5	3	65	30	52	20	11	1	48	31	16	2	17	2	50	23	33	10	23	2	58	27	41	10
6	3	58	27	51	19	12	3	63	25	50	19	18	1	51	38	16	2	24	2	60	29	45	15

续表

序号	种类	x_1	x_2	x_3	x_4	序号	种类	x_1	x_2	x_3	x_4	序号	种类	x_1	x_2	x_3	x_4	序号	种类	x_1	x_2	x_3	x_4
25	1	50	36	14	2	34	3	67	33	57	25	43	3	72	32	60	18	52	2	57	29	42	13
26	3	58	37	51	19	35	1	55	35	13	2	44	3	61	30	49	18	53	2	65	26	46	15
27	3	64	28	56	22	36	2	64	32	45	15	45	1	50	32	12	2	54	1	46	34	14	3
28	3	63	28	51	15	37	3	59	30	51	18	46	1	43	30	11	1	55	2	59	32	48	18
29	2	62	22	45	15	38	3	64	32	53	23	47	2	67	31	44	14	56	2	60	27	51	16
30	2	61	30	46	14	39	2	54	30	45	15	48	1	51	35	14	2	57	3	65	30	55	18
31	2	56	25	39	11	40	3	67	33	57	21	49	1	50	34	16	4	58	1	51	33	17	5
32	3	68	32	59	23	41	1	44	30	13	2	50	2	57	26	35	10	59	3	77	36	67	22
33	3	62	34	54	23	42	1	47	32	16	2	51	3	77	30	61	23	60	3	76	30	66	21

第**12**章　　主成分分析与因子分析

科学研究中,经常会遇到研究多个变量的问题。一般情况下,每个变量都提供一定的信息,但变量的重要性不同,并且很多情况下变量间存在一定的相关性,从而使变量提供的信息存在一定程度的重叠。太多的变量不仅增加了计算的工作量和复杂性,也为正确地分析和解决问题带来困难,因此有必要对变量加以改造,用少量互不相关的新变量来提供原始变量的主要信息,简化变量,达到易于分析和解决问题的目的。主成分分析与因子分析是解决这类问题的有效方法。

12.1　主成分分析

12.1.1　主成分分析概述

1.主成分分析的数学模型

假设有 n 个样品 p 个变量的样本数据,其标准化的数据矩阵为

$$\boldsymbol{X} = \begin{pmatrix} x_{11} & x_{12} & \cdots & x_{1p} \\ x_{21} & x_{22} & \cdots & x_{2p} \\ \vdots & \vdots & \ddots & \vdots \\ x_{n1} & x_{n2} & \cdots & x_{np} \end{pmatrix} = (\boldsymbol{x}_1, \boldsymbol{x}_2, \cdots, \boldsymbol{x}_p) \tag{12-1}$$

其中 $\boldsymbol{x}_i = (x_{1i}, x_{2i}, \cdots, x_{ni})'$。如果 $\boldsymbol{X}$ 的协方差矩阵 $\boldsymbol{S}$(标准化后的数据,协方差矩阵 $\boldsymbol{S}$ 等同于相关系数矩阵 $\boldsymbol{R}$)的特征根为 $\lambda_1 \geqslant \lambda_2 \geqslant \cdots \geqslant \lambda_p$,且特征根 λ_i 对应的特征向量为 $\boldsymbol{\iota}_i = (\iota_{i1}, \iota_{i1}, \cdots, \iota_{ip})'$,则 $\boldsymbol{\iota}_1, \boldsymbol{\iota}_2, \cdots, \boldsymbol{\iota}_p$ 间线性无关。记为 $\boldsymbol{\iota} = (\boldsymbol{\iota}_1, \boldsymbol{\iota}_2, \cdots, \boldsymbol{\iota}_p)$,令

$$\boldsymbol{Y} = (\boldsymbol{y}_1, \boldsymbol{y}_2, \cdots, \boldsymbol{y}_p) = \boldsymbol{X}\boldsymbol{\iota} \tag{12-2}$$

则 $\boldsymbol{y}_1, \boldsymbol{y}_2, \cdots, \boldsymbol{y}_p$ 为 $\boldsymbol{X}$ 的主成分。$\boldsymbol{y}_1, \boldsymbol{y}_2, \cdots, \boldsymbol{y}_p$ 为 $\boldsymbol{x}_1, \boldsymbol{x}_2, \cdots, \boldsymbol{x}_p$ 的线性组合,且线性无关。

主成分具有以下主要性质:主成分之间互不相关;原始变量的信息主要集中在前几个主成分上;前几个主成分能够反映原始变量的绝大部分信息;可以用主成分来分组解释变量的特征。

2.主成分分析的几何解释

从代数上说,主成分是 p 个变量 $x_1, x_2, \cdots, x_p$ 的一些特殊的线性组合,在几何上,这些线性组合是把变量 $x_1, x_2, \cdots, x_p$ 构成的坐标系进行旋转,形成新的坐标系 $y_1, y_2, \cdots, y_p$。为了方便,在二维空间中讨论主成分分析的几何特征,其结论很容易推广到多维空间。

假设样本有 x_1、x_2 两个指标(变量),可在 x_1,x_2 组成的坐标系上根据样本的取值(x_{k1},x_{k2})绘制各样品的位置,由于两个变量相关,所以坐标系是斜交的(图 12-1(a)),可以看出无论沿 x_1 方向还是 x_2 方向数据均有较大离散性,其离散性程度可分别用观测值在 x_1、x_2 方向的方差表示,由于在两个方向上方差都比较大,所以只考虑 x_1 或只考虑 x_2 信息都会有较大的损失。如果对坐标轴进行旋转,在新的正交坐标系 y_1,y_2 下,则数据在 y_1 方向的离散性较 y_2 方向大得多(图 12-1(b)),为简化描述,y_1 基本能说明数据变化的主要情况。

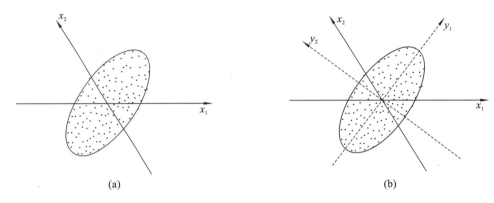

图 12-1 主成分分析的几何解释

如果将原坐标系沿逆时针方向旋转一个角度 θ,则样本数据在新坐标系下坐标变为

$$y_{i1} = x_{i1}\cos\theta + x_{i2}\sin\theta, \quad i = 1, 2, \cdots, n$$

相当于对原始变量(x_1,x_2)进行线性变换,得到新变量(y_1、y_2):

$$\begin{cases} \boldsymbol{y}_1 = \boldsymbol{x}_1\cos\theta + \boldsymbol{x}_2\sin\theta \\ \boldsymbol{y}_2 = -\boldsymbol{x}_1\sin\theta + \boldsymbol{x}_2\cos\theta \end{cases} \tag{12-3}$$

3.主成分的确定

主成分包含原始变量的信息量决定了主成分的重要性,主成分包含原始变量的信息量可通过主成分的方差贡献率来说明。确定主成分数量时,要求主成分包含原始变量的绝大部分信息,一般要求所选主成分的累计方差贡献率 $W \geqslant 0.85$。

主成分的方差贡献率为该主成分对应的特征根占特征根总和的比例,即

$$g_i = \lambda_i \Big/ \sum_{i=1}^{p}\lambda_i \tag{12-4}$$

由于特征根 $\lambda_1 \geqslant \lambda_2 \geqslant \cdots \geqslant \lambda_p$,所以主成分的方差贡献率 $g_1 \geqslant g_2 \geqslant \cdots \geqslant g_p$。

所有主成分的累积方差贡献率为 1,前 m 个主成分的累计方差贡献率为 $\sum\limits_{i=1}^{m} g_i$。在应用时,如果

$$\sum_{i=1}^{m-1} g_i < W < \sum_{i=1}^{m} g_i \tag{12-5}$$

则确定 m 为所选主成分的数量,即原始数据的信息主要集中在前 m 个主成分上。

4.主成分的解释

确定主成分后,需分析、解释主成分的实际意义。确定了主成分之后,结合相关专业知识,要对主成分的实际意义进行分析。在主成分表达式中,系数的绝对值越大,表明主成分包含对应变量的信息越多。

12.1.2　主成分分析的步骤

根据主成分分析的数学模型,主成分分析的步骤如下。

（1）对原始数据进行标准化处理,得数据矩阵 $\boldsymbol{X}$。

（2）计算数据矩阵的相关系数,得相关系数矩阵 $\boldsymbol{R}$。

（3）求矩阵 $\boldsymbol{R}$ 的特征根和特征向量,且设 $\lambda_1 \geqslant \lambda_2 \geqslant \cdots \geqslant \lambda_p$, λ_i 对应的特征向量为 $\boldsymbol{\iota}_i$。

（4）计算主成分的方差贡献率并确定主成分数量。

（5）写出主成分表达式:$y_i = \boldsymbol{X}\boldsymbol{\iota}_i$。

（6）分析、解释各主成分的变量组成及实际意义。

【例 12.1】　为研究山楂园中昆虫的群落演替,分 16 个时期对山楂园中 16 种主要昆虫(x_1 桃蚜、x_2 山楂木虱、x_3 草履蚧、x_4 山楂叶螨、x_5 梨网蝽、x_6 黑绒金龟子、x_7 苹毛金龟子、x_8 顶梢卷叶蛾、x_9 苹小卷叶蛾、x_{10} 金纹细蛾、x_{11} 舟形毛虫、x_{12} 山楂粉蝶、x_{13} 桃小食心虫、x_{14} 梨小食心虫、x_{15} 白小食心虫、x_{16} 桑天蛾)的数量进行了调查,结果如表 12-1 所示。试进行主成分分析。

表 12-1　昆虫数量调查结果

时期	x_1	x_2	x_3	x_4	x_5	x_6	x_7	x_8	x_9	x_{10}	x_{11}	x_{12}	x_{13}	x_{14}	x_{15}	x_{16}
1	0	10	4	0	0	9	0	0	0	0	0	0	0	0	0	0
2	24	18	7	0	0	18	7	0	0	0	0	13	0	0	0	0
3	329	53	13	0	8	274	182	7	1	0	0	22	0	0	5	0
4	675	86	2	11	43	419	619	12	1	0	0	34	0	0	7	0
5	266	123	28	7	47	64	253	31	14	4	0	46	0	0	23	0
6	38	205	35	16	94	13	47	64	17	9	0	31	0	16	32	0
7	2	180	17	34	125	4	0	23	44	35	0	7	0	72	13	0
8	0	71	6	53	207	0	0	11	17	60	0	0	0	115	11	1
9	0	23	0	89	391	0	0	7	8	125	0	0	0	9	143	4
10	0	10	0	74	647	0	0	13	11	153	10	0	37	26	19	6
11	0	0	0	93	561	0	0	1	4	65	126	0	72	289	8	15
12	0	0	0	64	174	0	0	0	6	70	284	0	346	21	3	5
13	0	0	0	23	13	0	0	0	3	213	133	0	295	93	23	0
14	0	0	0	8	0	0	0	0	1	145	13	0	82	41	15	0
15	0	0	0	3	0	0	0	0	0	43	0	0	0	0	0	0
16	0	0	0	0	0	0	0	0	0	0	0	0	0	0	0	0

（1）对原始数据进行标准化处理,结果如表 12-2 所示。

（2）计算样本相关系数矩阵 R,结果如表 12-3 所示。

（3）求相关系数矩阵 R 的特征根和相应的特征向量,结果如表 12-4 所示。

（4）确定主成分数量:由于 $\sum_{i=1}^{4} g_i = 81.80(\%)$, $\sum_{i=1}^{5} g_i = 89.55(\%)$,确定主成分数量为 5 个。

表 12-2 标准化的昆虫数量数据

时期	x_1	x_2	x_3	x_4	x_5	x_6	x_7	x_8	x_9	x_{10}	x_{11}	x_{12}	x_{13}	x_{14}	x_{15}	x_{16}
1	−0.445	−0.575	−0.275	−0.881	−0.691	−0.343	−0.421	−0.621	−0.696	−0.855	−0.446	−0.629	−0.479	−0.567	−0.547	−0.481
2	−0.317	−0.456	0.000	−0.881	−0.691	−0.268	−0.378	−0.621	−0.696	−0.855	−0.446	0.226	−0.479	−0.567	−0.547	−0.481
3	1.312	0.064	0.550	−0.881	−0.653	1.870	0.685	−0.210	−0.608	−0.855	−0.446	0.818	−0.479	−0.567	−0.402	−0.481
4	3.161	0.554	−0.458	−0.555	−0.485	3.080	3.342	0.085	−0.608	−0.855	−0.446	1.606	−0.479	−0.567	−0.344	−0.481
5	0.976	1.104	1.923	−0.673	−0.466	0.116	1.117	1.202	0.532	−0.795	−0.446	2.395	−0.479	−0.567	0.120	−0.481
6	−0.242	2.323	2.565	−0.406	−0.241	−0.309	−0.135	3.144	0.795	−0.721	−0.446	1.409	−0.479	−0.354	0.380	−0.481
7	−0.435	1.951	0.916	0.128	−0.093	−0.385	−0.421	0.732	3.162	−0.336	−0.446	−0.168	−0.479	0.391	−0.170	−0.481
8	−0.445	0.332	−0.092	0.692	0.300	−0.418	−0.421	0.026	0.795	0.035	−0.446	−0.629	−0.479	0.963	−0.228	−0.233
9	−0.445	−0.382	−0.641	1.760	1.181	−0.418	−0.421	−0.210	0.005	0.999	−0.446	−0.629	−0.479	−0.448	3.598	0.512
10	−0.445	−0.575	−0.641	1.315	2.406	−0.418	−0.421	0.143	0.269	1.415	−0.320	−0.629	−0.138	−0.221	0.004	1.009
11	−0.445	−0.724	−0.641	1.879	1.994	−0.418	−0.421	−0.563	−0.345	0.109	1.142	−0.629	0.184	3.280	−0.315	3.246
12	−0.445	−0.724	−0.641	1.018	0.142	−0.418	−0.421	−0.621	−0.170	0.184	3.133	−0.629	2.708	−0.288	−0.460	0.761
13	−0.445	−0.724	−0.641	−0.198	−0.629	−0.418	−0.421	−0.621	−0.433	2.304	1.230	−0.629	2.239	0.671	0.120	−0.481
14	−0.445	−0.724	−0.641	−0.644	−0.691	−0.418	−0.421	−0.621	−0.608	1.296	−0.282	−0.629	0.276	−0.022	−0.112	−0.481
15	−0.445	−0.724	−0.641	−0.792	−0.691	−0.418	−0.421	−0.621	−0.696	−0.217	−0.446	−0.629	−0.479	−0.567	−0.547	−0.481
16	−0.445	−0.724	−0.641	−0.881	−0.691	−0.418	−0.421	−0.621	−0.696	−0.855	−0.446	−0.629	−0.479	−0.567	−0.547	−0.481

表 12-3 相关数据矩阵

	x_1	x_2	x_3	x_4	x_5	x_6	x_7	x_8	x_9	x_{10}	x_{11}	x_{12}	x_{13}	x_{14}	x_{15}
x_2	0.274														
x_3	0.172	0.878													
x_4	−0.313	−0.158	−0.299												
x_5	−0.247	−0.145	−0.234	0.902											
x_6	0.964	0.192	0.065	−0.304	−0.242										
x_7	0.984	0.3	0.172	−0.283	−0.224	0.916									
x_8	0.147	0.893	0.897	−0.07	0.01	0.046	0.187								
x_9	−0.16	0.746	0.516	0.237	0.184	−0.213	−0.13	0.551							
x_{10}	−0.398	−0.405	−0.459	0.479	0.398	−0.377	−0.375	−0.27	−0.035						
x_{11}	−0.212	−0.343	−0.305	0.424	0.187	−0.199	−0.2	−0.283	−0.13	0.339					
x_{12}	0.73	0.661	0.749	−0.405	−0.304	0.593	0.736	0.649	0.123	−0.527	−0.299				
x_{13}	−0.228	−0.366	−0.328	0.261	0.024	−0.214	−0.215	−0.298	−0.154	0.559	0.918	−0.321			
x_{14}	−0.266	−0.11	−0.187	0.578	0.523	−0.249	−0.251	−0.134	0.151	0.281	0.351	−0.322	0.199		
x_{15}	−0.118	0.062	0.003	0.489	0.354	−0.143	−0.098	0.155	0.123	0.363	−0.131	−0.051	−0.096	−0.084	
x_{16}	−0.229	−0.317	−0.32	0.81	0.83	−0.215	−0.216	−0.19	−0.06	0.25	0.475	−0.323	0.217	0.755	0.119

表 12-4　特征向量、特征根及方差贡献率

	y_1	y_2	y_3	y_4	y_5	y_6	y_7	y_8	y_9	y_{10}	y_{11}	y_{12}	y_{13}	y_{14}	y_{15}	y_{16}
x_1	0.281	−0.182	0.413	−0.004	0.079	0.132	−0.001	0.003	0.061	0.029	−0.032	−0.049	0.334	−0.296	−0.045	0.000
x_2	0.281	0.377	0.004	0.156	0.020	0.190	−0.056	0.095	−0.259	−0.085	0.121	−0.036	−0.396	0.537	0.106	0.000
x_3	0.281	0.336	−0.087	0.210	−0.015	−0.276	0.163	0.034	0.149	0.447	−0.166	−0.027	0.545	0.312	0.005	0.000
x_4	−0.279	0.270	0.314	−0.096	0.096	−0.002	−0.264	−0.005	−0.053	−0.084	−0.585	−0.438	−0.024	0.089	−0.331	0.000
x_5	−0.233	0.275	0.326	−0.228	−0.055	−0.070	−0.067	−0.527	0.061	0.113	−0.117	0.515	−0.037	0.061	0.339	0.000
x_6	0.253	−0.224	0.401	−0.037	0.049	0.202	−0.062	0.019	−0.406	0.588	0.025	−0.018	−0.194	−0.038	−0.006	0.000
x_7	0.277	−0.159	0.417	0.006	0.097	0.136	0.014	−0.018	0.119	−0.559	0.067	0.091	0.271	0.356	0.047	0.000
x_8	0.233	0.404	0.001	0.139	0.103	−0.217	0.197	−0.249	−0.523	−0.295	0.072	−0.016	0.073	−0.456	−0.088	0.000
x_9	0.066	0.446	−0.070	0.122	−0.004	0.604	−0.357	0.011	0.325	0.073	0.204	0.034	0.099	−0.294	−0.056	0.000
x_{10}	−0.278	0.027	0.012	0.013	0.475	0.332	0.591	−0.267	0.087	0.099	0.134	−0.330	0.014	0.085	0.116	0.000
x_{11}	−0.237	−0.065	0.165	0.568	0.103	−0.184	−0.296	0.103	−0.043	−0.022	0.049	−0.234	0.044	−0.103	0.612	0.000
x_{12}	0.350	0.078	0.205	0.137	0.071	−0.283	0.194	−0.020	0.568	0.012	−0.115	−0.069	−0.547	−0.202	−0.013	0.000
x_{13}	−0.222	−0.119	0.053	0.577	0.318	0.003	−0.013	−0.018	−0.019	0.039	−0.036	0.489	−0.055	0.075	−0.495	0.000
x_{14}	−0.222	0.177	0.242	0.119	−0.417	0.219	0.495	0.510	−0.064	−0.058	−0.210	0.196	−0.006	−0.126	0.110	0.000
x_{15}	−0.067	0.216	0.078	−0.382	0.601	−0.213	−0.078	0.553	−0.003	0.028	0.146	0.207	0.027	−0.067	0.090	0.000
x_{16}	−0.269	0.150	0.375	−0.020	−0.285	−0.278	0.006	0.001	0.075	0.079	0.670	−0.198	0.025	0.093	−0.310	0.000
λ_i	5.998	3.172	2.342	1.575	1.240	0.644	0.450	0.328	0.129	0.078	0.031	0.006	0.004	0.002	0.000	0.000
g_i	37.49	19.82	14.64	9.84	7.75	4.03	2.81	2.05	0.81	0.49	0.19	0.04	0.03	0.01	0.00	0.00
$\sum g_i$	37.49	57.31	71.95	81.80	89.55	93.57	96.39	98.44	99.24	99.73	99.92	99.96	99.99	100.00	100.00	100.00

（5）写出主成分表达式。前 5 个主成分的表达式为：

$$y_1 = 0.281x_1 + 0.281x_2 + 0.281x_3 - 0.279x_4 - 0.233x_5 + 0.253x_6$$
$$+ 0.277x_7 + 0.233x_8 + 0.066x_9 - 0.278x_{10} - 0.237x_{11}$$
$$+ 0.350x_{12} - 0.222x_{13} - 0.222x_{14} - 0.067x_{15} - 0.269x_{16}$$

$$y_2 = -0.182x_1 + 0.377x_2 + 0.336x_3 + 0.270x_4 + 0.275x_5 - 0.224x_6$$
$$- 0.159x_7 + 0.404x_8 + 0.446x_9 + 0.027x_{10} - 0.065x_{11}$$
$$+ 0.078x_{12} - 0.119x_{13} + 0.177x_{14} + 0.216x_{15} + 0.150x_{16}$$

$$y_3 = 0.413x_1 + 0.004x_2 - 0.087x_3 + 0.314x_4 + 0.326x_5 + 0.401x_6$$
$$+ 0.417x_7 + 0.001x_8 - 0.070x_9 + 0.012x_{10} + 0.165x_{11}$$
$$+ 0.205x_{12} + 0.053x_{13} + 0.242x_{14} + 0.078x_{15} + 0.375x_{16}$$

$$y_4 = -0.004x_1 + 0.156x_2 + 0.210x_3 - 0.096x_4 - 0.228x_5 - 0.037x_6$$
$$+ 0.006x_7 + 0.139x_8 + 0.122x_9 + 0.013x_{10} + 0.568x_{11}$$
$$+ 0.137x_{12} + 0.577x_{13} + 0.119x_{14} - 0.382x_{15} - 0.020x_{16}$$

$$y_5 = 0.079x_1 + 0.020x_2 - 0.015x_3 + 0.096x_4 - 0.055x_5 + 0.049x_6$$
$$+ 0.097x_7 + 0.103x_8 - 0.004x_9 + 0.475x_{10} + 0.103x_{11}$$
$$+ 0.071x_{12} + 0.318x_{13} - 0.417x_{14} + 0.601x_{15} - 0.285x_{16}$$

（6）结果解释：从以上结果可以看出引起山楂园昆虫群落演替的主要昆虫：对第一主成分，贡献最大的是山楂粉蝶，特征向量为 0.350，是第一主成分的基本代表；对第二主成分，贡献较大的有苹小卷叶蛾和顶梢卷叶蛾，特征向量分别为0.446和0.404，两种均为食嫩叶的种类，是第二主成分的基本代表；对第三主成分，贡献最大的是苹毛金龟子，其次为桃蚜，特征向量分别为0.417和0.413；对第四主成分，贡献较大的是桃小食心虫和舟形毛虫，特征向量分别为0.577和0.568，这些都是后期发生的害虫；对第五主成分，贡献较大的是白小食心虫和金纹细蛾，特征向量分别为 0.601 和 0.475。上述分析表明，不同主成分的代表种，其发生时期不同，说明山楂园昆虫群落随时间的变化而处在不断的演替中。

12.2　因子分析

和主成分分析一样，因子分析（factor analysis）也是一种对高维数据降维的方法。但与主成分分析不同，因子分析是把原始变量综合成几个不可观测的综合因子的线性组合。因子分析的基本思想是根据相关性的大小将变量分组，使同组内的变量间的相关性最强，不同组的变量间相关性较弱。每组变量代表一个基本结构，并用一个不可观测的综合变量来表示，称为公共因子。原始变量可分解为两部分，一部分是公共因子的线性函数，另一部分是与公共因子无关的特殊因子。因子分析的目的是从变量中找出几个主要因子，每个主要因子代表原始变量间相互依赖关系的来源，抓住这些主要因子，使复杂问题得到简化，便于问题的分析和解释。

12.2.1　因子分析概述

1.因子分析的数学模型

假设有 n 个样品 p 个变量的样本数据，其标准化的数据矩阵为 $\boldsymbol{X}=(\boldsymbol{x}_1,\boldsymbol{x}_2,\cdots,\boldsymbol{x}_p)$，$\boldsymbol{x}_i=(x_{1i},x_{2i},\cdots,x_{ni})'$。因子分析模型为

$$\boldsymbol{X}=\boldsymbol{A}\boldsymbol{F}+\boldsymbol{\varepsilon} \tag{12-6}$$

其中：$\boldsymbol{F}=(\boldsymbol{f}_1,\boldsymbol{f}_2,\cdots,\boldsymbol{f}_m)(m<p)$ 为公共因子，其协方差矩阵为单位矩阵 $\boldsymbol{E}$，各因子相互独立；$\boldsymbol{\varepsilon}=(\varepsilon_1,\varepsilon_2,\cdots,\varepsilon_p)'$ 为特殊因子，协方差矩阵 $\boldsymbol{\Sigma}_\varepsilon=\mathrm{diag}(\sigma_i^2)$，各 ε_i 相互独立；$\boldsymbol{A}=(\boldsymbol{a}_1,\boldsymbol{a}_2,\cdots,\boldsymbol{a}_m)'$ 为载荷矩阵。

因子分析模型中，每个原始变量由公共因子和特殊因子两部分组成。公共因子是各原始变量所共有的因子，解释变量之间的相关关系；特殊因子是每个原始变量所特有的因子，表示该变量不能被公共因子解释的部分。原始变量与因子分析时抽出的公共因子的相关关系用因子载荷表示，各因子载荷组成载荷矩阵。

进行因子分析前需要注意，因子分析要求原始变量之间应存在较强的相关关系，如果原始变量相互独立，不存在信息重叠，就没有公共因子，这样的数据就无法也无需进行因子分析。

2.因子分析的主要统计量

（1）因子载荷：因素结构中原始变量 $\boldsymbol{x}_i$ 与公共因子 $\boldsymbol{f}_j$ 的协方差。对于标准化的数据，因子载荷是原始变量 $\boldsymbol{x}_i$ 与公共因子 $\boldsymbol{f}_j$ 的相关系数，表示两者间相关关系的强度。

（2）变量共同度：原始变量方差中由公共因子决定的部分所占比例。定义为原始变量的所有公共因子的载荷的平方和

$$h_i^2 = \sum_{j=1}^{m} a_{ij}^2, i = 1, 2, \cdots, p \tag{12-7}$$

如果大多数原始变量的变量共同度均较高,说明公共因子能够反映原始变量较多的信息,因子分析的效果较好。

（3）因子的方差贡献：公共因子对原始变量的方差贡献。定义为公共因子在所有原始变量中的载荷的平方和

$$g_j^2 = \sum_{i=1}^{p} a_{ij}^2, j = 1, 2, \cdots, m \tag{12-8}$$

是衡量公共因子重要性的指标,方差贡献越大,说明因子对原始变量的影响和作用越大,因子越重要。因子分析时,将各公共因子的方差贡献按大小顺序排列,并据此提取影响和作用较大的公共因子。

12.2.2 因子分析的步骤

因子分析分为计算因子载荷、因子旋转和计算因子得分三个步骤。

1.因子载荷的计算

因子载荷有多种计算方法,这里以主成分分析法为例进行说明。

（1）数据标准化处理、求相关系数矩阵 $\boldsymbol{R}$ 及其特征根和特征向量(同主成分分析)。

（2）确定公共因子个数。与主成分分析确定主成分数类似,对于给定的阈值($W \geqslant 0.85$),如果方差贡献

$$\sum_{i=1}^{m-1} g_i < W < \sum_{i=1}^{m} g_i \tag{12-9}$$

则确定公共因子为 m 个。

（3）计算载荷矩阵 $\boldsymbol{A} = (\boldsymbol{a}_1, \boldsymbol{a}_2, \cdots, \boldsymbol{a}_m)'$

$$\boldsymbol{a}_i = \sqrt{\lambda_i} \boldsymbol{\iota}_i, i = 1, 2, \cdots, m \tag{12-10}$$

其中：λ_i 为相关系数矩阵 $\boldsymbol{R}$ 第 i 个特征根；$\boldsymbol{\iota}_i$ 为特征根 λ_i 对应的特征向量。

2.因子旋转的计算

得到因子载荷后,需要对公共因子的实际含义加以解释。如果因子载荷(实际上就是公共因子与原始变量间的相关系数)接近 0 和 ± 1,则公共因子的含义比较清晰,与接近 ± 1 的变量相关强度较大,而与接近 0 的变量无相关关系,如果因子载荷不趋向 0 和 ± 1,则不好说明公共因子和变量间的关系。进行因子旋转的目的,就是尽量使因子载荷趋向 0 和 ± 1,以便分析公共因子与变量间的关系。

因子旋转是对载荷矩阵进行线性变换。因子旋转后,公共因子对各原始变量的方差贡献(变量共同度 h_i^2)并不改变,但由于载荷矩阵发生了改变,公共因子也就发生了改变,各公共因子对原始变量的方差贡献 g_j^2 也同时发生改变。因子旋转主要有正交旋转和斜交旋转两大类。在此以方差最大化正交旋转为例说明因子旋转过程。

（1）计算方差。根据方差的定义,因子 F_i 的方差为

$$s_i^2 = \frac{1}{p} \sum_{j=1}^{p} (a_{ij}^2)^2 - \frac{1}{p^2} \left(\sum_{j=1}^{p} a_{ij}^2 \right)^2 \tag{12-11}$$

所有因子的方差之和为载荷矩阵的总方差

$$s_A^2 = \sum_{i=1}^{m} \left[\frac{1}{p} \sum_{j=1}^{p} (a_{ij}^2)^2 - \frac{1}{p^2} \left(\sum_{j=1}^{p} a_{ij}^2 \right)^2 \right] \tag{12-12}$$

方差最大化正交旋转就是通过正交变换,使载荷矩阵的总方差最大,这时因子载荷趋向于 0 和 ±1。

(2)因子载荷的正规化变换。为计算旋转角度,首先进行因子载荷的正规化变换,消除因各变量对公共因子依赖程度不同造成的影响。变换公式为

$$\tilde{a}_{ij} = \frac{a_{ij}}{h_i} \tag{12-13}$$

(3)计算旋转角度及变换矩阵。旋转每次只针对两个因子进行,一个循环包括 C_m^2 次旋转。对 F_i,F_j 旋转时,令 $u_i = \tilde{a}_{ij}^2 - \tilde{a}_{ik}^2$,$v_i = 2\tilde{a}_{ij}\tilde{a}_{ik}$,且 $A = \sum_{i=1}^{p} u_i$,$B = \sum_{i=1}^{p} v_i$,$C = \sum_{i=1}^{p} (u_i^2 - v_i^2)$,$D = \sum_{i=1}^{p} 2u_i v_i$。为使方差最大,旋转角度为

$$\theta = \frac{1}{4} \arctan \frac{D - 2AB/p}{C - (A^2 - B^2)/p} \tag{12-14}$$

变换矩阵为

$$T = \begin{pmatrix} 1 & & & & & & & & & \\ & \ddots & & & & & & & & \\ & & 1 & & & & & & & \\ & & & \cos\theta & & & -\sin\theta & & & \\ & & & & 1 & & & & & \\ & & & & & \ddots & & & & \\ & & & & & & 1 & & & \\ & & & \sin\theta & & & \cos\theta & & & \\ & & & & & & & 1 & & \\ & & & & & & & & \ddots & \\ & & & & & & & & & 1 \end{pmatrix} \tag{12-15}$$

(4)旋转。旋转后的载荷矩阵 B 为

$$B = AT \tag{12-16}$$

(5)计算方差增量并决定是否继续旋转。载荷矩阵的方差单调增加,每完成一个循环后计算载荷矩阵 B 的方差 s_B^2。对于给定的 ε,如果 $s_B^2 - s_A^2 < \varepsilon$ 则停止旋转,否则重新计算角度进行旋转。

3.因子得分的计算

估计因子载荷后,常希望知道样品在各因子上的取值,从而根据因子取值对样品进行分类,研究样品间的差异。样品在公共因子上的取值称为因子得分。简单地讲,根据因子载荷可以判断某个因子与哪几个变量的关系紧密,对这几个变量进行汇总或平均,就是对因子得分的估计,但较为粗略。在此介绍利用回归分析估计因子得分的方法。

公共因子 F 是原始变量 X 的线性组合,设从 X 到 F 的变换矩阵为 C,则

$$F = CX \tag{12-17}$$

如果载荷矩阵为 B,则根据因子载荷的定义,有

$$B = RC' \tag{12-18}$$

于是，变换矩阵

$$C = B'R^{-1} \tag{12-19}$$

需要注意，因子分析中提取的公共因子个数不同，因子得分也不同。

【例 12.2】　人类学家测量收集了我国 26 组人群的 15 个人体形态指标（x_1 头长、x_2 头宽、x_3 额最小宽、x_4 面宽、x_5 下额角面宽、x_6 容貌面高、x_7 形态面高、x_8 鼻高、x_9 鼻宽、x_{10} 裂宽、x_{11} 身长、x_{12} 肩宽、x_{13} 胸围、x_{14} 骨盆宽、x_{15} 全头高），结果如表 12-5 所示。试对形态指标进行因子分析。

表 12-5　人体形态测定数据

人群	x_1	x_2	x_3	x_4	x_5	x_6	x_7	x_8	x_9	x_{10}	x_{11}	x_{12}	x_{13}	x_{14}	x_{15}
湘瑶族	184.68	147.29	102.63	139.03	108.92	181.63	123.39	52.44	36.76	51.01	1597.12	396.94	833.60	264.00	232.00
桂瑶族	180.73	143.80	100.35	138.25	102.63	189.35	119.21	52.44	37.71	56.76	1568.30	362.26	830.44	262.02	219.74
湘侗族	184.30	151.30	117.90	127.96	113.30	184.74	110.70	62.57	38.30	51.40	1594.00	382.70	862.00	264.00	227.10
桂侗族	182.63	150.10	101.90	137.24	101.14	194.32	120.58	52.57	37.87	56.33	1579.30	364.90	838.10	265.04	228.71
土家族	183.85	141.00	105.40	141.50	110.25	185.02	119.20	48.90	45.40	48.50	1592.60	364.00	833.50	264.00	232.90
傣族	193.30	176.10	107.00	147.50	118.80	192.23	127.70	59.10	38.50	50.50	1670.20	363.59	857.67	267.57	236.10
壮族	187.10	150.20	100.40	142.50	110.83	184.56	121.40	53.80	40.40	49.50	1635.00	370.00	845.00	264.00	226.50
黎族	183.71	147.31	106.74	142.39	118.70	186.56	121.02	54.98	40.35	47.66	1630.10	370.63	845.00	265.90	226.28
傈僳族	191.82	150.24	106.83	142.89	108.26	190.61	130.09	51.59	30.18	53.27	1632.95	385.00	845.00	264.00	237.69
景颇族	186.37	149.33	103.26	140.33	110.71	192.12	126.72	57.45	38.56	54.16	1586.68	355.33	832.20	277.03	250.38
独龙族	189.50	148.16	104.26	139.53	111.67	189.10	123.74	51.87	38.94	53.32	1607.30	335.00	850.76	250.00	225.09
基诺族	183.53	144.64	108.55	137.11	106.28	185.66	112.35	48.04	39.63	55.34	1599.70	355.50	852.00	262.50	223.08
彝族	184.16	141.94	115.88	141.27	108.77	183.02	118.15	51.99	37.49	57.71	1570.09	331.83	844.87	266.86	234.00
布朗族	183.18	144.53	113.32	139.32	108.34	183.09	116.57	51.42	37.21	53.66	1565.01	329.28	839.95	264.55	229.00
哈尼族	184.56	144.29	113.37	139.22	109.69	181.15	115.85	51.34	36.68	53.64	1599.88	338.17	837.67	269.25	223.00
傣族	189.72	148.50	106.12	138.26	107.61	189.26	119.26	50.10	36.93	53.04	1618.15	335.00	845.00	250.00	241.00
白族	191.82	151.58	106.69	142.18	108.38	184.76	117.50	51.12	35.36	51.70	1644.17	385.00	845.00	264.00	242.89
湘汉族	184.18	149.59	102.59	139.55	109.52	185.57	125.80	57.90	37.24	52.53	1626.33	404.62	845.00	265.00	229.23
桂汉族	187.80	150.50	100.74	141.95	111.95	185.20	124.30	56.50	40.20	49.20	1635.10	270.40	845.00	264.00	231.43
川羌族	188.75	149.73	104.02	142.15	107.26	192.01	126.08	57.62	36.61	49.69	1610.70	335.59	831.03	252.50	235.00
桂彝族	189.45	147.70	103.81	142.01	108.74	189.29	120.45	53.60	39.48	58.03	1574.60	365.65	869.57	263.81	228.60
桂苗族	184.09	151.91	103.23	143.07	108.24	191.18	117.91	52.18	36.18	54.55	1556.90	313.06	828.61	257.38	222.83
黔苗族	184.90	151.10	104.60	143.40	104.10	188.25	116.10	48.60	37.80	56.10	1558.00	313.00	830.00	271.00	230.55
黔侗族	185.33	149.82	110.00	141.81	111.74	185.88	114.98	47.82	37.17	50.06	1607.60	360.00	862.47	264.10	214.40
川彝族	189.18	150.15	103.45	141.18	110.95	193.26	124.97	56.90	38.57	53.35	1659.23	372.89	858.16	287.99	227.00
粤汉族	187.56	148.17	101.58	139.41	110.73	189.15	124.58	56.38	39.05	53.96	1628.92	363.41	855.96	270.29	227.00

(1) 输入观测数据,并对数据进行标准化处理。结果如表 12-6 所示。

表 12-6　标准化的人体形态数据

人群	x_1	x_2	x_3	x_4	x_5	x_6	x_7	x_8	x_9	x_{10}	x_{11}	x_{12}	x_{13}	x_{14}	x_{15}
湘瑶族	−0.529	−0.304	−0.702	−0.410	−0.154	−1.606	0.552	−0.274	−0.501	−0.657	−0.276	1.441	−0.988	−0.085	0.257
桂瑶族	−1.751	−0.862	−1.184	−0.640	−1.765	0.479	−0.311	−0.274	−0.124	1.360	−1.202	0.256	−1.268	−0.345	−1.363
湘侗族	−0.647	0.337	2.529	−3.669	0.968	−0.766	−2.067	2.463	0.110	−0.521	−0.376	0.954	1.528	−0.085	−0.391
桂侗族	−1.163	0.145	−0.856	−0.937	−2.146	1.822	−0.028	−0.239	−0.060	1.210	−0.849	0.346	−0.589	0.052	−0.178
土家族	−0.786	−1.309	−0.116	0.317	0.187	−0.690	−0.313	−1.231	2.928	−1.538	−0.421	0.316	−0.997	−0.085	0.375
傣族	2.136	4.300	0.223	2.083	2.377	1.257	1.441	1.526	0.190	−0.836	2.075	0.299	1.144	0.384	0.798
壮族	0.219	0.161	−1.174	0.611	0.336	−0.815	0.141	0.094	0.944	−1.187	0.943	0.521	0.022	−0.085	−0.470
黎族	−0.829	−0.301	0.168	0.579	2.351	−0.274	0.063	0.412	0.924	−1.833	0.785	0.542	0.022	0.165	−0.499
傈僳族	1.678	0.168	0.187	0.726	−0.323	0.820	1.935	−0.504	−3.112	0.136	0.877	1.033	0.022	−0.085	1.008
景颇族	−0.007	0.022	−0.569	−0.028	0.305	1.228	1.239	1.080	0.214	0.448	−0.611	0.020	−1.112	1.625	2.684
独龙族	0.961	−0.165	−0.357	−0.263	0.551	0.412	0.624	−0.428	0.364	0.153	0.052	−0.675	0.532	−1.922	−0.656
基诺族	−0.885	−0.727	0.551	−0.975	−0.830	−0.518	−1.726	−1.463	0.638	0.862	−0.193	0.025	0.642	−0.282	−0.922
彝族	−0.690	−1.159	2.102	0.249	−0.192	−1.231	−0.529	−0.396	−0.211	1.694	−1.145	−0.783	0.010	0.291	0.521
布朗族	−0.993	−0.745	1.560	−0.325	−0.302	−1.212	−0.855	−0.550	−0.322	0.273	−1.308	−0.870	−0.425	−0.013	−0.140
哈尼族	−0.567	−0.783	1.571	−0.354	0.044	−1.736	−1.004	−0.571	−0.533	0.265	−0.187	−0.567	−0.627	0.604	−0.932
傣族	1.029	−0.111	0.037	−0.637	−0.489	0.455	−0.300	−0.906	−0.433	0.055	0.401	−0.675	0.022	−1.922	1.445
白族	1.678	0.382	0.157	0.517	−0.292	−0.761	−0.664	−0.631	−1.056	−0.415	1.237	1.033	0.022	−0.085	1.695
湘汉族	−0.684	0.064	−0.710	−0.257	0.000	−0.542	1.049	1.201	−0.310	−0.124	0.664	1.703	0.022	0.046	−0.109
桂汉族	0.435	0.209	−1.102	0.449	0.622	−0.642	0.740	0.823	0.864	−1.293	0.946	−2.881	0.022	−0.085	0.181
川羌族	0.729	0.086	−0.408	0.508	−0.579	1.198	1.107	1.126	−0.560	−1.121	0.161	−0.655	−1.216	−1.594	0.653
桂彝族	0.945	−0.238	−0.452	0.467	−0.200	0.463	−0.055	0.039	0.579	1.806	−1.000	0.372	2.198	−0.110	−0.193
桂苗族	−0.712	0.434	−0.575	0.779	−0.328	0.974	−0.579	−0.187	−0.731	0.585	−1.569	−1.424	−1.430	−0.953	−0.955
黔苗族	−0.461	0.305	−0.285	0.876	−1.388	0.182	−0.952	−1.312	−0.088	1.129	−1.534	−1.426	−1.307	0.834	0.065
黔侗族	−0.328	0.100	0.858	0.408	0.569	−0.458	−1.184	−1.522	−0.338	−0.991	0.061	0.179	1.569	−0.072	−2.068
川彝族	0.862	0.153	−0.528	0.223	0.366	1.536	0.878	0.931	0.217	0.164	1.722	0.619	1.188	3.063	−0.404
粤汉族	0.361	−0.163	−0.924	−0.298	0.310	0.425	0.798	0.791	0.408	0.378	0.747	0.296	0.993	0.741	−0.404

(2) 计算相关系数,结果如表 12-7 所示。

(3) 求相关系数矩阵的特征根和对应的特征向量,并计算载荷矩阵,结果如表 12-8 所示。

(4) 确定公共因子个数:由于 $\sum\limits_{i=1}^{6} g_i = 79.84(\%)$,$\sum\limits_{i=1}^{7} g_i = 85.45(\%)$,所以应抽取 7 个公共因子。

表 12-7　相关系数矩阵

	x_1	x_2	x_3	x_4	x_5	x_6	x_7	x_8	x_9	x_{10}	x_{11}	x_{12}	x_{13}	x_{14}
x_2	0.581													
x_3	−0.135	−0.106												
x_4	0.449	0.395	−0.373											
x_5	0.360	0.454	0.219	0.219										
x_6	0.335	0.423	−0.471	0.232	−0.134									
x_7	0.532	0.360	−0.571	0.505	0.220	0.488								
x_8	0.205	0.446	−0.039	−0.202	0.464	0.260	0.390							
x_9	−0.285	−0.151	−0.159	−0.042	0.261	−0.136	−0.188	0.039						
x_{10}	−0.199	−0.228	0.053	−0.158	−0.635	0.223	−0.187	−0.229	−0.270					
x_{11}	0.675	0.516	−0.182	0.287	0.586	0.123	0.505	0.368	−0.029	−0.581				
x_{12}	0.054	0.065	−0.007	−0.208	0.112	−0.022	0.145	0.184	−0.130	−0.105	0.308			
x_{13}	0.406	0.272	0.262	−0.134	0.457	0.016	−0.074	0.237	0.087	−0.008	0.425	0.270		
x_{14}	−0.045	0.079	0.007	0.102	0.147	0.085	0.127	0.234	0.104	0.120	0.189	0.214	0.148	
x_{15}	0.488	0.209	−0.066	0.184	0.046	0.196	0.440	0.209	−0.167	−0.054	0.201	0.051	−0.230	0.068

表 12-8　初始载荷矩阵、特征根和方差贡献

	F_1	F_2	F_3	F_4	F_5	F_6	F_7	F_8	F_9	F_{10}	F_{11}	F_{12}	F_{13}	F_{14}	F_{15}
x_1	0.800	−0.116	0.126	−0.431	0.097	−0.064	−0.015	0.288	−0.065	−0.069	−0.034	−0.085	0.078	0.022	0.156
x_2	0.747	0.000	0.110	−0.139	0.265	0.236	−0.018	−0.279	0.375	−0.078	−0.215	0.052	−0.067	−0.077	0.016
x_3	−0.303	0.603	0.307	−0.470	−0.068	0.194	0.314	−0.078	0.059	0.066	0.207	0.140	0.093	−0.047	0.022
x_4	0.491	−0.417	−0.434	−0.198	0.277	−0.269	0.332	−0.154	0.078	0.203	−0.012	−0.018	0.139	0.039	−0.076
x_5	0.621	0.628	−0.248	−0.045	0.039	0.130	0.134	−0.087	−0.020	0.238	0.116	−0.055	−0.159	0.113	0.027
x_6	0.424	−0.567	0.273	0.262	0.319	0.222	−0.190	0.023	0.153	−0.073	0.372	−0.005	0.009	0.032	−0.016
x_7	0.745	−0.447	−0.043	0.176	−0.189	−0.071	−0.037	−0.033	−0.268	0.241	0.051	0.120	−0.046	−0.138	0.038
x_8	0.544	0.249	0.268	0.383	−0.183	0.535	−0.088	−0.142	−0.164	0.077	−0.132	−0.037	0.146	0.049	−0.025
x_9	−0.086	0.334	−0.558	0.520	0.197	0.141	0.059	0.421	0.199	0.058	−0.030	0.098	0.053	−0.018	0.047
x_{10}	−0.455	−0.431	0.597	0.036	0.324	0.017	0.173	0.140	−0.047	0.190	−0.162	0.119	−0.049	0.112	0.019
x_{11}	0.837	0.265	−0.062	−0.032	−0.058	−0.255	−0.089	0.040	−0.129	−0.285	−0.010	0.189	−0.001	0.098	−0.053
x_{12}	0.226	0.269	0.437	0.272	−0.378	−0.532	−0.215	−0.028	0.324	0.174	0.014	−0.008	0.043	0.024	0.022
x_{13}	0.337	0.588	0.377	−0.060	0.479	−0.146	−0.122	0.292	−0.113	0.079	−0.018	−0.067	−0.010	−0.093	−0.105
x_{14}	0.198	0.116	0.267	0.530	0.074	−0.201	0.701	−0.104	−0.064	−0.191	0.023	−0.059	−0.017	−0.034	0.033
x_{15}	0.421	−0.341	0.108	−0.183	−0.546	0.228	0.330	0.406	0.164	−0.005	−0.019	−0.027	−0.050	−0.004	−0.087
λ_i	4.242	2.445	1.609	1.379	1.156	1.010	0.976	0.681	0.484	0.376	0.291	0.117	0.097	0.079	0.059
g_i	28.28	16.30	10.73	9.20	7.71	6.73	6.50	4.54	3.23	2.51	1.94	0.78	0.65	0.52	0.40
$\sum g_i$	28.28	44.58	55.31	64.51	72.21	78.94	85.45	89.98	93.21	95.72	97.65	98.43	99.08	99.60	100.00

（5）因子旋转：对抽取的公共因子做方差最大化正交旋转，经过 15 次旋转后方差收敛，结果如表 12-9 所示（包括旋转后的因子载荷，特征值和方差贡献）。各因子载荷 0.6 以上的变量为

$$F_1 \sim 0.863x_1 + 0.768x_2 + 0.650x_{11} + 0.612x_{13}$$
$$F_2 \sim 0.948x_3 + 0.659x_7 + 0.650x_6$$
$$F_3 \sim 0.904x_{10} + 0.708x_5$$
$$F_4 \sim 0.861x_{15}$$
$$F_5 \sim 0.850x_8$$
$$F_6 \sim 0.908x_{12}$$
$$F_7 \sim 0.956x_{14}$$

表 12-9　旋转后的载荷矩阵、特征根和方差贡献

	F_1	F_2	F_3	F_4	F_5	F_6	F_7
x_1	0.863	0.133	0.064	0.287	−0.080	0.081	−0.088
x_2	0.768	0.173	0.097	0.083	0.249	−0.125	0.038
x_3	0.050	−0.948	−0.050	0.010	0.081	−0.029	0.030
x_4	0.445	0.413	0.169	0.203	−0.571	−0.308	0.205
x_5	0.506	−0.198	0.708	−0.054	0.209	−0.026	0.189
x_6	0.365	0.650	−0.403	0.031	0.308	−0.126	0.036
x_7	0.386	0.659	0.132	0.438	0.066	0.152	0.095
x_8	0.265	0.104	0.214	0.150	0.850	0.086	0.156
x_9	−0.312	0.145	0.540	−0.417	0.141	−0.301	0.264
x_{10}	−0.135	−0.039	−0.904	−0.088	−0.023	−0.094	0.179
x_{11}	0.650	0.183	0.500	0.072	0.023	0.364	0.091
x_{12}	0.037	0.032	0.053	−0.014	0.108	0.908	0.137
x_{13}	0.612	−0.278	0.028	−0.542	0.174	0.269	0.147
x_{14}	0.031	0.016	−0.036	0.040	0.070	0.140	0.956
x_{15}	0.182	0.061	0.013	0.861	0.115	−0.006	0.077
λ_i	3.091	2.162	2.137	1.571	1.349	1.314	1.192
g_i	20.609	14.416	14.246	10.476	8.992	8.758	7.949
$\sum g_i$	20.609	35.025	49.271	59.747	68.739	77.497	85.447

经正交旋转后：F_1 在 x_1 头长、x_2 头宽、x_{11} 身长和 x_{13} 胸围上有较高的载荷量，主要为个体大小因子；F_2 在 x_3 额最小宽、x_7 形态面高和 x_6 容貌面高上有较高的荷载量，主要为面部因子；F_3 在 x_{10} 裂宽和 x_5 下额角面宽上有较高的荷载量，主要为宽度因子；$F_4 \sim F_7$ 均为单指标因子。

（6）因子得分：根据旋转后的载荷矩阵计算各民族的因子得分，结果如表 12-10 所示，可根据各因子得分的相似性对各人群的相关特征进行归类（略）。

表 12-10　因子得分表

人群	F_1	F_2	F_3	F_4	F_5	F_6	F_7
湘瑶族	−1.106	0.158	0.719	0.891	−0.520	1.578	−0.313
桂瑶族	−1.589	1.244	−1.174	−0.815	0.198	0.325	−0.397
湘侗族	−0.199	−2.545	0.152	−0.628	3.454	0.748	−0.579
桂侗族	−0.849	1.313	−1.699	−0.447	0.845	0.234	−0.170
土家族	−1.689	0.399	2.006	−0.040	−0.829	−0.306	0.431
傣族	3.166	0.312	0.829	0.208	0.694	−0.902	0.639
壮族	−0.141	0.781	1.411	−0.527	−0.568	0.533	−0.085
黎族	−0.238	−0.024	2.114	−0.381	0.057	0.129	0.407
傈僳族	1.375	0.117	−1.154	1.681	−1.091	1.710	−0.606
景颇族	−0.603	0.620	−0.275	2.266	1.306	−0.506	1.699
独龙族	0.651	0.440	0.097	−0.876	0.000	−0.430	−1.724
基诺族	−0.499	−0.705	−0.555	−1.429	−0.616	0.227	−0.152
彝族	−0.358	−1.860	−0.843	0.750	−0.514	−0.851	0.959
布朗族	−0.719	−1.505	−0.235	0.415	−0.322	−0.770	0.114
哈尼族	−0.505	−1.633	0.069	0.140	−0.802	−0.162	0.502
傣族	0.478	−0.254	−0.355	0.716	−0.123	−0.219	−1.943
白族	0.809	−0.763	0.079	1.368	−1.225	1.194	−0.305
湘汉族	−0.469	0.674	0.393	0.168	0.619	1.728	0.006
桂汉族	0.250	0.513	1.493	0.145	0.289	−2.000	−0.189
川羌族	0.088	1.003	0.280	1.185	0.781	−0.549	−1.787
桂彝族	0.896	0.203	−1.294	−1.384	−0.073	−0.013	0.453
桂苗族	−0.214	0.613	−0.829	−0.259	0.013	−1.765	−0.891
黔苗族	−0.483	0.085	−1.176	0.290	−1.049	−1.677	0.891
黔侗族	0.752	−0.844	0.299	−2.004	−1.455	0.339	−0.233
川彝族	0.893	0.866	−0.314	−0.674	0.368	0.832	2.606
粤汉族	0.303	0.791	−0.038	−0.762	0.561	0.570	0.665

习题

习题 12.1　试说明主成分分析和因子分析的基本原理。

习题 12.2　试比较主成分分析和因子分析的异同。

习题 12.3　试对例 12.2 的数据进行主成分分析。

习题 12.4　试对例 12.1 的数据进行因子分析。

第13章 生物统计软件实现——SPSS 方法

SPSS 是最早采用图形菜单驱动界面的统计软件,其突出特点是操作界面友好,输出结果美观。SPSS 将几乎所有的功能都以统一、规范的界面展现出来,使用 Windows 窗口方式展示各种管理和分析数据的方法,使用对话框展示出各种功能选项和设置参数。用户只要具有一定的 Windows 操作技能,熟悉统计分析原理,就可以使用该软件完成绝大部分统计分析工作。本章仅介绍 SPSS 中生物统计的基础内容和方法。

SPSS 程序的运行有菜单、程序和批处理三种模式。菜单模式通过选择菜单,并通过对话框完成各种参数设置完成分析工作,用户无需学会编程,简单易用;程序模式在语法窗口中运行编写好的程序或者在脚本窗口中运行脚本的完成分析工作;批处理模式把已编写好的语法程序存为一个文件,提交给软件执行。本书主要采用菜单模式,部分菜单模式不能完成的分析工作采用程序模式完成分析工作。

自 SPSS 诞生以来,为完善分析方法和适应操作系统的变化经历了多次版本更新,常用统计分析工作各版本的操作大同小异。由于中文版本对专业术语的翻译存在错误且各版本的翻译不一致,会给阅读带来困难。本章以 IBM SPSS Statistics 26 为操作蓝本,使用英文版本界面和输出结果,具体使用时可在工作环境设置中设置界面和输出语言。

13.1 SPSS 简介

13.1.1 SPSS 工作窗口

SPSS 软件运行过程中会出现多种窗口,各种窗口的功能不同。其中常用的窗口有数据编辑器、查看器、语法编辑器。

1.数据编辑器

SPSS 成功启动后,出现的第一个窗口是数据编辑器(Data Editor)。在数据编辑器中可以进行数据的录入、编辑,以及变量属性的定义和修改。数据编辑器与 Excel 等电子表格工具类似,分为两类视图,即数据视图(Data View)和变量视图(Variable View)。数据视图用于数据的录入和编辑,变量视图用于变量属性的定义和修改。输入的数据可以保存为.sav 文件供后期使用。

2.查看器

SPSS 的统计分析结果以表格和(或)图表的形式在查看器(Viewer)中显示。查看器的结构与 Windows 资源管理器类似,左边为导航窗口,显示输出结果的目录;右边为统计分析结果内容,可以通过单击目录来展开右边窗口中的统计分析结果。SPSS 输出的表格和图表是可编辑的。可加以修饰后复制需要的内容粘贴到 Word、Excel 等软件中应用;也可以保存为.spv 文件供后期重新调用。

查看器的菜单栏和工具栏与数据编辑器一致,分析操作也可以在查看器中选择菜单完成。

3.语法编辑器

语法编辑器(Syntax Editor)用于编写 SPSS 可执行的程序,通常用于修改菜单模式不能完成的某些分析工作,其基本语句可以通过菜单命令对话框的粘贴操作完成。语法编辑器的结构也与 Windows 资源管理器类似,左边为导航窗口,显示分析工作的目录,右边为程序。与菜单模式一样,程序运行结果也在查看器中显示。编写好的程序可以保存为.sps 文件供后期使用。

13.1.2　数据集的建立

SPSS 数据集是一种有结构的数据文件,它由数据结构和数据内容两部分组成,其中结构部分用于定义变量的类型、宽度、标签等属性,内容就是具体的数据。

建立数据集的步骤包括两项工作:定义数据文件结构(变量属性)和录入数据。新建数据文件后,首先需要定义数据文件结构(变量属性),然后才根据数据结构录入数据。变量的定义在数据编辑器的变量视图中进行。

1.变量的属性及定义

在数据编辑器中,点击 Variable View 标签进入变量视图窗口,开始定义数据结构(变量属性)工作。变量的属性包括 Name(名称)、Type(类型)、Width(宽度)、Decimals(小数位数)、Lable(变量名标签)、Values(变量值标签)、Missing(错误值)、Columns(列宽度)、Align(对齐方式)、Measure(测量级别)和 Role(角色)共 11 个属性。定义数据结构就是指定变量的上述属性值。

变量的属性可通过录入和选择两种方式进行定义。变量名称、变量名标签等直接在对应的空格中录入,变量类型、变量测量级别等通过选择录入,变量值标签、错误值等通过对话框依次加入。

2.数据录入与编辑

定义了变量的各种属性后,在数据视图中可以直接录入数据。数据录入方式与 Excel 表格数据录入类似,根据原始数据的情况,可以按行(SPSS 中称为 Case,本书中非原文引用时使用个体或样品)录入,用 TAB 键移位;也可以按列(Variable)录入,用 Enter 键换行。

需要对数据进行修改和编辑时,可选中需要修改的对象直接修改。

3.外部数据导入与导出

SPSS 软件除可以使用自身的.sav 数据文件外,还可以直接打开和保存为其他类型的数据文件,常用的包括 SAS 格式文件、Excel 格式文件、DBF 格式文件、TXT(空格、制表符或逗号分隔)格式文件等。

13.1.3　工作环境设置

SPSS 可以设置默认的工作环境。常用的工作环境包括变量列表使用变量名还是变量名标签(常规)、界面语言和输出语言(语言)、结果输出的字体种类和大小(查看器)、系统默认的数据宽度和小数位数(数据)、输出结果使用变量名或(和)变量名标签(输出)、输出表格的样式(透视表)和文件存储的默认位置(文件位置)等。

工作环境通过 Edit→Options 过程设置。工作环境设置完成后,软件将按照指定的方式进行显示和输出。

13.2 描述性分析

13.2.1 统计数计算

统计数计算使用 Descriptive Statistics→Descriptives、Frequencies 或 Explore 过程完成。

Descriptives、Frequencies 过程可以指定输出的统计数,Explore 过程则输出全部统计数,不同过程的输出结果表示方法略有不同。下文以 Descriptives 过程为例进行介绍。

【例 13.1】 利用 SPSS 对理论部分表 2-3 的数据进行基本统计量计算。

操作步骤:

❶建立数据集:定义变量 Chole,输入数据。

❷选择 Analyze→Descriptive Statistics→Descriptive 菜单,将 Chole 选入 Variable(s)栏。

❸点击 Option,选择要计算的统计量,包括 Mean(平均值)、Sum(总和)、Minimum(最小值)、Maximum(最大值)、Range(极差)、Std.deviation(标准差)、Variance(方差)、S.E.mean(平均值的标准误)、Skewness(偏度)、Kurtosis(峰度)等可选项,点击 Continue 返回。

❹点击 OK 执行分析。

结果说明:

输出结果如表 13-1 所示。Descriptives 过程的计算结果按列输出,Frequencies 和 Explore 过程的结果按行输出。Explore 过程除输出上述统计数外,还输出 Confidence Interval for Mean(平均数的区间估计)、5% Trimmed Mean(修剪平均数)和 Interquartile Range(四分位距),还可以通过设置分组变量来进行分组统计(参见表 13-3)。

表 13-1 描述过程的统计结果(Descriptive Statistics)

	N	Minimum	Maximum	Mean	Std.Deviation	Skewness		Kurtosis	
	Statistic	Statistic	Statistic	Statistic	Statistic	Statistic	Std.Error	Statistic	Std.Error
Chole	100	2.70	7.22	4.7368	.86651	.284	.241	.060	.478
Valid N (listwise)	100								

13.2.2 统计图表制作

制作统计图表先使用 Transform→Compute Variables 过程进行数据分组,然后使用 Descriptive Statistics→Frequencies 过程制作频数分布表和分布图。除 Frequencies、Explore 过程可以输出统计图外,还可以使用 Graphs 菜单完成各类专业统计图的制作。

【例 13.2】 利用 SPSS 对理论部分表 2-3 的数据制作频数分布表和分布图。

操作步骤：

❶使用例 13.1 建立的数据集。

❷选择 Transform→Compute Variables 菜单，在 Target Variable（目标变量）中填入分组变量 *Group*，在 Numeric Expression（数学表达式）中填入 TRUNC(*Chole*/0.5) * 0.5，点击 OK 执行计算，得各组下限值。

❸选择 Analyze→Descrip-tive Statistics→Frequencies 菜单，将 *Group* 选入 Variable(s) 栏，勾选 Display frequency tables（显示频率表）。

❹点击 Charts，在 Chart Type（图表类型）中选择 Histograms（直方图）并勾选 Show normal curve on histogram（显示正态曲线），点击 Continue 返回。

❺点击 OK 执行分析。

结果说明：

输出频数分布表和直方图如表 13-2 和图 13-1 所示。

表 13-2　频数分布表(Group)

		Frequency	Percent	Valid Percent	Cumulative Percent
Valid	2.50	1	1.0	1.0	1.0
	3.00	7	7.0	7.0	8.0
	3.50	9	9.0	9.0	17.0
	4.00	24	24.0	24.0	41.0
	4.50	24	24.0	24.0	65.0
	5.00	17	17.0	17.0	82.0
	5.50	9	9.0	9.0	91.0
	6.00	6	6.0	6.0	97.0
	6.50	2	2.0	2.0	99.0
	7.00	1	1.0	1.0	100.0
	Total	100	100.0	100.0	

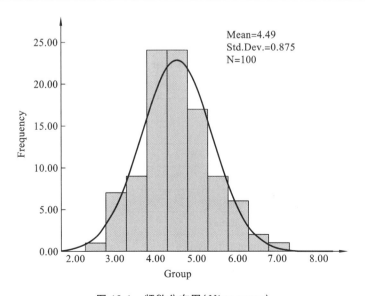

图 13-1　频数分布图(Histograms)

13.3 假设检验与参数估计

13.3.1 方差同质性检验

方差同质性检验使用 Descriptive Statistics→Explore 过程中 Spread vs Level with Levene Test 功能完成。

【例 13.3】 利用 SPSS 对理论部分例 4.8 的数据进行分析。

操作步骤:

❶建立数据集:定义变量 Weight(体重)和 Species(种类),用 1、2 代表两个种类,输入数据。

❷选择 Analyze→Descriptive Statistics→Explore 菜单,将 Weight 选入 Dependent List(因变量列表)栏,Species 选入 Factor List(因子列表)栏。

❸点击 Plots,将 Spread vs Level with Levene Test(含 Levene 方差检验)设置为 Untranslated(未转换),点击 Continue 返回。

❹点击 OK 执行分析。

结果说明:

输出结果包括分组统计数(表 13-3)和 Levene 方差检验结果(表 13-4)。方差检验结果包括 Based on Mean(基于平均数)、Median(中位数)、Median and with adjusted df(中位数及调整自由度)、trimmed mean(修剪平均数)等 4 类参数的 Levene 检验结果。正态分布数据读取基于平均数的结果,非正态分布数据读取基于中位数的结果,方差明显不同质的数据读取中位数及调整自由度的结果,存在异常值的数据读取修剪平均数的结果。

表 13-3 探索过程的描述统计结果(Descriptives)

		Species		Statistic	Std.Error
Weight	1	Mean		.135460	.0063465
		95% Confidence Interval for Mean	Lower Bound	.121848	
			Upper Bound	.149072	
		5% Trimmed Mean		.134078	
		Median		.125700	
		Variance		.001	
		Std.Deviation		.0245798	
		Minimum		.1071	
		Maximum		.1887	
		Range		.0816	
		Interquartile Range		.0384	
		Skewness		1.172	.580
		Kurtosis		.482	1.121

续表

Species			Statistic	Std.Error
Weight	2	Mean	.064120	.0026669
		95% Confidence Interval for Mean　Lower Bound	.058400	
		95% Confidence Interval for Mean　Upper Bound	.069840	
		5% Trimmed Mean	.064028	
		Median	.064800	
		Variance	.000	
		Std.Deviation	.0103290	
		Minimum	.0475	
		Maximum	.0824	
		Range	.0349	
		Interquartile Range	.0131	
		Skewness	−.069	.580
		Kurtosis	−.547	1.121

表 13-4　方差同质性检验结果(Test of Homogeneity of Variance)

		Levene Statistic	df1	df2	Sig.
Weight	Based on Mean	6.918	1	28	.014
	Based on Median	3.076	1	28	.090
	Based on Median and with adjusted df	3.076	1	16.851	.098
	Based on trimmed mean	5.511	1	28	.026

需要注意,Levene 检验统计量的计算公式理论部分提供的两样本方差检验的 Hartley 方法不同,所以统计量不同,但显著性相同。

Levene 检验可以进行两样本的检验,也可以进行多样本的检验。Levene 检验的统计量为

$$F = \frac{\sum\limits_{i=1}^{k} n_i (\bar{x}_i - \bar{x}.)^2 / (k-1)}{\sum\limits_{i=1}^{k} \sum\limits_{j=1}^{n_i} (x_{ij} - \bar{x}_i)^2 / (n-k)}, \quad df_1 = k-1, \quad df_2 = \sum n_i - k$$

13.3.2　样本平均数的检验与估计

1.单个样本平均数

单个样本平均数的检验和区间估计使用 Compare Means→One-Sample T Test 过程完成。区间估计也可以使用 Descriptive Statistics→Explore 过程完成(参见表 13-3)。

【例 13.4】　利用 SPSS 对理论部分例 4.4 的数据进行分析。

操作步骤:

❶建立数据集:定义变量 *Value*,输入数据。

❷选择 Analyze→Compare Means→One-Sample T Test 菜单,将 *Value* 选入 Test Variable(检验变量),输入 Test Value(检验值)0.30。

❸点击 OK 执行分析。

结果说明:

输出结果主要包括单样本检验统计量(表 13-5)和单样本检验结果(表 13-6)。单样本统计输出包括样本数据的样本容量 N、Mean(平均值)、Std.Deviation(标准差)和 Std.Error Mean(标准误)。

表 13-5 单样本检验统计量(One-Sample Statistics)

	N	Mean	Std.Deviation	Std.Error Mean
Value	9	.1767	.07036	.02345

表 13-6 单样本检验结果(One-Sample Test)

	Test Value=0.30					
	t	df	Sig.(2-tailed)	Mean Difference	95% Confidence Interval of the Difference	
					Lower	Upper
Value	−5.259	8	.001	−.12333	−.1774	−.0693

单样本检验结果输出检验统计量 t, df(自由度)、Sig.(2-tailed)(双尾概率)、Mean Difference(均值差)及 Confidence Interval of the Difference(均值差的置信区间)。

软件输出的显著性概率是双尾概率,进行单尾检验时其概率为双尾概率的一半。单尾检验时需注意 t 的符号,sig.$<\alpha$ 且 $t<0$ 时接受 $\mu<\mu_0$ 的假设,sig.$<\alpha$ 且 $t>0$ 时接受 $\mu>\mu_0$ 的假设。

进行样本平均数的区间估计时,可以通过 Options(选项)设置置信度,估值区间为均值差的区间估计加上检验值。

2.成组样本平均数

成组样本平均数的检验和差值的区间估计使用 Compare Means→Independent-Samples T Test 过程完成。

【例 13.5】 利用 SPSS 对理论部分例 4.10 的数据进行分析。

操作步骤:

❶建立数据集:定义变量 *Weight*(肿瘤重量)和 *Variety*(凝集素种类),用 1、2 代表两种凝集素,输入数据。

❷选择 Analyze→Compare Means→Independent-Samples T Test 菜单,将 *Weight* 选入 Test Variable(s),*Variety* 选入 Grouping Variable。

❸点击 Define Groups,指定 Use Specified Value,并分别设置 Group1 和 Group2 为 1 和 2,点击 Continue 返回。

❹点击 OK 执行分析。

结果说明:

输出结果主要包括分组样本统计量(表 13-7)独立样本检验结果(表 13-8)。分组统计输出包括两组数据的样本容量 N、Mean(平均值)、Std.Deviation(标准差)和 Std.Error Mean(标准误）。

表 13-7 分组统计样本统计量（Group Statistics）

Variety		N	Mean	Std.Deviation	Std.Error Mean
Weight	1	10	.4980	.08753	.02768
	2	10	.8330	.10563	.03340

表 13-8 独立样本检验结果（Independent Samples Test）

		Levene's Test for Equality of Variances		t-test for Equality of Means						
									95% Confidence Interval of the Difference	
		F	Sig.	t	df	Sig.(2-tailed)	Mean Difference	Std.Error Difference	Lower	Upper
Weight	Equal variances assumed	.126	.727	−7.722	18	.000	−.33500	.04338	−.42614	−.24386
	Equal variances not assumed			−7.722	17.400	.000	−.33500	.04338	−.42637	−.24363

独立样本检验结果输出 Levene 方差检验统计量 F 及 sig.（显著性概率）；Equal variances assumed（假设方差相等）和 Equal variances not assumed（假设方差不等）两种情况的，检验统计量 t，df（自由度）、Sig.（2-tailed）（双尾概率）、Mean Difference（均值差）、Std. Error Difference（差值标准误）及均值差的置信区间（Confidence Interval of the Difference）。

根据 Levene 方差检验结果读取对应的结果。本例方差同质，应读取假设方差相等的结果。

如果数据已计算平均数和标准差，则可以使用 Compare Means→Summary Independent-Samples T Test 过程完成检验。

3.成对样本平均数

成对样本平均数的检验和差值的区间估计使用 Compare Means→Paired-Samples T Test 过程完成。

【例 13.6】 利用 SPSS 对理论部分例 4.12 的数据进行分析。

操作步骤：

❶建立数据集：定义变量 OSM（渗透压法）和 DSC（差式扫描量热法），输入对应数据。

❷选择 Analyze→Compare Means→Paired-Samples T Test 菜单，同时选中变量 OSM 和 DSC，并选入 Paired Variables 栏。

❸点击 OK 执行分析。

结果说明：

输出结果主要包括配对样本统计量（表 13-9）配对样本检验结果（表 13-10）。除不存在 Levene 方差检验外，输出结果与独立样本检验的类似，不再赘述。Paired-Samples T Test 过程还输出 Paired Samples Correlations（配对样本相关性）表，平均数比较时一般不用参考。

表 13-9　配对样本统计量（Paired Samples Statistics）

		Mean	N	Std.Deviation	Std.Error Mean
Pair 1	OSM	1.2620	5	.23382	.10457
	DSC	1.2580	5	.14096	.06304

表 13-10　配对样本检验结果（Paired Samples Test）

		Paired Differences					t	df	Sig.(2-tailed)
		Mean	Std. Deviation	Std. Error Mean	95% Confidence Interval of the Difference				
					Lower	Upper			
Pair 1	OSM-DSC	.00400	.12054	.05391	−.14567	.15367	.074	4	.944

13.3.3　检验效能计算和样本容量估计

SPSS 26 及早期版本没有检验效能计算和样本容量估算过程。需要进行检验效能计算和样本容量估计时，需要使用语法书写语句完成。

【例 13.7】　对理论部分例 4.12 的检验结果进行检验效能计算，若要有 90% 的把握检出 0.05 ℃的差异，需检测多少样品？

操作步骤：

❶建立数据集：定义变量 α（显著水平）、s（标准差）、$n0$（样本容量）、$d0$（均数差）和 d（要检出的最小差值），输入数据。

❷选择 File→New→Syntax 菜单新建语法窗口，输入并执行下列语句（不含行号）：

```
1    COMPUTE nc=d0*SQRT(n0)/s.
2    COMPUTE df=n0-1.
3    COMPUTE tα=IDF.T(1-α/2,df).
4    COMPUTE e0=1-NCDF.T(tα,df,nc)+NCDF.T(-tα,df,nc).
5    COMPUTE n=2.
6    COMPUTE e=0.
7    SET MXLOOPS=10000.
8    LOOP IF(e<0.90).
9    COMPUTE n=n+1.
10   COMPUTE nc=d*SQRT(n)/s.
11   COMPUTE df=n-1.
12   COMPUTE tα=IDF.T(1-α/2,df).
```

13　COMPUTE e=1-NCDF.T(tα,df,nc)+NCDF.T(-tα,df,nc).

14　END LOOP.

15　EXECUTE.

结果说明：

计算结果在数据编辑器中输出。本例：$\alpha=0.05$、$s=0.1205$、$n0=5$、$d0=0.004$、$d=0.05$，检验效能 $e0=0.0504$；样本容量估计 $n=63$，对应的检验效能为 $e=0.9001$。关于检验效能计算和样本容量估算的操作，第一步数据集的建立，也可以采用 COMPUTE 语句输入数据。

语句第 1～4 行和第 10～13 行为检验效能计算。分别为计算非中心参数 nc、自由度 df、显著水平 α 的分位数 t_α 及检验效能 $e0$。其他类型的计算，根据要求输入数据，更改计算公式即可。

13.4　非参数检验

13.4.1　独立性检验

进行独立性检验时，首先要完成 Weight Cases(加权个案)，指定 Frequency Variable(频率变量)，然后使用 Descriptive Statistics→Crosstabs 制作 Crosstabulation(列联表，交叉表)。简单列联表使用 Chi-square 检验，配对列联表使用 McNemar 检验。

1.简单列联表检验

【例 13.8】　利用 SPSS 对理论部分例 6.2 的数据进行分析。

操作步骤：

❶建立数据集：定义变量 Count(数量)、Group(人群，1 AIH，2 CK)和 SNP(基因型，1 AA，2 AG，3 GG)，并定义 Label(名标签)和 Values(值标签)，输入数据。

❷选择 Data→Weight Cases 菜单，点选 Weight cases by(加权个案)，将 Count 选入 Frequency Variable(频率变量)，点击 OK 确定。

❸选择 Analyze→Descriptive Statistics→Crosstabs，将 Group 选入 Row(s)(行)，SNP 选入 Colomn(s)(列)。

❹点击 Statistics，点选 Chi-Square，点击 Continue 返回。

❺点击 Cells，勾选 Observed(观测值)、Expected(理论值)，点击 Continue 返回。

❻点击 OK 执行分析。

结果说明：

输出结果主要包括列联表（表 13-11）及列联表的 χ^2 检验结果（表 13-12）。列联表(Crosstabulation，交叉表)输出 Count(观测值)和 Expected Count(理论值)，还可以输出按行和按列计算的比例等。

表 13-11　$r \times c$ 列联表(Crosstabulation)

			基因型			Total
			AA	AG	GG	
人群	AIH	Count	10	26	41	77
		Expected Count	3.3	19.5	54.1	77.0
	CK	Count	13	109	333	455
		Expected Count	19.7	115.5	319.9	455.0
Total		Count	23	135	374	532
		Expected Count	23.0	135.0	374.0	532.0

表 13-12　$r \times c$ 列联表的 χ^2 检验结果(Chi-Square Tests)

	Value	df	Asymptotic Significance(2-sided)
Pearson Chi-Square	21.853[a]	2	.000
Likelihood Ratio	17.543	2	.000
Linear-by-Linear Association	19.115	1	.000
N of Valid Cases	532		

a.1 cells(16.7%)have expected count less than 5.The minimum expected count is 3.33.

χ^2 检验结果包括 Pearson Chi-Square(χ^2)和 Likelihood Ratio(似然比 χ^2_{LR})两个统计量及显著性,其中 $\chi^2_{LR} = 2\sum\limits_{i=1}^{r}\sum\limits_{j=1}^{c}O_{ij}\ln(O_{ij}/E_{ij})$。一般读取 Pearson Chi-Square 检验结果,Likelihood Ratio 结果通常与 Pearson Chi-Square 结果一致。

【例 13.9】　利用 SPSS 对理论部分例 6.1 的数据进行分析。

操作步骤:

❶建立数据集:定义变量 Count(数量)、History(暴露史,1 有暴露史,2 无暴露史)和 Health(健康状况,1 患病,2 健康),并定义 Label(名标签)和 Values(值标签),输入数据。

❷选择 Data→Weight Cases 菜单,点选 Weight cases by(加权个案),将 Count 选入 Frequency Variable(频率变量),点击 OK 确定。

❸选择 Analyze→Descriptive Statistics→Crosstabs,将 History 选入 Row(s)(行),Health 选入 Colomn(s)(列)。

❹点击 Statistics,点选 Chi-Square,点击 Continue 返回。

❺点击 Cells,勾选 Observed(观测值)、Expected(理论值),点击 Continue 返回。

❻点击 OK 执行分析。

结果说明:

输出结果主要包括列联表(表 13-13)及列联表的 χ^2 检验结果(表 13-14)。2×2 列联表涉及连续性校正和小样本的精确概率法,χ^2 检验结果比 $r \times c$ 列联表多出 Continuity Correction(连续性校正的 χ^2)和 Fisher's Exact Test(Fisher 精确检验)两项结果。当样本容量总和大于 40 时读取连续性校正的 χ^2 检验结果,当样本容量不大于 40 时读取 Fisher 精确检验结果。

表 13-13　2×2 列联表（Crosstabulation）

| | | | 健康状况 | | Total |
			患病	健康	
暴露史	有暴露史	Count	37	13	50
		Expected Count	22.5	27.5	50.0
	无暴露史	Count	17	53	70
		Expected Count	31.5	38.5	70.0
Total		Count	54	66	120
		Expected Count	54.0	66.0	120.0

表 13-14　2×2 列联表的 χ^2 检验结果（Chi-Square Tests）

	Value	df	Asymptotic Significance (2-sided)	Exact Sig. (2-sided)	Exact Sig. (1-sided)
Pearson Chi-Square	29.126[a]	1	.000		
Continuity Correction[b]	27.152	1	.000		
Likelihood Ratio	30.238	1	.000		
Fisher's Exact Test				.000	.000
Linear-by-Linear Association	28.883	1	.000		
N of Valid Cases	120				

a.0 cells(0.0%)have expected count less than 5.The minimum expected count is 22.50.

b.Computed only for a 2×2 table.

2.配对列联表检验

【例 13.10】　利用 SPSS 对理论部分例 6.3 的数据进行分析。

操作步骤：

❶建立数据集：定义变量 Count（数量）、A 和 B（1＋,2－），输入数据。

❷其他操作同上例，只是在 Statistics 中点选 Chi-Square 和 McNemar。

结果说明：

输出结果主要为列联表及其 McNemar 检验结果（表 13-15 和表 13-16）。2×2 列联表的 McNemar 检验是基于二项分布的检验,故没有检验统计量,只有概率值。

表 13-15　2×2 配对列联表（Crosstabulation）

Count

| | | B 法 | | Total |
		＋	－	
A 法	＋	56	35	91
	－	21	28	49
Total		77	63	140

表 13-16 2×2 配对列联表的 McNemar 检验结果(Chi-Square Tests)

	Value	df	Asymptotic Significance (2-sided)	Exact Sig. (2-sided)	Exact Sig. (1-sided)
Pearson Chi-Square	4.491[a]	1	.034		
Continuity Correction[b]	3.768	1	.052		
Likelihood Ratio	4.491	1	.034		
Fisher's Exact Test				.050	.026
Linear-by-Linear Association	4.459	1	.035		
McNemar Test				.081[c]	
N of Valid Cases	140				

a.0 cells(0.0%)have expected count less than 5.The minimum expected count is 22.05.

b.Computed only for a 2x2 table.

c.Binomial distribution used.

【例 13.11】 利用 SPSS 对理论部分例 6.4 的数据进行分析。

操作步骤:

❶建立数据集:定义变量 Count(数量)、A 和 B(1 正常,2 减弱,3 异常),输入数据。

❷其他操作同上例,只是在 Statistics 中点选 Chi-Square、Kappa 和 McNemar。

结果说明:

输出结果主要为列联表及其 McNemar-Bowker 检验结果(表 13-17 和表 13-18)。配对列联表的检验不能使用 χ^2 检验法,列出 χ^2 检验结果的目的仅在于比较其与 McNemar-Bowker 法的差异。

表 13-17 $r \times c$ 配对列联表(交叉表)

Count

		B 法			Total
		正常	减弱	异常	
A 法	正常	60	3	2	65
	减弱	2	40	3	45
	异常	8	13	19	40
Total		70	56	24	150

表 13-18 $r \times c$ 配对列联表 McNemar-Bowker 检验结果(Chi-Square Tests)

	Value	df	Asymptotic Significance(2-sided)
Pearson Chi-Square	137.267[a]	4	.000
Likelihood Ratio	141.644	4	.000
Linear-by-Linear Association	69.577	1	.000
McNemar-Bowker Test	10.050	3	.018
N of Valid Cases	150		

a.0 cells(0.0%)have expected count less than 5.The minimum expected count is 6.40.

配对列联表也常进行 Kappa 一致性检验。检验结果主要根据 Value(Kappa 系数 K)判定,$K<0.4$ 为弱一致性,$0.4{\leqslant}K<0.75$ 为中一致性,$K{\geqslant}0.75$ 为强一致性(表 13-19)。

表 13-19　Kappa 一致性检验结果(Symmetric Measures)

		Value	Asymptotic Standardized Error[a]	Approximate T[b]	Approximate Significance
Measure of Agreement	Kappa	.679	.049	11.702	.000
N of Valid Cases		150			

a.Not assuming the null hypothesis.

b.Using the asymptotic standard error assuming the null hypothesis.

13.4.2　适合性检验

正态分布检验使用 Nonparametric Tests→1-Sample K-S 过程,也可使用 Descriptive Statistics→Explore 过程的 Normality plots with tests 功能;二项分布检验使用 Nonparametric Tests→Binomial 过程,构成比检验使用 Nonparametric Tests→Chi-Square 过程。

【例 13.12】　利用 SPSS 检验理论部分表 2-3 的数据是否符合正态分布。

1) 使用 1-Sample K-S 过程

❶使用例 13.1 建立的数据集。

❷选择 Analyze→Nonparametric Tests→Legacy Dialogues→1-Sample K-S,将 *Chole* 选入 Test Variable List(检验变量列表),在 Test Distribution(检验分布)中勾选 Normal(正态)。

❸点击 OK 执行分析。

结果说明:

输出检验结果如表 13-20 所示。读取 Test Statistic(检验统计量)和 Asymp.Sig.(2-tailed)(双尾渐进显著性)结果判断数据是否服从正态分布。

表 13-20　单样本 K-S 检验结果(One-Sample Kolmogorov-Smirnov Test)

		Chole
N		100
Normal Parameters[a,b]	Mean	4.7368
	Std.Deviation	.86651
Most Extreme Differences	Absolute	.076
	Positive	.076
	Negative	−.044
Test Statistic		.076
Asymp.Sig.(2-tailed)		.175[c]

a.Test distribution is Normal.

b.Calculated from data.

c.Lilliefors Significance Correction.

2) 使用 Explore 过程

❶使用例 13.1 建立的数据集。

❷选择 Analyze→Descriptive Statistics→Explore 菜单,将 Chole 选入 Dependent List(因变量列表)栏。

❸点击 Plots,勾选 Normality plots with tests(正态性检验),点击 Continue 返回。

❹点击 OK 执行分析。

结果说明:

输出结果中包含正态性检验结果如表 13-21 所示。一般读取 Kolmogorov-Smirnov 正态性检验结果。

表 13-21　探索过程正态性检验结果(Tests of Normality)

	Kolmogorov-Smirnov[a]			Shapiro-Wilk		
	Statistic	df	Sig.	Statistic	df	Sig.
Chole	.076	100	.175	.988	100	.527

a.Lilliefors Significance Correction

【例 13.13】　利用 SPSS 对理论部分例 6.7 的数据进行分析。

操作步骤:

❶建立数据集:定义变量 Count(数量)和 Color(体色,1 青灰/2 红色),输入数据。

❷选择 Analyze→Nonparametric Tests→Legacy Dialogs→Binomial,将 Color 选入 Test Variable List(检验变量列表),修改 Test Proportion(检验比例)为 0.75。

❸点击 OK 执行分析。

结果说明:

输出结果如表 13-22 所示。检验比例为 0.5 时输出双尾概率,否则输出单尾概率。

表 13-22　二项式检验结果(Binomial Test)

		Category	N	Observed Prop.	Test Prop.	Exact Sig.(1-tailed)
体色	Group 1	青灰	1503	.94	.75	.000
	Group 2	红色	99	.06		
	Total		1602	1.00		

【例 13.14】　利用 SPSS 对理论部分例 6.8 的数据进行分析。

操作步骤:

❶建立数据集:定义变量 Count(数量)和 Type(表现型,1 黄圆/2 黄皱/3 绿圆/4 绿皱),输入数据。

❷选择 Analyze→Nonparametric Tests→Legacy Dialogs→Chi-Square,将 Type 选入 TestVariable List(检验变量列表),在 Expected Values 中点选 Values,并输入理论比例 9、3、3、1。

❸点击 Options,在 Statistics 中勾选 Descriptive,点击 Continue 返回。

❹点击 OK 执行分析。

结果说明:

输出检验描述统计结果及 χ^2 检验结果如表 13-23 和表 13-24 所示。描述统计结果包括各组 Observed N(观测值)、Expected N(理论值)和 Residual(残差),χ^2 检验结果包括 Chi-Squar (统计量 χ^2)、df 和 Asymp.Sig.(显著性概率)。

表 13-23　描述统计结果

	Observed N	Expected N	Residual
黄圆	315	312.8	2.3
黄皱	101	104.3	−3.3
绿圆	108	104.3	3.8
绿皱	32	34.8	−2.8
Total	556		

表 13-24　χ^2 检验结果(Test Statistics)

	表　现　型
Chi-Square	.470[a]
df	3
Asymp.Sig.	.925

a.0 cells(0.0%) have expected frequencies less than 5.The minimum expected cell frequency is 34.8.

13.4.3　秩和检验

1.成对数据的秩和检验

成对数据的秩和检验使用 Nonparametric Tests→2 Related Samples 过程完成。

【例 13.15】　利用 SPSS 对理论部分例 6.9 的数据进行分析。

操作步骤:

❶建立数据集:定义变量 Nomal(正常饲料组)和 DefVE(维 E 缺乏组),输入数据。

❷选择 Analyze→Nonparametric Tests→Legacy Dialogs→2 Related Samples 菜单,将 Nomal 和 DefVE 同时选入 Test Pairs(检验变量对)中,在 Test Type 中勾选 Wilcoxon。

❸点击 Option 按钮,勾选 Descriptive,点击 Continue 返回。

❹点击 OK 执行分析。

结果说明:

输出结果主要包括分组的统计量(表 13-25)、秩表(表 13-26)和秩和检验结果(表 13-27)。

表 13-25　配对数据秩和检验的统计量(Descriptive Statistics)

	N	Mean	Std.Deviation	Minimum	Maximum
Nomal	9	3294.44	596.052	2000	3950
DefVE	9	2594.44	556.465	1750	3250

表 13-26　配对数据秩和检验秩表(Ranks)

		N	Mean Rank	Sum of Ranks
DefVE-Nomal	Negative Ranks	7[a]	5.00	35.00
	Positive Ranks	1[b]	1.00	1.00
	Ties	1[c]		
	Total	9		

a.DefVE＜Nomal；b.DefVE＞Nomal；c.DefVE＝Nomal.

表 13-27　配对数据秩和检验结果(Test Statistics)

	DefVE-Nomal
Z	−2.383[b]
Asymp.Sig.(2-tailed)	.017

b.Based on positive ranks.

秩表给出各项秩信息,包括 Negative Ranks(负秩)、Positive Ranks(正秩)的数量 N、Mean Rank(均值)和 Sum of Ranks(秩和);检验统计(Test Statistics)结果给出检验统计量和显著性概率,软件给出的统计量与理论部分的不一致,但显著性概率相同。

2.成组数据的秩和检验

成组数据的秩和检验使用 Nonparametric Tests→2 Independent Samples 过程完成。

【例 13.16】　利用 SPSS 对理论部分例 6.10 的数据进行分析。

操作步骤:

❶建立数据集:定义变量 $Weight$(增重量)和 $Group$(组别),输入数据。

❷选择 Analyze→Nonparametric Tests→Legacy Dialogs→2 Independent Samples 菜单,将 $Weight$ 选入 Test Variable List(变量列表),$Group$ 选入 Grouping Variable(分组变量),在 Test Type 中勾选 Mann-Whitney U。

❸点击 Define Groups,分别设置 Group1 和 Group2 为 1 和 2,点击 Continue 返回。

❹点击 OK 执行分析。

结果说明:

输出结果主要包括秩表(表 13-28)和秩和检验结果(表 13-29)。

表 13-28　成组数据秩和检验秩表(Ranks)

	Group	N	Mean Rank	Sum of Ranks
Weight	高能量	6	12.25	73.50
	低能量	9	5.17	46.50
	Total	15		

秩表给出各组的秩信息,包括数量 N、Mean Rank(均值)和 Sum of Ranks(秩和);秩和检验结果(Test Statistics)给出 Mann-Whitney U、Wilcoxon W 检验统计量和显著性概率。Mann-Whitney U 统计量计算方法与理论部分所述相同。

表 13-29　成组数据秩和检验结果(Test Statistics)

	Weight
Mann-Whitney U	1.500
Wilcoxon W	46.500
Z	-3.011
Asymp.Sig.(2-tailed)	.003
Exact Sig.[2 * (1-tailed Sig.)]	.001[b]

b.Not corrected for ties.

3.多组数据的秩和检验

多组数据的秩和检验使用 Nonparametric Tests→K Independent Samples 过程完成。

【例 13.17】　利用 SPSS 对理论部分例 6.12 的数据进行分析。

操作步骤:

❶建立数据集:定义变量 Count(数量)、Effect(疗效)和 Method(治疗方法),输入数据。

❷选择 Analyze→Nonparametric Tests→Legacy Dialogs→K Independent Samples 菜单,将 Effect 选入 Test Variable List(变量列表),Method 选入 Grouping Variable(分组变量),在 Test Type 中勾选 Kruskal-Wallis H。

❸点击 Define Range,分别设置 Minimum、Maximum 为 1 和 3,点击 Continue 返回。

❹点击 OK 执行分析。

结果说明:

输出结果主要包括秩表(表 13-30 和表 13-28)和秩和检验结果(表 13-31)。

表 13-30　多组数据秩和检验秩表(Ranks)

Method		N	Mean Rank
Effect	1	59	83.06
	2	50	62.58
	3	51	95.11
	Total	160	

表 13-31　多组数据秩和检验结果(Test Statistics)

	Effect
Chi-Square	14.086
df	2
Asymp.Sig.	.001

秩表给出各组的样本容量 N 和 Mean Rank(秩均值);检验统计(Test Statistics)结果给出 Kruskal-Wallis H 检验统计量(显示为 Chi-Square)和显著性概率。

如果 Kruskal-Wallis H 检验差异显著,可采用成组数据的秩和检验法进行多重比较,但需要使用 Bonferroni 校正法对显著性概率进行校正:$P' = P \times k(k-1)/2$。例如,本例治疗方法 1 与 2,检验得显著性概率为 0.01455,应校正为 0.04365。

13.5 方差与协方差分析

13.5.1 单因素数据方差分析

单因素方差分析使用 Compare Means→One-Way ANOVA 过程完成,只接受处理(因素水平)编号为数值的数据,不区分重复次数是否相同。

【例 13.18】 利用 SPSS 对理论部分例 5.1 的数据进行分析。

操作步骤:

❶建立数据集:定义变量 $weight$(失重量)、$Film$(涂膜,0-CK、1-A1、2-A2、3-A3),输入数据。

❷选择 Analyze→Compare Means→One-Way ANOVA 菜单,将 $weight$ 选入 Dependent List(因变量列表)栏,$Film$ 选入 Factor(因素)栏。

❸点击 Post Hoc,勾选 Duncan,勾选 Dunnett 并设置 Control Category(控制组)为 First,点击 Continue 返回。

❹点击 Options,勾选 Descriptive(描述)和 Homogeneity of variance test(方差齐性检验),点击 Continue 返回。

❺点击 OK 执行分析。

结果说明:

指定输出方差同质性检验和描述统计结果,用 Duncan 进行多重比较,输出结果如表 13-32 至表 13-36 所示。

方差同质性检验结果如表 13-32 所示。方差分析表(表 13-33)给出了各变异来源的 Sum of Squares(平方和)、df(自由度)及 Mean Square(均方)、F 值及对应的概率。

表 13-32 方差同质性检验结果

(Test of Homogeneity of Variances)

Weight

Levene Statistic	df1	df2	Sig.
1.749	3	12	.210

表 13-33 单因素方差分析表(ANOVA)

Weight

	Sum of Squares	df	Mean Square	F	Sig.
Between Groups	318.500	3	106.167	36.651	.000
Within Groups	34.760	12	2.897		
Total	353.260	15			

每次只能进行一个显著水平的多重比较。输出的多重比较表有两种形式,Duncan 法、S-N-K 法等多重比较法的结果按同类子集(Homogeneous Subsets)的形式给出(表 13-34),相同子集的处理平均数间在指定的显著水平上无显著差异,可直接将不同子集下的平均值换成不同的字母,写成字母标示法的多重比较表(表 13-34);LSD 法、Bonferroni 法、Sidak 法和 Dunnett 法等多重比较的结果则按类似梯形表示法(Multiple Comparisons)的形式给出,除提供显著性标注外还提供差值的区间估计结果(表 13-35)。

表 13-34　同类子集型多重比较表（Homogeneous Subsets）

Film		N	Subset for alpha＝0.05		
			1	2	3
Duncan[a]	2	4	21.0000		
	3	4	22.1500		
	1	4		24.8000	
	0	4			32.4500
	Sig.		.358	1.000	1.000

Means for groups in homogeneous subsets are displayed.

a.Uses Harmonic Mean Sample Size＝4.000.

表 13-35　类梯形多重比较表（Multiple Comparisons）

Dependent Variable：Weight

	(I) Film	(J) Film	Mean Difference (I-J)	Std.Error	Sig.	95% Confidence Interval	
						Lower Bound	Upper Bound
Dunnett t (2-sided)[a]	1	0	−7.65000*	1.20347	.000	−10.8788	−4.4212
	2	0	−11.45000*	1.20347	.000	−14.6788	−8.2212
	3	0	−10.30000*	1.20347	.000	−13.5288	−7.0712

*. The mean difference is significant at the 0.05 level.

a. Dunnett t-tests treat one group as a control，and compare all other groups against it.

　　Dunnett 法多重比较仅用于控制组（对照）与其他处理的比较。采用 Dunnett 法时要求控制组的处理编号最小（第一组，First）或最大（最后一组，Last）。

　　如果方差不同质，需选择 Equal variances not assumed（假设方差不等）的多重比较方法，这些方法均需进行自由度调整且不进行方差合并，多选用 Games-Howell 法（类似 S-N-K 法）或 Tamhane's T2（类似 Sidak 法）。描述统计结果（表 13-36）给出了各处理的有关统计量。

表 13-36　分处理的统计量（Descriptives）

Weight

	N	Mean	Std. Deviation	Std.Error	95% Confidence Interval for Mean		Minimum	Maximum
					Lower Bound	Upper Bound		
0	4	32.4500	.54467	.27234	31.5833	33.3167	31.90	33.20
1	4	24.8000	2.66208	1.33104	20.5640	29.0360	21.20	27.50
2	4	21.0000	1.83485	.91742	18.0803	23.9197	18.40	22.70
3	4	22.1500	.91469	.45735	20.6945	23.6055	21.10	23.30
Total	16	25.1000	4.85290	1.21323	22.5141	27.6859	18.40	33.20

13.5.2　多因素数据方差分析

　　多因素方差分析使用 General Linear Model→Univariate 过程完成。

1.无重复观测值的多因素方差分析

无重复观测值的数据,由于不能考虑所有因素的互作,方差分析时只能构建模型。

【例 13.19】 利用 SPSS 对理论部分例 5.3 的数据进行分析。

操作步骤:

❶建立数据集:定义变量 *weight*(失重量)、*A*(涂膜方式)和 *B*(成熟度),输入数据。

❷选择 Analyze→General Linear Model→Univariate 菜单,将 *weight* 选入 Dependent List(因变量列表)栏,*A*、*B* 选入 Fixed Factor(s)(固定因素)栏。

❸点击 Model,点选 Build term(构建项),修改 Build Term(s)(构建项)的 Type(类型)为 Main effects(主效应),将 *A*、*B* 选入 Model(模型)中,保持 Sum of squares(平方和)为 Type Ⅲ,保留勾选 Include intercept in model(包含截距),点击 Continue 返回。

❹点击 Post Hoc,将 *A*、*B* 选入 Post Hoc Tests for(要进行多重比较的变量),并选择多重比较方法,如 Duncan、S-N-K,点击 Continue 返回。

❺点击 Options,勾选 Descriptive(描述)和 Homogeneity of variance test(方差齐性检验),需要时可修改 Significance level(显著水平)(如改为 0.01),点击 Continue 返回。

❻点击 OK 执行分析。

表 13-37 方差同质性检验结果

(Levene's Test of Equality of Error Variances)

Dependent Variable:Weight

F	df1	df2	Sig.
.	23	0	.

Tests the null hypothesis that the error variance of the dependent variable is equal across groups.

结果说明:

无重复观察值的数据,不能进行方差同质性检验(表 13-37)。描述统计只显示各组的平均值和标准差(略)。多重比较结果分因素显示,形式与单因素的多重比较表一致(略)。

多因素固定模型的方差分析表除包含各变异项外,还包括 Corrected Model(修正模型,效应总和)、Intercept(截距,矫正数 C)、Total(总计,观测值的平方和)和 Corrected Total(修正总计,总变异),及 Type of Sum of Squares(平方和的类型)(表 13-38);随机模型和混合模型的方差分析表则按变异对应误差的形式输出(参见表 13-42)。

表 13-38 不检验互作的两因素方差分析表(Tests of Between-Subjects Effects)

Dependent Variable:Weight

Source	Type Ⅲ Sum of Squares	Mean Square	F	Sig.
Corrected Model	10103.705[a]	1262.963	76.415	.000
Intercept	16349.040	16349.040	989.192	.000
A	906.940	302.313	18.291	.000
B	9196.765	1839.353	111.289	.000
Error	247.915	16.528		
Total	26700.660			
Corrected Total	10351.620			

a.R Squared＝.976(Adjusted R Squared＝.963).

方差分析过程都要查看方差同质性检验和描述统计结果,都要选择合适的方法对差异显著的因素进行 $\alpha=0.05$ 和 $\alpha=0.01$ 两个显著水平的多重比较。在后面的例题中,如非必要,不再重复。

2.有重复观测值的两因素方差分析

有重复观测值的数据,可以考虑因素的互作,方差分析时可以使用全因子,也可以构建模型。若需对互作进行多重比较,需将互作作为一个因素生成新变量才能进行多重比较。

【例 13.20】　利用 SPSS 对理论部分例 5.4 的数据进行分析。

1) 方差分析和主效应的多重比较

操作步骤:

❶建立数据集:定义变量 *weight*(增重量)、*Ca* 和 *P*,输入数据。

❷选择 Analyze→General Linear Model→Univariate 菜单,将 *weight* 选入 Dependent List(因变量列表)栏,*Ca*、*P* 选入 Fixed Factor(s)(固定因素)栏。

❸点击 Model,点选 Build term(构建项),保持 Build Term(s)(构建项)的 Type(类型)为 Interaction(互作),同时将 *Ca*、*P* 选入 Model(模型)中,修改 Build Term(s)(构建项)的 Type(类型)为 Main effects(主效应),再次将 *Ca*、*P* 选入 Model(模型)中[也可不进行此步操作,使用默认的 Full factorial(全因子)模型],点击 Continue 返回。

❹点击 OK 执行分析。

结果说明:

方差分析表除增加了 Ca * P 互作项外,与无重复观测值的方差分析表相同(表 13-39)。方差分析结果 Ca * P 互作差异极显著,需进行多重比较。

表 13-39　检验主效应与互作的两因素方差分析表(Tests of Between-Subjects Effects)

Dependent Variable:增重量

Source	Type Ⅲ Sum of Squares	df	Mean Square	F	Sig.
Corrected Model	834.905[a]	15	55.660	12.083	.000
Intercept	36680.492	1	36680.492	7962.480	.000
Ca	44.511	3	14.837	3.221	.036
P	383.736	3	127.912	27.767	.000
Ca * P	406.659	9	45.184	9.808	.000
Error	147.413	32	4.607		
Total	37662.810	48			
Corrected Total	982.318	47			

a.R Squared＝.850(Adjusted R Squared＝.780).

2) 互作的多重比较

操作步骤:

❶选择 Transform→Compute Variables 菜单,在 Target Variable(目标变量)中填入 *CaP*,在 Numeric Expression(数学表达式)中填入 *Ca* * 10＋*P*,点击 OK 生成新变量。

❷选择 Analyze→General Linear Model→Univariate 菜单,将 *CaP* 加选入 Fixed Factor(s)(固定因素)栏。

❸点击 Model,点选 Build term(构建项),将 Model(模型)中 *Ca* * *P* 选出,修改 Build Term(s)(构建项)的 Type(类型)为 Main effects(主效应),将 *CaP* 选入 Model(模型)中(构建 *Ca*、*P*、*CaP* 主效应模型),并修改 Sum of squares(平方和)为 Type Ⅰ,点击 Continue 返回。

❹点击 Post Hoc,将 *CaP* 选入 Post Hoc Tests for(要进行多重比较的变量),并将 *Ca*、*P*

选出,选择 Duncan 法,点击 Continue 返回。

❺点击 OK 执行分析。

结果说明:

由于 CaP 作为一个因素选入,就不能计算 Ca、P 的变异了。方差分析表中 Ca、P 的自由度和均方均为 0(表 13-40),但构建模型时不能只选择变量 CaP,否则为单因素方差分析。

表 13-40　互作作为一个因素检验的方差分析表(Tests of Between-Subjects Effects)

Dependent Variable:增重量

Source	Type Ⅲ Sum of Squares	df	Mean Square	F	Sig.
Corrected Model	834.905[a]	15	55.660	12.083	.000
Intercept	36680.492	1	36680.492	7962.480	.000
Ca	44.511	3	14.837	3.221	.036
P	383.736	3	127.912	27.767	.000
CaP	406.659	9	45.184	9.808	.000
Error	147.413	32	4.607		
Total	37662.810	48			
Corrected Total	982.318	47			

a.R Squared＝.850(Adjusted R Squared＝.780).

Ca * P 互作的多重比较结果如表 13-41 所示,左半为软件输出结果,右半为字母标示结果。

表 13-41　互作的多重比较表(Homogeneous Subsets)

Duncan

钙磷组合	N	Subset 1	2	3	4	5	6	7	8		组合	平均值	$\alpha＝0.05$
44	3	19.1667									44	19.1667	a
34	3	20.8333	20.8333								34	20.8333	ab
11	3		24.3000	24.3000							11	24.3000	bc
24	3			25.1667	25.1667						24	25.1667	cd
21	3			25.4333	25.4333						21	25.4333	cd
43	3			27.4333	27.4333	27.4333					43	27.4333	cde
14	3			27.5333	27.5333	27.5333					14	27.5333	cde
31	3			27.6000	27.6000	27.6000					31	27.6000	cde
33	3			27.7000	27.7000	27.7000					33	27.7000	cde
12	3			27.8333	27.8333	27.8333	27.8333				12	27.8333	cdef
42	3			28.1667	28.1667	28.1667	28.1667				42	28.1667	cdef
13	3				28.6333	28.6333	28.6333				13	28.6333	def
22	3					30.6000	30.6000				22	30.6000	ef
41	3						31.7333	31.7333			41	31.7333	fg
32	3							34.6667	34.6667		32	34.6667	gh
23	3								35.5000		23	35.5000	h
Sig.		.349	.057	.067	.100	.129	.053	.104	.638				

13.5.3　试验设计数据的方差分析

试验设计数据的方差分析步骤和多因素方差分析相同,拉丁方设计数据进行方差分析时只考虑主效应不考虑互作,正交设计的数据方差分析时根据设计时确定的效应项分解总变异,按多因素方差分析的步骤操作,根据需要构建模型即可,这里不再重复。

1.随机区组设计数据的方差分析

随机区组设计数据进行方差分析时,将区组作为随机因素处理。

【例 13.21】　利用 SPSS 对理论部分例 7.1 的数据进行分析。

操作步骤:

❶建立数据集:定义变量 Hb(血红蛋白)、$Treat$(处理)、$Block$(贫血程度),输入数据。

❷选择 Analyze→General Linear Model→Univariate 菜单,将 Hb 选入 Dependent List(因变量列表)栏,$Treat$ 选入 Fixed Factor(s)(固定因素)栏,$Block$ 选入 Random Factors(随机因素)栏。

❸点击 Model,构建 $Treat$、$Block$ 的主效应模型,点击 Continue 返回。

❹点击 OK 执行分析。

结果说明:

随机模型和混合模型的方差分析表包括截距(矫正数 C)和各变异项的平方和、df(自由度)及均方、F 及对应的概率,每个变异项分别提供对应的误差项(表 13-42)。

表 13-42　随机区组设计数据的方差分析表(Tests of Between-Subjects Effects)

Dependent Variable:血红蛋白

Source		Type Ⅲ Sum of Squares	df	Mean Square	F	Sig.
Intercept	Hypothesis	4266.667	1	4266.667	20.419	.003
	Error	1462.667	7	208.952[a]		
Treat	Hypothesis	167.583	2	83.792	11.839	.001
	Error	99.083	14	7.077[b]		
Block	Hypothesis	1462.667	7	208.952	29.524	.000
	Error	99.083	14	7.077[b]		

a.MS(Block).

b.MS(Error).

2.不完全区组设计数据的方差分析

不完全区组设计数据的方差分析同随机区组设计,但使用Ⅰ类平方和。

【例 13.22】　利用 SPSS 对理论部分例 7.2 的数据进行分析。

操作步骤:

❶建立数据集:定义变量 $Score$(分数)、$Food$(产品)、$Customer$(顾客),输入数据。

❷选择 Analyze→General Linear Model→Univariate 菜单,将 $Score$ 选入 Dependent List(因变量列表)栏,$Food$ 选入 Fixed Factor(s)(固定因素)栏,$Customer$ 选入 Random Factors(随机因素)栏。

❸点击 Model,修改 Build Term(s)(构建项)的 Type(类型)为 Main effects(主效应),先将 $Customer$ 选入 Model(模型)中,再将 $Food$ 选入 Model(模型)中,并修改 Sum of squares(平方和)为 Type Ⅰ,点击 Continue 返回。

❹点击 OK 执行分析。

结果说明：

不完全区组设计数据的方差分析表与随机区组设计的相同(表 13-43)，由于要进行处理效应校正，所以使用Ⅰ类平方和。使用Ⅰ类平方和时，结果与变异项的排列顺序有关，所以构建模型时必须严格控制变异项的引入顺序。

表 13-43 不完全区组设计数据的方差分析表(Tests of Between-Subjects Effects)

Dependent Variable：分数

Source		Type I Sum of Squares	df	Mean Square	F	Sig.
Intercept	Hypothesis	206858.817	1	206858.817	448.410	.000
	Error	6458.433	14	461.317[a]		
Customer	Hypothesis	6458.433	14	461.317	17.608	.000
	Error	1047.944	40	26.199[b]		
Food	Hypothesis	20119.806	5	4023.961	153.594	.000
	Error	1047.944	40	26.199[b]		

a.MS(Customer).

b.MS(Error).

3.不完全拉丁方设计数据的方差分析

不完全拉丁方设计数据进行方差分析只考虑主效应，并且使用Ⅰ类平方和。

【例 13.23】 利用 SPSS 对理论部分例 7.4 的数据进行分析。

操作步骤：

❶建立数据集：定义变量 Eggs(产蛋量)、Temp(温度)、Stage(产蛋期)和 Group(鸡群)，输入数据。

❷选择 Analyze→General Linear Model→Univariate 菜单，将 Eggs 选入 Dependent List(因变量列表)栏，Temp 选入 Fixed Factor(s)(固定因素)栏，Stage 和 Group 选入 Random Factors(随机因素)栏。

❸点击 Model，修改 Build Term(s)(构建项)的 Type(类型)为 Main effects(主效应)，先将 Stage 和 Group 选入 Model(模型)中，再将 Temp 选入 Model(模型)中，并修改 Sum of squares(平方和)为 Type Ⅰ，点击 Continue 返回。

❹点击 OK 执行分析。

结果说明：

有随机因素时，不完全拉丁方设计数据的方差分析表如表 13-44 所示。由于要进行处理效应校正，所以使用Ⅰ类平方和，且构建主效应模型时保持随机因素在先，固定因素在后。

表 13-44 不完全拉丁方设计数据的方差分析表(Tests of Between-Subjects Effects)

Dependent Variable：产蛋量

Source		Type I Sum of Squares	df	Mean Square	F	Sig.
Intercept	Hypothesis	9724.050	1	9724.050	857.374	.000
	Error	49.190	4.337	11.342[a]		

续表

Source		Type I Sum of Squares	df	Mean Square	F	Sig.
Group	Hypothesis	14.700	4	3.675	3.106	.081
	Error	9.467	8	1.183[b]		
Stage	Hypothesis	26.550	3	8.850	7.479	.010
	Error	9.467	8	1.183[b]		
Temp	Hypothesis	34.233	4	8.558	7.232	.009
	Error	9.467	8	1.183[b]		

a.MS(Group)＋MS(Stage)－MS(Error).

b.MS(Error).

4.裂区设计数据的方差分析

裂区设计数据进行方差分析时,将重复作为区组,主处理和区组的互作就是主区误差。

【**例 13.24**】　利用 SPSS 对理论部分例 7.7 的数据进行分析。

操作步骤:

❶建立数据集:定义变量 $Yield$(产量)、A(中耕次数)、B(施肥量)和 R(重复),输入数据。

❷选择 Analyze→General Linear Model→Univariate 菜单,将 $Yield$ 选入 Dependent List(因变量列表)栏,A、B 选入 Fixed Factor(s)(固定因素)栏,R 选入 Random Factors(随机因素)栏。

❸点击 Model,构建 A、R、$A×R$、B、$A×B$ 效应模型,点击 Continue 返回。

❹点击 OK 执行分析。

结果说明:

方差分析表如表 13-45 所示。

表 13-45　裂区设计数据的方差分析表(Tests of Between-Subjects Effects)

Dependent Variable:产量

Source		Type III Sum of Squares	df	Mean Square	F	Sig.
Intercept	Hypothesis	17161.000	1	17161.000	1050.673	.001
	Error	32.667	2	16.333[a]		
A	Hypothesis	80.167	2	40.083	17.491	.011
	Error	9.167	4	2.292[b]		
R	Hypothesis	32.667	2	16.333	7.127	.048
	Error	9.167	4	2.292[b]		
A * R	Hypothesis	9.167	4	2.292	.894	.488
	Error	46.167	18	2.565[c]		
B	Hypothesis	2179.667	3	726.556	283.278	.000
	Error	46.167	18	2.565[c]		
A * B	Hypothesis	7.167	6	1.194	.466	.825
	Error	46.167	18	2.565[c]		

a.MS(R).

b.MS(A * R).

c.MS(Error).

5.嵌套设计数据的方差分析

嵌套设计数据进行方差分析时,需进行嵌套说明,且使用I类平方和。

【例 13.25】 利用 SPSS 对理论部分例 7.9 的数据进行分析。

操作步骤:

❶建立数据集:定义变量 Growth(生长量)、Treat(培养液)和 Block(盆号),输入数据。

❷选择 Analyze→General Linear Model→Univariate 菜单,将 Growth 选入 Dependent List(因变量列表)栏,Treat 选入 Fixed Factor(s)(固定因素)栏,Block 选入 Random Factors(随机因素)栏。

❸点击 Model,构建 Block、Treat 主效应模型,并修改 Sum of squares(平方和)为 Type I,点击 Continue 返回。

❹点击 Paste,打开语法编辑器,将/DESIGN = Treat Block 改为/DESIGN = Treat Block(Treat)。

❺选择 Run→All,运行程序执行分析。

结果说明:

方差分析表如表 13-46 所示。

表 13-46 嵌套设计数据的方差分析表(Tests of Between-Subjects Effects)

Dependent Variable:生长量

Source		Type I Sum of Squares	df	Mean Square	F	Sig.
Intercept	Hypothesis	179218.521	1	179218.521	2163.604	.000
	Error	662.667	8	82.833[a]		
Treat	Hypothesis	13050.062	3	4350.021	52.515	.000
	Error	662.667	8	82.833[a]		
Block (Treat)	Hypothesis	662.667	8	82.833	1.836	.102
	Error	1623.750	36	45.104[b]		

a.MS(Block(Treat)).

b.MS(Error).

6.交叉设计数据的方差分析

交叉设计数据进行方差分析时,需首先考虑变异项的分解,进行嵌套说明并使用I类平方和。

【例 13.26】 利用 SPSS 对理论部分例 7.10 的数据进行分析。

操作步骤:

❶建立数据集:定义变量 Yield(产奶量)、Feed(饲料)、Stage(时期)、Order(顺序)、ID(奶牛),并输入数据。

❷选择 Analyze→General Linear Model→Univariate 菜单,将 Yield 选入 Dependent List(因变量列表)栏,Feed、Stage、Order 选入 Fixed Factor(s)(固定因素)栏,ID 选入 Random Factors(随机因素)栏。

❸点击 Model,构建 Feed、Stage、Order、ID 主效应模型,并修改 Sum of squares(平方和)为 Type I,点击 Continue 返回。

❹点击 Paste,打开语法编辑器,将/DESIGN = Feed Stage Order ID 改为/DESIGN = Feed

Stage Order ID(Order)。

❺选择 Run→All,运行程序执行分析。

结果说明:

方差分析表如表 13-47 所示。

表 13-47　交叉设计数据的方差分析表(Tests of Between-Subjects Effects)

Dependent Variable:产奶量

Source		Type I Sum of Squares	df	Mean Square	F	Sig.
Intercept	Hypothesis	4651.250	1	4651.250	861.742	.000
	Error	43.180	8	5.397[a]		
Feed	Hypothesis	30.258	1	30.258	33.159	.000
	Error	7.300	8	.913[b]		
Stage	Hypothesis	.162	1	.162	.178	.685
	Error	7.300	8	.913[b]		
Order	Hypothesis	2.450	1	2.450	.454	.519
	Error	43.180	8	5.397[a]		
ID(Order)	Hypothesis	43.180	8	5.397	5.915	.011
	Error	7.300	8	.913[b]		

a.MS(ID(Order))。

b.MS(Error)。

【例 13.27】　利用 SPSS 对理论部分例 7.11 的数据进行分析。

操作步骤:

❶建立数据集:定义变量 AUC(产奶量)、Treat(气溶胶)、Stage(时期)、Order(顺序)、Delay(延滞)、ID(受试者),并输入数据。

❷选择 Analyze→General Linear Model→Univariate 菜单,将 AUC 选入 Dependent List(因变量列表)栏,Treat、Stage、Order、Delay 选入 Fixed Factor(s)(固定因素)栏,ID 选入 Random Factors(随机因素)栏。

❸点击 Model,构建 Treat、Stage、Order、Delay、ID 主效应模型,并修改 Sum of squares(平方和)为 Type I,点击 Continue 返回。

❹点击 Paste,打开语法编辑器,将/DESIGN＝Treat Stage Order Delay ID 改为/DESIGN＝Treat Stage Order Delay ID(Order)。

❺选择 Run→All,运行程序执行分析。

结果说明:

方差分析表如表 13-48 所示。

表 13-48　含延滞效应的交叉设计数据的方差分析表(Tests of Between-Subjects Effects)

Dependent Variable:AUC

Source		Type I Sum of Squares	df	Mean Square	F	Sig.
Intercept	Hypothesis	1577.011	1	1577.011	259.093	.000
	Error	48.693	8	6.087[a]		

Source		Type Ⅰ Sum of Squares	df	Mean Square	F	Sig.
Treat	Hypothesis	134.453	3	44.818	11.537	.000
	Error	104.890	27	3.885[b]		
Stage	Hypothesis	3.993	3	1.331	.343	.795
	Error	104.890	27	3.885[b]		
Order	Hypothesis	7.111	3	2.370	.389	.764
	Error	48.693	8	6.087[a]		
Delay	Hypothesis	30.936	3	10.312	2.654	.069
	Error	104.890	27	3.885[b]		
ID(Order)	Hypothesis	48.693	8	6.087	1.567	.182
	Error	104.890	27	3.885[b]		

a.MS(ID(Order)).

b.MS(Error).

7.重复测量设计数据的方差分析

重复测量设计数据的方差分析可以使用 General Linear Model→Repeated Measures 过程完成,也可以使用 General Linear Model→Univariate 过程完成,类似裂区设计。

【例 13.28】 利用 SPSS 对理论部分例 7.8 的数据进行分析。

1) Univariate 过程

操作步骤:

❶建立数据集:定义变量 Growth(生长量)、Variety(品种)、Stage(时期)和 R(重复),输入数据。

❷选择 Analyze→General Linear Model→Univariate 菜单,将 Growth 选入 Dependent List(因变量列表)栏,Variety(品种)、Stage 选入 Fixed Factor(s)(固定因素)栏,R 选入 Random Factors(随机因素)栏。

❸点击 Model,构建 Variety、Variety×R、Stage、Variety×Stage 效应模型,点击 Continue 返回。

❹点击 OK 执行分析。

结果说明:

方差分析表如表 13-49 所示。

2) Repeated Measures 过程

操作步骤:

❶建立数据集:定义变量 Variety(品种)、T1～T4(时期),并输入数据。

❷选择 Analyze→General Linear Model→Repeated Measures 菜单,设置 Within-Subject Factor Name 为时期,Number of Levels 为 4,点击 Add,设置 Measure Name 为生长量,点击 Define。

❸将 T1～T4 选入 Within-Subject Variables 栏,Variety 选入 Between-Subjects Factor(s)栏。

❹点击 OK 执行分析。

表 13-49　重复测量设计数据的方差分析表（单变量方法）（Tests of Between-Subjects Effects）

Dependent Variable：生长量

Source		Type Ⅲ Sum of Squares	df	Mean Square	F	Sig.
Intercept	Hypothesis	16875.000	1	16875.000	504.568	.000
	Error	301.000	9	33.444[a]		
Variety	Hypothesis	458.000	2	229.000	6.847	.016
	Error	301.000	9	33.444[a]		
Variety * R	Hypothesis	301.000	9	33.444	9.121	.000
	Error	99.000	27	3.667[b]		
Stage	Hypothesis	1405.500	3	468.500	127.773	.000
	Error	99.000	27	3.667[b]		
Variety * Stage	Hypothesis	155.500	6	25.917	7.068	.000
	Error	99.000	27	3.667[b]		

a.MS(Variety * R).

b.MS(Error).

结果说明：

重复测量数据的方差分析结果见表 13-50 至表 13-52。

莫奇来球形检验实际上就是方差同质性检验（表 13-50）。重复测量的方差分析表的变异项包括重复测量和重复测量与处理的互作（表 13-51）。

表 13-50　莫奇来球形度检验结果（Mauchly's Test of Sphericity）

Measure：生长量

Within Subjects Effect	Mauchly's W	Approx. Chi-Square	df	Sig.	Epsilon[b]		
					Greenhouse-Geisser	Huynh-Feldt	Lower-bound
时期	.561	4.457	5	.489	.790	1.000	.333

Tests the null hypothesis that the error covariance matrix of the orthonormalized transformed dependent variables is proportional to an identity matrix.

b.May be used to adjust the degrees of freedom for the averaged tests of significance.Corrected tests are displayed in the Tests of Within-Subjects Effects table.

表 13-51　重复测量的方差分析表（Tests of Within-Subjects Effects）

Measure：生长量

	Source	Type Ⅲ Sum of Squares	df	Mean Square	F	Sig.
时期	Sphericity Assumed	1405.500	3	468.500	127.773	.000
	Greenhouse-Geisser	1405.500	2.4	592.777	127.773	.000
	Huynh-Feldt	1405.500	3.0	468.500	127.773	.000
	Lower-bound	1405.500	1.0	1405.500	127.773	.000

Source		Type Ⅲ Sum of Squares	df	Mean Square	F	Sig.
时期 * Variety	Sphericity Assumed	155.500	6	25.917	7.068	.000
	Greenhouse-Geisser	155.500	4.7	32.791	7.068	.001
	Huynh-Feldt	155.500	6.0	25.917	7.068	.000
	Lower-bound	155.500	2.0	77.750	7.068	.014
Error (时期)	Sphericity Assumed	99.000	27	3.667		
	Greenhouse-Geisser	99.000	21	4.639		
	Huynh-Feldt	99.000	27	3.667		
	Lower-bound	99.000	9.0	11.000		

通过球形检验(方差同质性检验)时,读取 Sphericity Assumed 检验结果;不能通过球形检验时,若 Greenhouse-Geisser Epsilon＜0.75,读取 Greenhouse-Geiser 检验结果,若 Greenhouse-Geisser Epsilon＞0.75,读取 Huynh-Feldt 检验结果;Lower-bound 检验比上述两种检验更为严格。

重复测量的回归分析用于研究重复测量的变化趋势。提供 Linear(线性)、二次(Quadratic)和三次(Cubic)多项式回归检验结果(表 13-52)。

表 13-52 重复测量的回归分析(Tests of Within-Subjects Contrasts)

Measure:生长量

Source	时期	Type Ⅲ Sum of Squares	df	Mean Square	F	Sig.
时期	Linear	1297.350	1	1297.350	228.273	.000
	Quadratic	108.000	1	108.000	52.541	.000
	Cubic	.150	1	.150	.046	.835
时期 * Variety	Linear	126.100	2	63.050	11.094	.004
	Quadratic	24.500	2	12.250	5.959	.022
	Cubic	4.900	2	2.450	.751	.499
Error (时期)	Linear	51.150	9	5.683		
	Quadratic	18.500	9	2.056		
	Cubic	29.350	9	3.261		

主体间效应检验为处理因素的单因方差分析结果(表 13-53)。

表 13-53 处理的方差分析表(Tests of Between-Subjects Effects)

Measure:生长量

Transformed Variable:Average

Source	Type Ⅲ Sum of Squares	df	Mean Square	F	Sig.
Intercept	16875.000	1	16875.000	504.568	.000
Variety	458.000	2	229.000	6.847	.016
Error	301.000	9	33.444		

13.5.4 协方差分析

协方差分析同方差分析过程,但由于存在协变量,单因素、多因素方差分析都使用 General Linear Models→Univariate 过程完成。

【例 13.29】 利用 SPSS 对理论部分例 9.1 的数据进行分析。

操作步骤:

❶建立数据集:定义变量 x(初生重)、y(50 日龄重)、Feed(饲料配方),并输入数据。

❷选择 Analyze→General Linear Model→Univariate 菜单,将 y 选入 Dependent List(因变量列表)栏,Feed 选入 Fixed Factor(s)(固定因素)栏,x 选入 Covariate(协变量)栏。

❸点击 Model,构建 x 和 feed 的主效应模型,点击 Continue 返回。

❹点击 EM Means,将 Feed 选入 Display means for(显示平均值)栏,勾选 Compare main effect(比较主效应),再指定 Confidence interval adjustment(置信区间调整,实际上是多重比较方法)为 Bonferroni 或 Sidak,点击 Continue 返回。

❺点击 OK 执行分析。

结果说明:

输出结果主要包括协方差分析表(表 13-54)、矫正平均数统计量表(表 13-55)、多重比较表和单因素方差分析表(略)。

表 13-54 协方差分析表(Tests of Between-Subjects Effects)

Dependent Variable:y

Source	Type Ⅲ Sum of Squares	df	Mean Square	F	Sig.
Corrected Model	58.055[a]	4	14.514	16.396	.000
Intercept	1.938	1	1.938	2.190	.146
Feed	20.216	3	6.739	7.612	.000
x	48.007	1	48.007	54.231	.000
Error	38.065	43	.885		
Total	6370.276	48			
Corrected Total	96.120	47			

a.R Squared=.604(Adjusted R Squared=.567).

表 13-55 矫正平均数统计量表(Estimates)

Dependent Variable:y

Feed	Mean	Std.Error	95% Confidence Interval	
			Lower Bound	Upper Bound
0	10.273[a]	.338	9.591	10.955
1	11.075[a]	.273	10.524	11.627
2	12.066[a]	.272	11.518	12.614
3	12.317[a]	.314	11.683	12.951

a.Covariates appearing in the model are evaluated at the following values:x=1.3156.

与方差分析表相比,协方差分析表增加了协办量的变异项分解。协方差分析是对矫正平均数进行多重比较,有协变量时 Post Hoc 不能用,需用 EM Means 指定变量或互作,且只能选择 LSD 法、Bonferroni 法或 Sidak 法。

13.6 回归分析

13.6.1 线性回归

线性回归使用 Regression→Linear 过程完成。多元线性回归需指定逐步回归方法建立最优回归方程。

1.直线回归

【例 13.30】 利用 SPSS 对理论部分例 8.1 的数据进行分析。

操作步骤:

❶建立数据集:定义变量 y(吸光度)、x(BSA),并输入数据。

❷选择 Analyze→Regression→Linear 菜单,将 y 选入 Dependent(因变量)栏,x 选入 Independent(s)(自变量)栏。

❸点击 OK 执行分析。

结果说明:

输出结果主要包括回归系数(表 13-56)、回归方程显著性检验(表 13-57)、相关系数和决定系数(表 13-58)。

表 13-56 回归系数(Coefficients)

Model		Unstandardized Coefficients		Standardized Coefficients	t	Sig.
		B	Std. Error	Beta		
1	(Constant)	.0137	.0176		.778	.472
	BSA	.8507	.0245	.9979	34.781	.000

表 13-57 回归方程显著性检验(ANOVA)

Model		Sum of Squares	df	Mean Square	F	Sig.
1	Regression	.811	1	.811	1209.689	.000[b]
	Residual	.003	5	.001		
	Total	.814	6			

b.Predictors:(Constant),BSA.

表 13-58 相关系数和决定系数(Model Summary)

Model	R	R Square	Adjusted R Square	Std.Error of the Estimate
1	.998[a]	.996	.995	.025885

a.Predictors:(Constant),BSA.

2.多元线性回归分析

【例 13.31】　利用 SPSS 对理论部分例 10.1 的数据进行分析。

操作步骤：

❶建立数据集：定义变量 y(年均温度)、$x1$(海拔)、$x2$(经度)、$x3$(纬度)，输入数据。

❷选择 Analyze→Regression→Linear 菜单，将 y 选入 Dependent(因变量)栏，$x1$、$x2$、$x3$ 选入 Independent(s)(自变量)栏，指定 Mothed(逐步回归方法)为 Backward(逐步删除自变量)。

❸点击 OK 执行分析。

结果说明：

输出结果主要包括逐步回归过程各模型的偏回归系数(表 13-59)、回归方程显著性检验(表 13-60)、复相关系数和决定系数(表 13-61)。

表 13-59　偏回归系数(Coefficients)

Model		Unstandardized Coefficients		Standardized Coefficients	t	Sig.
		B	Std.Error	Beta		
1	(Constant)	46.519	12.398		3.752	.003
	海拔	−.005	.001	−.758	−7.181	.000
	经度	−.083	.104	−.041	−.799	.440
	纬度	−.590	.247	−.254	−2.388	.034
2	(Constant)	37.515	5.107		7.346	.000
	海拔	−.005	.001	−.764	−7.364	.000
	纬度	−.564	.242	−.242	−2.335	.036

表 13-60　回归方程显著性检验(ANOVA)

Model		Sum of Squares	df	Mean Square	F	Sig.
1	Regression	207.485	3	69.162	122.695	.000[b]
	Residual	6.764	12	.564		
	Total	214.249	15			
2	Regression	207.125	2	103.562	188.972	.000[c]
	Residual	7.124	13	.548		
	Total	214.249	15			

b.Predictors：(Constant)，纬度，经度，海拔.

c.Predictors：(Constant)，纬度，海拔.

表 13-61　复相关系数和决定系数(Model Summary)

Model	R	R Square	Adjusted R Square	Std.Error of the Estimate
1	.984[a]	.968	.961	.7508
2	.983[b]	.967	.962	.7403

a.Predictors：(Constant)，纬度，经度，海拔.

b.Predictors：(Constant)，纬度，海拔.

最优回归模型为最后一个模型;偏回归系数表中,标准化的偏回归系数(Standardized Coefficients)为通径系数。

进行复相关分析时,通常使用所有自变量与因变量的复相关系数。

13.6.2 曲线回归

线性回归使用 Regression→Curve Estimation 过程完成。

【例 13.32】 利用 SPSS 对理论部分例 10.6 的数据进行分析。

操作步骤:

❶建立数据集:定义变量 y(药物浓度)、x(服药后时间),并输入数据。

❷选择 Analyze→Regression→Curve Estimation 菜单,将 y 选入 Dependent(s)(因变量)栏,x 选入 Independent Variable(自变量)栏,勾选可能的 Models(模型),如 Linear、Logarithmic、Inverse、Quadratic、Cubic,确认已勾选 Include constant in equation(包含截距)和 Plot models(模型作图),若需要勾选 Display ANOVA table(显示方差分析表)。

❸点击 OK 执行分析。

结果说明:

输出的主要结果为模型汇总与系数估计(表 13-62)和模型图(图 13-2)。

表 13-62 模型汇总与系数估计(Model Summary and Parameter Estimates)

Dependent Variable:药物浓度

Equation	Model Summary					Parameter Estimates			
	R Square	F	df1	df2	Sig.	Constant	b1	b2	b3
Linear	.097	.748	1	7	.416	60.611	−2.797		
Logarithmic	.001	.007	1	7	.935	48.186	−1.095		
Inverse	.044	.323	1	7	.588	52.334	−18.153		
Quadratic	.994	481.170	2	6	.000	−8.365	34.827	−3.762	
Cubic	.995	341.331	3	5	.000	−12.821	39.093	−4.775	.068

The independent variable:时间.

模型汇总部分提供了决定系数和 F 检验结果,系数估计部分提供了截距和(偏)回归系数;模型图直观反映各模型曲线与观测值间的关系。

进行曲线回归时,先根据专业知识判断可能的曲线类型,然后根据不同曲线的决定系数和 F 值选择较优的模型。本例数据拟合结果二次、三次曲线较优,但三次曲线不符合药物浓度变化的规律,故即使三次曲线的决定系数和 F 值较大,也应该选二次曲线。

13.6.3 非线性回归

非线性回归指软件不提供标准模型或自建模型的回归,使用 Regression→Nonlinear 过程完成。

【例 13.33】 利用 SPSS 对理论部分例 8.4 的数据进行分析。

操作步骤:

❶建立数据集:定义变量 y(重量)、x(周次),并输入数据。

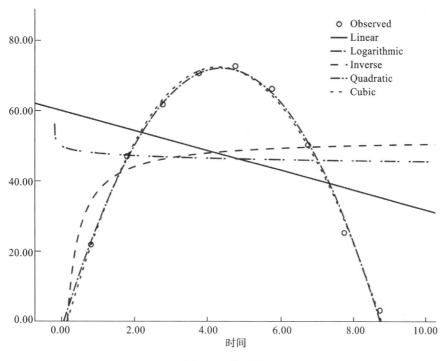

图 13-2　模型图

❷选择 Analyze→Regression→Nonlinear 菜单,将 y 选入 Dependent(因变量)栏,在 Model Expression(模型表达式)栏输入 K/(1＋a∗EXP(－b∗x))。

❸点击 Parameters,添加各参数的 Starting value(初始值),如 $K=1, a=1, b=1$,点击 Continue 返回。

❹点击 OK 执行分析。

结果说明:

输出的主要结果为迭代过程表(略),系数估计(表 13-63)和回归方程的显著性检验结果(表 13-64)。

表 13-63　系数估计(Parameter Estimates)

Parameter	Estimate	Std.Error	95％ Confidence Interval	
			Lower Bound	Upper Bound
K	2.729	.067	2.544	2.915
a	21.180	5.982	4.571	37.789
b	.576	.057	.418	.735

表 13-64　回归方程的显著性检验(ANOVA)

Source	Sum of Squares	df	Mean Squares
Regression	29.702	3	9.901
Residual	.031	4	.008
Uncorrected Total	29.732	7	
Corrected Total	5.478	6	

Dependent variable:重量.

非线性回归采用迭代过程到离回归(残差)收敛时停止,可能与理论方法的结果略有差异。初始值的设置可能导致迭代误入歧途,建议改变初始值,拟合结果一致时再使用回归方程显著性检验。方差分析表不完整,只提供了回归和离回归的自由度、均方,未提供 F 值和概率,需要自行计算。

13.7 相关分析

13.7.1 直线相关与秩相关

直线相关和秩相关分析使用 Correlate→Bivariate 过程。

【例 13.34】 利用例 13.30 的数据计算海拔($x1$)和年均温度(y)的相关系数和秩相关系数。

操作步骤:

❶使用例 13.31 的数据集。

❷选择 Analyze→Correlate→Bivariate 菜单,将 $x1$、y 选入 Variables(变量)栏,在 Correlation Coefficients(相关系数)中勾选 Pearson 和 Spearman。

❸点击 OK 执行分析。

结果说明:

分别输出直线相关系数(Pearson Correlation,简单相关)和 Spearman's rho Correlation Coefficient(Spearman 秩相关系数)及显著性检验结果(表 13-65)。

表 13-65 直线相关系数和秩相关系数表(Correlations)

		海拔	年均温度
海拔	Pearson Correlation	1	−.976
	Sig.(2-tailed)		.000
	N	16	16
年均温度	Pearson Correlation	−.976	1
	Sig.(2-tailed)	.000	
	N	16	16

(a)直线相关系数表

			海拔	年均温度
Spearman's rho	海拔	Correlation Coefficient	1.000	−.968
		Sig.(2-tailed)	.	.000
		N	16	16
	年均温度	Correlation Coefficient	−.968	1.000
		Sig.(2-tailed)	.000	.
		N	16	16

(b)秩相关系数表

13.7.2 复相关与偏相关分析

复相关分析使用 Regression→Linear 过程完成;偏相关分析使用 Correlate→Partial 过程。

【例 13.35】 利用例 13.30 的数据进行年均温度(y)与海拔($x1$)间的偏相关分析及与 $x1$(海拔)、$x2$(经度)、$x3$(纬度)间的复相关分析。

操作步骤:

❶使用例 13.31 的数据集。

❷选择 Analyze → Correlate → Bivariate 菜单,将 $x1$、y 选入 Variables(变量)栏,选入 Controlling for(控制变量)。

❸点击 OK 执行分析。

结果说明：

偏相关系数表如表 13-66 所示，读者可以与简单相关系数、秩相关系数进行比较。通过 Option 设置，偏相关分析过程也可以输出所有变量间的简单相关系数。

表 13-66　偏相关系数表(Correlations)

Control Variables			海　　拔	年均温度
经度 & 纬度	海拔	Correlation	1.000	−.901
		Significance(2-tailed)	.	.000
		df	0	12
	年均温度	Correlation	−.901	1.000
		Significance(2-tailed)	.000	.
		df	12	0

复相关系数在线性回归分析过程中输出，读取全自变量模型结果。本例 $R = 0.984$（表 13-60）。

13.7.3　典型相关分析

典型相关分析使用 Correlate →Canonical Correlation 过程完成。

【例 13.36】　利用 SPSS 对理论部分例 10.8 的数据进行分析。

操作步骤：

❶建立数据集：定义变量 $x1 \sim x7$、$y1 \sim y5$，输入数据。

❷选择 Analyze→Correlate→Canonical Correlation，菜单，将 $x1 \sim x7$ 选入 Set 1(集合 1)，$y1 \sim y5$ 选入 Set 2(集合 2)。

❸点击 OK 执行分析。

结果说明：

输出结果主要为典型相关系数表及未标准化的和标准化的特征向量表（表 13-67 和表 13-68）。

表 13-67　典型相关系数及显著性检验(Canonical Correlations)

	Correlation	Eigenvalue	Wilks Statistic	F	Num D.F.	Denom D.F.	Sig.
1	.9998	2580.596	.000	4.343	35.000	6.636	.028
2	.9637	13.036	.004	1.307	24.000	8.187	.361
3	.8911	3.858	.058	1.049	15.000	8.683	.491
4	.8125	1.943	.280	.890	8.000	8.000	.563
5	.4200	.214	.824	.357	3.000	5.000	.787

HU for Wilks test is that the correlations in the current and following rows are zero.

典型相关系数表的内容包括典型相关系数 r_c、特征根 λ（Eigenvalue）、Wilks' Λ（Wilks Statistic）、F 值、df_1（Num D.F）、df_2（Denom D.F.）和显著性概率 P（sig.）。特征向量表按列提供典型变量的系数。

表 13-68　典型相关系数对应的特征向量(Canonical Correlation Coefficients)

(a) 未标准的(Unstandardized)

Variable	1	2	3	4	5
x1	.0851	-.8358	-1.1956	-.2071	.0006
x2	.0196	-.0423	.0672	.1263	.1754
x3	-.0063	-.0945	-.9664	.1800	-.9138
x4	-.5450	1.3101	3.7008	.0869	-1.2032
x5	.1638	5.0742	-4.8206	-3.3813	-1.0919
x6	.3801	-2.0751	-2.1441	2.8951	-1.9821
x7	-.0726	-.6765	.2238	1.0125	.1388

Variable	1	2	3	4	5
y1	.0414	.0856	-.1393	.0082	.5366
y2	.3211	-1.2563	-2.8839	2.0857	-.9879
y3	.0743	.3288	1.4787	4.9406	4.8511
y4	-.1207	-.1587	-2.9483	2.2787	-2.4077
y5	-.0266	-.1919	-.1249	-.2008	-.2277

(b) 标准化的(Standardized)

Variable	1	2	3	4	5
x1	.2716	-2.6668	-3.8148	-.6608	.0020
x2	.1484	-.3210	.5098	.9589	1.3312
x3	-.0071	-.1058	-1.0826	.2016	-1.0237
x4	-.5377	1.2923	3.6506	.0857	-1.1869
x5	.1046	3.2414	-3.0794	-2.1600	-.6975
x6	.3429	-1.8722	-1.9344	2.6120	-1.7882
x7	-.4166	-3.8808	1.2837	5.8077	.7960

Variable	1	2	3	4	5
y1	.1645	.3401	-.5532	.0324	2.1307
y2	.6277	-2.4561	-5.6379	4.0775	-1.9314
y3	.0535	.2369	1.0654	3.5597	3.4951
y4	-.1875	-.2466	-4.5804	3.5401	-3.7406
y5	-.3854	-2.7791	-1.8094	-2.9079	-3.2981

13.8 聚类分析与判别分析

13.8.1 聚类分析

1.系统聚类法

系统聚类法使用 Classify→Hierarchical Cluster 过程完成。

【**例 13.37**】　利用 SPSS 对理论部分例 11.1 的数据进行系统聚类分析。

操作步骤：

❶建立数据集：定义变量 Variety（品种）、x1～x8，并输入数据。

❷选择 Analyze→Classify→Hierarchical Cluster 菜单，将 x1～x8 选入 Variable(s)（变量）栏，Variety 选入 Label Cases by（标注依据），在 Cluster（聚类）中指定对 Cases（样品）聚类。

❸点击 Statistics，勾选 Agglomeration schedule（聚类过程）和 Proximity matrix（相似性矩阵），点击 Continue 返回。

❹点击 Plot，勾选 Dendrogram（系谱图），点击 Continue 返回。

❺点击 Method，在 Cluster Method（聚类方法）中选择 Ward's Method（离差平方和法），在 Measure（测量）下点选 Interval（区间）并选择 Euclidean distance（欧氏距离），在 Transform Values（转换值）下指定 Standardize（标准化）方法为 By variable（按变量）进行 Z scores（正态）表标准化，点击 Continue 返回。

❻点击 OK 执行分析。

结果说明：

输出结果主要为相似系数矩阵、聚类过程表和谱系图（表 13-69、表 13-70 和图 13-3）。

表 13-69　相似系数矩阵(Proximity Matrix)

Case	Euclidean Distance									
	1：	2：	3：	4：	5：	6：	7：	8：	9：	10：
1：	.000	4.041	3.870	3.739	2.160	2.858	2.212	4.148	4.688	3.166
2：	4.041	.000	4.071	4.088	4.445	3.486	4.032	3.406	2.973	4.858
3：	3.870	4.071	.000	5.069	4.490	4.444	4.407	4.673	3.991	3.740
4：	3.739	4.088	5.069	.000	3.889	3.081	2.342	3.165	5.015	5.229
5：	2.160	4.445	4.490	3.889	.000	2.832	2.601	4.427	4.614	4.393
6：	2.858	3.486	4.444	3.081	2.832	.000	1.799	3.598	3.669	4.913
7：	2.212	4.032	4.407	2.342	2.601	1.799	.000	3.085	4.676	4.325
8：	4.148	3.406	4.673	3.165	4.427	3.598	3.085	.000	4.001	5.001
9：	4.688	2.973	3.991	5.015	4.614	3.669	4.676	4.001	.000	5.748
10：	3.166	4.858	3.740	5.229	4.393	4.913	4.325	5.001	5.748	.000

This is a dissimilarity matrix.

表 13-70　聚类过程(Agglomeration Schedule)

Stage	Cluster Combined		Coefficients	Stage Cluster First Appears		Next Stage
	Cluster 1	Cluster 2		Cluster 1	Cluster 2	
1	6	7	.899	0	0	4
2	1	5	1.980	0	0	7
3	2	9	3.466	0	0	8
4	4	6	4.974	0	1	5
5	4	8	6.834	4	0	7
6	3	10	8.705	0	0	8
7	1	4	11.013	2	5	9
8	2	3	14.001	3	6	9
9	1	2	17.546	7	8	0

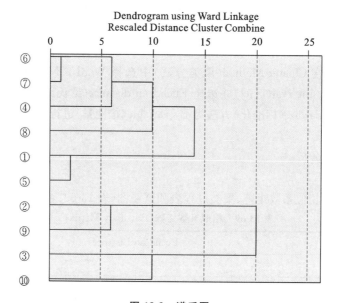

图 13-3　谱系图

聚类过程表为说明每一阶段(Stage)聚类的样品,相似性(距离)系数(本例由于使用离差平方和法,距离值与使用的欧氏距离不一致)和 Next Stage(下一阶段)将聚入当前类的样品。

2.动态聚类法

动态聚类法使用 Classify→K-means Cluster 过程完成。

【例 13.38】　利用 SPSS 对理论部分例 11.1 的数据进行 k-均值聚类分析。

操作步骤:

❶使用例 13.37 的数据集。

❷选择 Analyze→Descriptive Statistics→Descriptive 菜单,将 $x1\sim x8$ 选入 Variable(s)栏,勾选 Save standardized values as variables(保存标准化值为变量);点击 OK 的标准化变量 $Zx1\sim Zx8$。

❸将数据集另存为一个数据文件,如例 13.38.sav,删除原来的变量 $x1\sim x8$;用样品⑩的数据

覆盖样品③,删除样品⑤～⑩;将 *Variety* 改名为 CLUSTER_,并顺序赋值 1～4。

❹在例 13.37 的数据集窗口选择 Analyze→Classify→K-means Cluster 菜单,将 *Zx*1～*Zx*8 选入 Variables(变量)栏,*Variety* 选入 Label Cases by(标注依据),设置 Number of Clusters(聚类数)为 4;勾选 Read initial 并指定上一步建立的文件为初始聚类中心。

❺点击 Options,勾选 Initial cluster centers(初始聚类中心)和 Cluster information for each case(样品聚类信息),点击 Continue 返回。

❻点击 OK 执行分析。

结果说明:

输出结果主要为初始聚类中心、最终聚类中心、类成员数、类成员组成、最终聚类中心距离(表 13-71 至表 13-75)。

表 13-71　初始聚类中心(Initial Cluster Centers)

	Cluster			
	1	2	3	4
Zscore:株高	.4955	.8292	1.5738	−.1121
Zscore:果枝数	.3272	−.3617	1.7912	−1.3090
Zscore:铃重	.5970	−1.0820	.9701	−1.3619
Zscore:衣分	−.4020	.6341	1.2972	−1.3552
Zscore:籽指	−1.3260	.5683	.1624	.5683
Zscore:纤维长度	−.6110	.1528	−1.5657	−.5155
Zscore:比强度	−.1908	1.8736	−.9224	−1.2883
Zscore:麦克隆值	−.9912	.8568	−.8232	.1848

Input from FILE Subcommand.

表 13-72　最终聚类中心(Final Cluster Centers)

	Cluster			
	1	2	3	4
Zscore:株高	−.4630	−.1506	1.4540	−.3774
Zscore:果枝数	−.5554	.1981	1.3176	−.4047
Zscore:铃重	.3638	−.9887	1.2033	−.9421
Zscore:衣分	−.3398	.8206	1.1936	−1.3345
Zscore:籽指	−.7848	.1624	.0947	1.3125
Zscore:纤维长度	−.2649	.8927	−.1575	−.2053
Zscore:比强度	−.2038	1.6123	−.8048	−.3998
Zscore:麦克隆值	−.8232	1.1928	.2688	.1848

表 13-73　类成员数(Number of Cases in each Cluster)

	1	4
Cluster	2	2
	3	2
	4	2
Valid		10
Missing		0

表 13-74　类成员组成(Cluster Membership)

Case Number	品种	Cluster	Distance
1	①	1	1.482
2	②	2	1.487
3	③	3	1.870
4	④	4	1.582
5	⑤	1	1.621
6	⑥	1	1.619
7	⑦	1	1.221
8	⑧	4	1.582
9	⑨	2	1.487
10	⑩	3	1.870

表 13-75　最终聚类中心距离(Distances between Final Cluster Centers)

Cluster	1	2	3	4
1		3.666	3.546	2.860
2	3.666		4.071	3.557
3	3.546	4.071		4.355
4	2.860	3.557	4.355	

　　初始聚类中心的设置对聚类效率和结果会产生较大影响。本例指定样品①②⑩④为初始聚类中心,聚类效果最好(最终聚类中心间的聚类总和最小)。

13.8.2　判别分析

　　判别分析使用 Classify→Discriminant 过程完成,可同时进行 Fisher 判别和 Bayes 判别。

　　【例 13.39】　利用 SPSS 对理论部分例 11.3 的数据进行判别分析。

　　操作步骤:

　　❶建立数据集:定义变量 Group(类)、x1(体长)、x8(体重),并输入数据。

　　❷选择 Analyze→Classify→Discriminant 菜单,将 x1、x2 选入 Independents(自变量)栏,将 Group 选入 Grouping Variable(分组变量)并 Define Range(定义范围)Minimum(最小值)和 Maximum(最大值)为 1 和 2。

❸点击 Statistics，在 Function Coefficients 中勾选 Fisher's 和 Unstandardized，点击 Continue 返回。

❹点击 Classify，在 Prior Probabilities 中点选 Compute from group sizes（根据组样本容量），点击 Continue 返回。

❺点击 OK 执行分析。

结果说明：

输出结果主要有特征根（Eigenvalues）及其贡献率、Wilks 统计量 λ（Wilks' Lambda）及其显著性、Fisher 判别函数、类的重心、Bayes 判别函数（表 13-76 至表 13-80）。

表 13-76　特征根及其贡献率（Eigenvalues）

Function	Eigenvalue	% of Variance	Cumulative %	Canonical Correlation
1	15.754[a]	100.0	100.0	.970

a.First 1 canonical discriminant functions were used in the analysis.

表 13-77　Wilks 统计量及其显著性（Wilks' Lambda）

Test of Function(s)	Wilks' Lambda	Chi-square	df	Sig.
1	.060	8.456	2	.015

表 13-78　Fisher 判别函数（Canonical Discriminant Function Coefficients）

	Function
	1
体长	0.3481
体重	7.6307
（Constant）	−4.6881

Unstandardized coefficients

表 13-79　类的重心（Functions at Group Centroids）

Group	Function
	1
1	4.5832
2	−2.2916

Unstandardized canonical discriminant functions evaluated at group means.

表 13-80　Bayes 判别函数（Classification Function Coefficients）

	Group	
	1	2
体长	3.607	1.213
体重	67.541	15.082
（Constant）	−44.230	−3.430

Fisher's linear discriminant functions.

13.9 主成分分析与因子分析

13.9.1 主成分分析

SPSS 没有直接进行主成分分析的功能,需使用 Factor 过程完成基础计算并确定主成分数量然后使用因子载荷与特征根计算主成分系数。

【例 13.40】 利用 SPSS 对理论部分例 12.1 的数据进行主成分分析。

1) 确定主成分数量

操作步骤:

❶建立数据集:包含变量时期、$x1\sim x16$ 共 17 个变量,并输入数据。

❷选择 Analyze→Dimension Reduction→Factor 菜单,将 $x1\sim x16$ 选入 Variables 栏。

❸点击 Descriptives,选择 Initial solution(初始解),点击 Continue 返回。

❹点击 Extraction,在 Mothod(方法)框中选择 Principal component(主成分),在 Extrct(提取)框中选择 Fixed number of factors(固定的因子数量),并设定 Factors to extract(提取的因子数)为 16,点击 Continue 返回。

❺点击 OK 运行程序。

结果说明:

输出因子分析结果如表 13-81 和表 13-82 所示。

表 13-81 累计方差贡献率表(Total Variance Explained)

Component	Initial Eigenvalues			Extraction Sums of Squared Loadings		
	Total	Rate of Variance	Cumulative Rate	Total	Rate of Variance	Cumulative Rate
1	5.9983	37.490	37.490	5.998	37.490	37.490
2	3.1719	19.824	57.314	3.172	19.824	57.314
3	2.3422	14.639	71.953	2.342	14.639	71.953
4	1.5749	9.843	81.796	1.575	9.843	81.796
5	1.2402	7.751	89.547	1.240	7.751	89.547
6	.6444	4.028	93.575	.644	4.028	93.575
7	.4501	2.813	96.388	.450	2.813	96.388
8	.3277	2.048	98.436	.328	2.048	98.436
9	.1291	.807	99.243	.129	.807	99.243
10	.0779	.487	99.730	.078	.487	99.730
11	.0307	.192	99.923	.031	.192	99.923
12	.0064	.040	99.963	.006	.040	99.963
13	.0043	.027	99.989	.004	.027	99.989
14	.0016	.010	99.999	.002	.010	99.999
15	.0001	.001	100.000	.000	.001	100.000
16	.0000	.000	100.000	.000	.000	100.000

Extraction Method:Principal Component Analysis.

表 13-82　载荷矩阵(Component Matrix)

	Component															
	1	2	3	4	5	6	7	8	9	10	11	12	13	14	15	16
x1	.6890	−.3244	.6324	−.0053	.0877	.1062	−.0005	.0015	.0220	.0082	−.0056	−.0040	.0218	−.0117	−.0005	.0000
x2	.6875	.6709	.0068	.1956	.0225	.1524	−.0377	.0545	−.0930	−.0237	.0212	−.0029	−.0259	.0213	.0011	.0000
x3	.6873	.5982	−.1331	.2642	−.0168	−.2212	.1095	.0197	.0535	.1247	−.0290	−.0022	.0356	.0124	.0000	.0000
x4	−.6835	.4817	.4805	−.1202	.1074	−.0014	−.1769	−.0028	−.0191	−.0235	.1025	−.0351	−.0016	.0035	−.0036	.0000
x5	−.5714	.4890	.4988	−.2863	−.0616	−.0563	−.0450	−.3017	.0220	.0315	−.0204	.0413	−.0024	.0024	.0037	.0000
x6	−6195	−.3982	.6133	−.0460	.0544	.1623	−.0415	.0108	−.1457	.1641	.0044	−.0014	−.0127	−.0015	0.0001	.0000
x7	.6787	−.2838	.6387	.0075	.1083	.1095	.0096	−.0101	.0427	−.1560	.0118	.0073	.0177	.0141	.0005	.0000
x8	.5718	.7203	.0021	.1739	.1149	−.1740	.1323	−.1428	−.1880	−.0823	.0127	−.0013	.0048	−.0181	−.0010	.0000
x9	.1620	.7944	−.1064	.1526	−.0047	.4849	−.2392	.0062	.1169	.0203	.0358	.0027	.0065	−.0117	−.0006	.0000
x10	−.6804	.0489	.0179	.0166	.5284	.2666	.3966	−.1530	.0312	.0276	.0234	−.0265	.0009	.0034	.0013	.0000
x11	−.5799	−.1159	.2522	.7128	.1147	−.1474	−.1986	.0587	−.0155	−.0062	.0086	−.0188	.0029	−.0041	.0066	.0000
x12	.8570	.1385	.3138	.1716	.0794	−.2269	.1302	−.0116	.2042	.0035	−.0202	−.0055	−.0357	−.0080	−.0001	.0000
x13	.5447	−.2123	.0815	.7239	.3544	.0024	−.0085	−.0101	−.0068	.0110	−.0063	.0393	−.0036	.0030	−.0053	.0000
x14	−.5446	.3151	.3706	.1495	−.4641	.1759	.3322	.2921	−.0229	−.0163	−.0368	.0158	−.0004	−.0050	.0012	.0000
x15	−.1631	.3850	.1194	−.4794	.6693	−.1706	−.0522	.3166	−.0011	.0079	.0256	.0166	.0017	−.0027	.0010	.0000
x16	−.6586	.2664	.5734	−.0247	−.3176	−.2229	.0037	.0005	.0268	.0221	.1175	−.0159	.0017	.003 7	−.0033	.0000

Extraction Method: Principal Component Analysis.

累计方差贡献率表(Total Variance Explained)(表 13-81)给出各因子(主成分)和提取的因子(主成分)的特征根(Eigenvalue)和方差贡献率、累计方差贡献率。

载荷矩阵(Component Matrix)(表 13-82)给出了各主成分的各变量的因子载荷(初始解),由于事先不知道需要提取几个主成分,所以将所有主成分全部列出。

本例前 4 个主成分的累计方差贡献率为 81.80%,前 5 个主成分的累计方差贡献率为 89.55%,故提取前 5 个主成分。

2)计算主成分系数

主成分系数(特征向量)需要使用因子载荷和特征根计算 $\boldsymbol{\iota}_i = \boldsymbol{a}_i / \sqrt{\lambda_i}$。这一过程需要使用 COMPUTE 语句或 Compute Variable 菜单完成。

操作步骤:

❶定义变量 $a1 \sim a5, \lambda1 \sim \lambda5$,从载荷中复制前 5 个主成分因子载荷填入 $a1 \sim a5$,将各成分的特征根填入 $\lambda1 \sim \lambda5$ 中。

❷新建语法窗口,输入并执行下列语句(不含行号):

1 VECTOR b(5).

2 VECTOR a=a1 to a5.

3 VECTOR λ=λ1 to λ5.

4 LOOP #i=1 to 5.

5 COMPUTE b(#i)=a(#i)/sqrt(λ(#i)).

6 END LOOP.

7 EXECUTE.

结果说明：

输出各主成分系数 $b1 \sim b5$（表 13-83）。

表 13-83　主成分系数表

时期	b1	b2	b3	b4	b5
1	0.2813	−0.1821	0.4132	−0.0042	0.0788
2	0.2807	0.3767	0.0044	0.1559	0.0202
3	0.2806	0.3359	−0.0870	0.2105	−0.0151
4	−0.2791	0.2705	0.3140	−0.0958	0.0964
5	−0.2333	0.2746	0.3259	−0.2281	−0.0553
6	0.2529	−0.2236	0.4007	−0.0367	0.0488
7	0.2771	−0.1594	0.4173	0.0060	0.0972
8	0.2335	0.4044	0.0014	0.1386	0.1032
9	0.0661	0.4460	−0.0695	0.1216	−0.0042
10	−0.2778	0.0275	0.0117	0.0132	0.4745
11	−0.2368	−0.0651	0.1648	0.5680	0.1030
12	0.3499	0.0778	0.2050	0.1367	0.0713
13	−0.2224	−0.1192	0.0533	0.5768	0.3182
14	−0.2224	0.1769	0.2422	0.1191	−0.4167
15	−0.0666	0.2162	0.0780	−0.3820	0.6010
16	−0.2689	0.1496	0.3747	−0.0197	−0.2852

13.9.2　因子分析

因子分析使用 Factor 过程完成。

【例 13.41】　利用 SPSS 对理论部分例 12.2 的数据进行因子分析。

1）确定公共因子个数

操作步骤：

❶建立数据集，包含变量人群、$x1 \sim x15$ 共 16 个变量，并输入数据。

❷选择 Analyze → Dimension Reduction → Factor 菜单，将变量 $x1 \sim x15$ 选入 Variables 栏。

❸点击 Descriptives，选择 Initial solution（初始解），点击 Continue 返回。

❹点击 Extraction，在 Mothod（方法）框中选择 Principal component（主成分），在 Extrct（提取）框中选择 Fixed number of factors（固定的因子数量），并设定 Factors to extract（提取的因子数）为 15，点击 Continue 返回。

❺点击 OK 运行程序。

结果说明：

输出累计方差贡献率表(Total Variance Explained)(表 13-84)，由于前 7 个因子的累计方差贡献率为 85.45%，所以提取前 7 个因子为公共因子。

2)因子旋转和因子得分

操作步骤：

❶点击 Extraction，在 Extrct(提取)框中将 Factors to extract(提取的因子数)改为 7，点击 Continue 返回。

❷点击 Rotation，在 Mothod(方法)框中选择 Varimax(最大方差法)，在 Display(显示)框中选择 Rotated solution(旋转解)，点击 Continue 返回。

❸点击 Scores，勾选 Save as variables，并在 Mothod(方法)框中选择 Regression(回归)，点击 Continue 返回。

❹点击 OK 运行程序。

结果说明：

主要结果如表 13-84 至表 13-86 所示。设置提取 7 个因子及旋转后，只显示提取的 7 个因子及其旋转后的方差贡献率(表 13-84)。

表 13-84　累计方差贡献率表(Total Variance Explained)

Component	Initial Eigenvalues			Extraction Sums of Squared Loadings			Rotation Sums of Squared Loadings		
	Total	Rate of Variance	Cumulative Rate	Total	Rate of Variance	Cumulative Rate	Total	Rate of Variance	Cumulative Rate
1	4.2420	28.280	28.280	4.2420	28.280	28.280	3.0913	20.609	20.609
2	2.4452	16.302	44.582	2.4452	16.302	44.582	2.1624	14.416	35.025
3	1.6092	10.728	55.309	1.6092	10.728	55.309	2.1369	14.246	49.271
4	1.3795	9.196	64.506	1.3795	9.196	64.506	1.5714	10.476	59.747
5	1.1560	7.707	72.213	1.1560	7.707	72.213	1.3488	8.992	68.739
6	1.0096	6.731	78.943	1.0096	6.731	78.943	1.3138	8.758	77.497
7	.9755	6.503	85.447	.9755	6.503	85.447	1.1924	7.949	85.447
8	.6806	4.538	89.984						
9	.4839	3.226	93.210						
10	.3758	2.506	95.716						
11	.2908	1.939	97.655						
12	.1166	.777	98.432						
13	.0972	.648	99.080						
14	.0785	.524	99.604						
15	.0595	.396	100.000						

Extraction Method:Principal Component Analysis.

表 13-85　载荷矩阵（Component Matrix）和旋转后的载荷矩阵（Rotated Component Matrix）

载荷矩阵（Component Matrix）

	Component						
	1	2	3	4	5	6	7
x1	.8001	-.1161	.1264	-.4307	.0973	-.0642	-.0148
x2	.7469	-.0004	.1097	-.1392	.2648	.2360	-.0175
x3	-.3029	.6034	.3072	-.4704	-.0677	.1943	.3138
x4	.4906	-.4166	-.4344	-.1981	.2771	-.2693	.3323
x5	.6208	.6283	-.2480	-.0448	.0391	.1300	.1339
x6	.4240	-.5668	.2729	.2622	.3189	.2216	-.1900
x7	.7447	-.4468	-.0433	.1760	-.1887	-.0714	-.0372
x8	.5436	.2493	.2677	.3833	-.1828	.5353	-.0876
x9	-.0863	.3343	-.5585	.5205	.1969	.1407	.0594
x10	-.4549	-.4312	.5975	.0360	.3241	.0173	.1734
x11	.8373	.2652	-.0622	-.0325	-.0576	-.2548	-.0889
x12	.2257	.2693	.4371	.2715	-.3784	-.5322	-.2147
x13	.3370	.5883	.3770	-.0604	.4790	-.1462	-.1218
x14	.1980	.1157	.2666	.5303	.0736	-.2006	.7012
x15	-.4209	-.3409	.1077	-.1831	-.5455	.2280	.3299

Extraction Method: Principal Component Analysis.

旋转后的载荷矩阵（Rotated Component Matrix）

	Component						
	1	2	3	4	5	6	7
x1	.8627	.1329	.0643	.2866	-.0801	.0809	-.0878
x2	.7682	.1732	.0969	.0829	.2491	-.1246	.0383
x3	.0499	-.9481	-.0496	.0098	.0812	-.0289	.0297
x4	.4449	.4129	.1691	.2032	-.5714	-.3084	.2050
x5	.5064	-.1981	.7083	-.0542	.2086	-.0256	.1889
x6	.3650	.6502	-.4026	.0311	.3083	-.1262	.0360
x7	.3859	.6591	.1324	.4382	.0664	.1516	.0949
x8	.2646	.1041	.2138	.1495	.8504	.0864	.1560
x9	-.3119	-.1449	.5403	-.4168	.1407	-.3011	.2640
x10	-.1345	-.0386	-.9043	-.0879	-.0235	-.0943	.1789
x11	.6497	.1828	.5005	.0722	.0233	.3639	.0907
x12	.0366	.0317	.0534	-.0136	.1080	.9082	.1372
x13	.6125	-.2779	.0278	-.5419	.1743	.2688	.1472
x14	.0311	.0162	-.0360	.0398	.0699	.1397	.9559
x15	.1820	.0611	.0127	.8606	.1153	-.0063	.0767

Extraction Method: Principal Component Analysis.
Rotation Method: Varimax with Kaiser Normalization.

表 13-86 因子得分表

人群	FAC1_1	FAC2_1	FAC3_1	FAC4_1	FAC5_1	FAC6_1	FAC7_1
湘瑶族	−1.1063	0.1582	0.7190	0.8915	−0.5198	1.5780	−0.3132
梓瑶族	−1.5889	1.2440	−1.1737	−0.8150	0.1982	0.3246	−0.3970
湘侗族	−0.1993	−2.5447	0.1523	−0.6278	3.4539	0.7483	−0.5787
梓侗族	−0.8491	1.3129	−1.6989	−0.4470	0.8449	0.2339	−0.1696
土家族	−1.6886	0.3988	2.0056	−0.0399	−0.8286	−0.3057	0.4306
傣族	3.1659	0.3118	0.8291	0.2080	0.6942	−0.9018	0.6388
壮族	−0.1405	0.7809	1.4111	−0.5267	−0.5683	0.5331	−0.0845
黎族	−0.2381	−0.0236	2.1145	−0.3814	0.0571	0.1287	0.4073
傈僳族	1.3752	0.1174	−1.1543	1.6814	−1.0914	1.7104	−0.6062
景颇族	−0.6035	0.6203	−0.2754	2.2664	1.3062	−0.5062	1.6989
独龙族	0.6511	0.4404	0.0970	−0.8760	0.0003	−0.4297	−1.7242
基诺族	−0.4992	−0.7048	−0.5555	−1.4289	−0.6159	0.2275	−0.1522
彝族	−0.3579	−1.8598	−0.8431	0.7505	−0.5140	−0.8505	0.9590
布朗族	−0.7193	−1.5052	−0.2349	0.4153	−0.3216	−0.7698	0.1145
哈尼族	−0.5052	−1.6334	0.0686	0.1397	−0.8020	−0.1624	0.5021
傣族	0.4779	−0.2544	−0.3547	0.7158	−0.1228	−0.2190	−1.9427
白族	0.8091	−0.7627	0.0786	1.3676	−1.2248	1.1941	−0.3047
湘汉族	−0.4693	0.6736	0.3929	0.1681	0.6191	1.7285	0.0063
桂汉族	0.2498	0.5129	1.4927	0.1454	0.2895	−2.0000	−0.1890
川羌族	0.0883	1.0028	0.2804	1.1850	0.7808	−0.5492	−1.7872
桂彝族	0.8962	0.2030	−1.2937	−1.3836	−0.0734	−0.0128	0.4526
桂苗族	−0.2142	0.6130	−0.8290	−0.2587	0.0133	−1.7649	−0.8906
黔苗族	−0.4826	0.0853	−1.1764	0.2900	−1.0489	−1.6767	0.8912
黔侗族	0.7519	−0.8436	0.2993	−2.0036	−1.4552	0.3395	−0.2333
川彝族	0.8933	0.8658	−0.3139	−0.6737	0.3685	0.8318	2.6064
粤汉族	0.3033	0.7912	−0.0376	−0.7624	0.5608	0.5704	0.6654

因子旋转后各特征根及其方差贡献率发生了变化,但总的方差贡献率不变。需要注意的是,选择的因子数量不同,旋转后得到的因子载荷,以及因子得分也不同。载荷矩阵和旋转后的载荷矩阵也只显示选择的 7 个因子(表 13-85)。载荷矩阵给出了各因子载荷的初始解;旋转后的载荷矩阵给出了旋转后的各因子载荷的旋转解。

因子得分表输出在数据文件的右半部分。本例因子得分情况如表 13-86 所示。

第14章 生物统计软件实现——R 方法

R 软件是由新西兰奥克兰大学 Ross ihaka 和 Robert gentleman 开发的自由软件,不涉及版权问题。R 软件以统计分析为特色,具有强大的统计分析和作图功能,具有非常丰富的网络资源,几乎可以实现所有的统计方法。

R 语言简单易学,功能强大,占用磁盘空间不大,完全免费,可自由开发,目前大部分的统计分析都用 R 语言完成。

14.1 R 应用基础

14.1.1 软件下载及安装

1.R 和 Rstudio

R 语言软件为免费程序,可通过 https://cran.r-project.org/bin/windows/base/?azure-portal＝true 或其他镜像网址下载。

R 自带的环境操作不很方便,一般同时安装 R 语言的集成开发环境 Rstudio,在 Rstudio 下编写、调试和运行 R 语言程序。在 https://www.rstudio.com/products/rstudio/download/ 网页下载 Rstudio 免费版本。

2.程序包

R 语言的绝大多数功能通过程序包(package)下的函数(function)完成。安装 R 语言时自动安装了一些基础的程序包,包含了基本函数,完成某些复杂的分析工作需要安装相应的程序包使用相应的函数。

安装程序包用 install.packages(*Packname*),可以用 c()列出要安装的多个程序包,例如可以用下列语句安装本书涉及的程序包:

```
install.packages(c("agricolae","BSDA","ggm","MASS","nortest","psych",
"yacca"))
```

查看已安装的程序包用(.packages(all.available＝T)),查看已加载的程序包(.packages()),加载已安装的程序包用 library(*Packname*)。调用已安装但未加载的程序包的函数,用 *Packname*::*Funcname*()格式。

14.1.2 数据类型和基本操作

1.数据类型

R 语言最基本数据类型主要有三种:数值型、逻辑型和字符型。

按对象类型分为 7 类:标量(scalar,单个值)、向量(vector,一维)、矩阵(matrix,二维)、数组(array,三维及以上)、因子(factor,分类数据)、数据框(data.frame),变量数据数相同的混合数据)和列表(list,变量的数据数可以不相同的混合数据),各类对象可以通过相应的函数来创建。

变量定义为其中的某一类对象。变量名由字母,数字以及句点(.)或下划线(_)组成,必须用字母或句点开头。可以通过(as.)*Objtype*()更改变量的对象类型,通过 unlist()更改变量为数值。

2.程序编写

一行写一个语句,或一行写多个语句用分号(;)分开。

3.数据输入

数据较少时可以用 c()或其他函数输入,数据较多时先创建数据文件然后提供给 R 使用。R 可以直接读取 txt 文件或 csv 文件,加载 foreign 程序包后可以读取 SPSS、Excel、SAS 和 XML 等格式的文件。用 read.table(*Filename*)函数读取 txt 文件,用 read.csv(*Filename*)函数读取 csv 文件。

4.变量赋值

用左箭头(<-)或等号(=)为变量赋值,R 程序中一般用左箭头。

5.结果输出

用 print(*Varname*)语句显示变量值,print()可省略。

用 write.csv(*Filename*)函数将分析结果保存为 csv 文件;用 pdf(*Filename*)、png(*Filename*)、jpeg(*Filename*)等函数将绘图结果保存为图片文件。

6.常用命令

getwd():查看当前目录	setwd(*Pathname*):设置工作名录
help():显示帮助	help.start():显示 HTML 格式帮助
ls():列出环境中所有变量	mode(*Varname*):查看变量的对象类型
str(*Varname*):查看变量结构	length(*Varname*):查看变量的数据数
rm(list=ls()):清除内存中的变量	q():退出系统
ESC:中断程序运行	Ctrl+L:清空 Console(结果输出窗口)

本章例题数据主要采用读取 csv 文件提供,变量使用 SPSS 部分数据集规则命名。运行程序时假设数据文件已建立并存放于工作目录。程序中各函数的使用方法及参数设置请查阅函数帮助。

14.2　描述性分析

14.2.1　统计数计算

统计数计算用 psych 程序包的 describe()函数完成;进行分组统计时用 by()函数。

【**例 14.1**】　利用 R 软件对理论部分表 2-3 的数据进行基本统计量计算。

❶程序:

```
psych::describe(read.csv("exa.01.csv")$Chole)
```

❷输出：

	vars	n	mean	sd	median	trimmed	mad	min	max	range	skew	kurtosis	se
X1	1	100	4.737	0.867	4.620	4.715	0.801	2.700	7.220	4.520	0.276	−0.062	0.087

❸说明：

输出统计数包括：vars(变量数)、n(样本容量)、mean(均值)、sd(标准差)、median(中位数)、trimmed(截尾均值)、mad(绝对中位差)、min(最小值)、max(最大值)、range(极差)、skew(偏度)、kurtosis(峰度)、se(平均值的标准误)。

统计数也可以用 summary() 函数计算，不输出偏度和峰度；单独计算统计数的函数为：平均数 mean()、中位数 median()、方差 var()、标准差 sd()。

14.2.2 统计图表制作

用 table() 函数计算频数，prop.table() 计算频率，cumsum() 函数计算累积频率，hist() 函数绘制直方图。

【例 14.2】 利用 R 软件对理论部分表 2-3 的数据制作频数分布表和分布图。

❶程序：

```
dat<-read.csv("exa.01.csv")
a<-table(floor(dat$ Chole/0.5)*0.5+0.5/2)
b<-prop.table(a);c<-cumsum(b)
d<-as.data.frame(cbind(a,b,c))
colnames(d)<-c("次数","频率","累积频率");d
Chole<-unlist(dat$ Chole)
hist(Chole,breaks=seq(2.5,7.5,0.5),xaxt="n",yaxt="n",col="grey",border
=1)
    axis(side=1,at=seq(2.5,7.5,1));axis(side=2,at=seq(0,26,5))
```

❷输出：

	次数	频率	累积频率
2.75	1	0.01	0.01
3.25	7	0.07	0.08
3.75	9	0.09	0.17
4.25	24	0.24	0.41
4.75	24	0.24	0.65
5.25	17	0.17	0.82
5.75	9	0.09	0.91
6.25	6	0.06	0.97
6.75	2	0.02	0.99
7.25	1	0.01	1.00

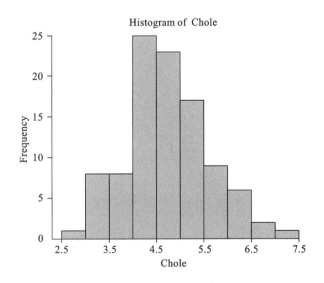

❸说明：

floor()为截尾取整函数，cbind()函数按列合并变量；unlist()函数将列表(list)转换为数值,axis()函数指定坐标轴刻度,pdf()函数和 dev.off()函数指定将制图结果保存为 pdf 文件。

除 hist()函数制作直方图外,常用的制图函数还有条形图 barplot()、散点图和折线图 plot()、饼图 pie()、箱图 boxplot()和函数曲线图 curve()。

14.3　假设检验与参数估计

14.3.1　方差同质性检验

方差同质性检验,正态分布数据用 bartlett.test()函数进行 Bartlett 检验、非正态分布数据用 fligner.test()函数进行 Fligner 检验或用 leveneTest()函数进行基于中位数的 Levene 检验(需加载 car 包)。两个样本也可以用 var.test()函数进行 Hartley 检验。

【例 14.3】　利用 R 软件对理论部分例 4.8 的数据进行分析。

❶程序:

```
dat<-read.csv("exa.03.csv")
bartlett.test(Weight~Species,data=dat)
```

❷输出:

```
Bartlett test of homogeneity of variances
data： Weight by Species
Bartlett's K-squared=9.0956,df=1,P-value=0.002562
```

❸说明:

输出结果包括检验统计量(K-squared),自由度(df)和显著性概率(P-value)。用 var.test()函数进行 Hartley 检验时,需在两个变量中分别输入样本的数据。本例代码:

```
sp1<-c(0.1254,0.1332,0.1331,0.1211,0.1144,0.1184,0.1071,0.1568,0.1126,
       0.1325,0.1572,0.1887,0.1257,0.1812,0.1245)
sp2<-c(0.0824,0.0647,0.0648,0.0475,0.0693,0.0768,0.0681,0.0617,0.0765,
       0.0523,0.0669,0.0562,0.068,0.0588,0.0478)
var.test(sp1,sp2)
```

输出结果包括 F 值、两个自由度和显著性概率(P-value),与 Bartlett 检验结果相同。

```
F test to compare two variances
data:sp1 and sp2
F=5.663,num df=14,denom df=14,P-value=0.002544
```

14.3.2　样本平均数的检验与估计

1.单个样本平均数

单个样本平均数的检验和区间估计用 t.test()函数完成,用 alternative 指定检验方式,分为"two.sided"(双尾,缺省值),"less"(左尾)和"greater"(右尾);用 mu 指定检验值(缺省值 0);conf.level 指定置信度(缺省值 0.95)。

【例 14.4】 利用 R 软件对理论部分例 4.4 的数据进行分析。

❶程序：

```
dat<-read.csv("exa.04.csv")
t.test(unlist(dat),mu=0.3,alternative="less")
```

❷输出：

```
One Sample t-test
data:unlist(x)
t=-5.259,df=8,P-value=0.0003827
alternative hypothesis:true mean is less than 0.3
95 percent confidence interval:-Inf 0.2202769
sample estimates:mean of x 0.1766667
```

❸说明：

输出结果包括检验统计量(t)，自由度(df)和显著性概率(P-value)，备择假设(H_A)，以及区间估计(confidence interval)和样本平均数(sample estimates:mean of)。

摘要样本数据(已计算平均值和标准差的数据)检验用 zsum.test() 函数完成。例如理论部分例 4.2 的数据，程序代码为 BSDA::zsum.test(379.2,3.3,9,mu=377.2,alternative="greater")。

2.成组样本平均数

成组样本平均数的检验和差值的区间估计用 t.test() 函数完成。

【例 14.5】 利用 R 软件对理论部分例 4.10 的数据进行分析。

❶程序：

```
dat<-read.csv("exa.05.csv")
hv<-bartlett.test(Weight~Variety,data=dat)
t.test(Weight~Variety,data=dat,var.equal=(hv$p.value>0.05))
```

❷输出：

```
Two Sample t-test
data:Weight by Variety
t=-7.7223,df=18,P-value=4.038e-07
alternative hypothesis:true difference in means between group 1 and group 2 is not
equal to 0
95 percent confidence interval:-0.4261396 -0.2438604
sample estimates:mean in group 1 mean in group 2 0.498 0.833
```

❸说明：

输出内容同单样本平均数检验结果。区间估计(confidence interval)结果为平均数差值的区间，样本平均数(sample estimates:mean in group 1 mean in group 2)为分组平均数。

t.test() 函数也支持分两组输入的数据，本例也可以用下列程序：

```
Gp1<-c(0.43,0.39,0.52,0.61,0.49,0.63,0.56,0.37,0.46,0.52)
Gp2<-c(0.85,0.78,0.63,0.81,0.72,0.9,0.88,0.94,0.83,0.99)
hv<-var.test(Gp1,Gp2)
```

```
t.test(Gp1,Gp2,var.equal= (hv$p.value>0.05))
```

摘要样本数据检验仍然用 zsum.test()函数完成。例如，理论部分例 4.9 的数据，程序代码为 BSDA::zsum.test(182.09,29,65,156.60,23,65)。

3.成对样本平均数

成对样本平均数的检验和差值的区间估计也用 t.test()函数完成，设置 paired＝T。输出结果与成组样本平均数相同。

【**例 14.6**】　利用 R 软件对理论部分例 4.12 的数据进行分析。

❶程序：

```
dat<-read.csv("exa.06.csv")
t.test(dat$OSM,dat$DSC,paired=T)
```

❷输出：

> Paired t-test
> data：dat $ OSM and dat $ DSC
> t＝0.074201,df＝4,P-value＝0.9444
> alternative hypothesis：true difference in means is not equal to 0
> 95 percent confidence interval：−0.1456707　0.1536707
> sample estimates：mean of the differences　0.004

14.3.3　检验效能计算和样本容量估计

t 检验的检验效能计算和样本容量估计用 power.t.test()函数完成。函数的主要参数有 n（样本容量）、delta(均值差)、sd(标准差)、sig.level(显著水平,缺省值 0.05)、power(检验效能)和 type[数据类型,"two.sample"(成组数据,缺省值),"one.sample"(单样本),"paired"(配对样本)]和 alternative[检验类型,"two.sided"(双尾,缺省值),"one.sided"(单尾)]。使用时样本容量和检验效能只能选一个,提供样本容量(n)时进行检验效能计算,提供检验效能(power)时进行样本容量估计。

【**例 14.7**】　对理论部分例 4.12 的检验结果进行检验效能计算,若要有 90％的把握检出 0.05 ℃的差异,需检测多少样品?

❶程序：

```
power.t.test(n=5,delta=0.004,sd=0.1205,type="paired")
power.t.test(delta=0.050,sd=0.1205,power=0.90,type="paired")
```

❷输出：

Paired t test power calculation	
n	＝5
delta	＝0.004
sd	＝0.1205
sig.level	＝0.05
power	＝0.02865687
alternative	＝two.sided

Paired t test power calculation	
n	＝62.98033
delta	＝0.05
sd	＝0.1205
sig.level	＝0.05
power	＝0.9
alternative	＝two.sided

❸说明：

左边为检验效能计算结果,右边为样本容量估计结果。类似的函数还有 power.prop.test()和

power.anova.test(),用于样本频率和方差分析的检验效能计算和样本容量估计。

14.4 非参数检验

14.4.1 独立性检验

1.简单列联表检验

简单列联表检验用 chisq.test()函数完成。2×2 列联表要对 χ^2 校正(correct＝T);小样本数据用 fisher.test()函数进行 Fisher 精确概率检验。

【例 14.8】 利用 R 软件对理论部分例 6.2 的数据进行分析。

❶程序:

```
dat<-read.csv("exa.08.csv")
xtabs(Count~Group+SNP,data=dat)
CROSSTAB<-matrix(with(Count,data=dat),nrow=2)
chisq.test(CROSSTAB)
```

❷输出:

	SNP		
Group	AA	AG	GG
AIH	10	26	41
CK	13	109	333

Pearson's Chi-squared test

data:CROSSTAB

X-squared＝21.853,df＝2,P-value＝1.797e-05

❸说明:

不进行 χ^2 校正(correct＝F)是系统缺省值。fisher.test()函数类似 chisq.test()函数,可以用 alternative 指定检验类型。例如,理论部分例 6.5 的数据,程序代码为

```
dat<-matrix(c(3,9,16,10),nrow=2)
fisher.test(dat)
```

输出结果为

Fisher's Exact Test for Count Data

data:dat

P-value＝0.07889

alternative hypothesis:true odds ratio is not equal to 1

95 percent confidence interval:0.03040536 1.14774227

sample estimates:odds ratio 0.2175618

【例 14.9】 利用 R 软件对理论部分例 6.1 的数据进行分析。

❶程序:

```
dat<-read.csv("exa.09.csv")
```

```
xtabs(Count~History+Health,data=dat)
CROSSTAB<-matrix(with(Count,data=dat),nrow=2)
chisq.test(CROSSTAB,correct=T)
```

❷输出：

History	Health	
	患病	健康
有暴露史	37	13
无暴露史	17	53

Pearson's Chi-squared test with Yates'continuity correction

data：CROSSTAB

X-squared＝27.152,df＝1,P-value＝1.881e-07

❸说明：

2×2 列联表也可以用两个样本频率的近似正态分布检验法检验。本例程序代码：

```
p1<-37/50;p2<-17/70;pm<-(37+17)/(50+70)
BSDA::zsum.test(p1,sqrt(pm*(1-pm)),50,p2,sqrt(pm*(1-pm)),70)
```

输出结果为

Two-sample z-Test

data：Summarized x and y

z＝5.3968,P-value＝6.784e-08

alternative hypothesis：true difference in means is not equal to 0

95 percent confidence interval：0.3165950　0.6776907

sample estimates：

mean of x　mean of y

0.7400000　0.2428571

2.配对列联表检验

配对列联表检验用 mcnemar.test() 检验,参数和输出结果与 chisq.test() 类似。

【例 14.10】　利用 R 软件对理论部分例 6.3 的数据进行分析。

❶程序：

```
dat<-read.csv("exa.10.csv")
xtabs(Count~A+B,data=dat)
CROSSTAB<-matrix(with(Count,data=dat),nrow=2)
mcnemar.test(CROSSTAB,correct=T)
```

❷输出：

	B	
A	1	2
1	56	35
2	21	28

McNemar's Chi-squared test with continuity correction

data:CROSSTAB

McNemar's chi-squared＝3.0179,df＝1,P-value＝0.08235

【例 14.11】 利用 R 软件对理论部分例 6.4 的数据进行分析。

❶程序：

```
dat<-read.csv("exa.11.csv")
xtabs(Count~A+B,data=dat)
CROSSTAB<-matrix(with(Count,data=dat),nrow=3)
mcnemar.test(CROSSTAB)
```

❷输出：

```
       B
A   1   2   3
1  60   3   2
2   2  40   3
3   8  13  19
```

McNemar's Chi-squared test

data:CROSSTAB

McNemar's chi-squared＝10.05,df＝3,P-value＝0.01815

14.4.2 适合性检验

1.正态分布检验

正态分布用 nortest 程序包的 lillie.test()函数进行 Kolmogorov-Smirnov 检验,小样本数据用 shapiro.test()函数进行 Shapiro-Wilk 检验。

【例 14.12】 利用 SPSS 检验理论部分表 2-3 的数据是否符合正态分布。

❶程序：

```
dat<-read.csv("exa.01.csv")
nortest::lillie.test(dat$Chole)
shapiro.test(dat$Chole)
```

❷输出：

Lilliefors(Kolmogorov-Smirnov)normality test

data:dat $ Chole

D＝0.075522,P-value＝0.1732

Shapiro-Wilk normality test

data:dat $ Chole

W＝0.98825,P-value＝0.5268

2.构成比检验

构成比数据用 chisq.test()函数进行 χ^2 检验,$df＝1$ 时,需对 χ^2 值进行校正。

【例 14.13】 利用 R 软件对理论部分例 6.7 的数据进行分析。

❶程序：

```
dat<-c(1503,99);prob<-c(3/4,1/4)
chisq.test(dat,p=prob)
```

❷输出：

```
Chi-squared test for given probabilities
data：dat
X-squared＝302.63,df＝1,P-value＜2.2e-16
```

❸说明：

也可以用 zsum.test() 函数进行单样本频率检验，统计量为 χ^2 的平方根。程序代码：

```
BSDA::zsum.test(1503/(1503+99),sqrt(0.75*0.25),(1503+99),mu=0.75)
```

输出结果：

```
One-sample z-Test
data：Summarized x
z＝17.396,P-value＜2.2e-16
alternative hypothesis：true mean is not equal to 0.75
95 percent confidence interval：0.9169983 0.9594062
sample estimates：mean of x 0.9382022
```

【例 14.14】 利用 R 软件对理论部分例 6.8 的数据进行分析。

❶程序：

```
dat<-c(315,101,108,32);prob<-c(9/16,3/16,3/16,1/16)
chisq.test(dat,P=prob)
```

❷输出：

```
Chi-squared test for given probabilities
data：dat
X-squared＝0.47002,df＝3,P-value＝0.9254
```

14.4.3 秩和检验

1.成对数据的秩和检验

成对数据的秩和检验用 wilcox.test() 函数完成。

【例 14.15】 利用 R 软件对理论部分例 6.9 的数据进行分析。

❶程序：

```
dat<-read.csv("exa.15.csv")
wilcox.test(dat$Nomal,dat$DefVE,paired=T)
```

❷输出：

```
Wilcoxon signed rank test with continuity correction
data：dat $ Nomal and dat $ DefVE
V＝35,P-value＝0.02071
alternative hypothesis：true location shift is not equal to 0
```

❸说明：

V 为检验统计量。多配对资料的检验用 friedman.test()函数检验。

2.成组数据的秩和检验

成组数据的秩和检验也用 wilcox.test()函数完成。

【例 14.16】 利用 R 软件对理论部分例 6.10 的数据进行分析。

❶程序：

```
dat<-read.csv("exa.16.csv")
wilcox.test(Weight~Group,data=dat)
```

❷输出：

> Wilcoxon rank sum test with continuity correction
>
> data：Weight by Group
>
> W＝52.5,P-value＝0.003162
>
> alternative hypothesis：true location shift is not equal to 0

3.多组数据的秩和检验

多组数据的秩和检验用 kruskal.test()函数完成。

【例 14.17】 利用 R 软件对理论部分例 6.12 的数据进行分析。

❶程序：

```
dat<-read.csv("exa.17.csv")
Effect<-rep(unlist(dat$Effect),unlist(dat$Count))
Method<-rep(unlist(dat$Method),unlist(dat$Count))
kruskal.test(Effect~Method)
```

❷输出：

> Kruskal-Wallis rank sum test
>
> data：Effect by Method
>
> Kruskal-Wallis chi-squared＝14.086,df＝2,P-value＝0.0008735

❸说明：

Kruskal-Wallis chi-squared 为检验统计量 H。本例为次数资料，分析时需将次数转换成秩，计量资料则按数值($Value$)和分组($Group$)两个变量输入数据，用 kruskal.test($Value \sim Group$)函数分析即可。

14.5 方差与协方差分析

方差分析和协方差分析都用 aov()函数，只是参数设置不同。Aov()函数使用 I 类平方和，所以必须严格按分析顺序引入变量。

14.5.1 单因素数据方差分析

【例 14.18】 利用 R 软件对理论部分例 5.1 的数据进行分析。

❶程序：

```
dat<-read.csv("exa.18.csv")
```

```
Treat<-as.factor(dat$Film)
summary(aov(Weight~Treat,data=dat))
print(agricolae::duncan.test(aov(Weight~Treat,data=dat),"Treat"))
```

❷输出：

	Df	Sum Sq	Mean Sq	F value	Pr(>F)	
Treat	3	318.5	106.2	36.65	2.55e-06	***
Residuals	12	34.8	2.9			
Signif.codes: 0 '***' 0.001 '**' 0.01 '*' 0.05 '.' 0.1 ' ' 1						

$ duncan		
	Table	Critical Range
2	3.081307	2.622130
3	3.225244	2.744617
4	3.312453	2.818831

$ groups		
	Weight	groups
0	32.45	a
1	24.80	b
3	22.15	c
2	21.00	c

❸说明：

输出的方差分析表包括试验因素和残差（Residuals）的自由度（Df）、平方和（Sum Sq）、均方（Mean Sq）、F 值（F value）和显著性概率（P）及显著性标注。

多重比较需要加载 agricolae 程序包，包括 duncan.test()、SNK.test()、HSD.test()、scheffe.test()、waller.test()、REGW.test()、LSD.test()等不同方法的多重比较函数。各函数通过参数 α 调整显著水平。LSD.test()还通过 p.adj 提供各种调整概率来调整最小显著差数的方法。

多重比较的主要结果为多重比较表（$groups），还有分组统计量（$means，略），最小显著极差（$duncan，随方法而变，其中 Table 为临界值，Critical Range 为最小显著极差）等。若要进行方差同质性检验，可用 bartlett.test()函数完成。

14.5.2　多因素数据方差分析

1.无重复观测值的多因素方差分析

【例 14.19】　利用 R 软件对理论部分例 5.3 的数据进行分析。

❶程序：

```
dat<-read.csv("exa.19.csv")
summary(aov(Weight~A+B,data=dat))
```

❷输出：

	Df	Sum Sq	Mean Sq	F value	Pr(>F)	
A	3	907	302.3	18.29	2.84e-05	***
B	5	9197	1839.4	111.29	2.61e-11	***
Residuals	15	248	16.5			

2.有重复观测值的两因素方差分析

进行互作的多重比较时，需将互作作为一个处理因素生成新变量才能进行多重比较，这时

的方差分析表 F 值及概率是错误的。

【例 14.20】 利用 R 软件对理论部分例 5.4 的数据进行分析。

❶程序：

```
dat<-read.csv("exa.20.csv")
summary(aov(Weight~Ca*P,data=dat))
model<-aov(Weight~Ca+P+CaP,data=dat)
summary(model)
print(agricolae::duncan.test(model,"CaP"))
```

❷输出：

	Df	Sum Sq	Mean Sq	F value	Pr(>F)	
Ca	3	44.5	14.84	3.221	0.0356	*
P	3	383.7	127.91	27.767	4.92e-09	***
Ca:P	9	406.7	45.18	9.808	5.11e-07	***
Residuals	32	147.4	4.61			

	Df	Sum Sq	Mean Sq	F value	Pr(>F)	
Ca	3	44.5	14.84	1.098	0.361	
P	3	383.7	127.91	9.465	7.09e-05	***
Residuals	41	554.1	13.51			

互作的多重比较结果（略）。

14.5.3 试验设计数据的方差分析

1.随机区组设计数据的方差分析

随机区组设计数据的方差分析,将区组作为一个因素处理,不考虑区组与因素的互作。

【例 14.21】 利用 R 软件对理论部分例 7.1 的数据进行分析。

❶程序：

```
dat<-read.csv("exa.21.csv")
Trt<-factor(dat$Treat);Blk<-factor(dat$Block)
summary(aov(Hb~Trt+Blk,data=dat))
```

❷输出：

	Df	Sum Sq	Mean Sq	F value	Pr(>F)	
Trt	2	167.6	83.79	11.84	0.000978	***
Blk	7	1462.7	208.95	29.52	2.43e-07	***
Residuals	14	99.1	7.08			

2.不完全区组设计数据的方差分析

不完全区组设计数据的方差分析用 agricolae 程序包的 BIB.test() 函数。

【例 14.22】 利用 R 软件对理论部分例 7.2 的数据进行分析。

❶程序：

```
dat<-read.csv("exa.22.csv")
```

```
A<-factor(dat$Customer);B<-factor(dat$Food);
agricolae::BIB.test(A,B,dat$Score,test="duncan",console=T)
```

❷输出：

	Df	Sum Sq	Mean Sq	F value	Pr(>F)	
block.unadj	14	6458.4	461.3	17.608	7.743e-13	***
trt.adj	5	20119.8	4024.0	153.594	<2.2e-16	***
Residuals	40	1047.9	26.2			

3.不完全拉丁方设计数据的方差分析

不完全拉丁方设计数据进行方差分析时,需构建误差项为随机因素的和。

【例 14.23】　利用 R 软件对理论部分例 7.4 的数据进行分析。

❶程序：

```
dat<-read.csv("exa.23.csv")
Stg<-factor(dat$Stage);Tep<-factor(dat$Temp);Grp<-factor(dat$Group)
summary(aov(Eggs~Stg+Tep+Error(Grp+Stg),data=dat))
```

❷输出：

Error:Grp	Df	Sum Sq	Mean Sq
Tep	4	14.7	3.675

Error:Stg	Df	Sum Sq	Mean Sq
Stg	3	26.55	8.85

Error:Within	Df	Sum Sq	Mean Sq	F value	Pr(>F)	
Tep	4	34.23	8.558	7.232	0.0091	**
Residuals	8	9.47	1.183			

❸说明：

计算 F 值时,Tep 和 Stg 仍以误差均方为分母,但已对其平方和进行调整。

4.裂区设计数据的方差分析

裂区设计数据进行方差分析时,需构建误差项为区组与主处理的商。

【例 14.24】　利用 R 软件对理论部分例 7.7 的数据进行分析。

❶程序：

```
dat<-read.csv("exa.24.csv")
Blk<-factor(dat$R);A<-factor(dat$A);B<-factor(dat$B)
summary(aov(Yield~A*B+A*Blk+Error(Blk/A),data=dat))
```

❷输出：

Error:Blk	Df	Sum Sq	Mean Sq
Blk	2	32.67	16.33

Error:Blk:A			
	Df	Sum Sq	Mean Sq
A	2	80.17	40.08
A:Blk	4	9.17	2.29

Error:Within						
	Df	Sum Sq	Mean Sq	F value	Pr(>F)	
B	3	2179.7	726.6	283.278	2.48e-15	***
A:B	6	7.2	1.2	0.466	0.825	
Residuals	18	46.2	2.6			

❸说明：

计算 F 值时，区组和主处理以两者互作的均方为分母，互作以误差均方为分母。

5.嵌套设计数据的方差分析

嵌套设计数据进行方差分析时，需进行嵌套说明并构建误差项为被嵌套因素。

【**例 14.25**】 利用 R 软件对理论部分例 7.9 的数据进行分析。

❶程序：

```
dat<-read.csv("exa.25.csv")
Blk<-factor(dat$Block);Trt<-factor(dat$Treat)
summary(aov(Growth~Trt+Blk%in%Trt+Error(Blk),data=dat))
```

❷输出：

Error:Blk			
	Df	Sum Sq	Mean Sq
Trt	3	13050	4350
Trt:Blk	8	663	83

Error:Within					
	Df	Sum Sq	Mean Sq	F value	Pr(>F)
Residuals	36	1624	45.1		

❸说明：

计算 F 值时，嵌套因素以被嵌套因素的均方为分母，被嵌套因素以误差均方为分母。

6.交叉设计数据的方差分析

嵌套设计数据进行方差分析时，受试者被试验顺序嵌套，该两因素按嵌套设计处理。

【**例 14.26**】 利用 R 软件对理论部分例 7.10 的数据进行分析。

❶程序：

```
dat<-read.csv("exa.26.csv")
Trt<-factor(dat$Treat);Stg<-factor(dat$Stage);
Ord<-factor(dat$Order);IDS<-factor(dat$ID);
summary(aov(Yield~Feed+Stg+Ord+IDS%in%Ord+Error(IDS),data=dat))
```

❷输出:

Error:IDS	Df	Sum Sq	Mean Sq
Ord	1	2.45	2.450
Ord:IDS	8	43.18	5.398

Error:Within	Df	Sum Sq	Mean Sq	F value	Pr(>F)	
Feed	1	30.258	30.258	33.159	0.000425	***
Stg	1	0.162	0.162	0.178	0.684594	
Residuals	8	7.300	0.912			

【例 14.27】　利用 R 软件对理论部分例 7.11 的数据进行分析。

❶程序:

```
dat<-read.csv("exa.27.csv")
Trt<-factor(dat$Treat);Sta<-factor(dat$Stage);Ord<-factor(dat$Order);
Dly<-factor(dat$Delay);IDS<-factor(dat$ID);
summary(aov(AUC~Trt+Sta+Ord+Dly+IDS%in%Ord+Error(IDS),data=dat))
```

❷输出:

Error:IDS	Df	Sum Sq	Mean Sq
Ord	3	7.11	2.370
Ord:IDS	8	48.69	6.087

Error:Within	Df	Sum Sq	Mean Sq	F value	Pr(>F)	
Trt	3	134.45	44.82	11.537	4.77e-05	***
Sta	3	3.99	1.33	0.343	0.7947	
Dly	3	30.94	10.31	2.654	0.0687	.
Residuals	27	104.89	3.88			

7.重复测量设计数据的方差分析

重复测量设计数据的方差分析,将重复测量作裂区处理,不考虑区组效应。

【例 14.28】　利用 R 软件对理论部分例 7.8 的数据进行分析。

❶程序:

```
dat<-read.csv("exa.28.csv")
Blk<-factor(dat$R);Sta<-factor(dat$Stage)
summary(aov(Growth~Variety*Sta+Variety:Blk+Error(Variety),data=dat))
```

❷输出:

Error:Variety	Df	Sum Sq	Mean Sq
Variety	2	458	229

Error：Within						
	Df	Sum Sq	Mean Sq	F value	Pr(>F)	
Sta	3	1405.5	468.5	127.773	4.59e-16	***
Variety：Sta	6	155.5	25.9	7.068	0.000133	***
Variety：Blk	9	301.0	33.4	9.121	3.45e-06	***
Residuals	27	99.0	3.7			

14.5.4　协方差分析

协方差分析分两步完成,进行协变量检验时,将处理效应作误差处理;进行处理效应检验时,将协变量作误差项处理。

【例 14.29】　利用 R 软件对理论部分例 9.1 的数据进行分析。

❶程序:

```
dat<-data.frame(read.csv("exa.29.csv"));
Trt<-factor(dat$Feed)
summary(aov(y~x+Trt+Error(Trt),data=dat))    #回归关系的显著性检验
summary(aov(y~x+Trt+Error(x),data=dat))      #处理效应的显著性检验
b=lm(y~x,data=dat)$coefficients[2]           #计算回归系数
mx=sum(dat$x)/length(dat$x)                   #计算协变量平均值
dat$y=dat$y-b*(dat$x-mx)                      #矫正平均数
print(agricolae::duncan.test(aov(y~Trt,data=dat),"Trt"))$group# (多重比
较,结果略)
```

❷输出:

Error：Within						
	Df	Sum Sq	Mean Sq	F value	Pr(>F)	
x	1	48.01	48.01	54.23	3.84e-09	***
Residuals	43	38.06	0.89			

Error：Within						
	Df	Sum Sq	Mean Sq	F value	Pr(>F)	
Trt	3	20.22	6.739	7.612	0.000343	***
Residuals	43	38.06	0.885			

14.6　回归分析

14.6.1　线性回归

线性回归用 lm() 函数完成;用 MASS 程序包的 stepAIC() 函数进行多元逐步回归建立最优回归方程,通径分析通过比较偏相关系数完成。

1.直线回归

【例 14.30】　利用 R 软件对理论部分例 8.1 的数据进行分析。

❶程序：

```
dat<-read.csv("exa.30.csv")
summary(lm(y~x,data=dat))
```

❷输出：

Coefficients：				
	Estimate	Std.Error	t value	Pr($>$|t|)
(Intercept)	0.01371	0.01764	0.778	0.472
x	0.85071	0.02446	34.781	3.7e-07　***

Residual standard error：0.02589 on 5 degrees of freedom
Multiple R-squared：0.9959,Adjusted R-squared：0.9951
F-statistic：1210 on 1 and 5 DF,P-value：3.696e-07

❸说明：

输出结果主要包括两部分,按顺序为：①回归系数(Estimate)及显著性检验结果；②回归方程的离回归标准误(Residual standard error)、决定系数(Multiple R-squared)和显著性检验结果。

2.多元线性回归分析

【例 14.31】　利用 R 软件对理论部分例 10.1 的数据进行分析。

❶程序：

```
dat<-read.csv("exa.31.csv")
summary(lm(y~x1+x2+x3,data=dat))
summary(MASS::stepAIC(lm(y~x1+x2+x3,data=dat)))
```

❷输出：

Coefficients：				
	Estimate	Std.Error	t value	Pr($>$|t|)
(Intercept)	46.5194787	12.3983686	3.752	0.00276　**
x1	$-$0.0046543	0.0006482	$-$7.181	1.12e-05　***
x2	$-$0.0831660	0.1040461	$-$0.799	0.43964
x3	$-$0.5903379	0.2472275	$-$2.388	0.03427　*

Residual standard error：0.7508 on 12 degrees of freedom
Multiple R-squared：0.9684,Adjusted R-squared：0.9605
F-statistic：122.7 on 3 and 12 DF,P-value：2.865e-09

Coefficients：				
	Estimate	Std.Error	t value	Pr($>$|t|)
(Intercept)	37.5152752	5.1066245	7.346	5.61e-06　***
x1	$-$0.0046931	0.0006373	$-$7.364	5.47e-06　***
x3	$-$0.5643779	0.2416573	$-$2.335	0.0362　*

> Residual standard error：0.7403 on 13 degrees of freedom
>
> Multiple R-squared：0.9667，Adjusted R-squared：0.9616
>
> F-statistic：189 on 2 and 13 DF，P-value：2.465e-10

❸说明：

输出包括线性回归和逐步回归的主要结果。进行复相关分析时使用线性回归的决定系数（Multiple R-squared）开方得到复相关系数 R，显著水平与线性回归方程相同。

14.6.2　曲线回归

曲线回归也用 lm() 函数完成，参数中输入表达式，截距部分输入 1。

【例 14.32】　利用 R 软件对理论部分例 10.6 的数据进行分析。

❶程序：

```
dat<-read.csv("exa.32.csv")
summary(lm(y~1+x+I(x^2),data=dat))
```

❷输出：

Coefficients：	Estimate	Std.Error	t value	Pr($>$|t|)	
(Intercept)	−8.3655	2.8504	−2.935	0.0261	*
x	34.8269	1.3088	26.610	1.86e-07	***
I(x^2)	−3.7624	0.1276	−29.476	1.01e-07	***

> Residual standard error：2.24 on 6 degrees of freedom
>
> Multiple R-squared：0.9938，Adjusted R-squared：0.9917
>
> F-statistic：481.2 on 2 and 6 DF，P-value：2.379e-07

14.6.3　非线性回归

非线性回归也用 nls() 函数完成，用 start 指定参数初值。

【例 14.33】　利用 R 软件对理论部分例 8.4 的数据进行分析。

❶程序：

```
dat<-read.csv("exa.33.csv")
summary(nls(y~K/(1+a*exp(-b*x)),data=dat,start=list(K=3,a=10,b=1)))
```

❷输出：

Parameters：	Estimate	Std.Error	t value	Pr($>$|t|)	
K	2.72942	0.06673	40.901	2.14e-06	***
a	21.17994	5.98185	3.541	0.023998	*
b	0.57623	0.05708	10.095	0.000542	***

❸说明：

nls() 函数不给出回归方程的显著性检验结果，只要（偏）回归系数显著，回归方程就显著。

14.7　相关分析

14.7.1　直线相关与秩相关

用 cor.test() 函数计算并进行显著性检验,通过 method 指定计算方法;只计算相关系数不进行检验时,可用 cor() 函数。

【例 14.34】　利用 R 软件对理论部分例 13.30 的数据进行分析,计算海拔($x1$)和年均温度(y)的相关系数和秩相关系数。

❶程序:

```
dat<-data.frame(read.csv("exa.31.csv"))
x1<-dat[,2];y<-dat[,5];
cor.test(x1,y);cor.test(x1,y,method="spearman")
```

❷输出:

```
Pearson's product-moment correlation
data:x1 and y
t=-16.81,df=14,P-value=1.117e-10
alternative hypothesis:true correlation is not equal to 0
95 percent confidence interval:-0.9918817  -0.9307764
sample estimates:cor   0.9761124
```

```
Spearman's rank correlation rho
data:x1 and y
S=1338.5,P-value=7.83e-10
alternative hypothesis:true rho is not equal to 0
sample estimates:rho   -0.9683593
```

❸说明:

输出结果包括计算相关系数的变量(data)、显著性检验结果、备择假设(alternative hypothesis)、相关系数的区间估计(confidence interval)和相关系数(sample estimates)(cor 为直线相关系数,Pearson 相关系数,rho 为 Spearman 秩相关系数。

14.7.2　复相关与偏相关分析

复相关分析用线性回归统计结果;偏相关分析 ggm 程序包的 pcor() 函数进行偏相关系数计算,pcor.test() 函数显著性。

【例 14.35】　利用 R 软件对理论部分例 13.30 的数据进行年均温度(y)与海拔($x1$)间的偏相关分析及与 $x1$(海拔)、$x2$(经度)、$x3$(纬度)间的复相关分析。

❶程序:

```
dat<-data.frame(read.csv("exa.31.csv"));dat<-dat[,-1];
dat<-matrix(dat,ncol=4)
```

```
ggm::pcor(c(1,4,2,3),cor(dat))
ggm::pcor.test(ggm::pcor(c(1,4,2,3),cov(dat)),2,16)
```

❷输出：

> [1]−0.9006689
>
> $ tval[1]−7.180587 $ df[1]12 $ pvalue[1]1.116138e-05

14.7.3　典型相关分析

典型相关分析用 yacca 程序包的 cca()函数完成。

【例 14.36】　利用 R 软件对理论部分例 10.8 的数据进行分析。

❶程序：

```
dat<-data.frame(read.csv("exa.36.csv"))
x<-dat[,1:7];y<-dat[,8:12]
yacca::cca(x,y)
```

❷输出：

> Canonical Correlations：
>
> | CV 1 | CV 2 | CV 3 | CV 4 | CV 5 |
> |------|------|------|------|------|
> | 0.9998063 | 0.9637196 | 0.8911457 | 0.8125268 | 0.4200224 |

> X Coefficients：
>
> | | CV 1 | CV 2 | CV 3 | CV 4 | CV 5 |
> |----|------|------|------|------|------|
> | x1 | 0.085105324 | 0.83576929 | −1.19555031 | −0.20710345 | 0.0006293644 |
> | x2 | 0.019556627 | 0.04229220 | 0.06716606 | 0.12634955 | 0.1754004170 |
> | x3 | −0.006348266 | 0.09445634 | −0.96639551 | 0.17999695 | −0.9138338199 |
> | x4 | −0.545045254 | −1.31008389 | 3.70077459 | 0.08686377 | −1.2032088275 |
> | x5 | 0.163815556 | −5.07419297 | −4.82056950 | −3.38134024 | −1.0919277531 |
> | x6 | 0.380102689 | 2.07509524 | −2.14413393 | 2.89507547 | −1.9820735194 |
> | x7 | −0.072624197 | 0.67653712 | 0.22378956 | 1.01246415 | 0.1387720516 |

> Y Coefficients：
>
> | | CV 1 | CV 2 | CV 3 | CV 4 | CV 5 |
> |----|------|------|------|------|------|
> | y1 | 0.04142369 | −0.08563927 | −0.1393009 | 0.008157511 | 0.5365642 |
> | y2 | 0.32108518 | 1.25633349 | −2.8838831 | 2.085717927 | −0.9879292 |
> | y3 | 0.07428129 | −0.32878213 | 1.4787314 | 4.940646194 | 4.8510662 |
> | y4 | −0.12071153 | 0.15870927 | −2.9482884 | 2.278711561 | −2.4077486 |
> | y5 | −0.02661072 | 0.19190873 | −0.1249449 | −0.200800653 | −0.2277489 |

> Aggregate Redundancy Coefficients(Total Variance Explained)：
>
> X|Y：0.8714462
>
> Y|X：0.9523647

❸说明：

输出结果包括典型相关系数(Canonical Correlations)、对应的特征向量(Coefficients)、因子载荷(Structural Correlations-Loadings,略)和典型变量的方差解释(Aggregate Redundancy Coefficients-Total Variance Explained)。

14.8　聚类分析与判分析

14.8.1　聚类分析

系统聚类法用 scale()函数进行数据标准化,dist()函数计算距离,hclust()函数完成聚类。

【例 14.37】　利用 R 软件对理论部分例 11.1 的数据进行系统聚类分析。

❶程序：

```
dat<-data.frame(read.csv("exa.37.csv"));dat<-scale(dat[,2:9])
dist<-dist(dat,method="euclidean")
clus<-hclust(dist,method="ward.D")
dist;clus$merge;plot(clus)
```

❷输出：

	1	2	3	4	5	6	7	8	9
2	4.040623								
3	3.869843	4.070566							
4	3.738547	4.088362	5.068780						
5	2.160300	4.445173	4.490222	3.888658					
6	2.857572	3.485730	4.443830	3.081148	2.831726				
7	2.211921	4.032095	4.406847	2.342178	2.601264	1.798998			
8	4.148339	3.406254	4.673186	3.164842	4.427481	3.598269	3.085051		
9	4.687676	2.973435	3.991030	5.015159	4.613648	3.669228	4.675818	4.000521	
10	3.165837	4.857799	3.740392	5.229115	4.392925	4.913268	4.325313	5.001235	5.747968

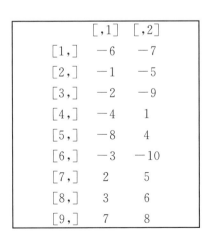

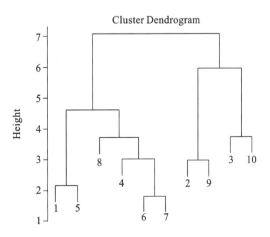

❸说明：

输出结果包括相似系数(距离)表、聚类过程和聚类谱系图。

【例 14.38】 利用 R 软件对理论部分例 11.1 的数据进行 k-均值聚类分析。

❶程序：

```
dat<-data.frame(read.csv("exa.37.csv"));dat<-scale(dat[,2:9])
kmeans(dat,centers=4)
```

❷输出：

K-means clustering with 4 clusters of sizes 4,2,2,2

Cluster means：

	x1	x2	x3	x4	x5	x6	x7	x8
1	−0.4629724	−0.5554477	0.3637823	−0.3398328	−0.78477166	−0.2649340	−0.2038246	−0.8231710
2	−0.1506158	0.1980666	−0.9887417	0.8205719	0.16236655	0.8926605	1.6123045	1.1927580
3	1.4539559	1.3175737	1.2032800	1.1935592	0.09471382	−0.1575283	−0.8048457	0.2687905
4	−0.3773953	−0.4047448	−0.9421030	−1.3344655	1.31246295	−0.2052642	−0.3998097	0.1847935

Clustering vector：[1]1 2 3 4 1 1 1 4 2 3

Within cluster sum of squares by cluster：[1] 8.936711 4.420657 6.995268 5.008114

(between_SS/total_SS=64.8%)

❸说明：

输出结果包括各类的样本容量(clusters of sizes)、各类的中心(Cluster means)、各样品所属的类(Clustering vector)及各类样品与其类中心的距离平方和(sum of squares by cluster)。

受初始聚类中心选择的影响,k-均值聚类结果不稳定,每运行一次程序,均可能得到不同的结果,特别是类的编号。

14.8.2　判别分析

判别分析用 MASS 程序包的 lda()函数完成。

【例 14.39】 利用 R 软件对理论部分例 11.3 的数据进行判别分析。

❶程序：

```
dat<-data.frame(read.csv("exa.39.csv"))
MASS::lda(Group~x1+x2,data=dat)
```

❷输出：

```
Prior probabilities

of groups：

            1           2

0.3333333   0.6666667
```

```
Group means：

     x1    x2

1   8.0   0.85

2   2.5   0.20
```

```
Coefficients of linear

discriminants：LD1

x1   −0.3481494

x2   −7.6306712
```

❸说明：

输出结果主要包括三部分，按顺序为：①先验概率；②组均值；③Fisher 判别函数。

14.9 主成分分析与因子分析

14.9.1 主成分分析

因子分析用 princomp() 函数完成。

【例 14.40】 利用 R 软件对理论部分例 12.1 的数据进行主成分分析。

❶程序：

```
dat<-data.frame(read.csv("exa.40.csv"))

pcc<-princomp(dat[,2:17],cor=T)

print(summary(pcc,loadings=T,cutoff=0),digits=5)
```

❷输出：

Importance of components：						
	Comp.1	Comp.2	Comp.3	Comp.4	Comp.5	Comp.6
Standard deviation	2.4491489	1.7809800	1.5304207	1.25496351	1.11365334	0.80276340
Proportion of Variance	0.3748957	0.1982431	0.1463867	0.09843334	0.07751399	0.04027682
Cumulative Proportion	0.3748957	0.5731388	0.7195255	0.81795882	0.89547280	0.93574962

```
Loadings：
        Comp.1    Comp.2    Comp.3    Comp.4    Comp.5    Comp.6    Comp.7
x1     0.28130   0.18215   0.41320   0.00419   0.07878   0.13228   0.00073
x2     0.28071  −0.37670   0.00445  −0.15589   0.02024   0.18980   0.05619
x3     0.28063  −0.33586  −0.08700  −0.21049  −0.01512  −0.27559  −0.16323
x4    −0.27906  −0.27048   0.31394   0.09581   0.09646  −0.00176   0.26365
x5    −0.23329  −0.27459   0.32589   0.22814  −0.05533  −0.07011   0.06713
x6     0.25294   0.22356   0.40072   0.03667   0.04886   0.20216   0.06185
x7     0.27711   0.15934   0.41736  −0.00597   0.09721   0.13643  −0.01436
x8     0.23347  −0.40443   0.00135  −0.13855   0.10317  −0.21673  −0.19724
x9     0.06617  −0.44607  −0.06950  −0.12161  −0.00420   0.60409   0.35656
x10   −0.27783  −0.02744   0.01168  −0.01323   0.47451   0.33209  −0.59118
x11   −0.23677   0.06508   0.16482  −0.56802   0.10296  −0.18356   0.29598
x12    0.34993  −0.07778   0.20506  −0.13673   0.07133  −0.28271  −0.19400
x13   −0.22241   0.11918   0.05328  −0.57682   0.31822   0.00302   0.01272
x14   −0.22237  −0.17693   0.24217  −0.11915  −0.41670   0.21915  −0.49510
x15   −0.06658  −0.21615   0.07799   0.38204   0.60102  −0.21252   0.07784
x16   −0.26890  −0.14959   0.37469   0.01965  −0.28516  −0.27772  −0.00557
```

❸说明：

输出结果主要包括两部分，按顺序为：①特征根及方差贡献率；②主成分系数表。本例只给出输出数据的前半部分，根据方差贡献累积概率，需提取前 5 个主成分。

14.9.2　因子分析

因子分析用 princomp()函数和 psych 的 principal()函数完成。

【例 14.41】　利用 R 软件对理论部分例 12.2 的数据进行因子分析。

❶程序：

```
dat<-data.frame(read.csv("exa.41.csv"));
dat<-scale(dat[,2:16]);
pcc<-summary(princomp(dat))
sv=0;fv=0;k=0;vcr=0.85   #vcr 为要求的方差贡献率
sv=sum(pcc$sdev**2)
while(fv/sv<vcr){fv=fv+pcc$sdev[k+1]^2;k=k+1}
fact<-psych::principal(dat,k,rotate="none");print(fact,digits=4,
cutoff=0);
fact<-psych::principal(dat,k,rotate="varimax");print(fact,digits=4,
cutoff=0);
print(fact$score,digits=4)
```

❷输出：

Standardized loadings(pattern matrix)based upon correlation matrix

	PC1	PC2	PC3	PC4	PC5	PC6	PC7	h2	u2	com
x1	0.8001	−0.1161	0.1264	−0.4307	0.0973	−0.0642	−0.0148	0.8688	0.13117	1.698
x2	0.7469	−0.0004	0.1097	−0.1392	0.2648	0.2360	−0.0175	0.7154	0.28465	1.601
x3	−0.3029	0.6034	0.3072	−0.4704	−0.0677	0.1943	0.3138	0.9123	0.08766	3.963
x4	0.4906	−0.4166	−0.4344	−0.1981	0.2771	−0.2693	0.3323	0.9020	0.09802	5.476
x5	0.6208	0.6283	−0.2480	−0.0448	0.0391	0.1300	0.1339	0.8801	0.11988	2.508
x6	0.4240	−0.5668	0.2729	0.2622	0.3189	0.2216	−0.1900	0.8313	0.16871	4.321
x7	0.7447	−0.4468	−0.0433	0.1760	−0.1887	−0.0714	−0.0372	0.8292	0.17078	1.966
x8	0.5436	0.2493	0.2677	0.3833	−0.1828	0.5353	−0.0876	0.9039	0.09611	4.061
x9	−0.0863	0.3343	−0.5585	0.5205	0.1969	0.1407	0.0594	0.7641	0.23594	3.154
x10	−0.4549	−0.4312	0.5975	0.0360	0.3241	0.0173	0.1734	0.8865	0.11347	3.626
x11	0.8373	0.2652	−0.0622	−0.0325	−0.0576	−0.2548	−0.0889	0.8524	0.14757	1.451
x12	0.2257	0.2693	0.4371	0.2715	−0.3784	−0.5322	−0.2147	0.8607	0.13925	4.854
x13	0.3370	0.5883	0.3770	−0.0604	0.4790	−0.1462	−0.1218	0.8711	0.12894	3.680
x14	0.1980	0.1157	0.2666	0.5303	0.0736	−0.2006	0.7012	0.9422	0.05776	2.696
x15	0.4209	−0.3409	0.1077	−0.1831	−0.5455	0.2280	0.3299	0.7969	0.20309	4.255

	PC1	PC2	PC3	PC4	PC5	PC6	PC7
SS loadings	4.2420	2.4452	1.6092	1.3795	1.1560	1.0096	0.9755
Proportion Var	0.2828	0.1630	0.1073	0.0920	0.0771	0.0673	0.0650
Cumulative Var	0.2828	0.4458	0.5531	0.6451	0.7221	0.7894	0.8545

Standardized loadings(pattern matrix)based upon correlation matrix

	RC1	RC2	RC3	RC5	RC4	RC6	RC7	h2	u2	com
x1	0.8644	0.1315	0.0618	0.2833	−0.0782	0.0812	−0.0876	0.8688	0.13117	1.336
x2	0.7683	0.1721	0.0954	0.0802	0.2508	−0.1244	0.0383	0.7154	0.28465	1.447
x3	0.0485	−0.9482	−0.0501	0.0084	0.0812	−0.0290	0.0297	0.9123	0.08766	1.030
x4	0.4477	0.4121	0.1683	0.2027	−0.5703	−0.3082	0.2052	0.9020	0.09802	4.326
x5	0.5069	−0.1989	0.7075	−0.0551	0.2094	−0.0249	0.1885	0.8801	0.11988	2.411
x6	0.3643	0.6499	−0.4029	0.0297	0.3093	−0.1265	0.0363	0.8313	0.16871	2.982
x7	0.3886	0.6580	0.1309	0.4375	0.0673	0.1522	0.0948	0.8292	0.17078	2.774
x8	0.2639	0.1034	0.2132	0.1488	0.8510	0.0870	0.1557	0.9039	0.09611	1.534
x9	−0.3126	0.1455	0.5424	−0.4140	0.1400	−0.3009	0.2635	0.7641	0.23594	4.190
x10	−0.1369	−0.0380	−0.9036	−0.0890	−0.0234	−0.0955	0.1795	0.8865	0.11347	1.176
x11	0.6512	0.1817	0.4987	0.0703	0.0245	0.3646	0.0905	0.8524	0.14757	2.789
x12	0.0365	0.0316	0.0524	−0.0146	0.1078	0.9083	0.1371	0.8607	0.13925	1.088
x13	0.6096	−0.2780	0.0273	−0.5450	0.1754	0.2682	0.1474	0.8711	0.12894	3.176
x14	0.0308	0.0161	−0.0356	0.0396	0.0703	0.1397	0.9559	0.9422	0.05776	1.063
x15	0.1854	0.0598	0.0108	0.8600	0.1159	−0.0054	0.0765	0.7969	0.20309	1.158

	RC1	RC2	RC3	RC5	RC4	RC6	RC7
SS loadings	3.0995	2.1591	2.1335	1.5679	1.3505	1.3143	1.1922
Proportion Var	0.2066	0.1439	0.1422	0.1045	0.0900	0.0876	0.0795
Cumulative Var	0.2066	0.3506	0.4928	0.5973	0.6874	0.7750	0.8545

	RC1	RC2	RC3	RC5	RC4	RC6	RC7
[1,]	−1.09953	0.15808	0.71751	0.89597	−0.522744	1.57979	−0.313930
[2,]	−1.59358	1.24737	−1.16873	−0.80963	0.195029	0.32269	−0.396481
[3,]	−0.21176	−2.54413	0.15267	−0.63114	3.452591	0.74862	−0.579970
[4,]	−0.85477	1.31505	−1.69574	−0.44561	0.843615	0.23180	−0.168698
[5,]	−1.68232	0.40002	2.00984	−0.02808	−0.832632	−0.30344	0.428990
[6,]	3.16719	0.30734	0.82374	0.19794	0.701152	−0.90068	0.638815
[7,]	−0.13738	0.78110	1.41187	−0.52288	−0.569186	0.53410	−0.085262
[8,]	−0.23528	−0.02385	2.11586	−0.37648	0.055899	0.13083	0.405795
[9,]	1.38231	0.11427	−1.16325	1.67197	−1.088484	1.71037	−0.604927
[10,]	−0.59733	0.61818	−0.27596	2.26968	1.306065	−0.50369	1.698228
[11,]	0.64864	0.44077	0.09679	−0.87777	0.001156	−0.43052	−1.723949
[12,]	−0.50568	−0.70216	−0.55251	−1.42891	−0.617201	0.22515	−0.151543
[13,]	−0.35806	−1.85984	−0.84308	0.74917	−0.514061	−0.85093	0.959407
[14,]	−0.71930	−1.50464	−0.23397	0.41679	−0.322959	−0.76978	0.114392
[15,]	−0.50486	−1.63296	0.06897	0.14030	−0.803058	−0.16246	0.502079
[16,]	0.48052	−0.25552	−0.35840	0.71277	−0.122077	−0.21872	−1.942438
[17,]	0.81672	−0.76527	0.07181	1.36238	−1.223345	1.19517	−0.304409
[18,]	−0.46814	0.67361	0.39206	0.16965	0.617552	1.72935	0.005758
[19,]	0.25347	0.51181	1.49440	0.14995	0.290100	−1.99805	−0.190086
[20,]	0.09369	1.00119	0.27796	1.18656	0.780842	−0.54730	−1.787673
[21,]	0.88801	0.20420	−1.29249	−1.38942	−0.071129	−0.01587	0.453998
[22,]	−0.21624	0.61412	−0.82631	−0.25695	0.013374	−1.76608	−0.890042
[23,]	−0.48202	0.08615	−1.17360	0.29182	−1.048787	−1.67803	0.892207
[24,]	0.74656	−0.84201	0.30011	−2.00730	−1.454233	0.33721	−0.232657
[25,]	0.88946	0.86546	−0.31313	−0.67751	0.371024	0.83078	2.606880
[26,]	0.29968	0.79167	−0.03644	−0.76329	0.561498	0.56969	0.665516

❸说明：

输出结果主要包括三部分,按顺序为:①未旋转的因子载荷矩阵、特征根及方差贡献率; ②旋转后的因子载荷矩阵、特征根及方差贡献率;③因子得分表。

第15章 生物统计软件实现——Excel 方法

作为 Microsoft Office 的数据处理工具,Excel 具有灵活多变的数据整理和分析功能,可完成大部分生物统计学中数据的统计分析工作。

本章简要介绍常用统计分析方法在 Excel 中的实现。使用"数据分析"工具,部分例题结合公式编辑、插入 Excel 函数、四则运算或矩阵运算的块操作完成计算。"数据分析"工具在"数据"(Excel 2007 及以后版本)或"工具"(Excel 2003 及以前版本)菜单下;若找不到"数据分析"工具,需选择"加载项"(Excel 2007 及以后版本)或"加载宏"(Excel 2003 及以前版本)添加"分析工具库";若"加载项"或"加载宏"中找不到"分析工具库",需重新安装 Office 系统添加该工具。需要使用插入函数时,本书使用 Excel 2010 及以后版本的函数格式,与 Excel 2007 及以前版本的函数格式略有不同。本章涉及的常用统计函数参见 15.6,有关 Excel 数据表格式的文字描述及截图都以"A1"型电子表格为准。

15.1 数据的描述性分析

数据特征描述包括连续性、间断性数据资料分布图、表的制作,以及单变量和多变量的描述性分析,本节只介绍连续性变量频率分布、标准分布图表制作及单变量的描述性分析。

15.1.1 频率分布图、表的制作

(1) 在 Excel 数据表的适当区域,选定列或矩形块作为输入区域录入观测值,并按列录入分组上限值作为接收区域。

(2) 在"数据"菜单下点开"数据分析"往下拖动滑块选择"直方图",选定输入区域、接收区域和输出区域,并勾选"累计百分率"和"图表输出",点击"确定",可得到频率分布表和分布图。

用表 2-3 中 100 例 30～40 岁健康男子的血清总胆固醇测定数据资料,将数据输入 A1:J10,分组上限输入 L1:L10,并指定 A12 为输出区域,得频率分布表和默认的柱形图。

本例为连续型数据,需要在完成上述步骤(2)后,用鼠标精确点选柱形图,在界面右侧"设置数据系列格式"标题栏下的"系列选项"类中,将分类间距调整为"0%",得到如图 15-1 所示的直方图。

15.1.2 标准分布图的制作

上述频率分布表明血清总胆固醇含量是符合正态分布的随机变量,该分布的标准化类型

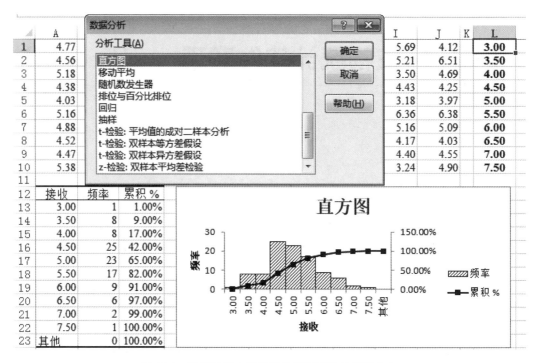

图 15-1　健康男子血清总胆固醇观测值的频率分布

可使用 Excel 函数计算一系列概率密度值后由 Excel 自动生成。

（1）进入 Excel 数据表，先在 A2、A3 分别输入 u 值 -3.05，-2.95 后全选 A2:A3 值域，往下拖拽权柄填充其余 60 个 u 值，再选定 B2 后在"公式"中点开"fx"函数"NORM.S.DIST"，指定 A2 值域后算出第 1 个标准分布的累积概率 $\Phi(u)$ 值 0.001144，继续往下拖拽就可以得到 0.001589，0.002186，…，0.998856 等 61 个。

（2）选定 C2，编算式"$=B3-B2$"计算第 1 个宽度为 0.1 的横轴区间上的概率密度，得"0.000445"，再使用权柄复制往下连续填充到 C62 显示"0.000445"为止，得到其余 60 个概率密度值，如图 15-2 所示。

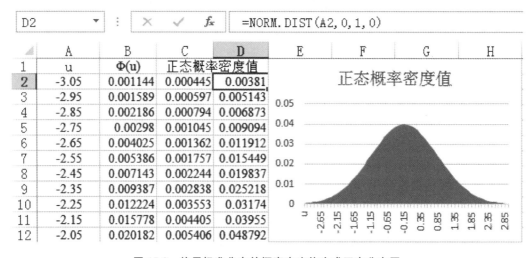

图 15-2　使用标准分布的概率密度值生成正态分布图

（3）全选 C 列，"插入"菜单下进入"推荐的图表"后，"所有图表"对话框中选"面积图"，子图表类型选第一个框，点击"完成"生成标准分布图。

也可以选定 D2，调出函数"NORM.DIST"后，对话框 4 行依次填入值域 A2、总体平均值"0"、标准差"1"及 FALSE 逻辑值"0"得概率密度"0.00381"，再使用权柄复制直到 D63，最后全选 D 列，按上述步骤（3）生成面积图后，精确点选横坐标默认刻度区，右键进入"选择数据"，对话框点开"水平（分类）轴标签"下的"编辑"按钮，输入 A 列值域，确定后才能得到横坐标刻度符合要求的标准分布图，如图 15-2 所示。

15.1.3　样本统计量计算

（1）在 Excel 数据表的适当区域按列（或行）录入单个样本的观测值。

（2）在"数据分析"工具中选择"描述统计"，选定输入区域和输出区域，按输入区域情况选择"逐列"或"逐行"，根据有无标志决定是否勾选"标志位于第一行/列"，并勾选"汇总统计"或其他选项，点击"确定"，得到样本各统计量。

将 10 只新疆细毛羊产绒量观测值录入 A2：A11，分组方式选定"逐列"，勾选"汇总统计"后指定 C1 为输出区域，样本各统计量计算结果如图 15-3 所示。

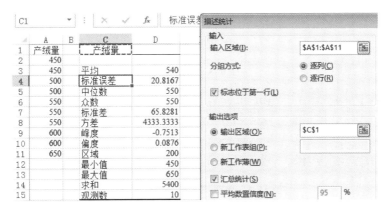

图 15-3　10 只新疆细毛羊产绒量的描述性分析

15.2　统计推断和 χ^2 检验

包括样本方差的同质性检验，样本平均数、频率的假设检验和统计次数的 χ^2 检验。

15.2.1　样本统计量的假设检验

1.单个样本平均数的假设检验

因"数据分析"工具中无此类型的运行模块可以调用，可以利用 Excel 数据表编程构建一个简易模块，供需要进行此类分析时使用。

（1）在 Excel 数据表适当区域录入观测值和用于计算抽样误差的总体平均数。

（2）使用 Excel 函数计算样本平均数、样本容量、标准差、标准误等基本统计量。

（3）计算 t 值并使用函数 T.DIST.2T 或 T.DIST、T.DIST.RT 计算 t 值对应的双尾或左

尾、右尾概率。

以理论部分例 4.4 的数据为例,编程构建单个样本平均数 t 检验模块的步骤如下:

①在 Excel 数据表 A 列 A2 开始依次输入甲醛含量测定值 0.12,0.16,0.30,0.25,0.11,0.23,0.18,0.15,0.09,D2 输入甲醛含量轻度污染标准值“0.30”。

②选定 D3,点击“fx”,“AVERAGE”,输入值域范围为 A2:A30 后回车,得到样本平均数 $\bar{x}$=“0.1767”,再选定 D4,编算式“=D3-0.30”得到假设平均差“-0.1233”。

③选定 D5,调用函数“STDEV”,值域范围设为 A2:A30 后回车,得到样本标准差 s=“0.0704”。

④选定 D6,调用函数“COUNT”,值域范围定为 A2:A30 后回车,得到样本容量 n=“9”,再选定 D7,编算式“=D6-1”得到自由度“8”。

⑤选定 D8,编算式“=D5/SQRT(D6)”算得标准误 $s_{\bar{x}}$=“0.0235”,然后选定 D9,编算式“=D4/D8”算得 t=“-5.259”。

⑥选定 D10,调用函数“T.DIST”,对话框中依次填入 D9、D7 和逻辑值 1,得到左尾概率“0.0003827”完成检验。

计算过程和结果如图 15-4 所示,因 t 值对应的左尾概率远小于 0.01,样本平均数与总体平均数间有极显著差异,表明甲醛检测结果低于污染标准。

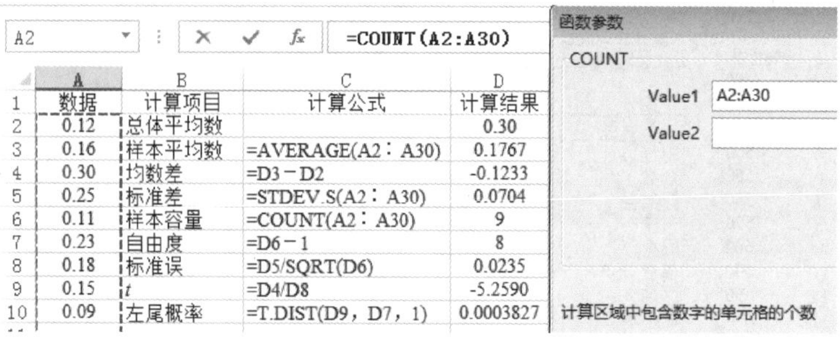

	A	B	C	D
1	数据	计算项目	计算公式	计算结果
2	0.12	总体平均数		0.30
3	0.16	样本平均数	=AVERAGE(A2:A30)	0.1767
4	0.30	均数差	=D3-D2	-0.1233
5	0.25	标准差	=STDEV.S(A2:A30)	0.0704
6	0.11	样本容量	=COUNT(A2:A30)	9
7	0.23	自由度	=D6-1	8
8	0.18	标准误	=D5/SQRT(D6)	0.0235
9	0.15	t	=D4/D8	-5.2590
10	0.09	左尾概率	=T.DIST(D9, D7, 1)	0.0003827

图 15-4 单个样本平均数的 t 检验

上述编程实现检验的模块通用于单个样本平均数完成 t 检验,换一个案例数据时只需将小样本观测值录入 A2:A30,更新 D2 的总体平均数和 D10 函数类型。

2.两个样本方差的同质性检验

(1) 在 Excel 数据表选定适当区域作为输入区域,录入双样本观测值。

(2) 在“数据分析”工具中选择“F-检验:双样本方差”,“变量 1 的区域”“变量 2 的区域”分别输入双样本值域。

(3) 在“公式”菜单下点开“fx”调出“F.TEST”进行双样本方差的同质性检验。

根据理论部分例 4.8 的数据分别指定 D1、H1 为输出区域的两种分析过程和结果如图 15-5 所示:如果输入变量 1 区域的样本方差大,$F>1$,为右尾检验;反之,则 $F<1$,为左尾检验。调用函数“F.TEST”计算出来的是包括左尾和右尾在内的双尾概率,结果不区分双样本输入顺序,如图 15-5 值域 E14 和 I14 所示。其中,左尾概率选定 I15 调用函数“F.DIST”算得,右尾概率选定 E15 调用函数“F.DIST.RT”算得,都等于“0.00127”。

3.成组样本平均数差数的 t 检验

(1) 在 Excel 数据表适当区域录入双样本观测值。

(2) 在“公式”菜单下点开“fx”调出“F.TEST”进行双样本方差的同质性检验。

I15			f_x	=F.DIST(I10,I9,J9,1)					
	A	B	C	D	E	F	G	H	I	J
1	光滑鳌甲	小胸鳌甲		大方差为分子方差：右尾F检验				小方差为分子方差：左尾F检验		
2	0.1254	0.0824								
3	0.1332	0.0647		F-检验 双样本方差分析				F-检验 双样本方差分析		
4	0.1331	0.0648								
5	0.1211	0.0475			光滑鳌甲	小胸鳌甲			小胸鳌甲	光滑鳌甲
6	0.1144	0.0693		平均	0.13546	0.06412		平均	0.06412	0.13546
7	0.1184	0.0768		方差	0.000604	0.000107		方差	0.0001067	0.000604
8	0.1071	0.0681		观测值	15	15		观测值	15	15
9	0.1568	0.0617		df	14	14		df	14	14
10	0.1126	0.0765		F	5.662962			F	0.176586	
11	0.1325	0.0523		P(F<=f) 单尾	0.001272			P(F<=f) 单尾	0.0012719	
12	0.1572	0.0669		F 单尾临界	2.483726			F 单尾临界	0.4026209	
13	0.1887	0.0562								
14	0.1257	0.068		F.TEST	0.002544			F.TEST	0.0025437	
15	0.1812	0.0588		F.DIST.RT	0.001272			F.DIST	0.0012719	
16	0.1245	0.0478								

图 15-5　两个样本方差的 F 检验

（3）根据方差同质性检验结果，在"数据分析"工具中选择"t-检验：双样本等方差假设"或"t-检验：双样本异方差假设"，假设平均差输入"0"或指定常数，默认显著水平 $\alpha=0.05$。

（4）分别确定"变量 1 的区域""变量 2 的区域"及"输出区域"后，即可获得 t 检验过程和结果。

输出结果中，同时包括 t 值，单尾、双尾概率及指定显著水平 α 对应的 t 临界值等。

根据理论部分例 4.10、例 4.11 的数据分别指定 D1、K1 为输出区域的 t 检验过程和结果如图 15-6 所示。其中，例 4.10 因为在 A13 值域已由函数"F.TEST"算得 F 值对应的双尾概率为 0.5846，未达到显著水平 0.05，即双样本所属总体方差相等，故选择"t-检验：双样本等方差假设"。例 4.11 在 H13 值域已由函数"F.TEST"算得 F 值对应的双尾概率为 0.0111，接近极显著水平 0.01，即双样本所属总体方差不相等，故选择"t-检验：双样本异方差假设"。

A13			f_x	=F.TEST(A2:A11,B2:B11)							
	A	B	C	D	E	F	G	H	I	J	K	L	M
1	凝集素A	凝集素B		t-检验：双样本等方差假设				CK	NaCl		t-检验：双样本异方差假设		
2	0.43	0.85						1	1.9				
3	0.39	0.78			凝集素A	凝集素B		1.1	1.8			CK	NaCl
4	0.52	0.63		平均	0.498	0.833		1.2	2.1		平均	1.08	1.72
5	0.61	0.81		方差	0.0076622	0.0112		1	1.7		方差	0.006222	0.0396
6	0.49	0.72		观测值	10	10		1.1	1.4		观测值	10	10
7	0.63	0.9		合并方差	0.0094094			1	1.7		假设平均差	0	
8	0.56	0.88		假设平均差	0			1.2	1.5		df	12	
9	0.37	0.94		df	18			1	1.6		t Stat	-9.45916	
10	0.46	0.83		t Stat	-7.72232			1.1	1.8		P(T<=t) 单尾	3.25E-07	
11	0.52	0.99		P(T<=t) 单尾	2.019E-07			1.1	1.7		t 单尾临界	1.782288	
12				t 单尾临界	1.7340636						P(T<=t) 双尾	6.51E-07	
13	0.5846258			P(T<=t) 双尾	4.038E-07			0.0111			t 双尾临界	2.178813	
14				t 双尾临界	2.100922								
15													

图 15-6　观察值成组的双样本 t 检验

4.配对样本差数平均数的 t 检验

（1）在 Excel 数据表适当区域录入双样本观测值。

（2）在"数据分析"工具中选择"t-检验：成对双样本均值分析"，假设平均差输入"0"或指定常数、默认显著水平为 $\alpha=0.05$。

(3) 分别确定"变量 1 的区域""变量 2 的区域"及"输出区域"后,可得到 t 检验结果。和成组数据的 t 检验一样,输出结果中,同时包括 t 值,单尾、双尾概率及指定显著水平 α 对应的 t 临界值等。

根据理论部分例 4.12 的数据指定 D1 为输出区域的检验结果,如图 15-7 所示,如果确定"变量 1 的区域""变量 2 的区域"时改变两个样本输入顺序,除了得到的 t 值正负号不同外,其他统计量完全相同。配对样本的 t 检验也可以先计算配对观察值的差数后,采用类似单个样本平均数的 t 检验方法进行检验,图 15-7 中 B9:B15 就是在图 15-4 的 A2:A30 值域只录入 5 个差数,总体平均数调整为"0"后得到的 t 检验过程和结果。

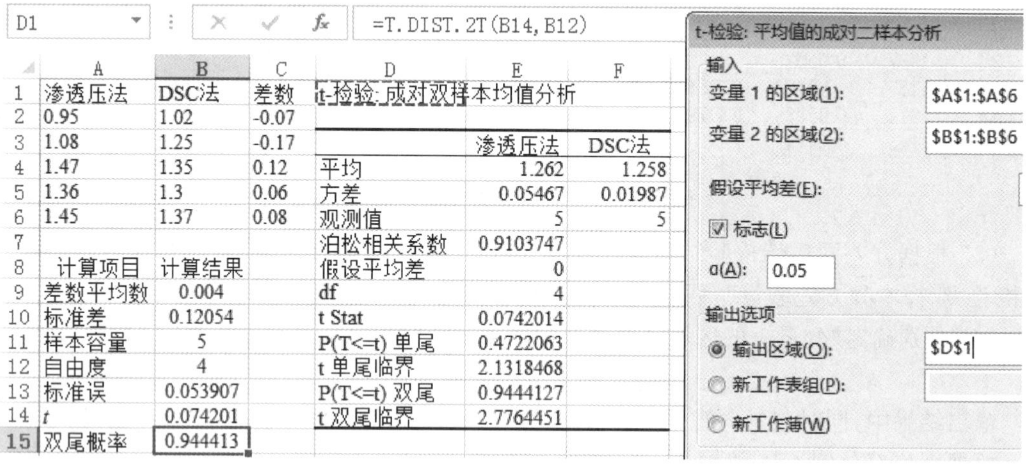

图 15-7　观测值配对的双样本 t 检验

15.2.2　χ^2 检验与 u 检验

对于适合性检验,理论次数按给定比例用总次数计算。对于独立性检验,使用数据的行列总和及总次数进行计算,如果算式编写合理,独立性检验的理论次数可由行列拖拽得到。单个样本频率的假设检验,可用 u 检验时,也可用适合性 χ^2 检验;两个样本频率的假设检验,可用 u 检验时,也可用独立性 χ^2 检验,两种检验结果完全一致。

1.单个样本频率 u 检验

以某猪场 102 头仔猪中,公的 54 头、母的 48 头为例,进行 u 检验推断其是否符合雌雄配子各占 50% 的理论频率。

(1) 如图 15-8 所示,在 Excel 表格 B 列依次输入观察次数 54、48,C 列输入按 1:1 得知的理论次数 51、51,用自动求和按钮快速算出纵向合计值。

(2) 选定空单元格 F2,编算式"=B2/B4"算出样本频率"0.5294"。选定 F3,编算式"=C2/C4"算出理论频率"0.5"。选定 F4,编算式"=F2-F3"算出表面效应"0.0294"。

(3) 选定 H2,编算式"=F3*(1-F3)/C4"先算得"0.0025"。

(4) 选定 H3,调用"SQRT"对话框输入 H2 算得标准误"0.0495";选定 H4,编算式"=F4/H3"计算出 $u=$"0.5941";选定 C5,编算式"=H4*H4"算得 $u^2=$"0.3529"。

(5) 调用"NORMSDIST",对话框输入-H4,得到左尾概率"0.2762",如图 15-8 所示。

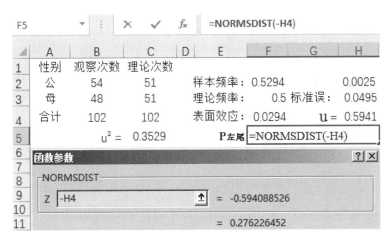

图 15-8　单个样本频率 u 检验过程与结果

2.适合性检验

仍以某猪场 102 头仔猪中,公的 54 头、母的 48 头为例,用适合性 χ^2 检验推断其是否符合雌雄配子 1:1 分离的理论比例,并验证: $\chi^2 = u^2$。

(1) 沿用图 15-8 中 B2:C3 值域的统计次数如图 15-9 所示,选定空单元格 E2、E3 分性别组算得观察次数与理论次数之差"3"和"−3"。

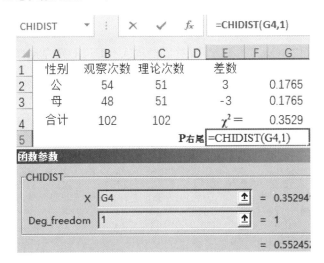

图 15-9　统计次数适合性检验过程与结果

(2) 选定 G2,编算式"=E2 * E2/C2"算得比值"0.1765",然后拖拽至 G3 得到"0.1765"。

(3) 用自动求和按钮纵向合计得到 χ^2 值"0.3529"于 G4 单元格,本例 $\chi^2 = u^2$ 得到验证。

(4) 选定 E5,调用"CHIDIST"对话框依次输入 G4 和自由度 1 算得右尾概率"0.5525"。

本例 χ^2 值不显著,不必校正,验证 $\chi^2 = u^2$ 时,若校正 χ^2 值,u 值也需要校正,求绝对值可使用函数"ABS"。

3.两个样本频率 u 检验

(1) 如图 15-10 所示,使用理论部分例 6.1 的数据,在 Excel 表格 B 列依次输入患病人数 37、17,C 列依次输入非患病人数 13、53,用自动求和按钮快速算出纵横两向合计值。

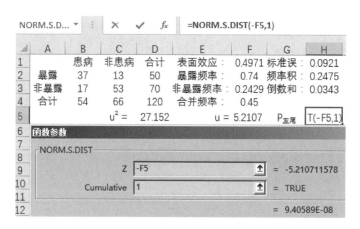

图 15-10　两个样本频率 u 检验过程与结果

（2）选定空单元格 F2,编算式"=B2/D2"算出暴露患病率"0.74"。往下拖拽至 F3,算出非暴露患病率"0.2429"。选定 F1,编算式"=F2-F3"算出表面效应"0.4971"。

（3）选定 F4,编算式"=B4/D4"算得合并频率"0.45",即汇总的患病率。

（4）选定 H2,编算式"=F4*(1-F4)"算得乘积"0.2475"。选定 H3,编算式"=1/D2+1/D3"算得调查人数的倒数和"0.0343"。

（5）选定 H1,调用"SQRT"对话框输入 H2*H3 得标准误"0.0921"。

（6）选定 F5,编算式"=(F1-0.5/D2-0.5/D3)/H1"计算出 u="5.2107";选定 D5,编算式"=F5*F5"算得 u^2="27.152"。

（7）选定 H5,调用"NORM.S.DIST",对话框输入-F5,得到左尾概率"9.4×10⁻⁸",如图 15-10 所示。

4. 2×2 列联表独立性检验

（1）使用图 15-10 中完成的两向表,如图 15-11 中的值域 B2:D5 所示。

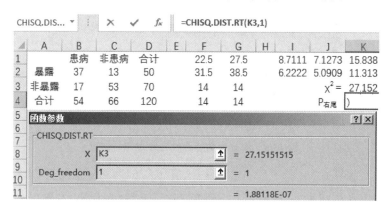

图 15-11　暴露与否患病构成比的列联表独立性检验过程与结果

（2）选定空单元格 F1,编算式"=\$D2*B\$4/\$D\$4"算得理论次数"22.5",再往右、往下拖拽可得到另外 3 个理论次数。

（3）选定 F3:G4 的 4 个空单元格块,编算式"=ABS(B2:C3-F1:G2)-0.5"后继续进行块操作(使用 Ctrl+Shfit+Enter 组合键实现),得到 4 个差数数据的绝对值。

（4）选定 I1:J2,编算式"=F3:G4*F3:G4/F1:G2",使用 Ctrl+Shfit+Enter 进行块操

作,得到各个差数平方后与对应理论次数的比值。

（5）用自动求和按钮快速合计出 χ^2 值"27.152"于 K3 单元格,本例 $\chi^2 = u^2$ 得到验证。

（6）调用函数"CHIDIST",对话框依次输入 K3 和自由度 1,算得右尾概率"1.88×10^{-7}",如图 15-11 所示。

5. 3×3 列联表独立性检验

矽肺期次（Ⅰ～Ⅲ）与肺门密度（＋～＋＋＋）关系的 3×3 列联表数据见图 15-12,进行独立性 χ^2 检验时,可借助 Excel 中四则混合运算的块操作功能完成,计算结果如图 15-12 所示。

E6		f_x	=CHISQ.TEST(B2:D4,B8:D10)						
	A	B	C	D	E	F	G	H	I
1	观测次数	+	++	+++	合计				
2	Ⅰ	43	188	14	245		18.1016	38.1118	-56.2134
3	Ⅱ	1	96	72	169		-16.1748	-7.3923	23.5671
4	Ⅲ	6	17	55	78		-1.9268	-30.7195	32.6463
5	合计	50	301	141	492				
6	右尾概率		CHISQ.TEST:		3.31E-34		CHISQ.DIST.RT:		3.31E-34
7	理论次数	+	++	+++	合计				
8	Ⅰ	24.89837	149.8882	70.21341	245		13.1603	9.6906	45.0049
9	Ⅱ	17.1748	103.3923	48.43293	169		15.2330	0.5285	11.4675
10	Ⅲ	7.926829	47.71951	22.35366	78		0.4684	19.7757	47.6783
11	合计	50	301	141	492		$\chi^2 =$		163.0072

图 15-12　不同年龄段矽肺病观测次数的独立性 χ^2 检验

①在 Excel 数据表之 B2:D4 依次录入观测次数,使用自动求和"$\sum$"快速算出该值域的横向、纵向合计及全部数据总和。

②选定 B8,编算式"$= \$E2 * B\$5 / \$E\$5$"算出第一个理论次数"24.90",继续往右、往下拖拽可得到另外 8 个理论次数。

③选定 G2:I4,按"＝"后选定 B2:D4 值域,再按"－"后选定 B8:D10 值域,使用 Ctrl＋Shfit＋Enter 进行块操作,得到 9 个差数数据于 G2:I4 值域。

④选定 G8:I10,编算式"$= G2:I4 * G2:I4/B8:D10$",使用 Ctrl＋Shfit＋Enter 完成块操作,得到差数平方后与对应理论次数的比值于 G8:I10 值域。

⑤选定 I11,调用函数"SUM"算出 G8:I10 值域的合计"163.0072"即 χ^2 值,再选定 I6,调用函数"CHISQ.DIST.RT",对话框两行依次输入 I11 和自由度"4",确认后得右尾概率"3.31×10^{-34}"。

也可以在完成上述步骤（2）后选定 E6,调出函数"CHISQ.TEST",对话框两行依次输入值域 B2:D4 和 B8:D10,确定后得到右尾概率"3.31×10^{-34}",如图 15-12 所示。

提示:以上通过块操作完成的计算若要删除,只能选定整块借助 Delete 实现,不能删除个别数据,使用退格键删除数据会判定为非法操作,退出时使用撤销操作的方法行不通,要用鼠标点击"fx"左边的"×"!

15.3　方差分析

本节介绍单因素和两因素方差分析,并运用 Excel 的块操作功能介绍数据转换过程。结合 Excel 函数介绍平方和分解的简易操作方法，完成常见数据资料的方差分析表各项目的计算可不受 Excel 数据分析工具中的模块限制。

15.3.1 单因素方差分析

(1) 在 Excel 数据表中按矩形区域录入标志字符及其全部观测值，如数据整体不符合方差分析假定，需要进行数据转换。

(2) 在“数据分析”工具中选择“方差分析：单因素方差分析”，确定分组方式和显著水平 $\alpha=0.05$。

(3) 输入区域选定观测值或其数据转换后的值域、指定输出区域得到方差分析结果。

在表 5-24 中不同采收期桂花种子的发芽率按单因素方差分析并指定 F1 为输出区域的结果如图 15-13 所示。本例试验数据因为是二项资料的频率，先要完成以下反正弦转换步骤。

D15 {=DEGREES(ASIN(B7:D10))}

	A	B	C	D	E	F	G	H	I	J	K	L
1	采籽期	桂花籽发芽率(%)				方差分析：单因素方差分析						
2	A1	0	0	0								
3	A2	9	7	9		SUMMARY						
4	A3	13	15	12		组	观测数	求和	平均	方差		
5	A4	44	42	45		A1	3	0	0	0		
6						A2	3	50.257	16.752	1.4923		
7		0	0	0		A3	3	64.189	21.396	1.6373		
8		0.3	0.2646	0.3		A4	3	124.08	41.36	0.7797		
9		0.3606	0.3873	0.3464								
10		0.6633	0.6481	0.6708								
11						方差分析						
12	A1	0	0	0		差异源	SS	df	MS	F	P-value	F crit
13	A2	17.458	15.342	17.458		组间	2606.1	3	868.7	888.85	2E-10	4.0662
14	A3	21.134	22.786	20.268		组内	7.8186	8	0.9773			
15	A4	41.554	40.397	42.13								
16						总计	2613.9	11				
17												

图 15-13 单因素观测值的数据转换及方差分析

①选定 B7:D10，调出函数“SQRT”，输入 B2:D5 值域，按下“/100”后，使用 Ctrl+Shfit+Enter 进行块操作。

②选定 B12:D15，编辑“=DEGREES(ASIN(B7:D15))”，使用 Ctrl+Shfit+Enter 进行块操作。

表 5-24 中的数据也可以在完成以上数据转换步骤后接着使用 Excel 函数快速完成方差分析表中的各项平方和的计算。以下是例 5.2 编算式并结合 Excel 函数完成平方和分解的步骤，其过程和结果如图 15-14 所示。

(1) 将理论部分例 5.2 的燃油锅炉 SO_2 排放量数据录入 B2:G5，选定 H2 调出函数“COUNT”，选定 B2:G2 值域后确定得到该处理观测值个数“6”，然后使用权柄向下复制得到 H3、H4、H5 的值。

(2) 使用函数“SUM”求和，得到各处理和 T_i 显示在 I2:I5，再选定 I2:I6，点击“$\sum$”自动求和，得到“2115”。

(3) 选定 J2，编算式“=I2 * I2/H2”算得“74816.67”后使用权柄向下复制出单元格 J3、J4、J5 的结果，在 J6 合计得出“214036.87”。

C7 f_x =DEVSQ(B2:G5)

	A	B	C	D	E	F	G	H	I	J
1	处理							n_i	T_i	C_i
2	CK	134	102	115	108	101	110	6	670	74816.667
3	A	105	92	109	87	96		5	489	47824.2
4	B	95	88	104	93	102	94	6	576	55296
5	C	102	92	96	90			4	380	36100
6	合计							21	2115	214036.87
7	总	SS_T=	2352.29							
8	处理	SS_t=	1026.15					矫正数	C=	213010.71
9	误差	SS_e=	1326.13							

图 15-14 Excel 函数完成单因素数据平方和分解

(4) 选定 J8,编算式"=J8 * J8/16"算出全部数据矫正数 C="213010.71"。

(5) 选定 C7,调用函数"DEVSQ"计算 B2:G5 值域的总平方和 SS_T="2352.29",也可以使用函数"SUMSQ"就 B2:G5 值域的数据直接平方求和,再减去矫正数 C 得到。

(6) 选定 C8,编算式"=J6-J8"得到处理平方和 SS_t="1026.15"。

(7) 选定 C9,编算式"=C7-C8"算出误差平方和 SS_e="1326.13"。

15.3.2 无重复观测值的两因素方差分析

(1) 在 Excel 数据表适当区域录入标志字符及全部观测值。

(2) 在"数据分析"工具中选择"方差分析:无重复双因素方差分析",确定分组方式和显著水平 $\alpha=0.05$。

(3) 对话框中指定输入区域、输出区域即可得到方差分析结果。

理论部分例 5.3 的数据计算过程和结果如图 15-15 所示,输出区域指定 A6 后所得输出结果只显示方差分析表的全部内容,截图时隐藏了其他各项计算结果。

A6 f_x 方差分析:无重复双因素分析

	A	B	C	D	E	F	G
1		B1	B2	B3	B4	B5	B6
2	CK	20.7	22.8	23	21.7	61.2	69.5
3	A1	6.2	3.1	16.6	12.8	56.8	49.6
4	A2	8.3	5.2	12.8	8.9	46.9	57.4
5	A3	6.2	4.2	11.5	14	42.9	44.1
22	方差分析						
23	差异源	SS	df	MS	F	P-value	F crit
24	行	906.94	3	302.3133	18.2913	2.841E-05	3.287
25	列	9196.765	5	1839.353	111.289	2.612E-11	2.901
26	误差	247.915	15	16.52767			
28	总计	10351.62	23				

图 15-15 无重复观测值的两因素方差分析

15.3.3 有重复观测值的两因素方差分析

(1) 在 Excel 数据表适当区域录入标志字符及全部观测值。

(2) 在"数据分析"工具中选择"方差分析:可重复双因素方差分析",将试验重复次数录入对话框"每一样本的行数",确定分组方式和显著水平 $\alpha=0.05$。

(3) 对话框中指定输入区域、输出区域即可得到方差分析结果。

在习题 5.9 棕彩棉与湘杂 2 号，氮肥不同施肥量的两因素试验数据中，由于已知不同年份间差异极小，可以依上述步骤(2)和(3)按完全随机试验数据结构进行方差分析，图 15-16 就是该题 40 个籽棉产量数据连同 A1、A2、B1、B2、B3、B4 标志录入 Excel 数据表的 A20：E30 值域，进入“数据分析”后选择“可重复双因素方差分析”，对话框“每一样本的行数”录入“5”，指定 G1 为输出区域后得到的方差分析表(截图时隐藏了 5～15 行的部分分析结果)。

B16　　fx　A1一棕彩棉

	A	B	C	D	E	F	G	H	I	J	K	L
1							方差分析：可重复双因素分析					
16	品种	A1一棕彩棉		A2一湘杂2号			总计					
17							观测数	10	10	10	10	
18	N肥	B1-0kg	B2-10kg	B3-20kg	B4-30kg		求和	1691.9	2109	2489.8	2381.5	
19							平均	169.19	211	248.98	238.15	
20		B1	B2	B3	B4		方差	1705.357	2696	3840.048	8806.3761	
21	A1	126.9	162.7	197.7	149.1							
22	A1	131.5	157.9	192.1	158.6							
23	A1	131.5	158.2	184.3	157.3		方差分析					
24	A1	134.4	168.4	190.9	142.6		差异源	SS	df	MS	F	P-value
25	A1	133.2	169.7	191.8	143.1		样本	133252.4	1	133252.4	716.00651	1.798E-23
26	A2	212.7	248.4	323.3	345.2		列	37925.43	3	12641.81	67.928379	5.714E-14
27	A2	187	237.4	323.5	342.5		交互	14221.24	3	4740.413	25.471712	1.302E-08
28	A2	191.6	253	309.2	332.8		内部	5955.36	32	186.105		
29	A2	218.6	264.9	283.9	302.6							
30	A2	224.5	288.7	293.1	307.7		总计	191354.4	39			

图 15-16　有重复观测值的两因素方差分析

该题如果将 5 个年份视为区组因素，可将图 15-16 中 H28、I28 值域的“内部”项平方和、自由度分量分别减去 297.3 和 4，继续算得调整后的误差方差 $SS_e=202.1$，再更新图 15-16 的方差分析表中 K25：K27 值域的 F 值，得到样本、列、交互项的结果分别为 659.34、62.55 和 23.45。右尾概率 P 重新调用函数“F.DIST.RT”分别更新为 5.27×10^{-21}、1.57×10^{-12}、8.50×10^{-8}，两种数据模式计算结果相差都很小，分析结论也完全一致。

15.4 一元回归与相关分析

如果仅仅是建立线性回归方程、计算相关系数并检验线性回归或相关关系的显著性，将双变量数据录入 Excel 之后，只需用函数“AVERAGE”先计算 x 和 y 的平均数，参照图 15-14 用函数“DEVSQ”计算总平方和 SS_x、SS_y，再用函数“SUMPRODUCT”计算出双变量离均差的乘积和 SP，其余步骤用这 5 个二级数据编简单算式就可以完成。若要做系统性分析，需要使用数据分析工具或插入函数来实现。

15.4.1 Excel 分析工具

(1) 将双变量观测值逐列(或逐行)录入 Excel 数据表。

(2)“数据”菜单下点开“数据分析”，拖动滑块选定“回归”并确定。

(3) 对话框中分别选定 y 和 x 值输入区域及输出区域，确定后得到回归分析结果。

理论部分例 8.1 的双变量数据进行一元回归分析并指定 D1 为输出区域的结果如图 15-17 所示。其中 $F=$ "1209.7"，$t=$ "34.78"，回归截距 $b_0=$ "0.0137"，回归系数 $b=$ "0.8507"。故有效直线方程为 $\hat{y}=0.0137+0.8507x$。

J5			f_x	{=LINEST(B2:B8,A2:A8,1,1)}						
	A	B	C	D	E	F	G	H	I	J
1	蛋白质含量	吸光度		SUMMARY OUTPUT					0.8507143	0.013714
2	0	0					b	a	0.0244595	0.017638
3	0.2	0.208		回归统计			S_b	S_a	0.9958837	0.025885
4	0.4	0.375		Multiple R	0.99794		r^2	S_{yx}		
5	0.6	0.501		R Square	0.995884		F	df_r	1209.6887	5
6	0.8	0.679		Adjusted R S	0.99506		SS_R	SS_r	0.8105606	0.00335
7	1	0.842		标准误差	0.025885			r	0.9979397	
8	1.2	1.064		观测值	7					
9										
10				方差分析						
11		蛋白质含量	吸光度		df	SS	MS	F	Significance F	
12	蛋白质含量	1		回归分析	1	0.81056	0.8106	1209.69	3.696E-07	
13	吸光度	0.9979	1	残差	5	0.00335	0.0007			
14				总计	6	0.81391				
15	回归截距：	0.01371								
16					Coefficients	标准误差	t Stat	P-value	Lower 95%	Upper 95%
17	回归系数：	0.85071		Intercept	0.013714	0.01764	0.7775	0.47201	-0.031626	0.059054
18				蛋白质含量	0.850714	0.02446	34.781	3.7E-07	0.7878392	0.913589

图 15-17　双变量观测值线性回归与相关分析

假定本例双变量为相关关系，在"数据分析"中选定"相关系数"并确定，对话框输入区域选定 A1:B8，分组方式点选"逐列"并勾选"标志位于第一行"，输出区域选定 A10，确定后得到结果见图 15-17 中的 B12:C13 值域。

15.4.2　Excel 函数

双变量数据进行一元回归分析可以由 3 个 Excel 函数即"INTERCEPT"、"SLOPE"和"LINEST"为主完成，一元相关分析使用函数"CORREL"也可以完成，结果如图 15-17 所示，以下是理论部分例 8.1 使用 Excel 函数完成一元回归与相关分析的步骤。

（1）选定 B15，调出函数"INTERCEPT"，对话框中依次输入 y 变量值域 B2:B8 和 x 变量值域 A2:A8 后回车，得到回归截距 $b_0=$ "0.01371"。

（2）选定 B17，调用函数"SLOPE"，对话框中依次输入 y 变量值域 B2:B8 和 x 变量值域 A2:A8 后回车，得到回归系数 $b=$ "0.85071"。

（3）选定 I2:J6，调用函数"LINEST"，对话框中依次输入 y 变量值域 B2:B8 和 x 变量值域 A2:A8，逻辑值"CONST"以及"STATS"中都输入"1"。

（4）使用 Ctrl＋Shfit＋Enter 进行块操作，得到总共 10 个统计量的输出结果，其对应关系如图 15-17 中 G2:H6 值域的符号所示。

又假定本例双变量为相关关系，选定 I8，调用函数"CORREL"，对话框两行分别输入 y 变量值域 B2:B8 和 x 变量值域 A2:A8，确定后得到相关系数"0.9979"。

15.5 多元回归与相关分析

15.5.1 多元线性回归分析

(1) 将若干个自变量 x_i 和因变量 y 的观测值逐列(或逐行)录入 Excel 数据表。

(2) “数据”菜单下点开“数据分析”,往下拖动滑块选定“回归”并确定。

(3) 对话框中分别指定 y 和若干个 x_i 值输入区域及输出区域,确定后得到回归分析结果。

理论部分例 10.1 中有 3 个自变量 x_1、x_2、x_3 和因变量 y 的观测值,使用数据分析工具运行并指定 E1 为输出区域的全部结果,如图 15-18 所示。其中,F17:F20 就是三元线性回归方程的参数估计值,即 $y=46.5195-0.0047x_1-0.0832x_2-0.5903x_3$,虽然总的线性回归关系就 R 值和 F 值来看极其显著,但 F19 中自变量 x_2 的回归系数 -0.0832 经偏回归关系的检验 P 值达 0.4396,未达到显著水平,故需剔除后重新建立最优线性回归方程,图 15-19 就是删除图 15-18中 B 列 x_2 的观测值后,重复上述步骤(2)和(3)并指定 D1 为输出区域的全部分析结果,根据 E17:E19 知所求方程为 $y=37.5153-0.0047x_1-0.5644x_3$。

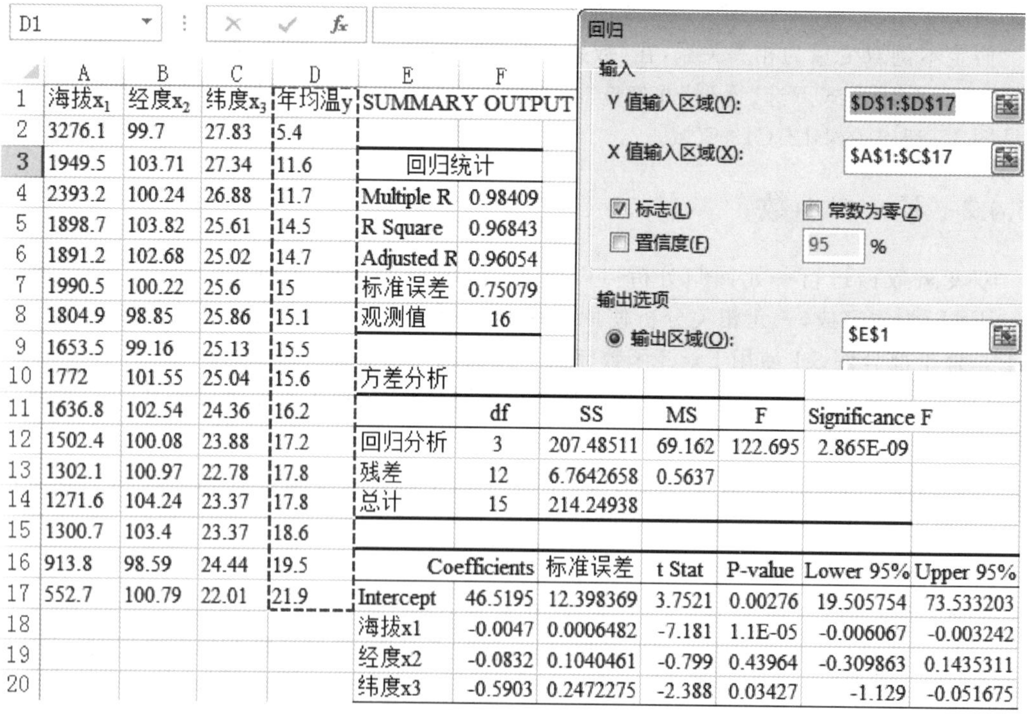

	A	B	C	D
1	海拔x1	经度x2	纬度x3	年均温y
2	3276.1	99.7	27.83	5.4
3	1949.5	103.71	27.34	11.6
4	2393.2	100.24	26.88	11.7
5	1898.7	103.82	25.61	14.5
6	1891.2	102.68	25.02	14.7
7	1990.5	100.22	25.6	15
8	1804.9	98.85	25.86	15.1
9	1653.5	99.16	25.13	15.5
10	1772	101.55	25.04	15.6
11	1636.8	102.54	24.36	16.2
12	1502.4	100.08	23.88	17.2
13	1302.1	100.97	22.78	17.8
14	1271.6	104.24	23.37	17.8
15	1300.7	103.4	23.37	18.6
16	913.8	98.59	24.44	19.5
17	552.7	100.79	22.01	21.9

SUMMARY OUTPUT

回归统计	
Multiple R	0.98409
R Square	0.96843
Adjusted R	0.96054
标准误差	0.75079
观测值	16

方差分析

	df	SS	MS	F	Significance F
回归分析	3	207.48511	69.162	122.695	2.865E-09
残差	12	6.7642658	0.5637		
总计	15	214.24938			

	Coefficients	标准误差	t Stat	P-value	Lower 95%	Upper 95%
Intercept	46.5195	12.398369	3.7521	0.00276	19.505754	73.533203
海拔x1	-0.0047	0.0006482	-7.181	1.1E-05	-0.006067	-0.003242
经度x2	-0.0832	0.1040461	-0.799	0.43964	-0.309863	0.1435311
纬度x3	-0.5903	0.2472275	-2.388	0.03427	-1.129	-0.051675

图 15-18 四个变量多元线性回归分析

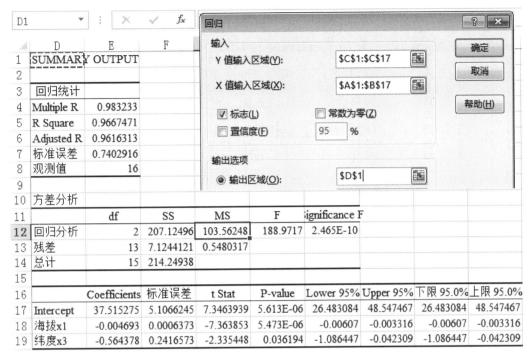

图 15-19　三个变量多元逐步回归分析

15.5.2　多项式回归分析

1.使用原始数据构建矩阵,块操作方法配置多项式回归方程

如图 15-20 所示,以理论部分例 10.6 中 x、y 的原始数据构建 X 矩阵 A1:C9 和 Y 矩阵 E1:E9,调用函数"TRANSPOSE"将 X 矩阵转置,得到 X' 矩阵 A11:I13;再通过矩阵求逆和矩阵相乘等运算,将包括常数项在内的二次多项式回归的系数 b_0、b_1、b_2 以未知 b 矩阵的形式全部解出,操作步骤如下:

(1) 选定 G1:I3,调出函数"MMULT",对话框两行依次填入左矩阵 A11:I13 值域和右矩阵 A1:C9 值域,使用 Ctrl+Shfit+Enter。

(2) 选定 K11:K13,调出函数"MMULT",对话框两行依次填入左矩阵 A11:I13 值域和右矩阵 E1:E9 值域,使用 Ctrl+Shfit+Enter。

(3) 选定 K1:M3,调出函数"MINVERSE",对话框填入 G1:I3 值域,使用 Ctrl+Shfit+Enter 得到逆矩阵。

(4) 选定 M11:M13,调出函数"MMULT",对话框两行依次填入左矩阵 K1:M3 值域和右矩阵 K11:K13 值域,使用 Ctrl+Shfit+Enter 解出矩阵 b,如图 15-20 所示。

2.增加转置矩阵,块操作方法检验回归与偏回归关系的显著性

(1) 选定 A15:I15,调出函数"TRANSPOSE",对话框填入 E1:E9 值域,使用 Ctrl+Shfit+Enter;选定 K15:M15,仍调出函数"TRANSPOSE",对话框填入 M11:M13 值域,使用 Ctrl+Shfit+Enter。

(2) 选定空单元格 I7,调出函数"DEVSQ",对话框填入 E1:E9 值域,使用 Ctrl+Shfit+Enter 得到总平方和"4859.24"。

G6 {=MMULT(K15:M15,K11:K13)}

	A	B	C	D	E	F	G	H	I	J	K	L	M
1	1	1	1		21.89		9	45	285		1.61905	-0.67857	0.05952
2	1	2	4		47.13		45	285	2025		-0.67857	0.34134	-0.03247
3	1	3	9		61.86		285	2025	15333		0.05952	-0.03247	0.00325
4	1	4	16		70.78			变异源	*SS*	*DF*	*MS*	*F*	*P*
5	1	5	25		72.81			回归	4829.13	2	2414.56	481.17	2.4E-07
6	1	6	36		66.36	24427	24396	离回归	30.1086	6	5.01811		
7	1	7	49		50.34			总变异	4859.24	8			
8	1	8	64		25.31			一次项	3553.37	1	3553.37	708.11	1.5E-09
9	1	9	81		3.17			二次项	4359.85	1	4359.85	868.823	1E-07
10													
11	1	1	1	1	1	1	1	1	1		419.65		-8.3655
12	1	2	3	4	5	6	7	8	9		1930.45		34.8269
13	1	4	9	16	25	36	49	64	81		10452.1		-3.7624
14													
15	21.89	47.13	61.86	70.78	72.81	66.36	50.34	25.31	3.17		-8.3655	34.8269	-3.7624

图 15-20 双变量数据多项式回归与分析过程和结果

(3) 选定空单元格 F6,调出函数“MMULT”,对话框两行依次填入左矩阵 A15:I15 值域和右矩阵 E1:E9 值域,使用 Ctrl+Shfit+Enter。

(4) 选定空单元格 G6,调出函数“MMULT”,对话框两行依次填入左矩阵 K15:M15 值域和右矩阵 K11:K13 值域,使用 Ctrl+Shfit+Enter。

(5) 选定空单元格 I6,编写算式“=F6−G6”,得到离回归平方和“30.1086”。

(6) 选定空单元格 I5,编写算式“=I7−I6”,得到回归平方和“4829.13”。

(7) 选定空单元格 I8,编写算式“= M12 * M12/L2”,得到一次项偏回归平方和“3553.37”。

(8) 选定空单元格 I9,编写算式“= M13 * M13/M3”,得到二次项偏回归平方和“4359.85”。

(9) 依次在 J5:J9 填入自由度 2、6、8、1、1,就可以完成总回归关系和偏回归关系的显著性检验,如图 15-20 中 H4:M9 值域所示。

15.5.3 通径分析

通径分析过程内容较多,Excel 数据分析工具中无对应模块可以调用。但其中的通径系数计算过程可以利用 Excel 中矩阵运算的插入函数以块操作的方式轻易实现,其他如计算间接通径系数、显著性检验等只需要在此基础上编写简单算式就可以完成。

(1) 将若干个自变量 x_i 和因变量 y 的观测值逐列(或逐行)录入 Excel 数据表。

(2) 调用函数“CORREL”计算所有变量间的两两相关系数,构建自变量 x_i 间的相关系数矩阵和自变量 x_i 与因变量 y 间的相关系数矩阵。

(3) 调用函数“MINVERSE”对 x_i 间的相关系数矩阵求逆,再用函数“MMULT”将该逆矩阵左乘 x_i 和 y 的相关系数矩阵,所得积矩阵包含各通径系数。

理论部分例 10.5 的通径分析过程和结果如图 15-21 所示。其中,F2:G3 值域为 x_i 间的相关系数矩阵,I2:I3 值域为 x_i 和 y 间的相关系数矩阵,F5:G6 值域为所求逆矩阵,I5:I6 为所求通径系数。

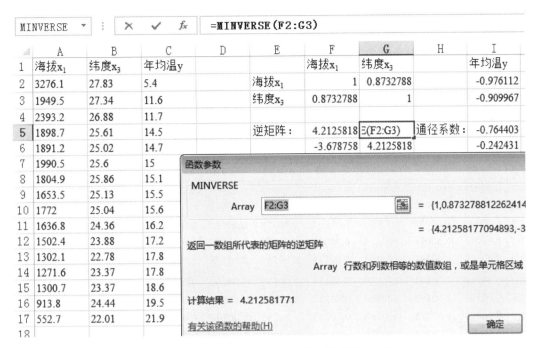

图 15-21　三个变量通径系数的计算过程和结果

附录

附录 A 正态分布累积概率表

u	−0.09	−0.08	−0.07	−0.06	−0.05	−0.04	−0.03	−0.02	−0.01	−0.00
−3.4	0.00024	0.00025	0.00026	0.00027	0.00028	0.00029	0.00030	0.00031	0.00033	0.00034
−3.3	0.00035	0.00036	0.00038	0.00039	0.00040	0.00042	0.00043	0.00045	0.00047	0.00048
−3.2	0.00050	0.00052	0.00054	0.00056	0.00058	0.00060	0.00062	0.00064	0.00066	0.00069
−3.1	0.00071	0.00074	0.00076	0.00079	0.00082	0.00085	0.00087	0.00090	0.00094	0.00097
−3.0	0.00100	0.00104	0.00107	0.00111	0.00114	0.00118	0.00122	0.00126	0.00131	0.00135
−2.9	0.00140	0.00144	0.00149	0.00154	0.00159	0.00164	0.00170	0.00175	0.00181	0.00187
−2.8	0.00193	0.00199	0.00205	0.00212	0.00219	0.00226	0.00233	0.00240	0.00248	0.00256
−2.7	0.00264	0.00272	0.00280	0.00289	0.00298	0.00307	0.00317	0.00326	0.00336	0.00347
−2.6	0.00357	0.00368	0.00379	0.00391	0.00403	0.00415	0.00427	0.00440	0.00453	0.00466
−2.5	0.00480	0.00494	0.00509	0.00523	0.00539	0.00554	0.00570	0.00587	0.00604	0.00621
−2.4	0.00639	0.00657	0.00676	0.00695	0.00714	0.00734	0.00755	0.00776	0.00798	0.00820
−2.3	0.00842	0.00866	0.00889	0.00914	0.00939	0.00964	0.00990	0.01017	0.01044	0.01072
−2.2	0.01101	0.01130	0.01160	0.01191	0.01222	0.01255	0.01287	0.01321	0.01355	0.01390
−2.1	0.01426	0.01463	0.01500	0.01539	0.01578	0.01618	0.01659	0.01700	0.01743	0.01786
−2.0	0.01831	0.01876	0.01923	0.01970	0.02018	0.02068	0.02118	0.02169	0.02222	0.02275
−1.9	0.02330	0.02385	0.02442	0.02500	0.02559	0.02619	0.02680	0.02743	0.02807	0.02872
−1.8	0.02938	0.03005	0.03074	0.03144	0.03216	0.03288	0.03363	0.03438	0.03515	0.03593
−1.7	0.03673	0.03754	0.03836	0.03920	0.04006	0.04093	0.04182	0.04272	0.04363	0.04457
−1.6	0.04551	0.04648	0.04746	0.04846	0.04947	0.05050	0.05155	0.05262	0.05370	0.05480
−1.5	0.05592	0.05705	0.05821	0.05938	0.06057	0.06178	0.06301	0.06426	0.06552	0.06681
−1.4	0.06811	0.06944	0.07078	0.07215	0.07353	0.07493	0.07636	0.07780	0.07927	0.08076
−1.3	0.08226	0.08379	0.08534	0.08692	0.08851	0.09012	0.09176	0.09342	0.09510	0.09680
−1.2	0.09853	0.10027	0.10204	0.10384	0.10565	0.10749	0.10935	0.11123	0.11314	0.11507
−1.1	0.11702	0.11900	0.12100	0.12302	0.12507	0.12714	0.12924	0.13136	0.13350	0.13567
−1.0	0.13786	0.14007	0.14231	0.14457	0.14686	0.14917	0.15151	0.15386	0.15625	0.15866
−0.9	0.16109	0.16354	0.16602	0.16853	0.17106	0.17361	0.17619	0.17879	0.18141	0.18406
−0.8	0.18673	0.18943	0.19215	0.19490	0.19766	0.20045	0.20327	0.20611	0.20897	0.21186
−0.7	0.21476	0.21770	0.22065	0.22363	0.22663	0.22965	0.23270	0.23576	0.23885	0.24196
−0.6	0.24510	0.24825	0.25143	0.25463	0.25785	0.26109	0.26435	0.26763	0.27093	0.27425
−0.5	0.27760	0.28096	0.28434	0.28774	0.29116	0.29460	0.29806	0.30153	0.30503	0.30854
−0.4	0.31207	0.31561	0.31918	0.32276	0.32636	0.32997	0.33360	0.33724	0.34090	0.34458
−0.3	0.34827	0.35197	0.35569	0.35942	0.36317	0.36693	0.37070	0.37448	0.37828	0.38209
−0.2	0.38591	0.38974	0.39358	0.39743	0.40129	0.40517	0.40905	0.41294	0.41683	0.42074
−0.1	0.42466	0.42858	0.43251	0.43644	0.44038	0.44433	0.44828	0.45224	0.45621	0.46017
−0.0	0.46414	0.46812	0.47210	0.47608	0.48006	0.48405	0.48803	0.49202	0.49601	0.50000

u	0.00	0.01	0.02	0.03	0.04	0.05	0.06	0.07	0.08	0.09
0.0	0.50000	0.50399	0.50798	0.51197	0.51595	0.51994	0.52392	0.52790	0.53188	0.53586
0.1	0.53983	0.54380	0.54776	0.55172	0.55567	0.55962	0.56356	0.56750	0.57142	0.57535
0.2	0.57926	0.58317	0.58706	0.59095	0.59484	0.59871	0.60257	0.60642	0.61026	0.61409
0.3	0.61791	0.62172	0.62552	0.62930	0.63307	0.63683	0.64058	0.64431	0.64803	0.65173
0.4	0.65542	0.65910	0.66276	0.66640	0.67003	0.67365	0.67724	0.68082	0.68439	0.68793
0.5	0.69146	0.69497	0.69847	0.70194	0.70540	0.70884	0.71226	0.71566	0.71904	0.72241
0.6	0.72575	0.72907	0.73237	0.73565	0.73891	0.74215	0.74537	0.74857	0.75175	0.75490
0.7	0.75804	0.76115	0.76424	0.76731	0.77035	0.77337	0.77637	0.77935	0.78231	0.78524
0.8	0.78815	0.79103	0.79389	0.79673	0.79955	0.80234	0.80511	0.80785	0.81057	0.81327
0.9	0.81594	0.81859	0.82121	0.82381	0.82639	0.82894	0.83147	0.83398	0.83646	0.83891
1.0	0.84135	0.84375	0.84614	0.84850	0.85083	0.85314	0.85543	0.85769	0.85993	0.86214
1.1	0.86433	0.86650	0.86864	0.87076	0.87286	0.87493	0.87698	0.87900	0.88100	0.88298
1.2	0.88493	0.88686	0.88877	0.89065	0.89251	0.89435	0.89617	0.89796	0.89973	0.90148
1.3	0.90320	0.90490	0.90658	0.90824	0.90988	0.91149	0.91309	0.91466	0.91621	0.91774
1.4	0.91924	0.92073	0.92220	0.92364	0.92507	0.92647	0.92786	0.92922	0.93056	0.93189
1.5	0.93319	0.93448	0.93575	0.93699	0.93822	0.93943	0.94062	0.94179	0.94295	0.94408
1.6	0.94520	0.94630	0.94738	0.94845	0.94950	0.95053	0.95154	0.95254	0.95352	0.95449
1.7	0.95544	0.95637	0.95728	0.95819	0.95907	0.95994	0.96080	0.96164	0.96246	0.96327
1.8	0.96407	0.96485	0.96562	0.96638	0.96712	0.96784	0.96856	0.96926	0.96995	0.97062
1.9	0.97128	0.97193	0.97257	0.97320	0.97381	0.97441	0.97500	0.97558	0.97615	0.97671
2.0	0.97725	0.97778	0.97831	0.97882	0.97933	0.97982	0.98030	0.98077	0.98124	0.98169
2.1	0.98214	0.98257	0.98300	0.98341	0.98382	0.98422	0.98461	0.98500	0.98537	0.98574
2.2	0.98610	0.98645	0.98679	0.98713	0.98746	0.98778	0.98809	0.98840	0.98870	0.98899
2.3	0.98928	0.98956	0.98983	0.99010	0.99036	0.99061	0.99086	0.99111	0.99134	0.99158
2.4	0.99180	0.99202	0.99224	0.99245	0.99266	0.99286	0.99305	0.99324	0.99343	0.99361
2.5	0.99379	0.99396	0.99413	0.99430	0.99446	0.99461	0.99477	0.99492	0.99506	0.99520
2.6	0.99534	0.99547	0.99560	0.99573	0.99586	0.99598	0.99609	0.99621	0.99632	0.99643
2.7	0.99653	0.99664	0.99674	0.99683	0.99693	0.99702	0.99711	0.99720	0.99728	0.99737
2.8	0.99745	0.99752	0.99760	0.99767	0.99774	0.99781	0.99788	0.99795	0.99801	0.99807
2.9	0.99813	0.99819	0.99825	0.99831	0.99836	0.99841	0.99846	0.99851	0.99856	0.99861
3.0	0.99865	0.99869	0.99874	0.99878	0.99882	0.99886	0.99889	0.99893	0.99897	0.99900
3.1	0.99903	0.99907	0.99910	0.99913	0.99916	0.99918	0.99921	0.99924	0.99926	0.99929
3.2	0.99931	0.99934	0.99936	0.99938	0.99940	0.99942	0.99944	0.99946	0.99948	0.99950
3.3	0.99952	0.99953	0.99955	0.99957	0.99958	0.99960	0.99961	0.99962	0.99964	0.99965
3.4	0.99966	0.99968	0.99969	0.99970	0.99971	0.99972	0.99973	0.99974	0.99975	0.99976

附录 B 正态分布分位数(u_α)表(双侧)

P	0.00	0.01	0.02	0.03	0.04	0.05	0.06	0.07	0.08	0.09
0.0	∞	2.576	2.326	2.170	2.054	1.960	1.881	1.812	1.751	1.695
0.1	1.645	1.598	1.555	1.514	1.476	1.440	1.405	1.372	1.341	1.311
0.2	1.282	1.254	1.227	1.200	1.175	1.150	1.126	1.103	1.080	1.058
0.3	1.036	1.015	0.994	0.974	0.954	0.935	0.915	0.896	0.878	0.860
0.4	0.842	0.824	0.806	0.789	0.772	0.755	0.739	0.722	0.706	0.690
0.5	0.674	0.659	0.643	0.628	0.613	0.598	0.583	0.568	0.553	0.539
0.6	0.524	0.510	0.496	0.482	0.468	0.454	0.440	0.426	0.412	0.399
0.7	0.385	0.372	0.358	0.345	0.332	0.319	0.305	0.292	0.279	0.266
0.8	0.253	0.240	0.228	0.215	0.202	0.189	0.176	0.164	0.151	0.138
0.9	0.126	0.113	0.100	0.088	0.075	0.063	0.050	0.038	0.025	0.013
P	10^{-3}	10^{-4}	10^{-5}	10^{-6}	10^{-7}	10^{-8}	10^{-9}	10^{-10}	10^{-11}	10^{-12}
u	3.291	3.891	4.417	4.892	5.327	5.731	6.109	6.467	6.807	7.131

附录 C t 分布分位数表(双侧)

df	概率(P)								
	0.50	0.20	0.10	0.05	0.02	0.01	0.005	0.002	0.001
1	1.000	3.078	6.314	12.706	31.821	63.657	127.321	318.309	636.619
2	0.816	1.886	2.920	4.303	6.965	9.925	14.089	22.327	31.599
3	0.765	1.638	2.353	3.182	4.541	5.841	7.453	10.215	12.924
4	0.741	1.533	2.132	2.776	3.747	4.604	5.598	7.173	8.610
5	0.727	1.476	2.015	2.571	3.365	4.032	4.773	5.893	6.869
6	0.718	1.440	1.943	2.447	3.143	3.707	4.317	5.208	5.959
7	0.711	1.415	1.895	2.365	2.998	3.499	4.029	4.785	5.408
8	0.706	1.397	1.860	2.306	2.896	3.355	3.833	4.501	5.041
9	0.703	1.383	1.833	2.262	2.821	3.250	3.690	4.297	4.781
10	0.700	1.372	1.812	2.228	2.764	3.169	3.581	4.144	4.587
11	0.697	1.363	1.796	2.201	2.718	3.106	3.497	4.025	4.437
12	0.695	1.356	1.782	2.179	2.681	3.055	3.428	3.930	4.318
13	0.694	1.350	1.771	2.160	2.650	3.012	3.372	3.852	4.221
14	0.692	1.345	1.761	2.145	2.624	2.977	3.326	3.787	4.140
15	0.691	1.341	1.753	2.131	2.602	2.947	3.286	3.733	4.073
16	0.690	1.337	1.746	2.120	2.583	2.921	3.252	3.686	4.015
17	0.689	1.333	1.740	2.110	2.567	2.898	3.222	3.646	3.965
18	0.688	1.330	1.734	2.101	2.552	2.878	3.197	3.610	3.922
19	0.688	1.328	1.729	2.093	2.539	2.861	3.174	3.579	3.883
20	0.687	1.325	1.725	2.086	2.528	2.845	3.153	3.552	3.850
21	0.686	1.323	1.721	2.080	2.518	2.831	3.135	3.527	3.819
22	0.686	1.321	1.717	2.074	2.508	2.819	3.119	3.505	3.792
23	0.685	1.319	1.714	2.069	2.500	2.807	3.104	3.485	3.768
24	0.685	1.318	1.711	2.064	2.492	2.797	3.091	3.467	3.745
25	0.684	1.316	1.708	2.060	2.485	2.787	3.078	3.450	3.725
26	0.684	1.315	1.706	2.056	2.479	2.779	3.067	3.435	3.707
27	0.684	1.314	1.703	2.052	2.473	2.771	3.057	3.421	3.690
28	0.683	1.313	1.701	2.048	2.467	2.763	3.047	3.408	3.674
29	0.683	1.311	1.699	2.045	2.462	2.756	3.038	3.396	3.659
30	0.683	1.310	1.697	2.042	2.457	2.750	3.030	3.385	3.646
40	0.681	1.303	1.684	2.021	2.423	2.704	2.971	3.307	3.551
60	0.679	1.296	1.671	2.000	2.390	2.660	2.915	3.232	3.460
80	0.678	1.292	1.664	1.990	2.374	2.639	2.887	3.195	3.416
100	0.677	1.290	1.660	1.984	2.364	2.626	2.871	3.174	3.390
120	0.677	1.289	1.658	1.980	2.358	2.617	2.860	3.160	3.373
∞	0.674	1.282	1.645	1.960	2.326	2.576	2.807	3.090	3.291

附录 D χ² 分布分位数表(右侧)

df	概率(P)												
	0.999	0.995	0.990	0.975	0.950	0.900	0.500	0.100	0.050	0.025	0.010	0.005	0.001
1			0.000	0.001	0.004	0.016	0.455	2.706	3.842	5.024	6.635	7.879	10.828
2	0.002	0.010	0.020	0.051	0.103	0.211	1.386	4.605	5.992	7.378	9.210	10.597	13.816
3	0.024	0.072	0.115	0.216	0.352	0.584	2.366	6.251	7.815	9.348	11.345	12.838	16.266
4	0.091	0.207	0.297	0.484	0.711	1.064	3.357	7.779	9.488	11.143	13.277	14.860	18.467
5	0.210	0.412	0.554	0.831	1.146	1.610	4.352	9.236	11.071	12.833	15.086	16.750	20.515
6	0.381	0.676	0.872	1.237	1.635	2.204	5.348	10.645	12.592	14.449	16.812	18.548	22.458
7	0.599	0.989	1.239	1.690	2.167	2.833	6.346	12.017	14.067	16.013	18.475	20.278	24.322
8	0.857	1.344	1.647	2.180	2.733	3.490	7.344	13.362	15.507	17.535	20.090	21.955	26.125
9	1.152	1.735	2.088	2.700	3.325	4.168	8.343	14.684	16.919	19.023	21.666	23.589	27.877
10	1.479	2.156	2.558	3.247	3.940	4.865	9.342	15.987	18.307	20.483	23.209	25.188	29.588
11	1.834	2.603	3.054	3.816	4.575	5.578	10.341	17.275	19.675	21.920	24.725	26.757	31.264
12	2.214	3.074	3.571	4.404	5.226	6.304	11.340	18.549	21.026	23.337	26.217	28.300	32.910
13	2.617	3.565	4.107	5.009	5.892	7.042	12.340	19.812	22.362	24.736	27.688	29.820	34.528
14	3.041	4.075	4.660	5.629	6.571	7.790	13.339	21.064	23.685	26.119	29.141	31.319	36.123
15	3.483	4.601	5.229	6.262	7.261	8.547	14.339	22.307	24.996	27.488	30.578	32.801	37.697
16	3.942	5.142	5.812	6.908	7.962	9.312	15.339	23.542	26.296	28.845	32.000	34.267	39.252
17	4.416	5.697	6.408	7.564	8.672	10.085	16.338	24.769	27.587	30.191	33.409	35.719	40.790
18	4.905	6.265	7.015	8.231	9.391	10.865	17.338	25.989	28.869	31.526	34.805	37.157	42.312
19	5.407	6.844	7.633	8.907	10.117	11.651	18.338	27.204	30.144	32.852	36.191	38.582	43.820
20	5.921	7.434	8.260	9.591	10.851	12.443	19.337	28.412	31.410	34.170	37.566	39.997	45.315
21	6.447	8.034	8.897	10.283	11.591	13.240	20.337	29.615	32.671	35.479	38.932	41.401	46.797
22	6.983	8.643	9.543	10.982	12.338	14.042	21.337	30.813	33.924	36.781	40.289	42.796	48.268
23	7.529	9.260	10.196	11.689	13.091	14.848	22.337	32.007	35.173	38.076	41.638	44.181	49.728
24	8.085	9.886	10.856	12.401	13.848	15.659	23.337	33.196	36.415	39.364	42.980	45.559	51.179
25	8.649	10.520	11.524	13.120	14.611	16.473	24.337	34.382	37.653	40.647	44.314	46.928	52.620
26	9.222	11.160	12.198	13.844	15.379	17.292	25.337	35.563	38.885	41.923	45.642	48.290	54.052
27	9.803	11.808	12.879	14.573	16.151	18.114	26.336	36.741	40.113	43.195	46.963	49.645	55.476
28	10.391	12.461	13.565	15.308	16.928	18.939	27.336	37.916	41.337	44.461	48.278	50.993	56.892
29	10.986	13.121	14.257	16.047	17.708	19.768	28.336	39.088	42.557	45.722	49.588	52.336	58.301
30	11.588	13.787	14.954	16.791	18.493	20.599	29.336	40.256	43.773	46.979	50.892	53.672	59.703
40	17.916	20.707	22.164	24.433	26.509	29.051	39.335	51.805	55.758	59.342	63.691	66.766	73.402
50	24.674	27.991	29.707	32.357	34.764	37.689	49.335	63.167	67.505	71.420	76.154	79.490	86.661
60	31.738	35.534	37.485	40.482	43.188	46.459	59.335	74.397	79.082	83.298	88.379	91.952	99.607
70	39.036	43.275	45.442	48.758	51.739	55.329	69.334	85.527	90.531	95.023	100.425	104.215	112.317
80	46.520	51.172	53.540	57.153	60.391	64.278	79.334	96.578	101.879	106.629	112.329	116.321	124.839
90	54.155	59.196	61.754	65.647	69.126	73.291	89.334	107.565	113.145	118.136	124.116	128.299	137.208
100	61.918	67.328	70.065	74.222	77.929	82.358	99.334	118.498	124.342	129.561	135.807	140.169	149.449
200	143.843	152.241	156.432	162.728	168.279	174.835	199.334	226.021	233.994	241.058	249.445	255.264	267.541
300	229.963	240.663	245.972	253.912	260.878	269.068	299.334	331.789	341.395	349.874	359.906	366.844	381.425
500	407.947	422.303	429.388	439.936	449.147	459.926	499.333	540.930	553.127	563.852	576.493	585.207	603.446

附录E   F 分布分位数表(右侧)

$P=0.05$ (df_1为分子自由度,df_2为分母自由度)

df_2	df_1														
	1	2	3	4	5	6	7	8	9	10	12	14	16	18	20
1	161.5	199.5	215.7	224.6	230.2	234.0	236.8	238.9	240.5	241.9	243.9	245.4	246.5	247.3	248.0
2	18.51	19.00	19.16	19.25	19.30	19.33	19.35	19.37	19.39	19.40	19.41	19.42	19.43	19.44	19.45
3	10.13	9.552	9.277	9.117	9.014	8.941	8.887	8.845	8.812	8.786	8.745	8.715	8.692	8.675	8.660
4	7.709	6.944	6.591	6.388	6.256	6.163	6.094	6.041	5.999	5.964	5.912	5.873	5.844	5.821	5.803
5	6.608	5.786	5.410	5.192	5.050	4.950	4.876	4.818	4.773	4.735	4.678	4.636	4.604	4.579	4.558
6	5.987	5.143	4.757	4.534	4.387	4.284	4.207	4.147	4.099	4.060	4.000	3.956	3.922	3.896	3.874
7	5.591	4.737	4.347	4.120	3.972	3.866	3.787	3.726	3.677	3.637	3.575	3.529	3.494	3.467	3.445
8	5.318	4.459	4.066	3.838	3.688	3.581	3.501	3.438	3.388	3.347	3.284	3.237	3.202	3.173	3.150
9	5.117	4.257	3.863	3.633	3.482	3.374	3.293	3.230	3.179	3.137	3.073	3.026	2.989	2.960	2.937
10	4.965	4.103	3.708	3.478	3.326	3.217	3.136	3.072	3.020	2.978	2.913	2.865	2.828	2.798	2.774
11	4.844	3.982	3.587	3.357	3.204	3.095	3.012	2.948	2.896	2.854	2.788	2.739	2.701	2.671	2.646
12	4.747	3.885	3.490	3.259	3.106	2.996	2.913	2.849	2.796	2.753	2.687	2.637	2.599	2.568	2.544
13	4.667	3.806	3.411	3.179	3.025	2.915	2.832	2.767	2.714	2.671	2.604	2.554	2.515	2.484	2.459
14	4.600	3.739	3.344	3.112	2.958	2.848	2.764	2.699	2.646	2.602	2.534	2.484	2.445	2.413	2.388
15	4.543	3.682	3.287	3.056	2.901	2.791	2.707	2.641	2.588	2.544	2.475	2.424	2.385	2.353	2.328
16	4.494	3.634	3.239	3.007	2.852	2.741	2.657	2.591	2.538	2.494	2.425	2.373	2.334	2.302	2.276
17	4.451	3.592	3.197	2.965	2.810	2.699	2.614	2.548	2.494	2.450	2.381	2.329	2.289	2.257	2.230
18	4.414	3.555	3.160	2.928	2.773	2.661	2.577	2.510	2.456	2.412	2.342	2.290	2.250	2.217	2.191
19	4.381	3.522	3.127	2.895	2.740	2.628	2.544	2.477	2.423	2.378	2.308	2.256	2.215	2.182	2.156
20	4.351	3.493	3.098	2.866	2.711	2.599	2.514	2.447	2.393	2.348	2.278	2.225	2.184	2.151	2.124
21	4.325	3.467	3.073	2.840	2.685	2.573	2.488	2.421	2.366	2.321	2.250	2.198	2.156	2.123	2.096
22	4.301	3.443	3.049	2.817	2.661	2.549	2.464	2.397	2.342	2.297	2.226	2.173	2.131	2.098	2.071
23	4.279	3.422	3.028	2.796	2.640	2.528	2.442	2.375	2.320	2.275	2.204	2.150	2.109	2.075	2.048
24	4.260	3.403	3.009	2.776	2.621	2.508	2.423	2.355	2.300	2.255	2.183	2.130	2.088	2.054	2.027
25	4.242	3.385	2.991	2.759	2.603	2.490	2.405	2.337	2.282	2.237	2.165	2.111	2.069	2.035	2.008
26	4.225	3.369	2.975	2.743	2.587	2.474	2.388	2.321	2.266	2.220	2.148	2.094	2.052	2.018	1.990
27	4.210	3.354	2.960	2.728	2.572	2.459	2.373	2.305	2.250	2.204	2.132	2.078	2.036	2.002	1.974
28	4.196	3.340	2.947	2.714	2.558	2.445	2.359	2.291	2.236	2.190	2.118	2.064	2.021	1.987	1.959
29	4.183	3.328	2.934	2.701	2.545	2.432	2.346	2.278	2.223	2.177	2.105	2.050	2.007	1.973	1.945
30	4.171	3.316	2.922	2.690	2.534	2.421	2.334	2.266	2.211	2.165	2.092	2.037	1.995	1.960	1.932
32	4.149	3.295	2.901	2.668	2.512	2.399	2.313	2.244	2.189	2.143	2.070	2.015	1.972	1.937	1.908
34	4.130	3.276	2.883	2.650	2.494	2.380	2.294	2.225	2.170	2.123	2.050	1.995	1.952	1.917	1.888
36	4.113	3.259	2.866	2.634	2.477	2.364	2.277	2.209	2.153	2.106	2.033	1.977	1.934	1.899	1.870
38	4.098	3.245	2.852	2.619	2.463	2.349	2.262	2.194	2.138	2.091	2.017	1.962	1.918	1.883	1.853
40	4.085	3.232	2.839	2.606	2.450	2.336	2.249	2.180	2.124	2.077	2.004	1.948	1.904	1.868	1.839
42	4.073	3.220	2.827	2.594	2.438	2.324	2.237	2.168	2.112	2.065	1.991	1.935	1.891	1.855	1.826
44	4.062	3.209	2.817	2.584	2.427	2.313	2.226	2.157	2.101	2.054	1.980	1.924	1.879	1.844	1.814
46	4.052	3.200	2.807	2.574	2.417	2.304	2.216	2.147	2.091	2.044	1.970	1.913	1.869	1.833	1.803
48	4.043	3.191	2.798	2.565	2.409	2.295	2.207	2.138	2.082	2.035	1.960	1.904	1.859	1.823	1.793
50	4.034	3.183	2.790	2.557	2.400	2.286	2.199	2.130	2.073	2.026	1.952	1.895	1.850	1.814	1.784
60	4.001	3.150	2.758	2.525	2.368	2.254	2.167	2.097	2.040	1.993	1.917	1.860	1.815	1.778	1.748
80	3.960	3.111	2.719	2.486	2.329	2.214	2.126	2.056	1.999	1.951	1.875	1.817	1.772	1.734	1.703
100	3.936	3.087	2.696	2.463	2.305	2.191	2.103	2.032	1.975	1.927	1.850	1.792	1.746	1.708	1.676
120	3.920	3.072	2.680	2.447	2.290	2.175	2.087	2.016	1.959	1.911	1.834	1.775	1.729	1.690	1.659
150	3.904	3.056	2.665	2.432	2.275	2.160	2.071	2.001	1.943	1.894	1.817	1.758	1.711	1.673	1.641
200	3.888	3.041	2.650	2.417	2.259	2.144	2.056	1.985	1.927	1.878	1.801	1.742	1.694	1.656	1.623
300	3.873	3.026	2.635	2.402	2.244	2.129	2.040	1.969	1.911	1.862	1.785	1.725	1.677	1.638	1.606
500	3.860	3.014	2.623	2.390	2.232	2.117	2.028	1.957	1.899	1.850	1.772	1.712	1.664	1.625	1.592
1000	3.851	3.005	2.614	2.381	2.223	2.108	2.019	1.948	1.889	1.840	1.762	1.702	1.654	1.614	1.581
∞	3.842	2.996	2.605	2.372	2.214	2.099	2.010	1.938	1.880	1.831	1.752	1.692	1.644	1.604	1.571

$P=0.05$

df_2	df_1														
	22	24	26	28	30	35	40	45	50	60	80	100	200	500	∞
1	248.6	249.1	249.5	249.8	250.1	250.7	251.1	251.5	251.8	252.2	252.7	253.0	253.7	254.1	254.3
2	19.45	19.45	19.46	19.46	19.46	19.47	19.47	19.47	19.48	19.48	19.48	19.49	19.49	19.49	19.50
3	8.648	8.639	8.630	8.623	8.617	8.604	8.594	8.587	8.581	8.572	8.561	8.554	8.540	8.532	8.526
4	5.787	5.774	5.764	5.754	5.746	5.729	5.717	5.707	5.700	5.688	5.673	5.664	5.646	5.635	5.628
5	4.541	4.527	4.515	4.505	4.496	4.478	4.464	4.453	4.444	4.431	4.415	4.405	4.385	4.373	4.365
6	3.856	3.842	3.829	3.818	3.808	3.789	3.774	3.763	3.754	3.740	3.722	3.712	3.690	3.678	3.669
7	3.426	3.411	3.397	3.386	3.376	3.356	3.340	3.329	3.319	3.304	3.286	3.275	3.253	3.239	3.230
8	3.131	3.115	3.102	3.090	3.079	3.059	3.043	3.030	3.020	3.005	2.986	2.975	2.951	2.937	2.928
9	2.917	2.901	2.886	2.874	2.864	2.842	2.826	2.813	2.803	2.787	2.768	2.756	2.731	2.717	2.707
10	2.754	2.737	2.723	2.710	2.700	2.678	2.661	2.648	2.637	2.621	2.601	2.588	2.563	2.548	2.538
11	2.626	2.609	2.594	2.582	2.571	2.548	2.531	2.517	2.507	2.490	2.469	2.457	2.431	2.415	2.405
12	2.523	2.506	2.491	2.478	2.466	2.443	2.426	2.412	2.401	2.384	2.363	2.350	2.323	2.307	2.296
13	2.438	2.420	2.405	2.392	2.380	2.357	2.339	2.325	2.314	2.297	2.275	2.261	2.234	2.218	2.206
14	2.367	2.349	2.333	2.320	2.308	2.285	2.266	2.252	2.241	2.223	2.201	2.187	2.159	2.142	2.131
15	2.306	2.288	2.272	2.259	2.247	2.223	2.204	2.190	2.178	2.160	2.137	2.123	2.095	2.078	2.066
16	2.254	2.235	2.220	2.206	2.194	2.169	2.151	2.136	2.124	2.106	2.083	2.069	2.040	2.022	2.010
17	2.208	2.190	2.174	2.160	2.148	2.123	2.104	2.089	2.077	2.058	2.035	2.020	1.991	1.973	1.960
18	2.169	2.150	2.134	2.120	2.107	2.082	2.063	2.048	2.035	2.017	1.993	1.978	1.948	1.929	1.917
19	2.133	2.114	2.098	2.084	2.071	2.046	2.026	2.011	1.999	1.980	1.955	1.940	1.910	1.891	1.878
20	2.102	2.083	2.066	2.052	2.039	2.014	1.994	1.978	1.966	1.946	1.922	1.907	1.876	1.856	1.843
21	2.073	2.054	2.037	2.023	2.010	1.984	1.965	1.949	1.936	1.917	1.892	1.876	1.845	1.825	1.812
22	2.048	2.028	2.012	1.997	1.984	1.958	1.938	1.922	1.909	1.889	1.864	1.849	1.817	1.797	1.783
23	2.025	2.005	1.988	1.973	1.961	1.934	1.914	1.898	1.885	1.865	1.839	1.823	1.791	1.771	1.757
24	2.004	1.984	1.967	1.952	1.939	1.912	1.892	1.876	1.863	1.842	1.816	1.801	1.768	1.747	1.733
25	1.984	1.964	1.947	1.932	1.919	1.892	1.872	1.855	1.842	1.822	1.796	1.779	1.746	1.725	1.711
26	1.966	1.946	1.929	1.914	1.901	1.874	1.853	1.837	1.823	1.803	1.776	1.760	1.726	1.705	1.691
27	1.950	1.930	1.913	1.898	1.884	1.857	1.836	1.820	1.806	1.785	1.758	1.742	1.708	1.686	1.672
28	1.935	1.915	1.897	1.882	1.869	1.841	1.820	1.804	1.790	1.769	1.742	1.725	1.691	1.669	1.654
29	1.921	1.901	1.883	1.868	1.854	1.827	1.806	1.789	1.775	1.754	1.726	1.710	1.675	1.653	1.638
30	1.908	1.887	1.870	1.854	1.841	1.813	1.792	1.775	1.761	1.740	1.712	1.695	1.660	1.638	1.622
32	1.884	1.864	1.846	1.830	1.817	1.789	1.767	1.750	1.736	1.714	1.686	1.669	1.633	1.610	1.594
34	1.863	1.843	1.825	1.809	1.795	1.767	1.745	1.728	1.713	1.691	1.663	1.645	1.609	1.585	1.569
36	1.845	1.824	1.806	1.790	1.776	1.748	1.726	1.708	1.694	1.671	1.643	1.625	1.587	1.564	1.547
38	1.829	1.808	1.790	1.774	1.760	1.731	1.708	1.691	1.676	1.653	1.624	1.606	1.568	1.544	1.527
40	1.814	1.793	1.775	1.759	1.744	1.715	1.693	1.675	1.660	1.637	1.608	1.589	1.551	1.526	1.509
42	1.801	1.780	1.761	1.745	1.731	1.702	1.679	1.661	1.646	1.623	1.593	1.574	1.535	1.510	1.492
44	1.789	1.768	1.749	1.733	1.718	1.689	1.666	1.648	1.633	1.609	1.579	1.560	1.520	1.495	1.477
46	1.778	1.756	1.738	1.722	1.707	1.677	1.654	1.636	1.621	1.597	1.567	1.547	1.507	1.481	1.463
48	1.768	1.746	1.728	1.711	1.697	1.667	1.644	1.625	1.610	1.586	1.555	1.536	1.495	1.469	1.450
50	1.759	1.737	1.718	1.702	1.687	1.657	1.634	1.615	1.600	1.576	1.545	1.525	1.484	1.457	1.438
60	1.722	1.700	1.681	1.664	1.649	1.618	1.594	1.575	1.559	1.534	1.502	1.481	1.438	1.409	1.389
80	1.677	1.654	1.635	1.617	1.602	1.570	1.545	1.525	1.508	1.482	1.448	1.426	1.379	1.347	1.325
100	1.650	1.627	1.607	1.589	1.573	1.541	1.515	1.494	1.477	1.450	1.415	1.392	1.342	1.308	1.283
120	1.632	1.608	1.588	1.570	1.554	1.521	1.495	1.474	1.457	1.429	1.392	1.369	1.316	1.280	1.254
150	1.614	1.590	1.570	1.552	1.535	1.502	1.475	1.454	1.436	1.407	1.369	1.345	1.290	1.252	1.223
200	1.596	1.572	1.551	1.533	1.516	1.482	1.455	1.433	1.415	1.386	1.346	1.321	1.263	1.221	1.189
300	1.578	1.554	1.533	1.514	1.497	1.463	1.435	1.412	1.393	1.363	1.323	1.296	1.234	1.188	1.150
500	1.564	1.539	1.518	1.499	1.482	1.447	1.419	1.396	1.376	1.346	1.303	1.275	1.210	1.159	1.113
1000	1.553	1.528	1.507	1.488	1.471	1.435	1.406	1.383	1.363	1.332	1.289	1.260	1.190	1.134	1.078
∞	1.542	1.517	1.496	1.476	1.459	1.423	1.394	1.370	1.350	1.318	1.274	1.243	1.170	1.106	1.000

$P = 0.01$

df_2	df_1														
	1	2	3	4	5	6	7	8	9	10	12	14	16	18	20
1	4052.2	4999.5	5403.4	5624.6	5763.6	5859.0	5928.4	5981.1	6022.5	6055.8	6106.3	6142.7	6170.1	6191.5	6208.7
2	98.503	99.000	99.166	99.249	99.299	99.333	99.356	99.374	99.388	99.399	99.416	99.428	99.437	99.444	99.449
3	34.116	30.817	29.457	28.710	28.237	27.911	27.672	27.489	27.345	27.229	27.052	26.924	26.827	26.751	26.690
4	21.198	18.000	16.694	15.977	15.522	15.207	14.976	14.799	14.659	14.546	14.374	14.249	14.154	14.080	14.020
5	16.258	13.274	12.060	11.392	10.967	10.672	10.456	10.289	10.158	10.051	9.888	9.770	9.680	9.610	9.553
6	13.745	10.925	9.780	9.148	8.746	8.466	8.260	8.102	7.976	7.874	7.718	7.605	7.519	7.451	7.396
7	12.246	9.547	8.451	7.847	7.460	7.191	6.993	6.840	6.719	6.620	6.469	6.359	6.275	6.209	6.155
8	11.259	8.649	7.591	7.006	6.632	6.371	6.178	6.029	5.911	5.814	5.667	5.559	5.477	5.412	5.359
9	10.561	8.022	6.992	6.422	6.057	5.802	5.613	5.467	5.351	5.257	5.111	5.005	4.924	4.860	4.808
10	10.044	7.559	6.552	5.994	5.636	5.386	5.200	5.057	4.942	4.849	4.706	4.601	4.520	4.457	4.405
11	9.646	7.206	6.217	5.668	5.316	5.069	4.886	4.745	4.632	4.539	4.397	4.293	4.213	4.150	4.099
12	9.330	6.927	5.953	5.412	5.064	4.821	4.640	4.499	4.388	4.296	4.155	4.052	3.972	3.910	3.858
13	9.074	6.701	5.739	5.205	4.862	4.620	4.441	4.302	4.191	4.100	3.960	3.857	3.778	3.716	3.665
14	8.862	6.515	5.564	5.035	4.695	4.456	4.278	4.140	4.030	3.939	3.800	3.698	3.619	3.556	3.505
15	8.683	6.359	5.417	4.893	4.556	4.318	4.142	4.005	3.895	3.805	3.666	3.564	3.485	3.423	3.372
16	8.531	6.226	5.292	4.773	4.437	4.202	4.026	3.890	3.780	3.691	3.553	3.451	3.372	3.310	3.259
17	8.400	6.112	5.185	4.669	4.336	4.102	3.927	3.791	3.682	3.593	3.455	3.353	3.275	3.212	3.162
18	8.285	6.013	5.092	4.579	4.248	4.015	3.841	3.705	3.597	3.508	3.371	3.269	3.190	3.128	3.077
19	8.185	5.926	5.010	4.500	4.171	3.939	3.765	3.631	3.523	3.434	3.297	3.195	3.117	3.054	3.003
20	8.096	5.849	4.938	4.431	4.103	3.871	3.699	3.564	3.457	3.368	3.231	3.130	3.051	2.989	2.938
21	8.017	5.780	4.874	4.369	4.042	3.812	3.640	3.506	3.398	3.310	3.173	3.072	2.993	2.931	2.880
22	7.945	5.719	4.817	4.313	3.988	3.758	3.587	3.453	3.346	3.258	3.121	3.020	2.941	2.879	2.827
23	7.881	5.664	4.765	4.264	3.939	3.710	3.539	3.406	3.299	3.211	3.074	2.973	2.894	2.832	2.781
24	7.823	5.614	4.718	4.218	3.895	3.667	3.496	3.363	3.256	3.168	3.032	2.930	2.852	2.789	2.738
25	7.770	5.568	4.676	4.177	3.855	3.627	3.457	3.324	3.217	3.129	2.993	2.892	2.813	2.751	2.699
26	7.721	5.526	4.637	4.140	3.818	3.591	3.421	3.288	3.182	3.094	2.958	2.857	2.778	2.715	2.664
27	7.677	5.488	4.601	4.106	3.785	3.558	3.388	3.256	3.149	3.062	2.926	2.824	2.746	2.683	2.632
28	7.636	5.453	4.568	4.074	3.754	3.528	3.358	3.226	3.120	3.032	2.896	2.795	2.716	2.653	2.602
29	7.598	5.420	4.538	4.045	3.725	3.500	3.330	3.198	3.092	3.005	2.869	2.767	2.689	2.626	2.574
30	7.563	5.390	4.510	4.018	3.699	3.474	3.305	3.173	3.067	2.979	2.843	2.742	2.663	2.600	2.549
32	7.499	5.336	4.459	3.970	3.652	3.427	3.258	3.127	3.021	2.934	2.798	2.696	2.618	2.555	2.503
34	7.444	5.289	4.416	3.927	3.611	3.386	3.218	3.087	2.981	2.894	2.758	2.657	2.578	2.515	2.463
36	7.396	5.248	4.377	3.890	3.574	3.351	3.183	3.052	2.946	2.859	2.723	2.622	2.543	2.480	2.428
38	7.353	5.211	4.343	3.858	3.542	3.319	3.152	3.021	2.915	2.828	2.692	2.591	2.512	2.449	2.397
40	7.314	5.179	4.313	3.828	3.514	3.291	3.124	2.993	2.888	2.801	2.665	2.563	2.484	2.421	2.369
42	7.280	5.149	4.285	3.802	3.488	3.266	3.099	2.968	2.863	2.776	2.640	2.539	2.460	2.396	2.344
44	7.248	5.123	4.261	3.778	3.465	3.243	3.076	2.946	2.841	2.754	2.618	2.516	2.437	2.374	2.321
46	7.220	5.099	4.238	3.757	3.444	3.222	3.056	2.925	2.820	2.733	2.598	2.496	2.417	2.353	2.301
48	7.194	5.077	4.218	3.737	3.425	3.204	3.037	2.907	2.802	2.715	2.579	2.478	2.399	2.335	2.282
50	7.171	5.057	4.199	3.720	3.408	3.186	3.020	2.890	2.785	2.698	2.563	2.461	2.382	2.318	2.265
60	7.077	4.977	4.126	3.649	3.339	3.119	2.953	2.823	2.719	2.632	2.496	2.394	2.315	2.251	2.198
80	6.963	4.881	4.036	3.563	3.255	3.036	2.871	2.742	2.637	2.551	2.415	2.313	2.233	2.169	2.115
100	6.895	4.824	3.984	3.513	3.206	2.988	2.823	2.694	2.590	2.503	2.368	2.265	2.185	2.120	2.067
120	6.851	4.787	3.949	3.480	3.174	2.956	2.792	2.663	2.559	2.472	2.336	2.234	2.154	2.089	2.035
150	6.807	4.750	3.915	3.447	3.142	2.924	2.761	2.632	2.528	2.441	2.305	2.203	2.122	2.057	2.003
200	6.763	4.713	3.881	3.414	3.110	2.893	2.730	2.601	2.497	2.411	2.275	2.172	2.091	2.026	1.971
300	6.720	4.677	3.848	3.382	3.079	2.863	2.699	2.571	2.467	2.380	2.244	2.142	2.061	1.995	1.940
500	6.686	4.648	3.821	3.357	3.054	2.838	2.675	2.547	2.443	2.357	2.220	2.117	2.036	1.970	1.915
1000	6.660	4.626	3.801	3.338	3.036	2.820	2.657	2.529	2.425	2.339	2.203	2.099	2.018	1.952	1.897
∞	6.635	4.605	3.782	3.319	3.017	2.802	2.639	2.511	2.407	2.321	2.185	2.082	2.000	1.934	1.878

$P=0.01$

df_2	df_1														
	22	24	26	28	30	35	40	45	50	60	80	100	200	500	∞
1	6222.8	6234.6	6244.6	6253.2	6260.6	6275.6	6286.8	6295.5	6302.5	6313.0	6326.2	6334.1	6350.0	6359.5	6365.9
2	99.454	99.458	99.461	99.463	99.466	99.471	99.474	99.477	99.479	99.482	99.487	99.489	99.494	99.497	99.499
3	26.640	26.598	26.562	26.531	26.505	26.451	26.411	26.379	26.354	26.316	26.269	26.240	26.183	26.148	26.125
4	13.970	13.929	13.894	13.864	13.838	13.785	13.745	13.714	13.690	13.652	13.605	13.577	13.520	13.486	13.463
5	9.506	9.467	9.433	9.404	9.379	9.329	9.291	9.262	9.238	9.202	9.157	9.130	9.075	9.042	9.020
6	7.351	7.313	7.281	7.253	7.229	7.180	7.143	7.115	7.092	7.057	7.013	6.987	6.934	6.902	6.880
7	6.111	6.074	6.043	6.016	5.992	5.944	5.908	5.880	5.858	5.824	5.781	5.755	5.702	5.671	5.650
8	5.316	5.279	5.248	5.221	5.198	5.151	5.116	5.088	5.065	5.032	4.989	4.963	4.911	4.880	4.859
9	4.765	4.729	4.698	4.672	4.649	4.602	4.567	4.539	4.517	4.483	4.441	4.415	4.363	4.332	4.311
10	4.363	4.327	4.296	4.270	4.247	4.201	4.165	4.138	4.116	4.082	4.039	4.014	3.962	3.930	3.909
11	4.057	4.021	3.990	3.964	3.941	3.895	3.860	3.832	3.810	3.776	3.734	3.708	3.656	3.624	3.602
12	3.816	3.781	3.750	3.724	3.701	3.654	3.619	3.592	3.569	3.536	3.493	3.467	3.414	3.382	3.361
13	3.622	3.587	3.556	3.530	3.507	3.461	3.425	3.398	3.375	3.341	3.298	3.272	3.219	3.187	3.165
14	3.463	3.427	3.397	3.371	3.348	3.301	3.266	3.238	3.215	3.181	3.138	3.112	3.059	3.026	3.004
15	3.330	3.294	3.264	3.237	3.214	3.167	3.132	3.104	3.081	3.047	3.004	2.977	2.924	2.891	2.868
16	3.217	3.181	3.150	3.124	3.101	3.054	3.018	2.990	2.968	2.933	2.889	2.863	2.808	2.775	2.753
17	3.119	3.084	3.053	3.026	3.003	2.956	2.921	2.892	2.869	2.835	2.791	2.764	2.709	2.676	2.653
18	3.035	2.999	2.968	2.942	2.919	2.871	2.835	2.807	2.784	2.749	2.705	2.678	2.623	2.589	2.566
19	2.961	2.925	2.894	2.868	2.844	2.797	2.761	2.732	2.709	2.674	2.630	2.602	2.547	2.512	2.489
20	2.895	2.859	2.829	2.802	2.779	2.731	2.695	2.666	2.643	2.608	2.563	2.535	2.479	2.445	2.421
21	2.837	2.801	2.770	2.743	2.720	2.672	2.636	2.607	2.584	2.548	2.503	2.476	2.419	2.384	2.360
22	2.785	2.749	2.718	2.691	2.668	2.620	2.583	2.554	2.531	2.495	2.450	2.422	2.365	2.329	2.306
23	2.738	2.702	2.671	2.644	2.620	2.572	2.536	2.507	2.483	2.447	2.401	2.373	2.316	2.280	2.256
24	2.695	2.659	2.628	2.601	2.577	2.529	2.492	2.463	2.440	2.404	2.357	2.329	2.271	2.235	2.211
25	2.657	2.620	2.589	2.562	2.538	2.490	2.453	2.424	2.400	2.364	2.317	2.289	2.230	2.194	2.169
26	2.621	2.585	2.554	2.526	2.503	2.454	2.417	2.388	2.364	2.327	2.281	2.252	2.193	2.156	2.132
27	2.589	2.552	2.521	2.494	2.470	2.421	2.384	2.354	2.330	2.294	2.247	2.218	2.159	2.122	2.097
28	2.559	2.522	2.491	2.464	2.440	2.391	2.354	2.324	2.300	2.263	2.216	2.187	2.127	2.090	2.064
29	2.531	2.495	2.463	2.436	2.412	2.363	2.325	2.296	2.271	2.234	2.187	2.158	2.097	2.060	2.034
30	2.506	2.469	2.437	2.410	2.386	2.337	2.299	2.269	2.245	2.208	2.160	2.131	2.070	2.032	2.006
32	2.460	2.423	2.391	2.364	2.340	2.290	2.252	2.222	2.198	2.160	2.112	2.082	2.021	1.982	1.956
34	2.420	2.383	2.351	2.323	2.299	2.249	2.211	2.181	2.156	2.118	2.070	2.040	1.977	1.938	1.911
36	2.384	2.347	2.316	2.288	2.263	2.214	2.175	2.145	2.120	2.082	2.032	2.002	1.939	1.899	1.872
38	2.353	2.316	2.284	2.256	2.232	2.182	2.143	2.112	2.087	2.049	1.999	1.968	1.905	1.864	1.837
40	2.325	2.288	2.256	2.228	2.203	2.153	2.114	2.083	2.058	2.019	1.969	1.938	1.874	1.833	1.805
42	2.300	2.263	2.231	2.203	2.178	2.127	2.088	2.057	2.032	1.993	1.943	1.911	1.846	1.805	1.776
44	2.278	2.240	2.208	2.180	2.155	2.104	2.065	2.034	2.008	1.969	1.918	1.887	1.821	1.779	1.750
46	2.257	2.220	2.187	2.159	2.134	2.083	2.044	2.012	1.987	1.947	1.896	1.864	1.797	1.755	1.726
48	2.238	2.201	2.168	2.140	2.115	2.064	2.024	1.993	1.967	1.927	1.876	1.844	1.776	1.733	1.704
50	2.221	2.184	2.151	2.123	2.098	2.046	2.007	1.975	1.949	1.909	1.857	1.825	1.757	1.713	1.683
60	2.153	2.115	2.083	2.054	2.029	1.976	1.936	1.904	1.877	1.836	1.783	1.749	1.678	1.633	1.601
80	2.070	2.032	1.999	1.969	1.944	1.890	1.849	1.816	1.788	1.746	1.690	1.655	1.579	1.530	1.494
100	2.021	1.983	1.949	1.919	1.893	1.839	1.797	1.763	1.735	1.692	1.634	1.598	1.518	1.466	1.427
120	1.989	1.950	1.916	1.886	1.860	1.806	1.763	1.728	1.700	1.656	1.597	1.559	1.477	1.422	1.381
150	1.957	1.918	1.884	1.854	1.827	1.772	1.729	1.694	1.665	1.620	1.559	1.520	1.435	1.376	1.331
200	1.925	1.886	1.851	1.821	1.794	1.738	1.695	1.659	1.630	1.583	1.521	1.481	1.391	1.328	1.279
300	1.894	1.854	1.819	1.789	1.761	1.705	1.660	1.624	1.594	1.547	1.483	1.441	1.346	1.276	1.220
500	1.869	1.829	1.794	1.763	1.735	1.678	1.633	1.596	1.566	1.517	1.452	1.408	1.308	1.232	1.164
1000	1.850	1.810	1.775	1.744	1.716	1.658	1.613	1.576	1.545	1.495	1.428	1.384	1.278	1.195	1.113
∞	1.831	1.791	1.755	1.724	1.696	1.638	1.592	1.555	1.523	1.473	1.404	1.358	1.247	1.153	1.000

附录 F Duncan 检验 SSR 值表

df	$P=0.05$									$P=0.01$								
	M									M								
	2	3	4	5	6	7	8	9	10	2	3	4	5	6	7	8	9	10
1	17.97	17.97	17.97	17.97	17.97	17.97	17.97	17.97	17.97	90.02	90.02	90.02	90.02	90.02	90.02	90.02	90.02	90.02
2	6.085	6.085	6.085	6.085	6.085	6.085	6.085	6.085	6.085	14.04	14.04	14.04	14.04	14.04	14.04	14.04	14.04	14.04
3	4.501	4.516	4.516	4.516	4.516	4.516	4.516	4.516	4.516	8.260	8.321	8.321	8.321	8.321	8.321	8.321	8.321	8.321
4	3.927	4.013	4.033	4.033	4.033	4.033	4.033	4.033	4.033	6.511	6.677	6.740	6.756	6.756	6.756	6.756	6.756	6.756
5	3.635	3.749	3.797	3.814	3.814	3.814	3.814	3.814	3.814	5.702	5.893	5.989	6.040	6.065	6.074	6.074	6.074	6.074
6	3.461	3.587	3.649	3.680	3.694	3.697	3.697	3.697	3.697	5.243	5.439	5.549	5.614	5.655	5.680	5.694	5.701	5.703
7	3.344	3.477	3.548	3.588	3.611	3.622	3.626	3.626	3.626	4.949	5.145	5.260	5.333	5.383	5.416	5.439	5.454	5.464
8	3.261	3.399	3.475	3.521	3.549	3.566	3.575	3.579	3.579	4.745	4.939	5.056	5.134	5.189	5.227	5.256	5.276	5.291
9	3.199	3.339	3.420	3.470	3.502	3.523	3.536	3.544	3.547	4.596	4.787	4.906	4.986	5.043	5.086	5.118	5.142	5.160
10	3.151	3.293	3.376	3.430	3.465	3.489	3.505	3.516	3.522	4.482	4.671	4.789	4.871	4.931	4.975	5.010	5.037	5.058
11	3.113	3.256	3.341	3.397	3.435	3.462	3.480	3.493	3.501	4.392	4.579	4.697	4.780	4.841	4.887	4.923	4.952	4.975
12	3.081	3.225	3.313	3.370	3.410	3.439	3.459	3.474	3.484	4.320	4.504	4.622	4.705	4.767	4.815	4.852	4.882	4.907
13	3.055	3.200	3.288	3.348	3.389	3.419	3.442	3.458	3.470	4.260	4.442	4.560	4.644	4.706	4.755	4.793	4.824	4.850
14	3.033	3.178	3.268	3.328	3.371	3.403	3.426	3.444	3.457	4.210	4.391	4.508	4.591	4.654	4.704	4.743	4.775	4.802
15	3.014	3.160	3.250	3.312	3.356	3.389	3.413	3.432	3.446	4.167	4.346	4.463	4.547	4.610	4.660	4.700	4.733	4.760
16	2.998	3.144	3.235	3.297	3.343	3.376	3.402	3.422	3.437	4.131	4.308	4.425	4.508	4.572	4.622	4.663	4.696	4.724
17	2.984	3.130	3.222	3.285	3.331	3.365	3.392	3.413	3.429	4.099	4.275	4.391	4.475	4.538	4.589	4.630	4.664	4.692
18	2.971	3.117	3.210	3.274	3.320	3.356	3.383	3.404	3.421	4.071	4.246	4.361	4.445	4.509	4.560	4.601	4.635	4.664
19	2.960	3.106	3.199	3.264	3.311	3.347	3.375	3.397	3.415	4.046	4.220	4.335	4.419	4.483	4.534	4.575	4.610	4.639
20	2.950	3.097	3.190	3.255	3.303	3.339	3.368	3.391	3.409	4.024	4.197	4.312	4.395	4.459	4.510	4.552	4.587	4.617
21	2.941	3.088	3.181	3.247	3.295	3.332	3.361	3.385	3.403	4.004	4.177	4.291	4.374	4.438	4.489	4.531	4.567	4.597
22	2.933	3.080	3.173	3.239	3.288	3.326	3.355	3.379	3.398	3.986	4.158	4.272	4.355	4.419	4.470	4.513	4.548	4.578
23	2.926	3.072	3.166	3.233	3.282	3.320	3.350	3.374	3.394	3.970	4.141	4.254	4.337	4.402	4.453	4.496	4.531	4.562
24	2.919	3.066	3.160	3.227	3.276	3.315	3.345	3.370	3.390	3.956	4.126	4.239	4.322	4.386	4.437	4.480	4.516	4.546
25	2.913	3.060	3.154	3.221	3.271	3.310	3.341	3.366	3.386	3.942	4.112	4.224	4.307	4.371	4.423	4.466	4.502	4.532
26	2.907	3.054	3.149	3.216	3.266	3.305	3.336	3.362	3.383	3.930	4.099	4.211	4.294	4.358	4.410	4.453	4.489	4.520
27	2.902	3.049	3.144	3.211	3.262	3.301	3.333	3.358	3.379	3.918	4.087	4.199	4.282	4.346	4.397	4.440	4.477	4.508
28	2.897	3.044	3.139	3.207	3.257	3.297	3.329	3.355	3.376	3.908	4.076	4.188	4.270	4.334	4.386	4.429	4.465	4.497
29	2.892	3.039	3.135	3.202	3.254	3.294	3.326	3.352	3.373	3.898	4.066	4.177	4.260	4.324	4.376	4.419	4.455	4.486
30	2.888	3.035	3.131	3.199	3.250	3.290	3.322	3.349	3.371	3.889	4.056	4.168	4.250	4.314	4.366	4.409	4.445	4.477
32	2.881	3.028	3.123	3.192	3.243	3.284	3.317	3.344	3.366	3.873	4.039	4.150	4.232	4.296	4.348	4.391	4.428	4.460
34	2.874	3.021	3.117	3.186	3.238	3.279	3.312	3.339	3.362	3.859	4.024	4.135	4.217	4.281	4.333	4.376	4.413	4.444
36	2.868	3.015	3.111	3.180	3.233	3.274	3.307	3.335	3.358	3.846	4.011	4.121	4.203	4.267	4.319	4.362	4.399	4.431
38	2.863	3.010	3.106	3.175	3.228	3.270	3.303	3.331	3.355	3.835	3.999	4.109	4.191	4.255	4.306	4.350	4.387	4.419
40	2.858	3.005	3.102	3.171	3.224	3.266	3.300	3.328	3.352	3.825	3.988	4.098	4.180	4.244	4.295	4.339	4.376	4.408
42	2.854	3.001	3.097	3.167	3.220	3.262	3.297	3.325	3.349	3.816	3.979	4.088	4.170	4.234	4.285	4.329	4.366	4.398
44	2.850	2.997	3.094	3.163	3.217	3.259	3.294	3.322	3.347	3.808	3.970	4.080	4.161	4.225	4.276	4.320	4.357	4.389
46	2.847	2.994	3.090	3.160	3.214	3.256	3.291	3.320	3.344	3.800	3.962	4.072	4.153	4.216	4.268	4.312	4.349	4.381
48	2.844	2.991	3.087	3.157	3.211	3.254	3.288	3.318	3.342	3.793	3.955	4.064	4.145	4.209	4.261	4.304	4.341	4.374
50	2.841	2.988	3.084	3.154	3.208	3.251	3.286	3.316	3.340	3.787	3.949	4.057	4.138	4.202	4.254	4.297	4.335	4.367
60	2.829	2.976	3.073	3.143	3.198	3.241	3.277	3.307	3.333	3.762	3.922	4.031	4.111	4.174	4.226	4.270	4.307	4.340
80	2.814	2.961	3.059	3.130	3.185	3.229	3.266	3.297	3.323	3.732	3.890	3.997	4.077	4.140	4.192	4.236	4.273	4.306
100	2.806	2.953	3.050	3.122	3.177	3.222	3.259	3.290	3.317	3.714	3.871	3.978	4.057	4.120	4.172	4.215	4.253	4.286
120	2.800	2.947	3.045	3.116	3.172	3.217	3.254	3.286	3.314	3.702	3.858	3.964	4.044	4.107	4.158	4.202	4.239	4.272
150	2.794	2.941	3.039	3.111	3.167	3.212	3.250	3.282	3.310	3.690	3.846	3.951	4.031	4.093	4.145	4.188	4.226	4.259
200	2.789	2.936	3.033	3.106	3.162	3.207	3.245	3.278	3.306	3.678	3.833	3.938	4.017	4.080	4.131	4.175	4.212	4.245
300	2.783	2.930	3.028	3.100	3.157	3.203	3.241	3.274	3.302	3.666	3.821	3.926	4.004	4.067	4.118	4.161	4.199	4.232
500	2.779	2.925	3.023	3.096	3.153	3.199	3.237	3.270	3.299	3.657	3.811	3.915	3.994	4.056	4.107	4.151	4.188	4.221
999	2.775	2.922	3.020	3.093	3.149	3.196	3.235	3.268	3.296	3.650	3.803	3.908	3.986	4.048	4.099	4.143	4.180	4.213

附录 G S-N-K 及 Tukey 检验 q 值表

	$P=0.05$									$P=0.01$								
df	M									M								
	2	3	4	5	6	7	8	9	10	2	3	4	5	6	7	8	9	10
1	17.97	26.98	32.82	37.08	40.41	43.12	45.40	47.36	49.07	90.02	135.1	164.3	185.6	202.2	215.8	227.2	237.0	245.6
2	6.085	8.331	9.798	10.88	11.73	12.43	13.03	13.54	13.99	14.04	19.02	22.29	24.72	26.63	28.20	29.53	30.68	31.69
3	4.501	5.910	6.825	7.502	8.037	8.478	8.853	9.177	9.462	8.260	10.62	12.17	13.32	14.24	15.00	15.64	16.20	16.69
4	3.927	5.040	5.757	6.287	6.706	7.053	7.347	7.602	7.826	6.511	8.120	9.173	9.958	10.58	11.10	11.54	11.93	12.26
5	3.635	4.602	5.218	5.673	6.033	6.330	6.582	6.801	6.995	5.702	6.976	7.804	8.422	8.913	9.321	9.669	9.972	10.24
6	3.461	4.339	4.896	5.305	5.628	5.895	6.122	6.319	6.493	5.243	6.331	7.033	7.556	7.972	8.318	8.613	8.869	9.097
7	3.344	4.165	4.681	5.060	5.359	5.606	5.815	5.997	6.158	4.949	5.919	6.542	7.005	7.373	7.678	7.939	8.166	8.367
8	3.261	4.041	4.529	4.886	5.167	5.399	5.596	5.767	5.918	4.745	5.635	6.204	6.625	6.959	7.237	7.474	7.680	7.863
9	3.199	3.949	4.415	4.755	5.024	5.244	5.432	5.595	5.738	4.596	5.428	5.957	6.347	6.657	6.915	7.134	7.325	7.495
10	3.151	3.877	4.327	4.654	4.912	5.124	5.304	5.461	5.598	4.482	5.270	5.769	6.136	6.428	6.669	6.875	7.054	7.213
11	3.113	3.820	4.256	4.574	4.823	5.028	5.202	5.353	5.486	4.392	5.146	5.621	5.970	6.247	6.476	6.671	6.841	6.992
12	3.081	3.773	4.199	4.508	4.750	4.950	5.119	5.265	5.395	4.320	5.046	5.502	5.836	6.101	6.320	6.507	6.670	6.814
13	3.055	3.734	4.151	4.453	4.690	4.884	5.049	5.192	5.318	4.260	4.964	5.404	5.726	5.981	6.192	6.372	6.528	6.666
14	3.033	3.701	4.111	4.407	4.639	4.829	4.990	5.130	5.253	4.210	4.895	5.322	5.634	5.881	6.085	6.258	6.410	6.543
15	3.014	3.673	4.076	4.367	4.595	4.782	4.940	5.077	5.198	4.167	4.836	5.252	5.556	5.796	5.994	6.162	6.309	6.438
16	2.998	3.649	4.046	4.333	4.557	4.741	4.896	5.031	5.150	4.131	4.786	5.192	5.489	5.722	5.915	6.079	6.222	6.348
17	2.984	3.628	4.020	4.303	4.524	4.705	4.858	4.991	5.108	4.099	4.742	5.140	5.430	5.659	5.847	6.007	6.147	6.270
18	2.971	3.609	3.997	4.276	4.494	4.673	4.824	4.955	5.071	4.071	4.703	5.094	5.379	5.603	5.787	5.944	6.081	6.201
19	2.960	3.593	3.977	4.253	4.469	4.645	4.794	4.924	5.038	4.046	4.669	5.054	5.334	5.554	5.735	5.889	6.022	6.141
20	2.950	3.578	3.958	4.232	4.445	4.620	4.768	4.895	5.008	4.024	4.639	5.018	5.293	5.510	5.688	5.839	5.970	6.087
21	2.941	3.565	3.942	4.213	4.424	4.597	4.744	4.870	4.981	4.004	4.612	4.986	5.257	5.470	5.646	5.794	5.924	6.038
22	2.933	3.553	3.927	4.196	4.406	4.577	4.722	4.847	4.957	3.986	4.588	4.957	5.225	5.435	5.608	5.754	5.882	5.994
23	2.926	3.542	3.914	4.181	4.388	4.558	4.702	4.826	4.935	3.970	4.566	4.931	5.195	5.403	5.573	5.718	5.844	5.955
24	2.919	3.532	3.901	4.166	4.373	4.541	4.684	4.807	4.915	3.956	4.546	4.907	5.168	5.374	5.542	5.685	5.809	5.919
25	2.913	3.523	3.890	4.153	4.358	4.526	4.667	4.789	4.897	3.942	4.527	4.885	5.144	5.347	5.514	5.655	5.778	5.886
26	2.907	3.514	3.880	4.142	4.345	4.512	4.652	4.773	4.880	3.930	4.510	4.865	5.122	5.322	5.487	5.627	5.749	5.856
27	2.902	3.506	3.870	4.131	4.333	4.498	4.638	4.758	4.864	3.918	4.495	4.847	5.101	5.300	5.463	5.602	5.722	5.828
28	2.897	3.499	3.861	4.120	4.322	4.486	4.625	4.745	4.850	3.908	4.481	4.830	5.082	5.279	5.441	5.578	5.697	5.802
29	2.892	3.493	3.853	4.111	4.311	4.475	4.613	4.732	4.837	3.898	4.467	4.814	5.064	5.260	5.420	5.556	5.674	5.778
30	2.888	3.486	3.845	4.102	4.302	4.464	4.601	4.720	4.824	3.889	4.455	4.799	5.048	5.242	5.401	5.536	5.653	5.756
32	2.881	3.475	3.832	4.086	4.284	4.445	4.581	4.698	4.802	3.873	4.433	4.773	5.018	5.210	5.367	5.500	5.615	5.716
34	2.874	3.465	3.820	4.072	4.268	4.428	4.563	4.680	4.782	3.859	4.413	4.750	4.992	5.181	5.336	5.468	5.581	5.682
36	2.868	3.457	3.809	4.060	4.255	4.414	4.547	4.663	4.764	3.846	4.396	4.729	4.969	5.157	5.310	5.440	5.552	5.651
38	2.863	3.449	3.799	4.049	4.243	4.400	4.533	4.648	4.749	3.835	4.381	4.711	4.949	5.134	5.286	5.414	5.526	5.623
40	2.858	3.442	3.791	4.039	4.232	4.389	4.521	4.635	4.735	3.825	4.367	4.695	4.931	5.115	5.265	5.392	5.502	5.599
42	2.854	3.436	3.783	4.030	4.222	4.378	4.509	4.622	4.722	3.816	4.355	4.681	4.914	5.097	5.246	5.372	5.481	5.577
44	2.850	3.430	3.776	4.022	4.213	4.368	4.499	4.611	4.710	3.808	4.344	4.667	4.900	5.081	5.229	5.354	5.462	5.557
46	2.847	3.425	3.770	4.015	4.205	4.359	4.489	4.601	4.700	3.800	4.334	4.655	4.886	5.066	5.213	5.337	5.444	5.539
48	2.844	3.420	3.764	4.008	4.197	4.351	4.481	4.592	4.690	3.793	4.324	4.644	4.874	5.052	5.198	5.322	5.428	5.522
50	2.841	3.416	3.758	4.002	4.190	4.344	4.473	4.584	4.681	3.787	4.316	4.634	4.863	5.040	5.185	5.308	5.414	5.507
60	2.829	3.399	3.737	3.977	4.163	4.314	4.441	4.550	4.646	3.762	4.282	4.594	4.818	4.991	5.133	5.253	5.356	5.447
80	2.814	3.377	3.711	3.947	4.129	4.278	4.402	4.509	4.603	3.732	4.241	4.545	4.763	4.931	5.069	5.185	5.285	5.372
100	2.806	3.365	3.695	3.929	4.109	4.256	4.379	4.484	4.577	3.714	4.216	4.516	4.730	4.896	5.031	5.144	5.242	5.328
120	2.800	3.356	3.685	3.917	4.096	4.241	4.363	4.468	4.560	3.702	4.200	4.497	4.709	4.872	5.006	5.118	5.214	5.299
150	2.794	3.348	3.674	3.905	4.083	4.227	4.348	4.451	4.542	3.690	4.184	4.478	4.687	4.849	4.981	5.091	5.187	5.270
200	2.789	3.339	3.664	3.893	4.070	4.212	4.332	4.435	4.525	3.678	4.168	4.459	4.666	4.826	4.956	5.065	5.159	5.242
300	2.783	3.331	3.654	3.881	4.056	4.198	4.317	4.419	4.508	3.666	4.152	4.440	4.645	4.803	4.931	5.039	5.132	5.213
500	2.779	3.324	3.645	3.872	4.046	4.187	4.305	4.406	4.495	3.657	4.139	4.425	4.628	4.784	4.911	5.018	5.110	5.190
999	2.775	3.319	3.639	3.865	4.038	4.178	4.296	4.396	4.484	3.650	4.130	4.414	4.615	4.771	4.897	5.003	5.094	5.174

附录 H Mann-Whitney U 检验用临界值表

n_1	n_2													
	2	3	4	5	6	7	8	9	10	11	12	13	14	15
2							0	0	0	0	1	1	1	1
3			0	1	1	2	2	3	3	4	4	5	5	
4		0	1	2	3	4	4	5	6	7	8	9	10	
5	0	1	2	3	5	6	7	8	9	11	12	13	14	
6	1	2	3	5	6	8	10	11	13	14	16	17	19	
7	1	3	5	6	8	10	12	14	16	18	20	22	24	
8	0	2	4	6	8	10	13	15	17	19	22	24	26	29
9	0	2	4	7	10	12	15	17	20	23	26	28	31	34
10	0	3	5	8	11	14	17	20	23	26	29	33	36	39
11	0	3	6	9	13	16	19	23	26	30	33	37	40	44
12	1	4	7	11	14	18	22	26	29	33	37	41	45	49
13	1	4	8	12	16	20	24	28	33	37	41	45	50	54
14	1	5	9	13	17	22	26	31	36	40	45	50	55	59
15	1	5	10	14	19	24	29	34	39	44	49	54	59	64

附录 I Kruskal-Wallis 秩和检验临界值表

n	n_1	n_2	n_3	P	
				0.05	0.01
7	3	2	2	4.71	
	3	3	1	5.14	
8	3	3	2	5.36	
	4	2	2	5.33	
	4	3	1	5.21	
	5	2	1	5.00	
9	3	3	3	5.60	7.20
	4	3	2	5.44	6.44
	4	4	1	4.97	6.07
	5	2	2	5.16	6.53
	5	3	1	4.96	6.62
10	4	3	3	5.73	6.75
	4	4	2	5.45	7.04
	5	3	2	5.25	6.82
	5	4	1	4.99	6.95
11	4	4	3	5.60	7.14
	5	3	3	5.65	7.08
	5	4	2	5.27	7.12
	5	5	1	5.13	7.31
12	4	4	4	5.69	7.65
	5	4	3	5.63	7.44
	5	5	2	5.34	7.27
13	5	4	4	5.62	7.76
	5	5	3	5.71	7.54
14	5	5	4	5.64	7.79
15	5	5	5	5.78	7.98

附录 J 相关系数 $R(r)$ 临界值表

		$P=0.05$							$P=0.01$				
df			M				df			M			
	2	3	4	5	6	7		2	3	4	5	6	7
1	0.9969	0.9988	0.9992	0.9994	0.9996	0.9996	1	0.9999	1.0000	1.0000	1.0000	1.0000	1.0000
2	0.9500	0.9747	0.9831	0.9873	0.9898	0.9915	2	0.9900	0.9950	0.9967	0.9975	0.9980	0.9983
3	0.8783	0.9297	0.9501	0.9612	0.9683	0.9732	3	0.9587	0.9765	0.9835	0.9872	0.9895	0.9912
4	0.8114	0.8811	0.9120	0.9299	0.9416	0.9499	4	0.9172	0.9487	0.9623	0.9701	0.9752	0.9788
5	0.7545	0.8356	0.8743	0.8978	0.9136	0.9252	5	0.8745	0.9173	0.9373	0.9493	0.9573	0.9631
6	0.7067	0.7947	0.8391	0.8668	0.8861	0.9004	6	0.8343	0.8858	0.9112	0.9269	0.9377	0.9457
7	0.6664	0.7584	0.8067	0.8378	0.8599	0.8765	7	0.7977	0.8554	0.8852	0.9042	0.9176	0.9276
8	0.6319	0.7260	0.7771	0.8108	0.8351	0.8536	8	0.7646	0.8269	0.8603	0.8820	0.8976	0.9094
9	0.6021	0.6972	0.7502	0.7858	0.8119	0.8320	9	0.7348	0.8004	0.8365	0.8606	0.8780	0.8914
10	0.5760	0.6714	0.7257	0.7628	0.7902	0.8116	10	0.7079	0.7758	0.8141	0.8401	0.8591	0.8739
11	0.5529	0.6481	0.7032	0.7414	0.7700	0.7925	11	0.6835	0.7531	0.7931	0.8206	0.8410	0.8570
12	0.5324	0.6269	0.6826	0.7216	0.7511	0.7744	12	0.6614	0.7320	0.7734	0.8021	0.8237	0.8407
13	0.5140	0.6077	0.6636	0.7032	0.7334	0.7574	13	0.6411	0.7125	0.7549	0.7846	0.8072	0.8251
14	0.4973	0.5901	0.6461	0.6861	0.7168	0.7414	14	0.6226	0.6943	0.7375	0.7681	0.7915	0.8101
15	0.4822	0.5739	0.6298	0.6701	0.7012	0.7263	15	0.6055	0.6774	0.7211	0.7524	0.7765	0.7958
16	0.4683	0.5589	0.6147	0.6551	0.6865	0.7120	16	0.5897	0.6616	0.7057	0.7376	0.7622	0.7821
17	0.4555	0.5450	0.6006	0.6410	0.6727	0.6985	17	0.5751	0.6468	0.6912	0.7235	0.7487	0.7691
18	0.4438	0.5321	0.5873	0.6278	0.6596	0.6856	18	0.5614	0.6329	0.6775	0.7102	0.7357	0.7565
19	0.4329	0.5201	0.5750	0.6154	0.6473	0.6735	19	0.5487	0.6198	0.6646	0.6975	0.7234	0.7445
20	0.4227	0.5088	0.5633	0.6036	0.6356	0.6619	20	0.5368	0.6075	0.6523	0.6854	0.7116	0.7330
21	0.4133	0.4982	0.5523	0.5925	0.6245	0.6509	21	0.5256	0.5959	0.6407	0.6739	0.7003	0.7220
22	0.4044	0.4883	0.5419	0.5820	0.6139	0.6404	22	0.5151	0.5849	0.6296	0.6630	0.6895	0.7115
23	0.3961	0.4789	0.5321	0.5720	0.6039	0.6304	23	0.5052	0.5744	0.6191	0.6525	0.6792	0.7013
24	0.3882	0.4700	0.5228	0.5624	0.5943	0.6208	24	0.4958	0.5645	0.6091	0.6425	0.6693	0.6916
25	0.3809	0.4616	0.5139	0.5534	0.5851	0.6116	25	0.4869	0.5551	0.5995	0.6329	0.6598	0.6822
26	0.3739	0.4537	0.5055	0.5447	0.5764	0.6029	26	0.4785	0.5462	0.5904	0.6238	0.6507	0.6732
27	0.3673	0.4461	0.4975	0.5365	0.5680	0.5945	27	0.4705	0.5376	0.5816	0.6150	0.6419	0.6645
28	0.3610	0.4389	0.4899	0.5286	0.5600	0.5864	28	0.4629	0.5295	0.5732	0.6065	0.6335	0.6561
29	0.3551	0.4320	0.4825	0.5210	0.5523	0.5786	29	0.4556	0.5216	0.5652	0.5984	0.6254	0.6481
30	0.3494	0.4255	0.4755	0.5138	0.5449	0.5711	30	0.4487	0.5142	0.5575	0.5906	0.6176	0.6403
32	0.3388	0.4132	0.4624	0.5001	0.5309	0.5570	32	0.4357	0.5001	0.5430	0.5759	0.6027	0.6255
34	0.3291	0.4020	0.4503	0.4875	0.5180	0.5439	34	0.4238	0.4871	0.5295	0.5622	0.5889	0.6116
36	0.3202	0.3916	0.4391	0.4758	0.5060	0.5316	36	0.4128	0.4751	0.5170	0.5494	0.5760	0.5986
38	0.3120	0.3819	0.4287	0.4649	0.4947	0.5202	38	0.4026	0.4639	0.5053	0.5374	0.5638	0.5864
40	0.3044	0.3730	0.4190	0.4547	0.4842	0.5094	40	0.3932	0.4535	0.4944	0.5262	0.5524	0.5749
42	0.2973	0.3646	0.4099	0.4451	0.4743	0.4993	42	0.3843	0.4438	0.4841	0.5156	0.5417	0.5640
44	0.2907	0.3568	0.4014	0.4361	0.4650	0.4897	44	0.3761	0.4346	0.4745	0.5056	0.5315	0.5537
46	0.2845	0.3495	0.3934	0.4277	0.4562	0.4807	46	0.3683	0.4260	0.4654	0.4962	0.5219	0.5440
48	0.2787	0.3426	0.3858	0.4197	0.4479	0.4721	48	0.3610	0.4179	0.4568	0.4873	0.5128	0.5347
50	0.2732	0.3361	0.3787	0.4121	0.4400	0.4640	50	0.3542	0.4102	0.4486	0.4789	0.5041	0.5259
60	0.2500	0.3083	0.3481	0.3796	0.4060	0.4289	60	0.3248	0.3772	0.4135	0.4424	0.4666	0.4876
80	0.2172	0.2686	0.3042	0.3325	0.3565	0.3774	80	0.2830	0.3298	0.3626	0.3889	0.4112	0.4307
100	0.1946	0.2412	0.2735	0.2995	0.3215	0.3408	100	0.2540	0.2966	0.3267	0.3510	0.3717	0.3899
120	0.1779	0.2207	0.2506	0.2746	0.2951	0.3132	120	0.2324	0.2718	0.2998	0.3224	0.3417	0.3588
150	0.1593	0.1979	0.2250	0.2468	0.2655	0.2820	150	0.2084	0.2440	0.2695	0.2901	0.3079	0.3236
200	0.1381	0.1718	0.1955	0.2147	0.2312	0.2458	200	0.1809	0.2122	0.2346	0.2528	0.2686	0.2826
300	0.1129	0.1406	0.1602	0.1762	0.1899	0.2021	300	0.1480	0.1739	0.1925	0.2077	0.2209	0.2327
500	0.0875	0.1091	0.1245	0.1370	0.1478	0.1574	500	0.1149	0.1351	0.1497	0.1617	0.1722	0.1815
1000	0.0619	0.0773	0.0882	0.0971	0.1049	0.1118	1000	0.0813	0.0958	0.1062	0.1148	0.1223	0.1290

附录 K Spearman 秩相关系数检验临界值表

n	P			
	0.10	0.05	0.02	0.01
4	1.000			
5	0.900	1.000	1.000	
6	0.829	0.886	0.943	1.000
7	0.714	0.786	0.893	0.929
8	0.643	0.738	0.833	0.811
9	0.600	0.700	0.783	0.833
10	0.564	0.648	0.745	0.794
11	0.536	0.618	0.709	0.755
12	0.503	0.587	0.678	0.727
13	0.484	0.560	0.648	0.703
14	0.464	0.538	0.626	0.679
15	0.446	0.521	0.604	0.654
16	0.429	0.503	0.582	0.635
17	0.414	0.485	0.566	0.615
18	0.401	0.472	0.550	0.600
19	0.391	0.460	0.535	0.584
20	0.380	0.447	0.520	0.570
25	0.337	0.398	0.466	0.511
30	0.305	0.362	0.425	0.467
35	0.283	0.335	0.394	0.433
40	0.264	0.313	0.368	0.405
45	0.248	0.294	0.347	0.382
50	0.235	0.279	0.329	0.336
60	0.214	0.255	0.300	0.331
70	0.198	0.235	0.278	0.307
80	0.185	0.220	0.260	0.287
90	0.174	0.207	0.245	0.271
100	0.165	0.197	0.233	0.257

附录 L SPSS 常用概率函数

函　　数	参数及返回值
PDF.BINOM(x,n,P)	次数为 n、概率为 P 的二项分布点 x 处的概率
PDF.POISSON(x,λ)	参数为 λ 的泊松分布点 x 处的概率
PDF.NORMAL(x,μ,σ)	平均数为 μ、标准差 σ 的正态分布点 x 处的概率密度
PDF.T(x,df)	自由度为 df 的 t 分布点 x 处的概率密度
PDF.CHISQ(x,df)	自由度为 df 的 χ^2 分布点 x 处的概率密度
PDF.F(x,df_1,df_2)	自由度为 df_1、df_2 的 F 分布点 x 处的概率密度
NPDF.T(x,df,nc)	自由度为 df、非中心参数为 nc 的非中心 t 分布点 x 处的概率密度
NPDF.CHISQ(x,df,nc)	自由度为 df、非中心参数为 nc 的非中心 χ^2 分布点 x 处的概率密度
NPDF.F(x,df_1,df_2,nc)	自由度为 df_1、df_2、非中心参数为 nc 的非中心 F 分布点 x 处的概率密度
CDF.BINOM(x,n,P)	次数为 n、概率为 P 的二项分布点 x 处的左侧累积概率

函　　数	参数及返回值
CDF.POISSON(x,λ)	参数为 λ 的泊松分布点 x 处的左侧累积概率
CDFNORM(x)	平均数的标准正态分布点 x 处的左侧累积概率
CDF.NORMAL(x,μ,σ)	平均数为 μ、标准差 σ 的正态分布点 x 处的左侧累积概率
CDF.T(x,df)	自由为 df 的 t 分布点 x 处的左侧累积概率
CDF.CHISQ(x,df)	自由度为 df 的 χ^2 分布点 x 处的左侧累积概率
CDF.F(x,df_1,df_2)	自由度为 df_1、df_2 的 F 分布点 x 处的左侧累积概率
CDF.SRANGE(x,df_1,df_2)	自由度为 df_1、df_2 的 t 化极差分布点 x 处的左侧累积概率
CDF.SMOD(x,df_1,df_2)	自由度为 df_1、df_2 的 t 化最大模分布点 x 处的左侧累积概率
NCDF.T(x,df,nc)	自由度为 df、非中心参数为 nc 的非中心 t 分布点 x 处的左侧累积概率
NCDF.CHISQ(x,df,nc)	自由度为 df、非中心参数为 nc 的非中心 χ^2 分布点 x 处的左侧累积概率
NCDF.F(x,df_1,df_2,nc)	自由度为 df_1、df_2、非中心参数为 nc 的非中心 F 分布点 x 处的左侧累积概率
SIG.CHISQ(x,df)	自由度为 df 的 χ^2 分布点 x 处的右侧累积概率
SIG.F(x,df_1,df_2)	自由度为 df_1、df_2 的 F 分布点 x 处的右侧累积概率
PROBIT(α)	概率为 α 的标准正态分布左侧分位数
IDF.NORMAL(α,μ,σ)	概率为 α、平均数为 μ、标准差 σ 的正态分布的左侧分位数
IDF.T(α,df)	概率为 α、自由度为 df 的 t 分布的左侧分位数
IDF.CHISQ(α,df)	概率为 α、自由度为 df 的 χ^2 分布的左侧分位数
IDF.F(α,df_1,df_2)	概率为 α、自由度为 df_1、df_2 的 F 分布的左侧分位数
IDF.SRANGE(α,df_1,df_2)	概率为 α、自由度为 df_1、df_2 的 t 化极差分布的左侧分位数
IDF.SMOD(α,df_1,df_2)	概率为 α、自由度为 df_1、df_2 的 t 化最大模分布的左侧分位数

附录 M　　R 软件常用概率函数

函　　数	参数及返回值
dbinom(x,n,P)	次数为 n、概率为 P 的二项分布点 x 处的概率
dpois(x,λ)	参数为 λ 的泊松分布点 x 处的概率
dnorm(x,μ,σ)	平均数为 μ、标准差 σ 的正态分布点 x 处的概率密度
dt(x,df,nc)	自由度为 df、非中心参数为 nc 的非中心 t 分布点 x 处的概率密度 $nc=0$ 时为 t 分布点 x 处的概率密度；pt()、qt()、rt()类似
dchisq(x,df,nc)	自由度为 df、非中心参数为 nc 的非中心 χ^2 分布点 x 处的概率密度 $nc=0$ 时为 χ^2 分布点 x 处的概率密度；pchisq()、qchisq()、rchisq()类似
df(x,df_1,df_2,nc)	自由度为 df_1、df_2、非中心参数为 nc 的非中心 F 分布点 x 处的概率密度 $nc=0$ 时为 t 分布点 x 处的概率密度；pf()、qf()、rf()类似
dtukey(x,df_1,df_2)	自由度为 df_1、df_2 的 t 化极差分布点 x 处的左侧累积概率
pbinom(x,n,P)	次数为 n、概率为 P 的二项分布点 x 处的左侧累积概率

函 数	参数及返回值
ppois(x,λ)	参数为 λ 的泊松分布点 x 处的左侧累积概率
pnorm(x,μ,σ)	平均数为 μ、标准差 σ 的正态分布点 x 处的左侧累积概率
pt(x,df,nc)	自由度为 df、非中心参数为 nc 的非中心 t 分布点 x 处的左侧累积概率
pchisq(x,df,nc)	自由度为 df、非中心参数为 nc 的非中心 χ^2 分布点 x 处的左侧累积概率
pf(x,df_1,df_2,nc)	自由度为 df_1、df_2、非中心参数为 nc 的非中心 F 分布点 x 处的左侧累积概率
ptukey(x,df_1,df_2)	自由度为 df_1、df_2 的 t 化极差分布点 x 处的左侧累积概率
qnorm(α,μ,σ)	概率为 α、平均数为 μ、标准差 σ 的正态分布的左侧分位数
qt(α,df,nc)	概率为 α、自由度为 df 的非中心 t 分布的左侧分位数
qchisq(α,df,nc)	概率为 α、自由度为 df 的非中心 χ^2 分布的左侧分位数
qf(α,df_1,df_2,nc)	概率为 α、自由度为 df_1、df_2 的非中心 F 分布的左侧分位数
qtukey(α,df_1,df_2)	概率为 α、自由度为 df_1、df_2 的 t 化极差分布的左侧分位数
rnorm(x,μ,σ)	生成 x 个平均数为 μ、标准差 σ 的正态分布的随机数
rt(x,df,nc)	生成 x 个自由度为 df、非中心参数为 nc 的非中心 t 分布的随机数
rchisq(x,df,nc)	生成 x 个自由度为 df、非中心参数为 nc 的非中心 χ^2 分布的随机数
rf(x,df_1,df_2,nc)	生成 x 个自由度为 df_1、df_2、非中心参数为 nc 的非中心 F 分布的随机数
rtukey(x,df_1,df_2)	生成 x 个自由度为 df_1、df_2 的 t 化极差分布的随机数

附录 N　Excel 生物统计常用函数

函 数 名	功 能 简 释	函 数 名	功 能 简 释
ABS	返回给定数值的绝对值	DEVSQ	返回离均差的平方和
ASIN	返回一个弧度的反正弦值	F.DIST	基于给定的 F 值求左尾概率
AVERAGE	返回算术平均值	F.DIST.RT	基于给定的 F 值求右尾概率
BINOM.DIST	返回一元二项式分布的概率	F.INV	基于给定的左尾概率求 F 分位数
CHISQ.INV	基于给定的左尾概率求 χ^2 分位数	F.INV.RT	基于给定的右尾概率求 F 分位数
CHISQ.INV.RT	基于给定的右尾概率求 χ^2 分位数	F.TEST	返回 F 检验的双尾概率
CHISQ.DIST	基于给定的 χ^2 值求左尾概率	INPERCEPT	求线性回归拟合线方程的截距
CHISQ.DIST.RT	基于给定的 χ^2 值求右尾概率	LINEST	估算线性回归方程的一组参数
CHISQ.TEST	基于统计次数和理论次数求右尾概率	LOG10	返回给定数值以 10 为底的对数
CORREL	返回两组数据的相关系数		
COUNT	计算包含数字的单元格数		
DEGREES	将弧度转换成角度	MAX	返回一组数据的最大值

函　数　名	功　能　简　释	函　数　名	功　能　简　释
MEDIAN	返回一组数据的中点值	SUM	指定单元格区域所有数值求和
MIN	返回一组数据的最小值		
MINVERSE	基于矩阵格式的数组求逆矩阵	SUMSQ	返回所有参数分别平方之后求和
MMULT	基于矩阵格式的两数组求矩阵积	SUMPRODUCT	返回相应数组或区域乘积的和
NORM.DIST	基于变量值返回正态分布左尾概率	T.INV	基于给定的左尾概率求 t 分位数
NORM.S.DIST	基于正态离差求标准分布左尾概率	T.INV.2T	基于给定的双尾概率求 t 分位数的绝对值
NORM.INV	基于给定的左尾概率求正态分布的分位数	T.DIST	返回学生 t 分布的左尾概率
		TDIST.2T	返回学生 t 分布的双尾概率
NORM.S.INV	基于给定的左尾概率求标准分布的分位数	T.DIST.RT	返回学生 t 分布的右尾概率
		TRANSPOSE	转置单元格区域
SLOPE	返回线性回归拟合线方程的斜率	T.TEST	返回学生 t 检验的概率值
SQRT	返回给定数值的平方根	VAR.P	计算基于给定总体的方差
STDEV.P	计算基于给定总体的标准差	VAR.S	估算基于给定样本的均方
STDEV.S	估算基于给定样本的标准差	Z.TEST	返回正态离差检验的单尾概率值
STEYX	返回线性回归法计算纵坐标预测值所产生的标准误		

参考文献

[1] Gerstman B.Burt,Basic Biostatistics[M].2nd.Jones & Bartlett Pre.,2020.

[2] [美]Myra L.Samuels,生物统计学[M].4版.李春喜等,译.北京:中国轻工业出版社,2017.

[3] Pagano Marcello,Principles of Biostatistics[M].Taylor & Francis Ltd,2020.

[4] Rosner Bernard,Fundamentals of Biostatistics[M].Cengage Learning Inc.,2020.

[5] 方洛云,周先林.SPSS 20.0在生物统计中的应用[M].北京:中国农业大学出版社,2015.

[6] 李静萍.多元统计分析——原理与基于SPSS的应用[M].2版.北京:中国人民大学出版社,2015.

[7] 李康,贺佳.医学统计学[M].7版.北京:人民卫生出版社,2018.

[8] 李晓松.卫生统计学[M].8版.北京:人民卫生出版社,2017.

[9] 刘永建,明道绪.田间试验与统计分析[M].4版.北京:科学出版社,2021.

[10] 刘苑秋,徐雁南.试验设计与统计分析——R语言实现[M].北京:中国林业出版社,2020.

[11] 明道绪,刘永建.生物统计附试验设计[M].6版.北京:中国农业出版社,2019.

[12] 张吴平,杨坚.食品试验设计与统计分析基础[M].3版.北京:中国农业大学出版社,2019.

[13] 彭明春,马纪.生物统计学[M].武汉:华中科技大学出版社,2015.

[14] 汪冬华,马艳梅.多元统计分析与SPSS应用[M].2版.上海:华东理工大学出版社,2018.

[15] 吴喜之.多元统计分析——R与Python的实现[M].北京:中国人民大学出版社,2019.

[16] 谢龙汉,蔡思祺.SPSS统计分析与数据挖掘[M].3版.北京:电子工业出版社,2017.

[17] 杨维忠,陈胜可,刘荣.SPSS统计分析从入门到精通[M].4版.北京:清华大学出版社,2019.

[18] 叶子弘,陈春.生物统计学[M].北京:化学工业出版社,2012.

[19] 袁志发,郭满才.多元统计分析[M].3版.北京:科学出版社,2019.

[20] 张力.SPSS在生物统计中的应用[M].2版.厦门:厦门大学出版社.2008.

[21] 张文彤.SPSS统计分析基础教程[M].3版.北京:高等教育出版社,2017.

[22] 张文彤,董伟.SPSS统计分析高级教程[M].3版.北京:高等教育出版社,2018.

[23] 朱建平.应用多元统计分析[M].4版.北京:科学出版社,2021.